U0157778

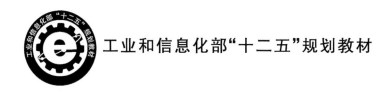

工业和信息化部"十二五"规划教材

工程材料与成型技术
（第 3 版）

张彦华　主编

北京航空航天大学出版社

内 容 简 介

本教材为工业和信息化部"十二五"规划教材,是根据机械工程及相关专业教学的基本要求,结合现代工程材料与成型技术的特点和发展趋势,为培养适应 21 世纪所需要的高等机械工程技术人才而编写的。

全书共 9 章。第 1 章介绍工程材料及其在工程装备中的应用;第 2 章讨论材料成型的工程基础;第 3~5 章分别介绍铸造成型、塑性成型与焊接技术;第 6 章介绍粉末冶金、增材制造、高能率成型等特种成型技术;第 7 章介绍高分子材料、陶瓷及复合材料的成型技术;第 8 章介绍工程材料的表面防护;第 9 章介绍工程材料成型质量与检测。

本书可作为机械工程类专业以及相关专业的本科生教材,也可供有关科学研究人员和工程技术人员参考。

图书在版编目(CIP)数据

工程材料与成型技术 / 张彦华主编. -- 3 版. -- 北京 : 北京航空航天大学出版社,2023.8

ISBN 978 - 7 - 5124 - 4015 - 9

Ⅰ. ①工… Ⅱ. ①张… Ⅲ. ①工程材料－成型－高等学校－教材 Ⅳ. ①TB3

中国国家版本馆 CIP 数据核字(2023)第 016726 号

工程材料与成型技术(第 3 版)

张彦华　主编

策划编辑　陈守平　　　责任编辑　陈守平

*

北京航空航天大学出版社出版发行

北京市海淀区学院路 37 号(邮编 100191)　http://www.buaapress.com.cn

发行部电话:(010)82317024　传真:(010)82328026

读者信箱:goodtextbook@126.com　邮购电话:(010)82316936

北京九州迅驰传媒文化有限公司印装　各地书店经销

*

开本:787×1 092　1/16　印张:24.25　字数:621 千字

2023 年 8 月第 3 版　2023 年 8 月第 1 次印刷　印数:1 000 册

ISBN 978 - 7 - 5124 - 4015 - 9　定价:89.00 元

若本书有倒页、脱页、缺页等印装质量问题,请与本社发行部联系调换。联系电话:(010)82317024

前　　言

工程材料与成型技术是工程装备结构制造的关键技术之一,高性能的工程装备研制集中体现了材料与成型加工的重要作用。只有高度重视发展先进材料及成型技术,才能把各种复杂的零部件制造出来,才能确保工程装备的可靠性与先进性。

工程材料需要通过成型制造来实现其技术和经济价值。成型制造是科学利用热能或机械能以及其他形式的能量将材料加工成具有一定形状和尺寸的零件或构件的过程,成型加工过程中,材料要经历熔融－凝固、塑性变形、聚合连接等变化,其技术领域包括铸造、锻造、焊接等传统热加工技术,以及粉末冶金、高能束流加工、增材制造等制造技术。

工程材料与成型技术并非是两者简单的组合,其中的工程材料隐含了作为产品制造的初始状态,成型是材料向产品转变的过程。工程材料与成型技术作为制造技术的关键部分,关注的重点是材料如何转变为制件以及成型过程中材料的行为,强调的是材料与成型的相互作用。成型加工不仅赋予制件形状,而且控制着制件的最终使用特性。因此,工程材料与成型技术必须作为一个整体来考虑,其目的是形成材料的工程性与成型的科学性集成融合的认识论框架。

《工程材料与成型技术》(第2版)作为工业和信息化部"十二五"规划教材于2015年5月出版。为了使教材适应科技进步及人才培养的需要,本次再版对原第2版教材进行了修订,以提高教材内容的科学性和先进性。全书共分9章。第1章介绍工程材料及其在工程装备中的应用;第2章讨论材料成型的工程基础;第3～5章分别介绍铸造成型、塑性成型与焊接技术;第6章介绍粉末冶金、增材制造、高能率成型等特种成型技术;第7章介绍高分子材料、陶瓷及复合材料的成型技术;第8章介绍工程材料的表面防护;第9章介绍工程材料成型质量与检测。

本教材以突出工程装备制造对工程材料与成型技术的需求为特色,重点介绍航空、航天、兵器、船舶等重点国防装备工程材料与成型技术的基础与应用。以培养国防科技工业生产第一线需要的机械工程技术人才为目标,重视新材料与成型新技术的发展,将工程材料与成型技术和工程装备结构特点及制造紧密结合。

本版教材由张彦华主编,曲文卿、赵海云参与了修订工作。

编写工程材料与成型技术教材对于现代机械工程技术人才培养具有重要意义。由于编者对工程材料与成型技术掌握地不够全面,对相关知识领域的认识水平有限,书中的疏漏和不当之处,敬请读者批评指正。

作　者
2022年9月

目　录

工程材料与成型技术（第3版）

绪 论

0.1 材料的工程属性

现代国家的经济和技术实力在很大程度上依赖于能否生产高性能的产品,高性能的产品需要先进的材料。产品的设计需要选择材料,制造过程则需要加工材料。任何工程产品都是如此,可以说工程离不开材料,材料是为工程准备的,没有材料就没有工程,所以这里称其为工程材料。

先进工程材料是现代机械装备的物质基础。金属材料、陶瓷材料、高分子材料和复合材料等结构材料在现代机械装备中处于重要地位;隐身材料、防护材料、致密能源材料以及信息智能材料等功能材料成为发展尖端武器装备的关键。近年来,还出现了结构材料功能化和功能材料结构化的趋势,并形成兼有多种功能的多功能材料。

先进工程材料的技术价值也非常之高。例如,飞机与发动机所用材料需考虑寿命周期成本、强度重量比、疲劳寿命、断裂韧性、生存力等因素,以保证装备的可靠性、安全性与结构完整性。航天飞行器用材需要考虑比刚度和比强度、低的热膨胀系数及在空间环境中的耐久性。研制先进的亚声速飞机、超声速飞机和穿越大气层飞机,需要使用高强度结构和耐热超轻型结构。因此,开发和利用新型合金、金属间化合物、先进非金属材料及复合材料成为必然。研制隐身飞机与坦克等装备,更需要发展与应用新材料。因此,先进工程材料的发展与应用水平,在保证装备技术优势方面发挥着重要作用。

工程材料的选用是机械装备研制过程的重要组成部分,选材对研制过程具有较大的影响。新型号工程装备的设计阶段就必须根据装备的性能要求,按照各零部件、系统与结构的工作环境要求,确定所选用的材料。这就需要开展材料科研与之相互配合,经全面试验论证与综合分析后才能确定材料。大量的接近使用条件下的材料应用性科研常常会贯穿于整个型号研制过程。工程装备定型生产后还必须根据技术的发展与实际需要不断进行改进与维修,同样有材料的选用问题。因此,工程材料的选用是一项理论与实践紧密结合的工程技术工作,对于推动型号的研制进程是不能忽视的。

新材料技术的用途十分广泛,用于工程装备可使其升级换代,性能大大提高。目前,世界范围内的新材料技术正向高功能化、超高性能化、复合轻量和智能化的方向发展。

1. 结构材料

结构材料在工程装备零部件及结构制造中占主导地位。现代飞机集中反映了先进结构材料的发展,图0-1所示为结构材料在战斗机上的应用情况。

导弹弹体和卫星都要使用质量轻、刚度好、耐高温、弹性强的新型复合材料。某型火箭发动机金属壳体改用石墨纤维复合材料后其质量显著减轻,而用碳铝复合材料制造卫星的波导管,不仅满足了轴向刚度、低膨胀系数和导电性能等方面的要求,而且使质量减轻了30%。

将高密度钨合金与贫铀材料用于穿甲弹制造,可以提高穿甲的侵彻力。破甲弹使用了新材料技术后,其侵彻深度已大于锥形炮弹的10倍,一些大口径的射流侵彻深度已经达到了

1 300 mm,破甲弹材料技术进一步向高纯度冶炼、新合金、精密成型和高性能复合化方向发展。

发展轻型结构材料对火炮的机动性也具有决定意义,许多国家都在利用高技术材料研制超轻型远距离大威力火炮。轻型材料的使用,可以使火炮的体积更小、质量更轻、机动性能更好、弹丸速度更快、威力更大。

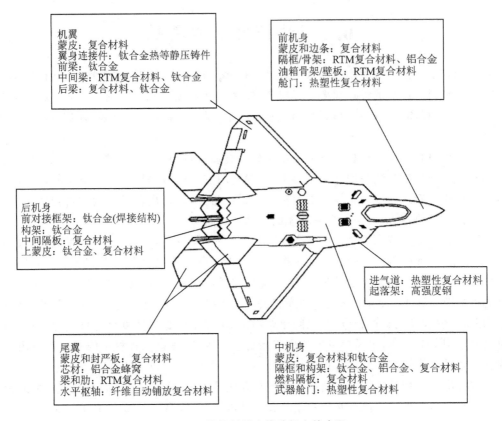

图 0-1 结构材料在战斗机上的应用

面对现代反装甲技术的发展,以及未来战场对坦克和装甲车辆构成的全方位威胁,迫切需要进一步提高现代复合装甲兵防护能力。这就需要进一步开发具有超高硬度、高韧性和良好焊接性能的装甲钢、高强度先进陶瓷、高性能聚合物材料等新一代特殊功能材料。要使坦克不被击中,除提高机动性能外,更重要的是要发展"主动装甲",即能预先识别目标,并利用诱饵触发和物理摧毁方法,破坏来袭兵器的"装甲"。这种"主动装甲"实际上是在复合装甲中由引入的敏感、传感、微电子等材料和技术而构成的多功能材料系统。

先进高温结构陶瓷具有很强的韧性、可塑性、耐磨性和抗冲击能力,与普通热燃气轮机相比,陶瓷热机的质量更轻,功率更高,而且更节约燃料。

高分子材料除在武器装备中大量使用外,还可以代替高强度合金用于军用飞机,可大大减轻其质量。同时,高分子材料也广泛用于粘接兵器部件,尤其是非金属比例较大的火箭导弹部件。

复合材料是指两种以上不同性质或不同结构物质组合而成的材料,通常由基体材料和增强相构成。如碳纤维复合材料,具有强度高、刚度高、耐疲劳、质量轻等优点。采用纤维复合材料后,可使战斗机质量减轻,从而提高作战效能。

2．功能材料

功能材料是指利用声、光、电、磁、热、化、生化等效应，把能量从一种形式转变成另一种形式的材料。功能材料品种很多，如电子计算机的记忆元件、激光器的工作物质红宝石、声呐振荡器的压电陶瓷，以及超导材料、光学材料、热电材料、光敏材料、反激光材料、防辐射与电子材料等。

现代隐形技术，除了外形设计上采用先进的方法，进行热红外线和自身电磁隐形外，主要使用的是新型吸收波材料，即在飞机表面涂覆能大量吸收雷达波的新型介质材料，将雷达电磁波吸收，使雷达无法发现。

功能材料在后勤装备中也得到广泛应用。例如，采用功能材料制成的军用冬服，不仅比原冬服质量减轻、保暖性提高，而且还可以使雨水进不来，人体蒸发的汗却能顺利地排出去。含有 65％的芳族聚酰胺和 35％的耐热处理棉纤维的混纺织物制成的新型迷彩作训服，短时内能承受数百度的高温，可大大减少战场烧伤的发生。

0.2　现代成型技术的发展与应用

任何工程装备都是由多种形状的零部件组成的，成型工艺就是根据设计的要求将工程材料加工成具有一定形状和尺寸的零部件的过程。成型加工不仅赋予零件形状，而且控制着零件的最终使用特性。最终成型后的零部件或结构必须保证工程装备在规定的寿命期间完成特定的任务，即所谓的使用性能。

材料与制造是现代社会技术经济发展的重要支撑，如图 0－2 所示。同样，成型加工也是使材料增值的制造技术和经济活动。例如，商用飞机的成本与同等质量银的价值相当，而航天飞机的成本则与同等质量金的价值相当。为了高效、低成本地研制高性能工程装备，必须提高成型加工制造能力，不断发展并采用先进材料成型技术。

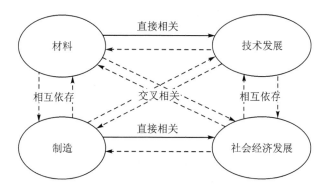

图 0－2　材料、制造、技术和社会经济发展之间的相互联系

成型加工是工程装备研制的技术关键之一。例如，现代航空发动机如图 0－3 所示，许多零部件在选用高性能材料的同时，还要采用先进的成型加工技术最终保证零部件的尺寸精度和性能。高性能的航空发动机研制集中体现了成型加工的重要作用，只有高度重视发展先进的成型技术，才能把各种复杂的零部件制造出来，确保发动机的先进性。

飞机的气动外形要通过材料成型来实现。机体承力构件对飞机外形与飞行性能的保证具

图 0-3　航空发动机

有重要意义,图 0-4 所示为飞机结构的工艺分解。由此可见,整架飞机是由各种形状的具有特定功能的成型件与结构组成的。

图 0-4　飞机结构的工艺分解

　　创新的成型加工是装备研制过程中重要的科技活动,装备性能的实现依赖于先进的成型技术。新材料与新结构在武器装备研制中的不断应用,对成型技术提出了更高的要求。发展先进、洁净、精确、快速的成型技术对于型号研制至关重要。武器装备预研中应加强材料成型物理模拟与数值模拟研究,通过成型加工过程模拟,掌握材料成型规律,降低实验成本,为装备研制提供科学依据。

　　成型加工技术是先进制造技术的重要组成部分,是保证工程装备质量的基础技术。现代成型加工技术是集多种学科于一体的综合技术,是最能代表国家制造技术水平的重要方面。

在现代工程装备研制中,材料成型技术的发展与应用主要表现在如下几方面。

① 先进的成型工艺方法发展迅速,如单晶空心叶片精铸、粉末高温合金涡轮盘超塑性锻造、搅拌摩擦焊接、喷射沉积成型和隔热涂层技术等。在过去的 30 多年中,涡轮进口温度提高了 450 ℃,其中 70% 是由于采用了精铸空心叶片获得的,这项技术已成为决定高推重比发动机所能达到最高性能水平的关键技术。

② 大幅度减轻武器装备质量,降低制造成本。采用先进成型加工技术制造大型精密锻、铸件,采用先进焊接工艺制造的整体结构件,可减轻质量 20% 左右和降低成本 30% 左右,同时,还为设计人员提供了设计的灵活性。

③ 常规成型加工技术逐步被现代技术所改造。传统的锻、铸、焊、热、表面处理等工艺引进了计算机、真空和高能束等技术,被改造为高新技术。采用多向模锻、真空热处理、表面镀镉钛和喷丸及孔挤压强化处理等先进热工艺制造飞机起落架零件,可使起落架与飞机同寿命。

④ 组合或复合成型工艺得到应用,如超塑性成型/扩散连接、形变热处理技术、电弧与激光复合热源焊接等。

⑤ 信息技术助推成型工艺创新,如增材制造技术(3D 打印)等;成型工艺过程的模拟技术发展迅速,如铸件凝固铸造过程的数值模拟、锻件和铸件缺陷形成及预测的数值模拟、焊接热效应的数值模拟等。

⑥ 成型加工技术与新结构、新材料并行发展,如摩擦焊接、热等静压和液相扩散焊等成型加工技术分别与整体涡轮转子、整体叶盘结构和大型夹芯结构风扇叶片及对开叶片等新结构并行发展,热等静压和超塑性锻造与粉末高温合金、液态金属快速冷却轧制与非晶态材料同步发展等。

成型加工技术是显著提高工程装备性能、大幅度减轻结构质量、降低制造成本和提高工程装备使用寿命及可靠性的关键技术,正沿着优质、高效、精密、大型和无污染的方向发展。为适应先进工程装备的发展,注重应用新材料和先进的成型技术具有重要意义。

0.3 工程材料与成型的基本关系

材料成型过程是材料形状与性能改变的过程,也是能量耗散的过程。能量是材料成型过程的驱动力,材料成型利用的能量形式主要有热能和机械能。能量作用下的材料形态发生显著变化,借助于材料在不同形态下的性质实现成型。

根据成型过程中材料的形态及变化特点,可将成型制造工艺分为凝固成型(或称相变成型)、塑性成型、聚合成型等,由此可以派生出各种各样的成型方法。基于材料物态的成型,不仅赋予零件形状,而且控制着零件的最终使用特性。零部件的材料结构与性能是成型加工的结果,与成型加工前的材料结构和性能不同,而材料的初始状态也对成型工艺构成影响。因此,最终产品的使用性能、材料成分/组织、材料性质和成型加工 4 个因素之间形成了紧密联系,如图 0 - 5 所示。4 个因素中,任一因素发生变化就会引起其他因素发生变化。对同一材料,不同成型工艺制造的构件性能将有较大的差异。成型技术研究就是掌握这些因素之间的相互联系,制造符合要求的产品。这些要素之间的相互关系是基于材料科学的材料工程认识论框架且指导材料研究与应用开发的理论基础。如果将机械工程与材料工程实现集成,则需

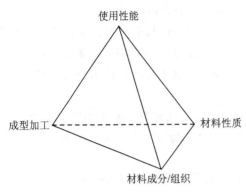

图0-5 成型加工、使用性能、材料性质、
材料成分/组织之间的关系

要考虑构件(或零件)的承载能力。构件的承载能力与材料及其几何形状有关,而构件形状(简称构形)又影响成型工艺及材料的选择,最终也会影响产品的性能。

构形是实现结构功能的技术条件,也是产品设计的主要目标和计算分析的模型。成型既是赋予材料特定的形状,也可以看成是赋予构形特定的材料,如图0-6所示。前者强调成型过程,后者则侧重其结果。相同的构形可以赋予不同的材料,也可以采用不同的成型工艺,约束条件是材料的工艺性、构件的使用性及经济性要求。构形、结构功能、成型工艺与材料之间的关系如图0-7所示,这些要素的相互作用构成了材料与成型的机械工程认识论框架。

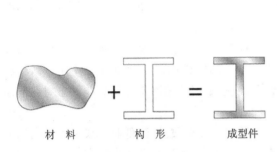

图0-6 材料、构形与成型的关系

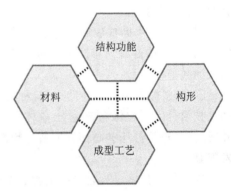

图0-7 构形、结构功能、成型工艺与
材料之间的关系

材料及成型工艺的选择是产品设计的重要内容(见图0-8)。材料与成型工艺的选择往往是互相制约的,新结构方案的实现有赖于先进材料的应用,先进材料对成型工艺的发展又起到促进作用。这就要求所选材料要满足结构需要的使用性能,同时具有良好的工艺性能以及经济性和环境适应性。

材料是否符合结构性能要求需要进行严格地评估,以确定材料的可用性。制造工艺的选择需要经过反复试验验证才能确定,重要工作是评估所选材料对有关工艺的适用性,以及成型件性能对工艺参数的敏感性。同时要分析可能出现的缺陷,确定检验的方法及标准、缺陷的修复方案等。

综上所述,工程装备的设计、材料和制造技术三者相辅相成,互相促进,互相制约。先进工程装备的研制总伴随着新材料、新结构和新工艺的重大突破。材料与成型技术的发展,也必将促进工程装备性能和结构的发展。

长期以来,以专业技术为主导的工科院校为我国工业界培养了大量的专门人才,在国家的工业发展中起到了重要作用。但是,随着现代制造业的发展,复合型创新人才的培养越来越受到重视。以专业技术为主导的工科教育必须向以多学科综合为主导的工程教育转变。在本科教育中,精深的专业教育越来越受到质疑,由此而暴露的弊端也愈加明显。现代的制造技术越

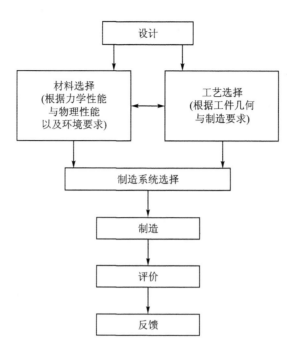

图 0-8　产品设计流程

来越体现多学科交叉性。例如,近年来受到广泛关注的搅拌摩擦焊技术的发展,充分体现了多学科知识的集成创新特点。我国焊接专业学生对电弧焊的小范围铸造(或冶金)很清楚,但对摩擦焊这种小范围锻造就在理解上存在局限性。再如现代激光、电子束加工既可以实现材料的连接,也可以实现材料去除加工,还可以直接成型(增材制造或 3D 打印),极大地突破了传统机械加工与热加工的界限。这对于我们的人才培养模式是具有挑战性的。

0.4　本教材的教学要求

　　工程材料需要通过成型加工来实现其经济和社会价值。机械工程类专业的学生必须认识到工程材料与成型加工技术的重要地位。本教材名为《工程材料与成型技术》,意在强调孤立地谈论工程材料或成型技术是不全面的,工程材料与成型技术必须作为一个整体来考虑,从而使其具有科学性。本教材力图贯彻这一思路。因此,教学中注意在以下几方面进行思考。

　　① 工程材料是工程装备结构的物质基础,成型是工程材料应用的重要环节,工程材料与成型技术相互依存和促进。工程材料的成型性是其重要的工程属性,成型技术要面向材料性质。通过本课程的学习,使学生形成材料(成型)的工程性与成型技术(材料)的科学性的认识论框架。

　　② 任何工程装备都是由多种形状的零部件组成的,成型工艺就是根据设计的要求将工程材料加工成具有一定形状和尺寸零部件的过程。成型加工不仅赋予零件形状,而且控制着零件的最终使用特性。零部件的材料结构与性能是成型加工的结果,最终成型后的零部件与结构必须保证工程装备在规定的寿命期间完成特定的任务。

③ 材料、成型加工、工件构形、结构功能 4 个因素之间有着密不可分的关系,任一个因素发生变化就会引起其他因素发生变化。对同一材料,不同成型工艺制造的构件性能将有较大的差异。成型技术研究就是要掌握这些因素之间的相互联系,从而制造出符合要求的产品。

④ 成型加工不但赋予材料形状,同时也是使材料增值的经济活动,是保持产品竞争力的关键因素之一。尽管不同的装备所采用的成型加工技术有很大的不同,但在成型加工和制造方面提高技术能力和效率上是一致的。为了高效、低成本地研制高性能装备,必须提高成型加工制造能力,不断发展并采用先进成型技术。

⑤ 工程材料与成型加工是工程装备研制的技术关键之一。高性能的工程装备研制集中体现了工程材料与成型加工的重要作用,只有高度重视发展先进材料与成型技术才能把各种复杂的零部件制造出来,才能确保工程装备的先进性。

⑥ 创新的工程材料与成型技术是工程装备研制过程中重要的科技活动。新材料与新结构在工程装备研制中的不断应用,对工程材料与成型技术提出了更高的要求。发展先进工程材料与精确、洁净、快速成型技术对于工程装备研制至关重要。

第1章 工程材料及应用

工程材料通常是指直接用于制造或建造工程产品的材料,工程产品的可靠性和先进性在很大程度上取决于所选用材料的质量和性能。本章重点介绍工程材料的性能、分类及其在工程中的应用及发展。

1.1 工程材料的性能

工程材料的性能主要包括使用性能和工艺性能。使用性能是指材料的力学性能、物理性能和化学性能。工艺性能是指加工过程所反映出来的性能。工程材料应满足工程设计和产品使用要求,根据使用性能要求进行选材是特别重要的。如航空航天结构要求材料具有轻质、高强、高模量、高韧性、耐高温、耐低温、抗氧化、耐腐蚀等性能,同时还要易于成型加工。

1.1.1 工程材料的力学性能

工程装备或结构在使用过程中往往承受强大载荷的作用,因此,材料必须具有足够的承受载荷的能力,才能保证结构或部件不发生破坏。材料在载荷作用下所表现出来的性能,称为力学性能。力学性能包括弹性、刚度、强度(有拉伸、压缩、弯曲、剪切、蠕变、疲劳等)、塑性(伸长率、断面收缩率)、韧性、硬度、耐磨性等。

1. 材料的静载拉伸行为

材料在载荷作用下的形状和尺寸变化称为变形。在载荷的作用下,材料内部产生应力。材料受载荷作用一般包含弹性变形、塑性变形和断裂3个阶段。

如图1-1所示为低碳钢缓慢加载单向静载拉伸曲线(应力-应变曲线),曲线分为4个阶段:

阶段Ⅰ(Oab)为弹性变形阶段,Oa为直线阶段,当应力不超过σ_p(a点应力)时,拉伸曲线为一直线,即应力与应变成正比,此时试样只产生弹性变形,外力去掉后,试样恢复原状。当应力超过σ_p而不大于σ_e(b点应力)时,拉伸曲线便稍偏离直线,试样发生极微量塑性变形(0.001%~0.005%),但仍属于弹性变形阶段。

阶段Ⅱ(bcd)发生屈服变形,屈服应力为σ_s(c点应力)。

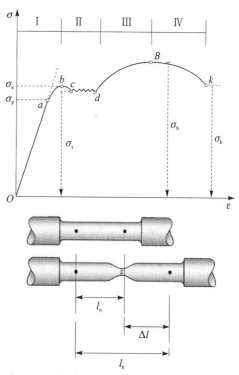

图1-1 低碳钢缓慢加载单向静载拉伸曲线

阶段Ⅲ(dB)是均匀塑性变形阶段,σ_b(B点应力)为材料所能承受的最大载荷。

阶段Ⅳ(Bk)为局部集中塑性变形,即颈缩阶段。

其中铸铁、陶瓷只有第Ⅰ阶段,中、高碳钢没有第Ⅱ阶段。图1-2所示为不同类型材料的拉伸曲线(应力-应变关系曲线)。

2. 弹性与刚度

材料受载荷作用时立即引起变形,当载荷去除,变形立即消失而恢复至原来状态的性能,称为弹性。弹性变形是指去除载荷后,形状和

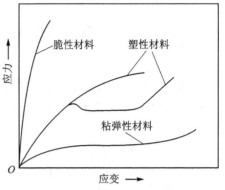

图1-2　不同类型材料的拉伸曲线

（应力-应变关系曲线）

尺寸能恢复至原来的变形。在弹性变形阶段,弹性变形的最大值称为弹性极限 σ_e,当应力超过弹性极限时,金属便开始发生塑性变形。工程上通常规定,以产生 0.005%、0.01%、0.05% 的残留变形时的应力作为条件弹性极限,分别表示为 $\sigma_{0.005}$、$\sigma_{0.01}$ 和 $\sigma_{0.05}$。

在弹性变形范围内,施加载荷与其所引起变形量成正比关系,其比例常数 $E=\sigma/\varepsilon$ 称为弹性模量。弹性模量 E 表示材料抵抗弹性变形的能力,又称为刚度。弹性模量愈大,表示材料中原子间结合愈牢固,也就说明材料熔点愈高。当温度升高时,原子间结合力减弱,弹性模量会降低。

材料的弹性模量主要取决于结合键和原子间的结合力,而材料的成分和组织对它的影响不大,所以说它是一个对组织不敏感的性能指标。改变材料的成分和组织会对材料的强度(如屈服强度、抗拉强度)有显著影响,但对材料的刚度影响不大。陶瓷材料通过离子键和共价键结合,具有很高的弹性模量。金属键的弹性模量适中,但由于各种金属原子结合力的不同,也会有很大的差别,例如铁(钢)的弹性模量为 $210\ \mathrm{GPa}$,是铝(铝合金)的 3 倍。聚合物材料则具有高弹性,即弹性模量低,在较小的应力下,就可以发生很大的变形;除去外力后,形变可迅速恢复。

任何一部机器(或构造物)的零(构)件在服役过程中都是处于弹性变形状态的。结构中的部分零(构)件要求将弹性变形量控制在一定范围之内,以避免因过量弹性变形而失效。而另一部分零(构)件,如弹簧,则要求其在弹性变形量符合规定的条件下,有足够的承受载荷的能力,即不仅要求起缓冲和减振的作用,而且要有足够的吸收和释放弹性功的能力,以避免弹力不足而失效。

工程结构在使用过程中往往不允许出现较大的变形,结构如果不具有足够的刚度,就不能保证正常工作。不同类型的材料,其弹性模量可以差别很大,因而在给定载荷下,产生的弹性变形也就会相差悬殊。零件的刚度与材料的刚度不同,它除了取决于材料的刚度外,还与零件的截面尺寸与形状,以及载荷作用的方式有关。

如材料的刚度不够,则只能增加截面尺寸或改变截面形状以提高零件的刚度。当既要提高材料刚度,又要求减轻零件的质量时,就要以材料的比刚度来评定。材料的比刚度依载荷形式而定,杆件拉伸时,其比刚度以 E/ρ 来度量,ρ 为材料的密度;当零件或构件以梁的形式出现时,其比刚度以 $E^{1/2}/\rho$ 来度量;板受弯曲时材料的比刚度以 $E^{1/3}/\rho$ 来度量。

为了表示比刚度对材料选择的影响,常绘制材料的弹性模量-密度图,如图1-3所示。该

图是以双对数坐标绘制的,图中 3 种比刚度 E/ρ、$E^{1/2}/\rho$、$E^{1/3}/\rho$ 均为一直线,只是直线的斜率依次增加。表 1-1 列出几种典型材料的比刚度。可以看出,当零件是受拉伸的杆件,如以 E/ρ 作为选材判据,高强钢、铝合金和玻璃纤维增强的复合材料 3 者没有多大差别;但如果是悬臂梁,最大刚度由 $E^{1/2}/\rho$ 决定,铝合金比钢好很多,这就是飞机的主框架选用铝合金的原因,而玻璃纤维复合材料并不比铝合金好多少。例如一大平板均匀受载时,最大刚度由 $E^{1/3}/\rho$ 决定,纤维增强的复合材料的优点就很突出,虽然材料成本较高,但在战斗机或直升机的尾翼上仍得到广泛采用。

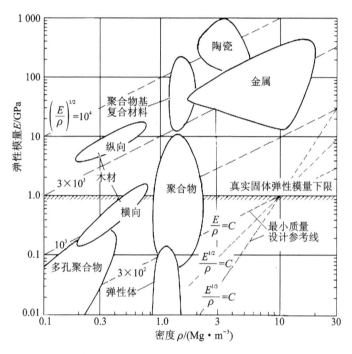

图 1-3　材料弹性模量与密度的关系

表 1-1　几种材料的比刚度

材　料	密度 $\rho/$ $(Mg \cdot m^{-3})$	弹性模量 $E/$ GPa	屈服强度 $\sigma_s/$ MPa	断裂韧性 $K_{IC}/$ $(MPa \cdot m^{1/2})$	E/ρ	$E^{1/2}/\rho$	$E^{1/3}/\rho$	σ_s/ρ
58% 单向碳纤维增强树脂复合材料	1.5	189	1 050	32～45	126	9	3.8	700
50% 单向玻璃纤维增强树脂复合材料	2.0	48	1 240	42～60	24	3.5	1.8	620
高强度钢	7.8	207	1 000	100	27	1.8	0.76	128
铝合金	2.8	71	500	28	29	3.0	1.5	179

3. 强　度

材料在载荷作用下抵抗变形和破坏的能力称为强度。因材料受载方式和变形形式不同,可将强度分为抗拉强度、抗压强度、剪切强度等。不同材料抵抗载荷作用和变形方式的能力是不同的。因此，可以有不同的强度指标，并且不同材料的强度差别很大。

（1）屈服强度

受力材料的应力达到某一特定值后开始大规模塑性变形的现象称为屈服。屈服标志着材料的力学响应由弹性变形阶段进入塑性变形阶段。在拉伸曲线上屈服点所对应的应力称为屈服强度 σ_s。它表示材料抵抗微量塑性变形的能力，是设计和选材的主要依据之一。σ_s 越大，其抵抗塑性变形的能力越强，越不容易发生塑性变形。

若材料的塑性变形不明显，则拉伸试验时不易测出，工程上通常将试样产生 0.2% 残留变形时的应力作为条件屈服极限 $\sigma_{0.2}$，如图 1-4 所示。

影响材料屈服强度的内在因素主要有结合键、组织、结构等。金属的屈服强度与陶瓷、高分子材料的屈服强度比较，可看出结合键的影响是根本性的。陶瓷材料由于是共价键或离子键的结合，决定了陶瓷有很高的屈服强度，同时也决定了陶瓷的固有脆性。而高分子材料，由于分子链间的键结合力弱，分子链容易彼此滑过，所以屈服强度很低。固溶强化、形变强化、沉淀强化和弥散强化、晶界和亚晶强化是工业合金中提高材料屈服强度的最常用手段。

温度、应变速率、应力状态是影响材料屈服强度的外在因素。随着温度的降低与应变速率的增高，材料的屈服强度也升高，尤其是体心立方金属对温度和应变速率特别敏感，这导致了钢的低温脆化。应力状态不同，屈服强度值也不同。通常给出的材料屈服强度是指在单向拉伸时的屈服强度。三向应力状态下的材料屈服强度会提高。

随温度的升高，材料的屈服强度降低，如图 1-5 所示，降低的程度因材料类型而异。因此，若保证温度升高引起的材料屈服强度降低不影响结构的强度要求，则需限定材料的最高工作温度。在最高工作温度以下工作的材料屈服强度相对室温无显著变化，若温度超过材料的最高温度，则材料的屈服强度显著降低，结构无法承受载荷作用甚至发生破坏。图 1-6 为各种材料室温屈服强度与最高工作温度图。如果考虑高温长期载荷作用，则需按蠕变强度或持久强度进行设计。

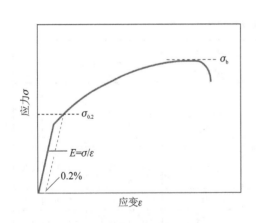

图 1-4　条件屈服极限的确定

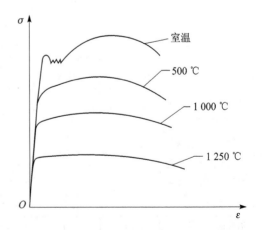

图 1-5　应力-应变曲线与温度的关系

（2）抗拉强度

材料在常温和载荷作用下发生断裂前的最大应力称为抗拉强度，用符号 σ_b 表示，它表示

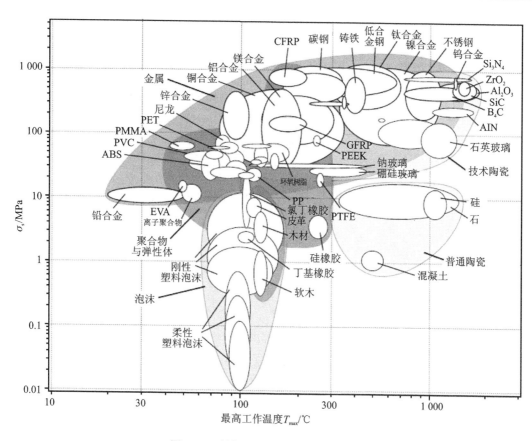

图 1-6　材料屈服强度与最高工作温度

材料抵抗断裂的能力。σ_b 越大，材料抵抗断裂的能力越强。对于脆性材料，如灰口铸铁，$\sigma_b = \sigma_s$。纤维增强复合材料的抗拉强度与载荷方向有关，如图 1-7 所示。

σ_b 和 σ_s 是材料在常温下的强度指标。零件工作若所受应力不大于 σ_s，就不会发生塑性变形；不大于 σ_b，则不会引起断裂。

此外，常温下强度指标根据不同的试验还有抗压强度、抗弯强度和剪切强度。

当既要求材料的强度高，又要求零件的质量轻时，就要以材料的比强度（强度/密度）来评定。图 1-3 的纵坐标用材料强度绘制可得材料强度与密度图，如图 1-8 所示。综合分析可知，在结构形式一定的条件下，钢铁材料虽然有很高的弹性模量、很高的屈服强度，但其比刚度、比强度并不高。若论

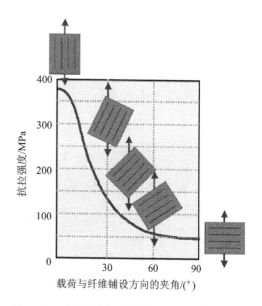

图 1-7　复合材料的抗拉强度与载荷方向的关系

比刚度、比强度，复合材料最好，铝合金次之，钢铁最低。图 1-9 为材料的比强度与比刚度图。

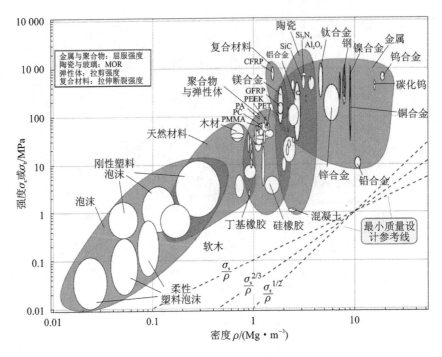

图 1-8　材料强度与密度

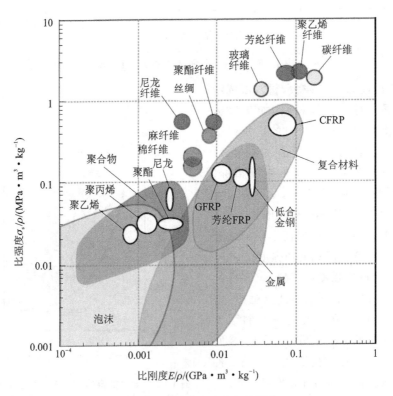

图 1-9　材料的比强度与比刚度

4. 塑性和形变硬化

塑性变形和形变强化是金属材料的重要特征。由于金属可以承受塑性变形而可被加工成型,由于金属具有形变强化特性而可以采用塑性变形工艺提高其强度,由于形变强化而使承载零件在超载变形情况下免于破坏。

(1) 塑　性

材料在载荷作用下产生塑性变形而不被破坏的能力,称为塑性。材料塑性好坏可通过拉伸试验来测定。材料的塑性指标一般用伸长率和断面收缩率来评定。

① 伸长率。试样断裂时的相对伸长(见图 1-1)称为伸长率,用符号 δ 表示。

$$\delta = \frac{\Delta l}{l_0} = \frac{l_k - l_0}{l_0} \times 100\%$$

式中,l_0 为试样原始标距长度,l_k 为试样拉断后最终标距长度。

② 断面收缩率。试样断裂时的相对收缩,称为断面收缩率,用符号 Ψ 表示。

$$\Psi = \frac{\Delta F}{F_0} = \frac{F_0 - F_k}{F_0} \times 100\%$$

式中,F_0 为试样原始标距段横截面积,F_k 为试样拉断后断口处横截面积。

工程上通常根据材料断裂时塑性变形的大小来确定材料的类型。将 $\delta \geqslant 5\%$ 的材料称为塑性材料,$\delta < 5\%$ 的材料称为脆性材料。良好的塑性可使材料顺利地实现成型。零件材料具有一定塑性时,可提高承载能力,不会因过载而突然破坏;可通过材料引起塑性变形,使材料强度增加而抵抗突然断裂。

金属材料的伸长率和断面收缩率之间具有较好的线性相关性。图 1-10 所示为典型金属材料的伸长率与断面收缩率的关系及变化范围。

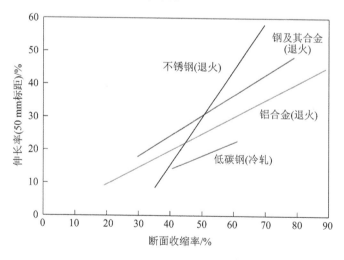

图 1-10　典型金属材料的伸长率与断面收缩率范围

(2) 形变硬化

在外载的作用下,材料进入塑性变形阶段,要使塑性变形持续进行,就需要不断提高载荷,也就是说材料因塑性变形而强化了,这种现象称为形变硬化或加工硬化。形变硬化是提高材料强度的重要手段。不锈钢的屈服强度不高,如用冷变形可以成倍地提高其屈服强度。

金属的加工硬化能力对冷加工成型工艺是很重要的,若金属没有加工硬化能力,则任何冷加工成型的工艺都是无法进行的。对于深冲的薄板,之所以广泛采用低碳钢,就是因为低碳钢有较高的加工硬化能力。

对于工作中的零件,也要求材料有一定的加工硬化能力,否则,在偶然过载的情况下,会产生过量的塑性变形,甚至有局部的不均匀变形或断裂。因此材料的加工硬化能力是零件安全使用的可靠保证。

材料的综合力学性能是强度与塑性组配的结果,可以用应力-应变曲线下的面积来表征,如图1-11所示,称为静力韧度。静力韧度反映了材料在断裂前吸收塑性变形功和断裂功的能力(即韧性)。只有在强度与塑性具有较好的配合时,才能获得较高的韧性。在过分强调强度而忽视塑性的情况下,或者在片面追求塑性而不兼顾强度的情况下,均不会得到高韧性,即没有强度和塑性的较佳配合,不会有良好的综合机械性能。这是选材时应注意的基本原则。

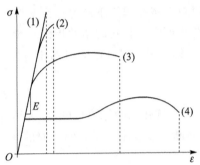

(1)和(2)—高强度材料;

(3)—高韧性材料;(4)—高塑性材料

图1-11 强度与塑性的组合

5. 硬　度

材料抵抗其他物体压入其表面的性能,称为硬度。材料硬度愈高,其他物体压入其表面愈困难。硬度是材料的重要力学性能之一,它表示材料表面抵抗局部塑性变形和破坏的能力。因此,硬度又是材料强度的又一种表现形式。常用的硬度有布氏硬度、洛氏硬度和维氏硬度。

(1) 布氏硬度

布氏硬度的测定原理是在直径为 D 的钢珠上施加一定负荷,压入被试金属的表面,如图1-12所示,保持规定的时间后卸除负荷,根据金属表面压痕的陷凹面积 S 计算出应力值,以此值作为硬度值大小的计量指标。布氏硬度值的符号以 HB 标记。

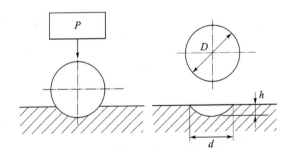

图1-12 布氏硬度测试原理

$$HB = \frac{P}{S} = \frac{2P}{\pi D(D - \sqrt{D^2 - d^2})}$$

式中,h 为压痕陷凹深度;压痕陷凹面积 $S = \pi h D$。由上式可知,在 P 和 D 一定时,HB的高低取决于 h 的大小,二者成反比。h 大,说明金属形变抗力低,故硬度值 HB 小;反之,则 HB 大。布氏硬度适用于未经淬火的钢、铸铁、有色金属或质地轻软的轴承合金。

（2）洛氏硬度

洛氏硬度也是一种压痕测定硬度的方法，对布氏硬度有一定的改进。洛氏硬度的压头（即硬度头）分硬质和软质两种。硬质的由顶角为 120° 的金刚石圆锥体制成，适于测定淬火钢材等较硬的金属材料；软质的由直径 $D = 1.587\ 5$ mm 或 $D = 3.175$ mm 的钢球制成，适于退火钢、有色金属等较软材料硬度值的测定。洛氏硬度所加负荷根据被试金属本身硬软不等做不同规定，随不同压头和所加不同负荷的搭配出现了各种称号的洛氏硬度级。

洛氏硬度试验如图 1-13 所示，首先加一预加负荷 P_0，在材料表面得一初始压痕深度 h_0，随后再加上主负荷 P_1，压头压入深度的增量为 h_1。在这样的主负荷作用下，金属表面产生的总变形包括弹性变形部分和塑性变形部分。当主负荷卸去后，总变形中的弹性变形部分得到恢复，压头将回升一段距离，金属表面总变形中残留下来的塑性变形部分即为压痕深度 t，根据 t 的大小计算洛氏硬度值，定义每 0.002 mm 相当于洛氏 1 度，即

$$HR = K - \frac{t}{0.002}$$

式中，K 为常数，金刚石圆锥压头时 $K = 100$，钢球压头时 $K = 130$。

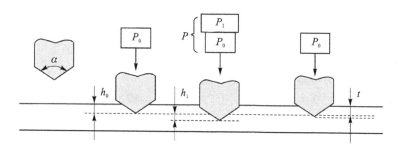

图 1-13　洛氏硬度测试原理

洛氏硬度试验避免了布氏硬度试验所存在的缺点。其优点是适于各种不同硬质材料的检验，不存在压头变形问题；其次是压痕小，基本不损伤工件表面，且操作简单，立即得出数据，效率高，适用于大量生产中的成品检验。缺点是用不同标尺的硬度值是不可比的；此外，在粗大组成相（如灰铸铁中的石墨片）或粗大晶粒的材料中，因压痕小，可能正好落在个别组成相上，使得硬度数据缺乏代表性。

（3）维氏硬度

维氏硬度的测定原理和布氏硬度相同，也是根据单位压痕陷凹面积上承受的名义应力值作为硬度值的计量指标。所不同的是维氏硬度采用锥面夹角为 136° 的四方角锥体，由金刚石制成，如图 1-14 所示。采用四方角锥体，当负荷改变时压入角不变，因此负荷可以任意选择，这是维氏硬度试验最主要的特点。

已知载荷 P，测定出压痕两对角线长度后取平均值 d，用下式可计算维氏硬度 HV。

$$HV = \frac{2P\sin\dfrac{136°}{2}}{d^2} = 1.854\ 4\,\frac{P}{d^2}$$

测定维氏硬度的压力一般可选 5、10、20、30、50、100、120 kgf（1 kgf = 9.806 65 N，受测试条件所限，这里不再转换）等，小于 10 kgf 的压力可以测定显微组织硬度。

与布氏、洛氏硬度试验相比，维氏硬度试验不存在布氏那种负荷和压头直径的规定条件的约束，以及压头变形问题；也不存在洛氏那种硬度值无法统一的问题。而它和洛氏一样可以试验任何软硬的材料，并且比洛氏能更好地测试极薄件（或薄层）的硬度。

硬度有很大的实用意义。例如，在加工（切削或冲压）零件时，选用加工工具（车刀或模具）的材料硬度就应该比被加工零件的硬度高，这样才能使工具切除零件上多余的材料，工具本身在加工过程中才能保持完整而不被磨损，才能保持原状而不变形。坦克装甲对于材料的硬度要求较高。超高硬度装甲钢的硬度可达 HB500～700，装甲钢的硬度增大，可减小炮弹的侵彻深度，提高防护能力。

6. 断　裂

断裂是材料在外力的作用下的分离过程，是材料失效的主要形式之一。断裂过程包括裂纹萌生、裂纹扩展与最终断裂。断裂的形式分为脆性断裂与韧性断裂。脆断指断裂前无明显变形的断裂；韧断指断裂前有明显塑变的断裂。

（1）脆性断裂

常见的材料脆性断裂有解理断裂和晶间断裂。

解理断裂是材料在拉应力的作用下，由于原子间结合键的破坏，沿一定的结晶学平面分离而造成的，这个平面叫解理面。解理断口的宏观形貌是较为平坦、发亮的结晶状断面，如图 1-15 所示。具有面心立方晶格的金属一般不出现解理断裂。

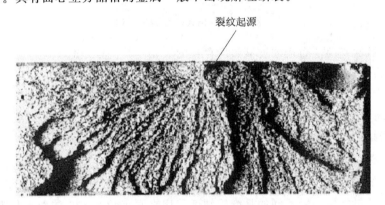

图 1-14　维氏硬度测试原理

图 1-15　脆性断口

晶间断裂是裂纹沿晶界扩展的一种脆性断裂。晶间断裂时，裂纹扩展总是沿着消耗能量最小，即原子结合力最弱的区域进行。

（2）韧性断裂

韧性断裂也称延性断裂。在电子显微镜下，可以观察到韧性断口由许多被称为韧窝的微孔洞组成，如图 1-16 所示，韧窝的形状因应力状态而异。韧性断裂过程可以概括为微孔成核、微孔长大和微孔聚合 3 个阶段。

（3）韧性-脆性转变

材料的断裂属于脆性还是延性，不仅取决于材料的内在因素，而且与应力状态、温度、加载速率等因素有关。实验表明，大多数塑性的金属材料随温度的下降，会发生从韧性断裂向脆性断裂的过渡，这种断裂类型的转变称为韧性-脆性的转变，所对应的温度称为韧性-脆性转变温度。一般体心立方金属韧性-脆性转变温度高。面心立方金属一般没有这种温度效应。脆性转折温度的高低，还与材料的成分、晶粒大小、组织状态、环境及加载速率等因素有关。韧性-脆性转变温度是选择材料的重要依据。工程实际中需要确定材料的韧性-脆性转变温度，在此温度以上只要名义应力处于弹性范围，材料就不会发生脆性破坏。

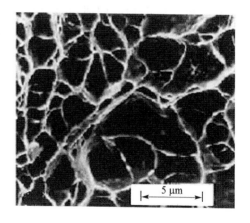

图 1-16　韧性断口

（4）冲击韧性试验

材料的断裂性能需要采用试验进行评定。常用的试验评定方法主要有冲击试验、断裂力学试验等。

材料在使用过程中除受到静载荷（如拉伸、弯曲、扭转、剪切）外，还会受到突然施加的载荷，这种突然作用的载荷称为冲击载荷。它易使工件和工具受到破坏。材料抵抗冲击载荷而被破坏的能力，称为冲击韧性（简称韧性），用符号 a_k 表示，单位为 J/cm^2。它是材料在冲击载荷作用下抵抗断裂的一种能力。目前常用一次摆锤冲击弯曲试验法来测定材料承受冲击载荷的能力，如图 1-17 所示。材料的脆性大，则韧性小；反之，材料的韧性大，则脆性小。

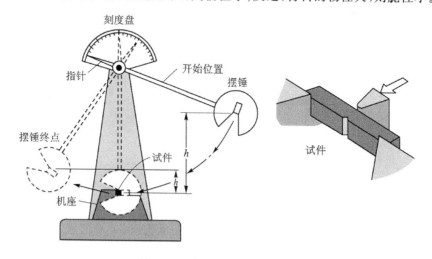

图 1-17　摆锤式冲击实验装置

用于结构和零件制造的材料应具有较高的韧性和较低的脆性。各种材料的韧性和脆性大小可用 a_k 值评定。a_k 愈大，表示韧性愈大，脆性愈小。部分高聚物和陶瓷材料的 a_k 较小，大部分金属材料的 a_k 较大。这说明部分高聚物和陶瓷材料常为脆性材料，金属材料大多数为韧性材料（或塑性材料）。

一些材料的冲击韧性对温度是很敏感的,如低碳钢或低合金高强度钢在室温以上时韧性很好,但温度降低至 −40～−20 ℃ 时就变为脆性状态,即发生韧性-脆性的转变现象,如图 1−18 所示。通过系列温度冲击实验可得到特定材料的韧脆转变温度范围。材料的工作温度要高于韧脆转变温度,才能避免发生脆性破坏。

总之,材料强度和韧性的合理组配才能保证结构的可靠性。图 1−19 为材料强度与韧性图,结合图 1−3 和图 1−9 可对材料的刚度、强度和韧性选择进行综合分析。

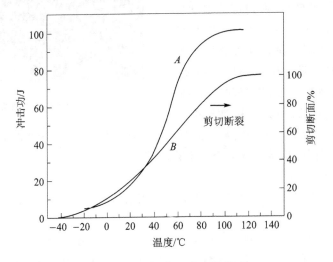

图 1−18　冲击功与温度的关系

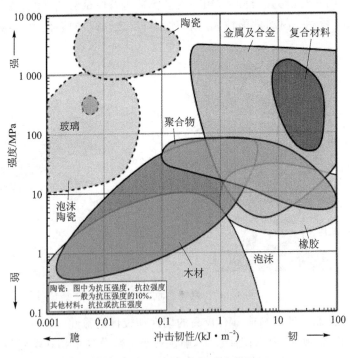

图 1−19　材料强度与冲击韧性

7. 蠕变与疲劳

(1) 蠕 变

在室温下,材料的力学性能与加载时间无关。但在高温下材料的强度及变形量不但与时间有关,而且与温度有关。蠕变强度与持久强度是衡量材料在高温和载荷长时间作用下的强度与变形性能的重要指标。

① 蠕变强度。材料在高温和载荷长时间作用下,抵抗缓慢塑性变形(即蠕变)的能力称为蠕变强度。蠕变强度越大,材料抵抗高温发生蠕变的能力越强。

图 1-20 所示为恒温恒应力条件下材料蠕变应变与时间的关系,称为蠕变曲线。蠕变最初发生的是瞬间弹性变形,随后进入蠕变过程。按照蠕变速率可将蠕变过程分为 3 个阶段,即初始蠕变阶段、稳态蠕变阶段(第 2 阶段)和加速蠕变直至断裂阶段(第 3 阶段)。

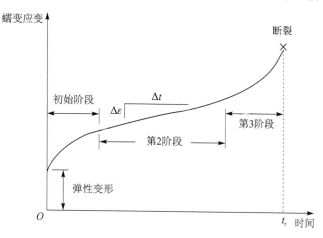

图 1-20　恒应力条件下蠕变应变与时间的关系

温度和应力是影响材料蠕变过程的两个最主要的参数。在规定温度下,至规定时间试样的总塑性变形(或总应变)或稳态蠕变速率不超过某规定值的最大应力称为蠕变极限或蠕变强度,是为保证在高温长时间载荷作用下零件不致产生过量塑性变形的抗力指标。

② 持久强度。材料在高温和载荷长时间作用下,抵抗断裂的能力,称为持久强度。持久强度越大,抵抗高温发生断裂的能力越强。当零件在高温条件下工作时,若所受应力小于蠕变强度,不会发生蠕变,若小于持久强度则不会断裂。

(2) 疲 劳

疲劳是材料在如图 1-21 所示的循环应力或应变的反复作用下所发生的性能变化,是一种损伤累积的过程。经过足够次数的循环应力或应变作用后,金属结构局部就会产生疲劳裂纹或断裂。交变应力的作用,往往使材料在远小于强度极限,甚至小于屈服极限的应力下发生疲劳,产生裂纹,最后逐渐发展而突然断裂,即疲劳断裂。在给定条件下,使材料发生破坏所对应的应力循环周期数(或循环次数)称为疲劳寿命。

应力与疲劳寿命的关系用 $S-N$ 曲线表示。图 1-22 是钢与铝合金光滑试件的 $S-N$ 曲线。从图中可以看出,当 N 值达到一定的数值后,钢的 $S-N$ 曲线就趋于水平,但铝合金的 $S-N$ 曲线则没有明显的水平直线段。对于钢而言,$S-N$ 曲线的水平直线对应的最大应力为疲劳极限。通常,应力比 $R=\sigma_{\min}/\sigma_{\max}=-1$ 时,疲劳极限的数值最小,此时对应的最大应力就是应力幅值，用 σ_{-1} 表示。对于 $S-N$ 曲线没有明显水平直线段的材料（如铝合金），通常将承受一定次数应力循环（如 10^7）而不发生破坏的最大应力定为某一特定循环特征下的条件疲劳极限。

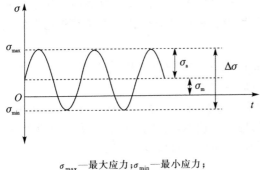

σ_{max}—最大应力；σ_{min}—最小应力；

σ_a—应力幅；σ_m—平均应力；$\Delta\sigma$—应力范围

图 1-21　应力循环

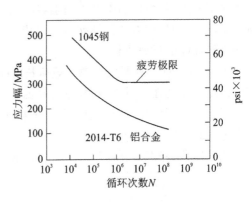

图 1-22　$S-N$ 曲线

陶瓷、高分子材料的疲劳抗力很低，金属材料疲劳强度较高，纤维增强复合材料也有较好的抗疲劳性能。循环应力特征、温度、材料成分和组织、夹杂物、表面状态、残余应力等因素对材料的疲劳强度有较大影响。

高温下工作的构件，如汽轮机、航空发动机等，在进行强度设计时，既要考虑高温短时强度、蠕变强度、持久强度，也要考虑高温疲劳性能和热应力引起的疲劳破坏（简称热疲劳）。

8. 耐磨性能

材料耐磨性是指某种材料在一定的摩擦条件下抵抗磨损的能力，它对承受摩擦的零部件的使用寿命有很大影响。材料的耐磨性与材料的硬度、摩擦系数、表面光洁度、摩擦时的相对运转速度、载荷大小及周围介质（如有无润滑）等多种因素有关。

耐磨性是材料抵抗磨损的一个性能指标，可用磨损量来表示。表示磨损量的方法很多，可用摩擦表面法向尺寸减小量来表示，称为线磨损量；也可用体积和质量法来表示，分别称为体积磨损量和质量磨损量。由于上述磨损量是摩擦行程或时间的函数，因此，也可用耐磨强度或耐磨率表示其磨损特性，前者指单位行程的磨损量，单位为 $\mu m/m$ 或 mg/m；后者指单位时间的磨损量，单位为 $\mu m/h$ 或 mg/h。显然，磨损量愈小，耐磨性愈高。

任何机器运转时，相互接触的零件之间都将因相对运动而产生摩擦，而磨损正是摩擦产生的结果。由于磨损造成表层材料的损耗，零件尺寸发生变化，直接影响了零件的使用寿命。如发动机气缸套的磨损超过允许值时，将引起功率不足，耗油量增加，产生噪声和振动等，因而零件不得不更换。可见，磨损是降低机器工作效率、精确度甚至使其报废的一个重要原因，同时也增加了材料的消耗。因此，生产上总是力求提高零件的耐磨性，从而延长其使用寿命。

1.1.2　工程材料的物理性能

材料受到自然界中光、重力、温度场、电场、磁场等作用所反映的性能，称为物理性能。物理性能是材料承受非外力物理环境作用的重要性质，随着高性能武器装备的发展，材料的物理性能也越来越受到重视。利用材料的特殊物理性能可以将一种性质的能量转换为另一种性质的能量，如光与电、电与磁、电与热等能量之间的转换。具有此类性质的材料称为功能材料。

1. 密度和熔点

（1）密　度

单位体积的物质质量称为密度,某种物质的密度与水的密度之比称为该物质的相对密度。按相对密度大小来分,可将金属分为轻金属(相对密度小于3)和重金属(相对密度大于3)。例如,镁、铝、铍及其合金等属于轻金属,铜、铅、锌、铁及其合金属于重金属。高聚物的相对密度较小,一般小于2;氧化物陶瓷的相对密度一般为2～4;而金属陶瓷相对密度一般大于8。

相对密度是选用零件材料的依据之一。例如制造飞机、汽车、火箭、卫星等为了减轻自重,节省燃料,常选用相对密度较小的材料;而深海潜水器、平衡重锤,为了增加自重,提高稳定性能,常选用相对密度较大的材料。

选择材料要在保证强度的条件下最大限度地减轻质量,以提高有效载荷。比强度是度量材料承载能力的一个重要指标,比强度愈高,同一零件的自重愈小。铝、钛合金的比强度高于钢材,因而在飞机、火箭等结构中得到广泛应用。

图 1-23 所示为典型金属材料的比强度的比较。

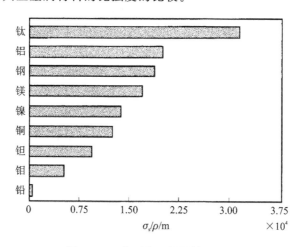

图 1-23　典型金属材料的比强度

（2）熔　点

不同材料的熔点是不相同的。金属材料按熔点高低分为易熔金属和难熔金属。熔点低于 700 ℃ 的称为易熔金属,如锡、铋、铅及其合金,某些低熔点合金(制作保险丝)可低于 150 ℃。熔点高于 700 ℃ 的称为难熔金属,如铁、钨、钼、钒及其合金。做灯丝的钨熔点为 3 370 ℃。陶瓷特别是金属陶瓷的熔点很高,如碳化钽的熔点接近 4 000 ℃。玻璃和高聚物不测定熔点,通常只用其软化点来表示。陶瓷材料由于离子键和共价键结合牢固,决定了陶瓷材料的高熔点。陶瓷、金属和高分子材料的熔点范围如图 1-24 所示。

固体材料中只有晶体才有确定的熔点,非晶态物质例如玻璃,随着温度升高,渐渐软化,因此,并无确定的熔点。对于多相组成的陶瓷材料,因其中各类晶体的熔点不同,而且尚有玻璃相的存在,因此也无确定的熔点。

熔点是高温材料的一个重要特性,它与材料的一系列高温作业性能有着密切的联系。晶体的熔化过程有着较复杂的本质。随着温度的升高,晶体中质点的热运动不断加剧,热缺陷浓度随之增大。当温度升到晶体的熔点时,强烈的热运动克服质点间相互作用力的约束,使质点脱离原来的平衡位置,晶体严格的点阵结构遭到破坏,也就是热缺陷增多到晶格已不能保持稳定。这时,宏观上晶体失去了固定的几何外形而熔化。

显然,晶体的熔点是与质点间的结合力的性质和大小有关的。例如离子晶体和共价晶体中键力较强,熔点很少低于 473 K,而分子晶体中又几乎没有熔点超过 573 K 的。

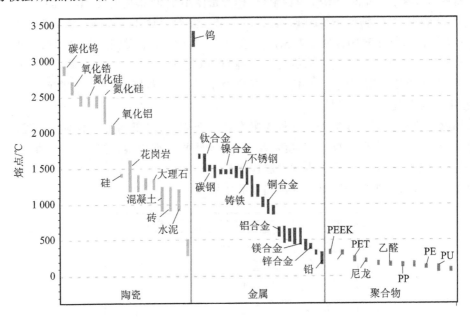

图 1-24 陶瓷、金属和高分子材料的熔点范围

2. 电学性能

材料的电学性能是指材料受电场作用而反映出来的各种物理现象,主要包括导电性和介电性能。

(1) **导电性**

导电性是指材料传导电流的能力。

导电性大小的量度用电导率 σ 表示,电导率为电阻率 ρ 的倒数,即 $\sigma = 1/\rho$,单位为 $\Omega^{-1} \cdot m^{-1}$。根据电导率或电阻率数值的大小,可将材料分成超导体、导体、半导体、绝缘体等,其电阻率分布为:

超导体 $\rho = 0$;
导体 $\rho = 10^{-8} \sim 10^{-5}$ $\Omega \cdot m$;
半导体 $\rho = 10^{-5} \sim 10^{7}$ $\Omega \cdot m$;
绝缘体 $\rho = 10^{7} \sim 10^{22}$ $\Omega \cdot m$。

金属材料导电性比非金属(陶瓷、高聚合物)材料大很多倍。一般金属材料的导电性随温度升高而降低。陶瓷材料大多数是良好的绝缘体,故可用于制作从低压(1 kV 以下)至超高压(110 kV 以上)隔电瓷质绝缘器件。

绝大多数高聚合物材料通常都是绝缘体。一般纯的聚合物是不导电的,某些聚合物能够通过掺入特殊杂质并控制其数量而获得导电性,这就是导电聚合物。

(2) **介电性能**

电介质或介电体在电场作用下,虽然没有电荷或电流的传输,但材料仍对电场表现出某些

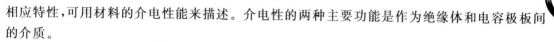

相应特性,可用材料的介电性能来描述。介电性的两种主要功能是作为绝缘体和电容极板间的介质。

介电性能用介电常数 K 来表示,介电常数是电介质的储存电荷的相对能力。介电常数与材料成分、温度、电场频率等因素有关。在强电场中,当电场强度超过某一临界值(称为介电强度)时,电介质就会丧失其绝缘性能,这种现象称为电击穿。电绝缘体必须是介电体,要具有高电阻率、高的介电强度、较小的介电常数。普通高聚合物材料具有较高的耐电强度,因而广泛应用于约束和保护电流。

介电体的其他性能还有电致伸缩、压电效应和铁电效应等。

3. 材料的磁学性能

磁学性能是材料受磁场作用而反映出来的性能。磁性材料在电磁场的作用下,将会产生多种物理效应和信息转换功能。利用这些物理特性可制造出具有各种特殊用途的元器件,在电子、电力、信息、能源、交通、军事、海洋与空间技术中得到广泛的应用。

根据材料的磁化率,可以将材料的磁性大致分为 5 类,即抗磁性、顺磁性、铁磁性、反铁磁性、亚铁磁性。

(1) 金属材料的磁学性能

金属材料中仅有 3 种金属(铁、钴、镍)及其合金具有显著的磁性,称为铁磁性材料。其他金属、陶瓷和高聚物均不呈磁性。铁磁性材料很容易磁化,在不很强的磁场作用下,就可以得到很大的磁化强度。

(2) 无机非金属材料的磁学性能

磁性无机材料具有高电阻、低损耗的优点,在电子、自动控制、计算机、信息存储等方面应用广泛。磁性无机材料一般是含铁及其他元素的复合氧化物,通常称为铁氧体,属于半导体范畴。

(3) 高聚合物材料的磁学性能

大多数高聚合物材料为抗磁性材料。顺磁性仅存在于两类有机物种:一类是含有过渡族金属的;另一类是含有属于定域态或较少离域的未成对电子(不饱和键、自由基等)。如由顺磁性离子和有机金属乳化物合成的顺磁聚合物,电荷转移络合物一般也具有顺磁性,在 900～1 100 ℃热解聚丙烯腈具有中等饱和磁化强度的铁磁性。

4. 光学性能

光波是指波长在特定范围内的电磁波,因此,光和物质的相互作用取决于该物质电磁性质的基本参数,即电导率、介电常数和磁导率等。材料的光学特性涉及光的吸收、透射、反射和折射等问题,是现代功能材料设计与选用的重要特性之一。

金属对光能吸收很强烈,吸收系数大,不透明。玻璃有良好的透光性,吸收系数很小(一般无色玻璃在可见光区,几乎没有吸收,近红外也是透明的)。

在电磁波谱的可见光区,金属和半导体的吸收系数都是很大的。但是电介质材料,包括玻璃、陶瓷等无机材料的大部分在这个波谱区内都有良好的透过性,也就是说吸收系数很小。

隐身飞机所使用的隐身材料就是采用具有吸波功能的复合材料和涂料等吸波材料。吸波材料的机理是使入射电磁波能量在分子水平上产生振荡,转化为热能,有效地衰减雷达回波强度。按吸收机理不同,可分为吸收型、谐振型和衰减型 3 大类。

5．热学性能

材料的热学性能在现代机械装备制造中是非常重要的。先进航空发动机的涡轮前温度接近1 800 ℃；航天飞机在重返大气层时要能承受1 600 ℃或更高的温度。这就需要根据材料的热学性能进行选材。材料的热学性能主要包括导热性、热膨胀性、耐热性等。

（1）导热性

导热性是材料受热（温度场）作用而反映出来的性能，用热导率（也称导热系数）表示，符号为λ，单位为 W/(m·℃)或 W/(m·K)，表示单位温度梯度下，单位时间内通过单位垂直面积的热量。

导热性好的材料可以实现迅速而均匀地加热，而导热性差的材料只能缓慢加热。一旦导热性差的材料快速加热，将发生变形，甚至开裂。

材料的导热性能与原子和自由电子的能量交换密切相关。金属材料的导热性优于陶瓷和高聚合物。金属材料的导热性主要通过自由电子运动来实现，而非金属材料（陶瓷和高聚物）中自由电子较少，导热靠原子热振动来完成，故一般的导热能力差。导热性差的材料可减慢热量的传输过程。

图1-25所示为金属、陶瓷和高分子材料的导热性的比较。

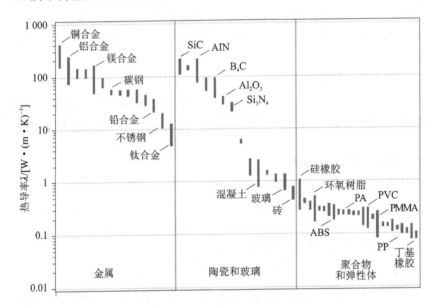

图1-25　材料的导热系数分布

（2）热膨胀性

大多数物质的体积都随温度的提高而增大，这种现象称为热膨胀。热膨胀性用热膨胀系数表示，即体积膨胀系数β或线膨胀系数α，单位为 1/℃。材料的热膨胀性与材料中原子结合情况有关。结合键越强则原子间作用力越大，原子离开平衡位置所需的能量越高，则膨胀系数越小。结构紧密的晶体的热膨胀系数比结构松散的非晶体玻璃的热膨胀系数大。共价键材料与金属相比，一般具有较低的热膨胀系数；离子键材料与金属相比，具有较高的热膨胀系数；聚合物类材料与大多数金属和陶瓷相比有较大的热膨胀系数。塑料的线膨胀系数一般高于金属的 3～4 倍。

由热膨胀系数大的材料制造的零部件或结构,在温度变化时,尺寸和形状变化较大。在装配、热加工和热处理时应考虑材料的热膨胀的影响。异种材料组成的复合结构还要考虑热膨胀系数的匹配问题。

图 1-26 为材料的热膨胀系数与导热系数图。

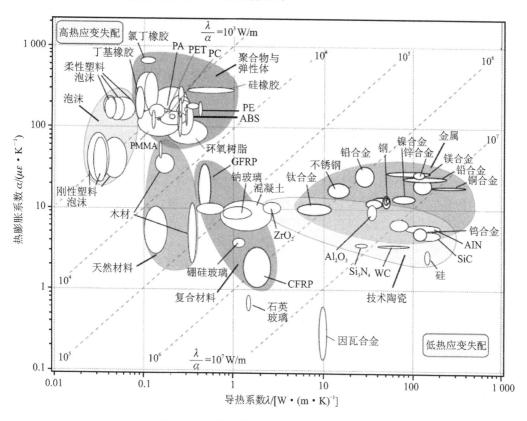

图 1-26 材料的热膨胀系数与导热系数

(3) 热 容

将一摩尔材料的温度升高 1 K 时所需要的热量叫做热容,单位质量的材料的温度升高 1 K 所需要的能量称为比热容,工程上通常使用比热容。金属热容实质上反映了金属中原子热振动能量状态改变时需要的热量。当金属加热时,金属吸收的热能主要为点阵所吸收,从而增加金属离子的振动能量;其次还为自由电子所吸收,从而增加自由电子的动能。因此,金属中离子热振动对热容做出了主要的贡献,而自由电子的运动对热容做出了次要的贡献。

(4) 材料的热稳定性

热稳定性是指材料承受温度的急剧变化而不致破坏的能力,所以又称为抗热振性。由于无机材料在加工和使用过程中,经常会受到环境温度起伏的热冲击,因此,热稳定性是无机材料的一个重要性能。

材料在热冲击循环作用下表面开裂、剥落,并不断发展,最终碎裂或变质这类破坏的性能,称为抗热冲击损伤性。

热稳定性一般以承受的温度差来表示。但材料不同表示的方法也不同。同时由于应用场合的不同,对材料热稳定性的要求各异。例如对于一般日用瓷器,只要求能承受温度差为200 K左右的热冲击,而火箭喷嘴就要求瞬时能承受高达3 000～4 000 K的热冲击,而且要经受高气流的机械和化学作用。

(5) 热防护

根据材料的热学性能对工作在高温环境下的装备进行热防护,对于保证结构的安全可靠性是非常重要的。热防护是航天器的关键技术之一,如再入防热结构可使航天器在气动加热环境中免遭烧毁和过热的结构。再入防热方式主要有热容吸热、辐射防热和烧蚀防热。

① 热容吸热防热利用防热材料本身的热容在升温时的吸热作用作为主要吸、散热的机理。这种方式要求防热材料具有高的热导率、大的比热容和高的熔点,通常采用表面涂镍的铜或铍等金属。这种方式的优点是结构简单,再入时外形不变,可重复使用;缺点是工作热流受材料熔点的限制,质量大,已为其他防热方法所代替。

② 辐射防热利用防热材料在高温下表面的再辐射作用作为主要散热机理。由于辐射热流与表面温度的4次方成正比,因此表面温度越高,防热效果越显著。但工作温度受材料熔点的限制。根据航天器表面不同的辐射平衡温度,一般选用镍铬合金或铌、钼等难熔金属合金板来制作辐射防热的外壳。随着陶瓷复合材料的出现和低密度化,带有表面涂层的轻制质泡沫陶瓷块开始在辐射防热方式中得到应用。辐射式防热结构的最大优点是适合于低热流环境下长时间使用;缺点是适应外部加热变化的能力较差。

③ 烧蚀防热利用表面烧蚀材料在烧蚀过程中的热解吸收等一系列物理、化学反应带走大量的热来保护构件。烧蚀防热广泛应用于航天器的高热流部位的热防护,如导弹头部、航天器返回舱外表面、固体火箭发动机的壳体及喷管等。碳-碳复合材料是用得最多的烧蚀材料,用碳纤维织物作为增强物质,用碳做基体的一种强度极高的材料。当这种复合材料和大气发生强烈摩擦,温度超过3 400 ℃时会直接变成气体,并且带走大量的热。用这种材料做火箭头部的保护层,可以保证火箭高速、安全地穿越大气层。

1.1.3 工程材料的化学性能

任何材料都是在一定的环境条件下使用的,环境作用的结果可能引起材料物理和力学性能的下降。如涡轮发动机转子部件在工作中同时承受高速旋转的离心力与燃气冲刷腐蚀的共同作用,其工作环境非常恶劣,高温腐蚀损伤是造成此类部件失效的主要原因之一。常见的材料与环境的作用有氧化和腐蚀等化学反应,将工程材料抵抗各种化学作用的能力称为化学性能,主要包括抗氧化性与抗腐蚀性。

1. 抗氧化性

材料在高温下抵抗周围介质的氧与其作用而不被损坏的能力,称为抗氧化性。金属材料在高温下与氧发生化学反应的程度比常温下剧烈,因此容易损坏金属。氧化物陶瓷与氧不起反应,氮化物、硼化物、碳化物陶瓷对氧一旦反应,表面氧化物有自保护作用而阻止进一步氧化。

金属的氧化首先是从在金属表面上吸附氧分子开始。此时氧分子分解为原子被金属所吸附,被吸附的氧原子可能在金属晶格内扩散、吸附或溶解。当金属和氧气体的亲和力大且它在晶格内溶解度达到饱和时,就将在金属表面上形成化合物(氧化物)的形核并长大。

在钢中加入某些合金元素是改善和提高金属抗高温氧化的重要措施之一。实践证明,在钢与合金中加入铬、铝和硅对提高它们的抗氧化能力有显著的效果,因为钢和合金中的铬、铝和硅在高温氧化时能与氧形成一层完整致密具有保护性的氧化膜。因此,铬、铝和硅是耐热钢与高温合金中不可缺少的合金元素。

在金属和合金表面施加涂层也是提高抗高温氧化能力的重要方法。在耐热钢或合金的表面渗铝、渗硅或铬铝、铬硅共渗都有显著的抗氧化效果。耐高温氧化的陶瓷涂层也正在得到应用。

2. 抗腐蚀性

材料抵抗空气、水、酸、碱、盐及各种溶液、润滑油等介质侵蚀的能力称为耐蚀性。不同材料有不同的耐蚀性。例如,钢铁的耐蚀性低于铜和铝,因此钢铁容易生锈,即被侵蚀,以至过早损坏。许多设备常因使用耐蚀性差的金属材料制造而被腐蚀,缩短使用寿命。

对金属材料而言,其腐蚀形式主要有两种,一种是化学腐蚀,另一种是电化学腐蚀。化学腐蚀是金属直接与周围介质发生纯化学作用,例如钢的氧化反应;电化学腐蚀是金属在酸、碱、盐等电介质溶液中由于原电池的作用而引起的腐蚀。

材料的耐蚀性常用每年腐蚀深度(渗蚀度)表示。

高聚合物材料有高化学稳定性,一般不与各种介质发生化学作用,因此可用做化工设备中管道、容器等。有的高聚物材料如聚四氟乙烯具有极高的化学稳定性,在高温下与浓酸、浓碱、有机溶剂及强氧化剂均不起反应,是极好的耐蚀材料。

陶瓷材料的耐蚀性优于金属材料,但不如高聚物材料。因为陶瓷和玻璃在某些条件下,也不能避免直接的化学腐蚀。例如,普通玻璃表面上的水可与碱金属离子作用而引起腐蚀,产生裂纹。又如,高温下陶瓷可能被熔盐和氧化渣侵蚀,有时还可能被液态金属侵蚀。

材料在高温下的抗氧化性和抗腐蚀性也称为热稳定性。现代航空、宇航、舰艇、电站、机车、火箭等使用的各种涡轮发动机对热端部件材料的热稳定性要求和利用其高强度同样重要。例如,涡轮叶片在工作中要承受很高的温度和机械载荷,要求材料要具有高的热稳定性,足够的热强性,良好的热学性能及加工性能。

目前,高温合金是制造现代涡轮发动机热端部件的重要材料。合金中元素形成的氧化物的稳定性是耐热腐蚀的主要因素。合金中的铬、铝等元素能与氧形成良好保护膜,有利于提高合金的耐热腐蚀性能。在合金表面涂覆高温涂层是提高合金抗热腐蚀的重要措施,如燃气轮机镍基高温合金叶片表面沉积耐热涂层,可显著地提高叶片抗热腐蚀的能力。

1.1.4　工程材料的工艺性能

材料在加工过程中对不同加工特性所反映出来的性能,称为工艺性能。它表示材料制成具有一定形状和良好性能的零件或零件毛坯的可能性及难易程度。材料工艺性能的好坏又直接影响零件的质量和制造成本。

由材料到毛坯最后制成零件,一般需要经过多道加工工序。因此,要求材料应具有足够的工艺适应性。

1. 铸造性能

铸造性能是指材料用铸造方法获得优质铸件的性能。它取决于材料的流动性和收缩性。流动性好的材料,充填铸模的能力强,获得完整而致密的铸件。收缩率小的材料,铸造冷却后,铸件缩孔小，表面无空洞，也不会因收缩不均匀而引起开裂，尺寸比较稳定。

金属材料中铸铁、青铜有较好的铸造性能，可以铸造一些形状复杂的铸件。工程塑料在某些成型工艺（如注射成型）方法中要求流动性好和收缩率小。

2. 塑性加工性能

塑性加工性能是指材料通过塑性加工（锻造、冲压、挤压、轧制等）将原材料（如各种型材）加工成优质零件（毛坯或成品）的性能。它决定于材料本身塑性高低和变形抗力（抵抗变形能力）的大小。

塑性加工的目的是使材料在外力（载荷）作用下产生塑性变形而成型，获得较好的性能。塑性抗力小的材料表示在不太大的外力作用下就可进行变形。金属材料中铜、铝、低碳钢具有较好的塑性和较小的变形抗力，因此容易塑性加工成型，而铸铁、硬质合金不能进行塑性加工成型。热塑性塑料可通过挤压和压塑成型。

3. 热处理性能

热处理性能主要指钢接受淬火的能力（即淬透性），用淬硬层深度来表示。不同钢种，接受淬火的能力不同，合金钢淬透性能比碳钢好，这意味着合金钢的淬硬深度厚，也说明较大零件用合金钢制造后可以获得均匀的淬火组织和均匀的力学性能。

4. 焊接性能

焊接性能是指两种相同或不同的材料，通过加热、加压或两者并用将其连接在一起所表现出来的性能。影响焊接性能的因素很多，导热性过高或过低、热膨胀系数大、塑性低或焊接时容易氧化的材料，焊接性能一般较差。焊接性能差的材料焊接后，焊缝强度低，还可能会出现变形、开裂现象。选择特殊工艺不仅可以使金属与金属焊接，还可以使金属与陶瓷焊接、陶瓷与陶瓷焊接、塑料与烧结材料焊接。

5. 切削性能

切削性能是指材料用切削刀具进行加工时所表现出来的性能，决定于刀具使用寿命和被加工零件的表面粗糙度。凡是刀具使用寿命长，加工后表面粗糙度低的材料，其切削性能好，反之，切削性能差。

金属材料的切削性能主要与材料种类、成分、硬度、韧性、导热性等因素有关。一般钢材的理想切削硬度为 HB160～230。钢材硬度太低，切削时容易"粘刀"，表面粗糙度高，硬度太高，切削时易磨损刀具。

1.2 工程材料的类型

为了方便材料选择，按照材料的组成、结合键的特点，依据分类学的方法可将材料按用途和性能建立分类系统。如图 1-27 所示，工程材料（界）可分为金属材料、陶瓷材料、高分子材料和复合材料 4 大族，每一族又可分为不同的种类（类），每一类又包含不同的系列（亚类），每一亚类又有不同的牌号（成员），每一牌号的材料具有特定的性能。本节参照这一分类系统对典型材料进行讨论。

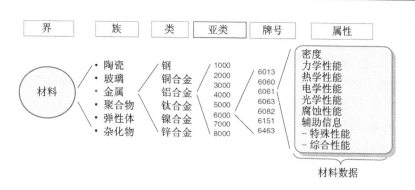

图 1-27　工程材料分类

1.2.1　金属材料

金属材料分为黑色金属和有色金属两类,铁及铁合金称为黑色金属,即钢铁材料。黑色金属之外的所有金属及其合金称为有色金属。

1. 钢铁材料

钢铁材料是以铁和碳元素为主要化学成分的金属材料的总称,包括碳素钢、合金钢和铸铁。

(1) 碳素钢

根据用途和质量,碳素钢可分为普通碳素结构钢、优质碳素结构钢和碳素工具钢。

1) 普通碳素结构钢

这类钢的平均含碳量在 0.06%~0.38% 范围内,主要用于一般工程结构和普通零件,它通常轧制成钢板或各种型材(圆钢、方钢、工字钢、钢筋等),应用量很大(约占钢总产量的 70% 以上)。对这类钢通常是热轧后空冷供货。用户一般不需要再进行热处理而是直接使用。

2) 优质碳素结构钢

这类钢中硫、磷等有害杂质含量相对较低,夹杂物也较少,化学成分控制较严格,质量比普通碳素结构钢好,常用于较为重要的机件。这类钢可以通过各种热处理调整零件的力学性能。出厂状态可以是热轧后空冷,也可以是退火、正火等状态,一般随用户需要而定。

3) 碳素工具钢

这类钢的平均含碳量在 0.65%~1.35% 范围内,主要用于制作各种小型工具,可进行淬火、低温回火处理获得高的硬度和高耐磨性。这类钢可分为优质碳素工具钢(简称碳素工具钢,其硫含量 $w_s \leqslant 0.03\%$,磷含量 $w_p \leqslant 0.035\%$)和高级优质碳素工具钢($w_s \leqslant 0.02\%$,$w_p \leqslant 0.03\%$)两大类。

(2) 合金钢

合金钢是在碳钢的基础上,为了改善碳钢的力学性能或获得某些特殊性能,有目的地在冶炼钢的过程中加入某些元素(称为合金元素)而得到的多元合金。与碳钢相比,合金钢的性能有显著提高。

1) 合金结构钢

合金结构钢按其合金元素含量可分为低合金结构钢、中合金结构钢和高合金结构钢。

低合金高强度结构钢是在低碳结构钢的基础上添加一定量的合金元素(如 Mn、Si、Cr、Mo、Ni、Cu、Nb、Ti、V、Zr、B、P 和 N 等,但总量不超过 5%,一般在 3%以下),以强化铁素体基体,控制晶粒长大,提高强度和塑性、韧性。一般在热轧后条件下供货以满足用户对冲击韧度的特殊要求,如要求更高强度($\sigma_s = 490 \sim 980$ MPa),也可以在调质状态下供货。

低合金高强度结构钢包括普通低合金结构钢和其他一些优质低合金高强度钢,其强度高于含碳量相当的碳素钢,但塑性、韧性和焊接性良好。这种结构钢适用于较重要的钢结构,如压力容器、发电站设备、管道、工程机械、海洋结构、桥梁、船舶、建筑结构等。

如果要求在较高使用温度(300~500 ℃)下保持超高强度则需要利用中合金(5%~10%)的具有二次硬化效应的超高强度钢。中合金超高强钢的特点是淬透性好,可在空冷中淬火。由于这类钢的过冷奥氏体比较稳定,适于中温形变热处理,以进一步提高其强度和综合性能。这类超高强度钢的缺点是对氢脆和应力集中较敏感,可焊性较差。中合金超高强钢可作为超声速飞机中承受中温的强力构件和飞机发动机中的轴类、螺栓等零件。

高合金结构钢主要有二次硬化马氏体时效钢系列以及沉淀硬化不锈钢系列等。马氏体时效钢在获得超高强度水平下,仍能保持较好的塑性和韧性,高的断裂韧性和低的缺口敏感性。在不同类型的超高强度钢中,若处理成同一强度水平,则马氏体时效钢具有最高的冲击韧性和断裂韧性,同时又具有较高的氢脆抗力和应力腐蚀抗力,还可以进行焊接而不需预热。因此马氏体时效钢可以在许多场合获得应用,如航空航天上要求强度高、热处理变形小、可焊性好的零件和构件,高压容器、氧气瓶和火箭发动机机匣等。

2) 合金工具钢

合金工具钢是在碳素工具钢的基础上发展起来的,根据合金元素的多少又可分为低合金工具钢和高合金工具钢。

低合金工具钢的含碳量一般为 0.75%~1.50%,高的含碳量可保证钢的高硬度及形成足够的合金碳化物,提高耐磨性。合金元素的作用主要是为了保证钢具有足够的淬透性。钢中常加入的合金元素有硅、锰、铬、钼、钨、矾等。其中,硅、锰、铬、钼的主要作用是提高淬透性;硅、锰、铬可强化铁素体;铬、钼、钨、矾可细化晶粒使钢进一步强化,提高钢的强度;作为碳化物形成元素铬、钼、钨、矾等在钢中形成合金渗碳体和特殊碳化物,从而提高钢的硬度和耐磨性。

3) 特殊性能用钢

特殊性能钢是指具有特殊的物理、化学性能的钢,其中最主要的是不锈钢和耐热钢。

① 不锈钢。通常所说的不锈钢实际是不锈钢和耐酸钢的总称,亦是不锈耐酸钢的简称。所谓"不锈钢"是指在大气及弱腐蚀介质中耐腐蚀的钢;所谓"耐酸钢"是指在各种强腐蚀介质中耐腐蚀的钢。对不锈钢的性能要求,除具有良好的耐蚀性外,还要有良好的工艺性能(冷热变形、切削、焊接性能等)及力学性能。

不锈钢的性能主要是通过合金化的途径获得的,铬是不锈钢中的关键元素,其含量一般不低于 12%,此外还含有其他合金元素。根据正火状态的组织,常用的不锈钢分为马氏体不锈钢、铁素体不锈钢、奥氏体不锈钢、铁素体-奥氏体双相不锈钢、沉淀硬化不锈钢。

② 耐热钢。钢的耐热性主要包括高温抗氧化性和高温强度两个方面。金属的高温抗氧化性是指金属在高温下对氧化作用的抗力;而高温强度是指钢在高温下承受机械负荷的能力。所以,耐热钢既要求高温抗氧化性能好,又要求高温强度高。

金属的高温抗氧化性,通常主要取决于金属在高温下与氧接触时,表面能形成致密且熔点高的氧化膜,以避免金属的进一步氧化。一般碳钢在高温下很容易氧化,这主要是由于在高温下钢的表面生成疏松多孔的氧化亚铁(FeO)容易剥落,而且氧原子不断地通过 FeO 扩散,使钢继续氧化。为了提高钢的抗氧化性能,一般是采用合金化方法,加入铬、硅、铝等元素,使钢在高温下与氧接触时,在表面上形成致密的高熔点的 Cr_2O_3、SiO_2、Al_2O_3 等氧化膜,牢固地附在钢的表面,使钢在高温气体中的氧化过程难以继续进行。如在钢中加 15%Cr,其抗氧化温度可达 9 000 ℃;在钢中加 20%～25%Cr,其抗氧化温度可达 11 000 ℃。

金属在高温下所表现的力学性能与室温下大不相同。在室温下的强度值与载荷作用的时间无关,但金属在高温下,当工作温度大于再结晶温度、工作应力大于此温度下的弹性极限时,随时间的延长,金属会发生蠕变。在高温下,金属的强度是用蠕变强度和持久强度来表示的。

(3) 铸　铁

铸铁是指碳的质量分数大于 2.11%(一般为 2.5%～4%)的铁碳合金。它是以铁、碳、硅为主要组成元素,并比碳钢含有较多的硫、磷等杂质元素的多元合金。此外,为了提高铸铁的力学性能或物理、化学性能,还可加入一定量的合金元素如锰、钼、铬、铝等化学元素。铸铁与钢的主要区别是铸铁的碳含量及硅含量高,并且碳多以石墨形式存在;铸铁中硫、磷杂质多。

铸铁的组织可以理解为在钢的组织基体上分布有不同形状、大小、数量的石墨。根据铸铁在结晶过程中的石墨化程度不同,铸铁可分为灰口铸铁、白口铸铁和麻口铸铁。

铸铁的含碳量高(2.5%～4.0%C),成分接近共晶点,熔点比钢低得多,流动性好,分散缩孔少,偏析程度小;且在凝固过程中会析出比容较大的石墨,所以收缩率也小。凡无法用锻造成型的形状复杂的零件、发动机气缸体、变速箱外壳等均可用灰口铸铁铸造而成。

2. 有色金属

有色金属通常是指钢铁材料以外的各种金属材料,又称非铁材料。有色金属具有许多优良的性能,如密度小、比强度大、比模量高、耐热、耐腐蚀以及良好的导电性和导热性。有色金属在金属材料中占有重要的地位。其中铝、镁、钛等金属及其合金,在运载火箭、卫星、飞机、汽车、船舶上获得广泛应用。

(1) 铝合金的性能及强化

1) 铝合金的性能

纯铝的强度和硬度都很低,不适宜做为结构材料使用。向铝中加入硅、铜、镁、锰等合金元素而形成铝合金则具有较高的强度,若再经过冷变形加工或热处理,还可进一步提高强度。铝合金具有密度小,比强度高以及好的导热性及耐蚀性等性能。表 1 - 2 列出了铝合金与低碳钢的相对力学性能的比较。从表中数据可以看出,铝合金的相对比强度极限接近甚至超过了合金钢,其相对比刚度则大大超过钢铁材料。对于重量相同的结构零件,如选用铝合金制造可以保证得到最大的刚度。因此铝合金是飞机机体、运载火箭箭体等装备结构主要工程材料。

表 1-2　铝合金与钢铁材料的相对力学性能比较

力学性能	材料名称				
	低碳钢	低合金钢	高合金钢	铸　铁	铝合金
相对密度	1.0	1.0	1.0	0.92	0.35
相对比强度极限	1.0	1.6	2.5	0.60	1.8～3.3
相对比屈服极限	1.0	1.7	4.2	0.70	2.9～4.3
相对比刚度	1.0	1.0	1.0	0.51	8.5

2) 铝合金的强化

① 固溶强化。固溶强化是通过加入合金元素与铝形成固溶体，使其强度提高。常用的合金元素有 Mg、Cu、Zn、Mn、Si 等。它们既与铝可形成有限固溶体，又有较大固溶度，固溶强化效果好，同时成为铝合金的主要合金元素。

② 时效强化（沉淀硬化）。强化铝合金的热处理方法主要是固溶处理（淬火）加时效。要获得较强的沉淀硬化效果，需具备一定条件，即加入铝中的元素应有较高的极限溶解度，且该溶解度随温度降低而显著减小；淬火后形成过饱和固溶体，在时效过程中能析出均匀、弥散的共格或半共格的过渡区、过渡相，它们在基体中能形成较强烈的应变场。

图 1-28 所示为时效温度对 6082 铝合金强化的影响。

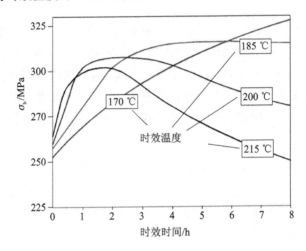

图 1-28　6082 铝合金时效强化曲线

③ 过剩相（第二相）强化。合金中合金元素的含量超过极限溶解度时，会有部分未溶入基体（固溶体）的第二相存在，亦称过剩相。过剩相在铝合金中多为硬而脆的金属间化合物，同样阻碍位错运动，使合金强度、硬度升高，塑性、韧性下降。但过剩相的数量超过一定限度，会使合金变脆，强度降低。

④ 细化组织强化。通过向合金中加入微量合金元素，或改变加工工艺及热处理工艺，使固溶体基体或过剩相细化，既能提高合金强度，又会改善其塑性和韧性。如变形铝合金主要通过变形和再结晶退火实现晶粒细化；铸造铝合金可通过改变铸造工艺和加入微量元素来实现合金晶粒和过剩相的细化。

⑤ 冷变形强化。对合金进行冷变形，能增加其内部的位错密度，阻碍位错运动，提高合金

强度。这对不能热处理强化的铝合金提供了强化途径和方法。

（2）铝合金的分类

根据铝合金的成分和生产工艺特点,通常将工业用铝合金分为变形铝合金和铸造铝合金。

1）变形铝合金

国际上,变形铝合金采用 4 位数字体系命名,如图 1-29 所示,第 1 位数字表示主要合金系,第 2 位数字表示合金的改型,第 3 位和第 4 位数字表示合金的编号。

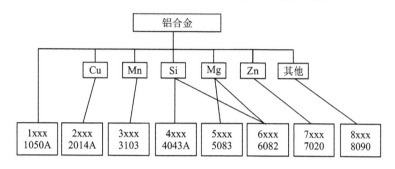

图 1-29　变形铝合金的分类

我国变形铝合金的牌号采用 4 位字符体系命名,第 1 位数字表示合金系,第 2 位(英文大写字母)表示合金的改型,第 3 位和第 4 位数字表示合金的编号。

变形铝合金按性能特点分为防锈铝、硬铝、超硬铝和锻铝。其中后 3 类铝合金可进行热处理强化。

① 防锈铝合金。防锈铝合金主要含 Mn、Mg,属 Al-Mn 系(3000 系列)及 Al-Mg 系(5000 系列)合金,是不可热处理强化的,锻造退火后为单相固溶体。该类合金的特点是抗蚀性、焊接性及塑性好,易于加工成型及有良好的低温性能;但其强度较低,只能通过冷变形产生加工硬化,且切削加工性能较差。

该类合金主要用于焊接零件、构件、容器、管道、蒙皮,以及经深冲和弯曲的零件及制品。我国常用的 Al-Mn 系合金有 3A21 等,Al-Mg 系合金有 5A02、5A03、5A06 等。

② 硬铝合金。该类合金属 Al-Cu-Mg 系(2000 系列),还含少量 Mn。铜和镁在硬铝中可形成 θ 相(CuAl)和 S 相(CuMgAl$_2$)等强化相,故合金可热处理强化。强化效果随主强化相(S 相)的增多而增大,但塑性降低。加 Mn 可减少铁的有害作用,提高耐蚀性。该类合金淬火时效后强度明显提高,可达 420 MPa,比强度与高强度钢相近,故又称硬铝。我国常用的 Al-Cu-Mg 系合金有 2A12 等。

③ 超硬铝合金。超硬铝合金属 Al-Cu-Mg-Zn 系(7000 系列)合金,是室温强度最高的铝合金,常用的超硬铝合金有 7A04、7A06 等。合金中会产生多种强化相,除 θ 相如 S 相外,还有强化效果很大的 MgZn$_2$(η 相)、Mg$_3$Zn$_3$Al$_2$(T 相)。超硬铝合金经固溶处理和人工时效(状态代号:T6)后有很高的强度和硬度,如图 1-30 所示(其中"O"为退火态);但耐蚀性差,高温软化快,故常用包铝法来提高耐蚀性。包铝是用含 Zn 量为 1% 的铝合金,不用纯铝。超硬铝主要用于受力大的重要结构件和承受高载荷的零件,如飞机大梁、起落架、加强框等。

④ 锻铝合金。锻铝合金主要是 Al-Cu-Mg-Si 系合金,如 2A10 等。虽加入的元素种类多,但含量少,因而具有优良的热塑性,适宜锻造,故又称锻造铝合金。它也有较好的铸造性能和耐蚀性,力学性能与硬铝相近。锻铝合金主要用于航空及仪表业中形状复杂、要求比强度

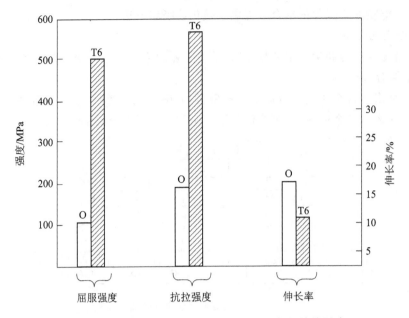

图 1-30　热处理状态对 7075 铝合金强度与塑性的影响

较高的锻件或模锻件,如各种叶轮、框架、支杆等;也可做耐热铝合金(工作温度低于 200～300℃),用于内燃机活塞及气缸头等。

锻铝合金常采用淬火和人工时效处理。

2) 铸造铝合金

用来制作铸件的铝合金称为铸造铝合金。它的力学性能不如变形铝合金,但铸造性能好,适宜各种铸造成型,可用于生产形状复杂的铸件。为使合金具有良好的铸造性能和足够的强度,加入合金元素的量比在变形铝合金中的要多,总量为 8%～25%。合金元素主要有 Si、Cu、Mg、Mn、Ni、Cr、Zn 等。故铸造铝合金的种类很多,主要有 Al-Si 系、Al-Cu 系、Al-Mg 系、Al-Zn 系 4 类,其中 Al-Si 系应用最广泛。

我国铸造铝合金的代号由"铸铝"的汉语拼音首字母"ZL"及其后面的 3 位数字组成。其中第 1 位数字表示合金系列(1 为 Al-Si 系、2 为 Al-Cu 系、3 为 Al-Mg 系、4 为 Al-Zn 系),第 2 位和第 3 位数字表示合金顺序号。常用的铸造铝合金有 ZL102、ZL201 等。

(3) 镁合金

镁的自然储量仅次于铝和铁。纯镁为银白色,强度较低。实际应用时,通过加入合金元素,产生固溶强化、时效强化、细晶强化及过剩相强化作用,以提高合金的力学性能、抗腐蚀性能和耐热性能。镁合金中常加入的合金元素有 Al、Zn、Mn、Zr 及稀土元素等。

镁合金分为变形镁合金和铸造镁合金两大类。

1)变形镁合金

按化学成分,此类合金分为 Mg-Mn 系变形镁合金、Mg-Al-Zn 系变形镁合金和 Mg-Zn-Zr 系变形镁合金 3 类。我国变形镁合金牌号用字母 MB 及数字表示,数字为顺序号。

Mg-Mn 系合金有 MB1 和 MB8 两个牌号。该类合金具有良好的耐腐蚀性能和焊接性能,可进行冲压、挤压等塑性交形加工,一般在退火状态下使用,其板材用于制作蒙皮、壁板等焊接结构件,模锻件可制作外形复杂的耐蚀件。

　　Mg - Al - Zn 系合金共有 5 个牌号,即 MB2、MB3、MB5、MB6 和 MB7。这类合金强度较高、塑性较好。其中 MB2 和 MB3 因具有较好的热塑性和耐蚀性,故应用较多,其余 3 种合金因应力腐蚀倾向性较明显,且工艺塑性较差,应用受限。

　　Mg - Zn - Zr 系合金只有 MB15 一种合金,该合金抗拉强度和屈服强度明显高于其他镁合金,为高强变形镁合金,是航空等工业中应用最多的变形镁合金。MB15 合金可进行热处理强化,通常经热挤压等热变形加工后直接进行人工时效,时效温度一般为 160～170 ℃,保温 10～24 h。MB15 主要以棒材、型材和锻件的形式制作室温下承受载荷较大的零构件,使用温度不超过 150 ℃,同时因焊接性能较差,所以一般不用于焊接结构。

　　2) 铸造镁合金

　　铸造镁合金分为高强度铸造镁合金和耐热铸造镁合金两大类。铸造镁合金牌号用字母 ZM 及数字表示,数字为顺序号。

　　属于高强铸造镁合金的有 Mg - Al - Zr 系的和 Mg - Zn - Zr 系的 ZM1、ZM2、ZM7 和 ZM8。这些合金具有较高的常温强度、良好的塑性和铸造工艺性能,适于铸造各种类型的零构件,但耐热性较差,使用温度不能超过 150 ℃。其中 ZM5 合金为航空和航天工业中应用最广的铸造镁合金,一般在淬火或淬火加人工时效状态下使用,可用于制造飞机、发动机、卫星及导弹仪器舱中承受较高载荷的结构件或壳体。

　　耐热铸造镁合金属于 Mg - RE - Zr 系列(镁-稀土合金),合金牌号为 ZM3、ZM4 和 ZM6。该类合金具有良好的铸造工艺性能、热裂倾向小、铸件致密性高。合金的常温强度和塑性较低,但耐热性高,长期使用温度为 200～250 ℃,短时使用温度可达 300～350 ℃。

　　(4) 钛合金

　　1) 钛合金组织及力学性能

　　钛的资源丰富,在地球中的储藏量位于铝、铁、镁之后居第 4 位。钛的突出优点是比强度高、耐热性好、抗蚀性能优异。钛及其合金已成为航空、航天、冶金、造船及化工工业重要的结构材料。但是,钛的化学性质非常活泼,因此钛及其合金的熔炼、浇注、焊接和部分热处理皆应在真空或惰性气体中进行。

　　钛是一种银白色的过渡族元素,其密度小($4.588/cm^3$),熔点高(1 668 ℃)。钛的屈服强度与抗拉强度接近,屈强比($\sigma_{0.2}/\sigma_b$)较高。钛的弹性模量低,约为铁的 54%,成型加工时回弹量大,冷成型困难。

　　钛具有同素异构转变,882.5 ℃ 以下为密排六方的 α - Ti,高于 882.5 ℃ 为体心立方的 β - Ti。为了提高钛的力学性能,满足现代工业对其要求,一般通过合金化的方法,获取所需性能。

　　钛合金中的同素异构转变温度随所含合金元素的性质和数量而不同。钛合金的合金元素可分为中性元素、α 稳定型元素和 β 稳定型元素。中性元素对钛的 β 转变温度的影响不明显,如图 1 - 31(a)所示,主要有 Sn、Zr 等。α 稳定型元素使得 β 转变温度上升,扩大 α 相区,主要有 Al 和 O、N、C 等,如图 1 - 31(b)所示。β 稳定型元素使 β 转变温度下降,根据相图的类型,可分为连续固溶体型如图 1 - 31(c)所示及产生金属间化合物的 β 共析型如图 1 - 31(d)所示,前者的合金元素有 Mo、V、Nb 及 Ta,与 β - Ti 无限互溶,与 α - Ti 有限溶解;后者有 Cr、W、Mn、Re、Fe、Co、Ni、Ag、Au、Si 及 Sb 等。

　　钛合金的性能主要取决于 α 和 β 相的排列方式、体积分数以及各自的性能。两相钛合金

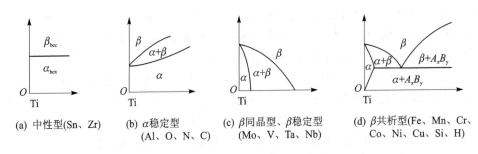

(a) 中性型(Sn、Zr)　　(b) α稳定型　　　(c) β同晶型、β稳定型　　(d) β共析型(Fe、Mn、Cr、
　　　　　　　　　　　　　　(Al、O、N、C)　　　(Mo、V、Ta、Nb)　　　　Co、Ni、Cu、Si、H)

图 1 - 31　合金元素对钛合金相图的影响

的强度随 β 相比例的变化如图 1 - 32 所示,α 相和 β 相各占 50% 时强度达到峰值。

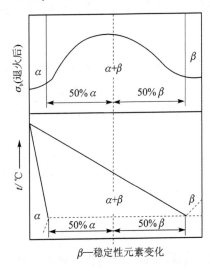

图 1 - 32　钛合金的强度随相比例的变化

2) 钛合金的分类

钛合金按退火态组织一般分为 α、β 和 α+β 三类,并分别称之为 α 钛合金、β 钛合金和 α+β 钛合金。钛合金牌号用字母 T(钛的汉语拼音首字母)和 A、B 或 C 及数字表示,A、B 或 C 分别代表 α 型、β 型和 α+β 型合金,数字为顺序号。

① α 钛合金。α 钛合金中主要合金元素有 Al、Sn、Zr 等,它们主要起固溶强化作用,有时也加入少量 β 稳定元素。退火组织为单相 α 固溶体或 α 固溶体+微量金属间化合物。此类合金不能热处理强化,强度较低,但焊接性能好,在 300~550 ℃具有优良的耐热性及抗氧化性,可通过冷变形强化。

α 钛合金有 8 个牌号,其中 TA1~TA3 为工业纯钛;TA4 主要做钛合金的焊丝;TA5 合金含微量硼使弹性模量提高;TA6(Ti - 5Al)合金强度稍高,可制作 400 ℃以下工作的零件(锻件及焊件)和飞机蒙皮、骨架等;TA7 和 TA8 是应用较多的 α 钛合金。

② β 钛合金。β 钛合金中含有较多的 β 稳定元素,主要有 Mn、Cr、Mo、V 等,可达 18%~19%,合金淬透性优异。目前工业应用的主要为亚稳定 β 钛合金,即退火组织为 α+β 两相,而淬火后得到介稳定的单一 β 相。因 β 相系体心立方晶格,故该类合金冷成型性优良。合金时效时析出弥散的 α 相,使强度显著提高,同时有高的断裂韧性。它属于可热处理强化的高强度钛合金(σ_b 可达 1 372~1 470 MPa),但该合金密度大,组织不够稳定、耐热性差,其工作温度一般不超过 200 ℃,且焊接性能差、生产工艺复杂,故应用受限。我国 β 钛合金有 TB1 和 TB2 两个牌号。

TB1 和 TB2 均经淬火及时效处理后使用,前者经两次时效处理后可获优良的综合力学性能。它们多以板材和棒材供应,主要用来制造飞机结构零件及螺栓、铆钉、轴、轮盘等。

③ α+β 钛合金。该类合金同时加入 α 稳定元素和 β 稳定元素,主要有 Mo、V、Mn、Cr、Fe 等,一般加入量为 2%~6%,不超过 10%。室温时稳定组织为 α+β 两相,以 α 为主,β 相不超过 30%。它兼有 α 和 β 钛合金两者的优点,耐热强度和工业塑性均较好,且可热处理强化。该类合金生产工艺较简单,可通过调整成分和选择不同的处理方法,在很宽的范围内改变合金

的性能,故应用广泛,但其组织不够稳定,焊接性能不如 α 钛合金。

α＋β 钛合金的显微组织较复杂,在 β 相区锻造或加热后缓冷可得到片层组织,在两相区锻造或退火可得到等轴组织,在 (α＋β)/α 转变温度附近锻造和退火可得到网篮组织。

这类合金牌号达 10 种以上,分别属于 Ti‑Al‑Mg 系(TCl、TC2)、Ti‑Al‑V 系(TC3、TC4 和 TC10)、Ti‑Al‑Cr 系(TC5、TC6)和 Ti‑Al‑Mo 系(TC8、TC9)等。

TC4(Ti‑6Al‑4V)合金是现今应用最多、最广的一种钛合金,经热处理后具有良好的综合力学性能,强度较高,塑性良好。对要求较高强度的零件,TC4 合金可进行淬火加时效处理。该合金在 400 ℃时有稳定的组织和较高的蠕变抗力,又有很好的抗海水和抗热盐应力腐蚀的能力,故广泛用于制作在 400 ℃长期工作的零件,如飞机压气机盘、航空发动机叶片、火箭发动机外壳及其他结构锻件和紧固件。

钛合金的热处理有去应力的低温退火、恢复塑性的再结晶退火和强化合金的淬火与时效。

（5）高温合金

高温合金主要用于各种热机的承力构件上,而其中使用环境要求最苛刻、对材料性能考验最全面的要数涡轮发动机。现代航空、宇航、舰艇、电站、机车、火箭等使用的各种涡轮发动机,大多有燃烧室、涡轮、加力燃烧室和尾喷管 4 大热部件,航空发动机热端部件火焰筒、涡轮叶片、导向叶片和涡轮盘更是典型代表。

根据高温合金成分、组织和成型工艺不同,有不同的分类方法。按基体元素分类,以铁为主,加入的合金元素总量超过 50% 的铁基合金称为铁基高温合金;以镍为主或以钴为主的合金分别称为镍基或钴基高温合金。按制备工艺分类,有变形高温合金,铸造高温合金和粉末冶金高温合金。按强化方式分类,有固溶强化型、沉淀强化型、氧化物弥散强化型和纤维强化型等。

高温合金强化途径有固溶强化,析出相强化和晶界强化,还有氧化物弥散强化等。高温合金中常见的合金元素有铝、钛、铌、碳、钨、钼、钽、钴、锆、硼、铈、镧、铪等。对高温合金来说,有的以固溶强化,有的以固溶强化和时效沉淀强化相结合,或以 3 种强化途径来综合提高合金的高温性能。

高温合金性能主要取决于成分和合金的组织结构。

1) 铁基高温合金

铁基高温合金广义地来讲是指那些用于 600～850 ℃的以铁为基的奥氏体型耐热钢和高温合金。以铁为基的奥氏体型耐热钢和高温合金在 600～850 ℃条件下具有一定强度、抗氧化性和抗燃气腐蚀能力。

这类合金主要是以 γ 相单相组织来应用的,如制造燃烧室、火焰筒、稳定器等各类板材等。常用的铁基高温合金主要有 GH1140、GH1035、GH15、GH16 等。

2) 镍基高温合金

涡轮喷气发动机各种热部件使用的材料中,镍基高温合金占有很大比重。镍基高温合金的高温综合性能比低合金钢和不锈钢优异得多,它们一般含 30%～75% 的镍和 30% 以下的铬。

镍基高温合金的强化方式主要有固溶强化和沉淀硬化。

① 固溶强化镍基合金。固溶强化型合金是最初发展的镍基高温合金,合金中铬含量较高,而强化相形成元素铝、钛的含量相对较低。常用的固溶强化型合金主要有 GH3039、

GH3044、GH3128、GH22等。该类合金的主要热处理方法是固溶处理，通过固溶处理达到强化目的。固溶处理后，合金组织为单相奥氏体，组织稳定，时效倾向性小；具有良好的抗氧化性能，焊接性能好。

② 沉淀硬化镍基合金。决定镍基高温合金优异性能的是其显微组织特征，关键强化作用来自有序面心立方金属间化合物相 γ'（Ni_3Al、Ti）。铝、钛是 γ' 相主要形成元素，通过 γ' 在基体内弥散分布，从而强化合金。

此类合金的高温强度主要取决合金中加入铝、钛形成 γ' 相的总量。镍基高温合金中 Ti/Al 比也是很重要的，在一般高温合金中含（Al＋Ti）约 8%。一般在低温和中温使用的合金往往 Ti/Al 比高些，在高温下使用的合金则低些，甚至不加钛，单独加铝。

合金的含量提高使加工性能变差，难以锻造成型，可采用真空精密铸造方法生产镍基合金零件，如定向凝固工艺制造定向结晶、单晶、共晶高温合金叶片。

航空发动机热端构件常用沉淀硬化镍基合金，主要有 GH4033、GH163、GH4169、GH141 等。

3）钴基高温合金

钴基合金中主要的合金元素是铬、镍、钨、钼和铁，也含有少量的钛、铝、铌和微量硼，也含有一定量的碳。铬是钴基合金的重要合金元素。钴与铬可以形成一系列不同组织结构的相，能显著提高钴的室温和高温力学性能。

与镍基合金比较，钴基高温合金的高温强度与耐热腐蚀性能优于镍基合金，使用温度比镍基合金约可提高 55 ℃。钴基合金的不足是价格较高，低温（200～700 ℃）的屈服强度较低。常用的钴基合金主要有 GH188 和 GH605 等。

1.2.2 高分子材料

高分子材料是以高分子化合物（聚合物）为主要成分的材料，可分为天然高分子化合物和合成高分子化合物两类。按照用途可将高分子材料分为塑料、橡胶、纤维和胶粘剂等。

1. 聚合物的热转变与力学性能

聚合物随温度的变化其物理、力学状态会发生变化。将聚合物试样在恒定应力作用下，以一定速度升高温度，同时测定试样形变随温度的变化，可以得到形变-温度曲线如图 1-33 所示（其中，M_a、M_b 为分子量，$M_a<M_b$）。曲线上有两个斜率突变区，分别称为玻璃化转变区和粘弹转变区。在这两个转变区之间和两侧，聚合物分别呈现 3 种不同的力学状态，依温度自低到高的顺序分别为：玻璃态、高弹态和粘流态。通常把室温下处于玻璃状态的聚合物称为塑料，处于高弹态的聚合物称为橡胶，粘流态是聚合物成型的工艺状态。

一般而言，非晶聚合物的玻璃态、高弹态、粘流态聚合物分子间的相互排列均是无序的，它们之间的差别主要是变形能力不同，即模量不同，因此称为力学状态。从分子运动来看，3 种状态只不过是分子（链段）运动能力不同而已。因此，非晶聚合物玻璃态、高弹态、粘流态的转变均不是热力学的相变，当然，T_g、T_f 亦不是相变温度。

高弹性和低弹性模量是高分子材料所特有的特性，即弹性变形大，弹性模量小，而且弹性随温度升高而增大。图 1-34 为玻璃态聚合物在不同温度下的拉伸曲线。高分子材料的高弹性变形不仅和外加应力有关，还和受力变形的时间有关，即变形与外力的变化不是同步的，有滞后现象，且高聚物的大分子链越长，受力变形时用于调整大分子链构象所需的滞后时间也就越长,这种变形滞后于受力的现象称为粘弹性。

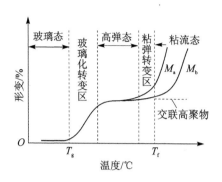

图 1-33　聚合物形变-温度曲线

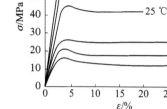

图 1-34　温度对聚合物应力-应变曲线的影响

聚合物材料的结构及成分对其力学性能有较大影响。如图 1-35 所示,室温下固体聚合物材料的应力-应变曲线有多种类型,在实际使用中可根据需要进行选择。其中"柔"和"刚"用于区分弹性模量的低或高;"弱"和"强"是指强度的大小;"脆"是指无屈服现象而且断裂伸长很小;"韧"是指其断裂伸长和断裂应力都较高的情况,有时可将断裂功(曲线下的面积)作为"韧性"的标志。

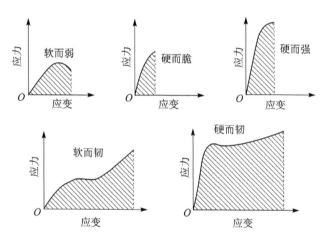

图 1-35　固体聚合物的应力-应变曲线类型

2. 常用高分子材料

(1) 塑　料

塑料是以天然或合成的高分子化合物(树脂)为主要成分,加入适量的填料和添加剂,在高温、高压下塑化成型,且在常温、常压下保持制品形状不变的材料。塑料具有良好的可塑性,在室温下能保持形状不变。

塑料按高分子化学和加工条件下的流变性能,可分为热塑性和热固性塑料两大类。热塑性塑料受热后软化,冷却后又变硬,这种软化和变硬可重复、循环,因此可以反复成型,这对塑料制品的再生很有意义。热塑性塑料占塑料总产量的 70% 以上,主要品种有聚氯乙烯、聚乙烯、聚丙烯等。

热固性塑料是由单体直接形成网状聚合物或通过交联线型预聚体而形成,一旦形成交联聚合物,受热后不能再回复到可塑状态。因此,对热固性塑料而言,聚合过程(最后的固化阶段)和成型过程是同时进行的,所得制品是不溶不熔的。热固性塑料的主要品种有酚醛树脂、氨基树脂、不饱和聚酯、环氧树脂等。

塑料按使用范围可分为通用塑料和工程塑料两大类。通用塑料是指产量大、价格较低、力学性能一般、主要作非结构材料使用的塑料,如聚氯乙烯、聚乙烯、聚丙烯、聚苯乙烯等。工程塑料一般是指可作为结构材料使用,能经受较宽的温度变化范围和较苛刻的环境条件,具有优异的力学性能、耐热、耐磨性能和良好的尺寸稳定性的塑料。工程塑料的主要品种有聚酰胺、聚碳酸酯、聚甲醛等。近年来,工程塑料的应用领域不断开拓,产量逐年增大,使得工程塑料与通用塑料之间的界限变得难以截然划分了。某些通用塑料,如聚丙烯等,经改性之后也可作结构材料使用。

(2) 橡 胶

橡胶是一种在使用温度范围内处于高弹态的高聚物材料。由于它具有良好的伸缩性、储能能力和耐磨、隔音、绝缘等性能,因而广泛用于弹性材料、密封材料、减磨材料、防震材料和传动材料,使之在促进工业、农业、交通、国防工业的发展及提高人民生活水平等方面,起到其他材料所不能替代的作用。

橡胶按其来源可分为天然橡胶和合成橡胶两大类。天然橡胶是从自然界含胶植物中制取的一种高弹性物质。天然橡胶是橡树上流出的胶乳,经过凝固、干燥、加压等工序制成生胶,橡胶含量在 90% 以上,是以异戊二烯为主要成分的不饱和状态的天然高分子化合物。天然橡胶有较好的弹性,弹性模量约为 $3 \sim 6$ MPa,较好的力学性能,硫化后拉伸强度为 $17 \sim 29$ MPa,有良好的耐碱性,但不耐浓强酸,还具有良好的电绝缘性。其缺点是耐油差,耐臭氧老化性差,不耐高温。橡胶广泛用于制造轮胎等橡胶工业。

合成橡胶是用人工合成的方法制得的高分子弹性材料。合成橡胶品种很多,按其性能和用途可分为通用合成橡胶和特种合成橡胶。凡性能与天然橡胶相同或相近、广泛用于制造轮胎及其他大批量橡胶制品的,称为通用合成橡胶,如丁苯橡胶、顺丁橡胶、氯丁橡胶、丁基橡胶等。凡具有耐寒、耐热、耐油、耐臭氧等特殊性能,用于制造特定条件下使用的橡胶制品的,称为特种合成橡胶,如丁腈橡胶、硅橡胶、氟橡胶、聚氨酯橡胶等。但是,特种橡胶随着其综合性能的改进,成本的降低以及推广应用的扩大,也可以作为通用合成橡胶使用,如乙丙橡胶、丁基橡胶等。

(3) 纤 维

纤维材料指的是在室温下分子的轴向强度很大,受力后变形较小,在一定温度范围内力学性能变化不大的高聚物材料。

纤维材料分为天然纤维与化学纤维两大类。而化学纤维又可分为人造纤维和合成纤维两种。人造纤维是以天然高分子纤维素或蛋白质为原料经过化学改性而制成的。合成纤维是由合成高分子为原料通过拉丝工艺而得到的,主要有聚酯纤维(涤纶)、聚酰胺纤维(锦纶)和聚丙烯腈纤维(腈纶)等。

(4) 胶粘剂

胶粘剂一般由几种材料组成,通常是以具有粘性或弹性的天然产物和合成高分子化合物为基料加入固化剂、填料、增韧剂、稀释剂、防老剂等添加剂而组成的一种混合物。每种具体的胶粘剂的组成主要决定于胶的性质和使用要求。常用胶粘剂主要有环氧树脂胶粘剂、酚醛改性胶粘剂、α-氰基丙烯酸酯胶等。

借助胶粘剂将各种物件连接起来的技术称为胶接(粘接、粘合)技术。按胶接强度特性分类,可分为结构型胶粘剂、非结构型胶粘剂及次结构型胶粘剂 3 种类型。结构型胶粘剂具有足够高的胶接强度,胶接接头可经受较苛刻的条件,因而此类胶粘剂可用以胶接结构件。非结构型胶粘剂的胶接强度较低,主要用于非结构部件的胶接。次结构型胶粘剂则介于二者之间。

1.2.3 陶瓷材料

现代陶瓷材料主要是一些金属或非金属的氧化物、氮化物、碳化物及硼化物等。陶瓷材料的性能取决于晶体结构、晶界性质和显微结构。陶瓷材料作为结构和功能材料在武器装备制造中正在得到应用,例如战略导弹上的防热端头帽、各类卫星星体和箭体用防热温控涂层材料、火箭喷管碳/陶瓷梯度复合材料和导弹防御系统中的微波介质材料等,均采用先进陶瓷材料。

1. 陶瓷材料的性能

(1) 力学性能

1) 弹性模量

陶瓷有很高的弹性模量,多数陶瓷的弹性模量高于金属,如图 1-36 所示,比高聚物高 2~4 个数量级,如图 1-37 所示。陶瓷的组成相不同时,其弹性模量也不同。各种陶瓷材料的弹性模量的顺序大致为:碳化物>氮化物≈硼化物>氧化物。陶瓷材料的致密度也是影响其弹性模量的重要因素,随着气孔率的增加,陶瓷材料的弹性模量急剧下降。晶粒大小和表面状态(如粗糙度等)对弹性模量的影响不大。

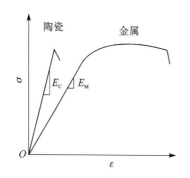

图 1-36 陶瓷材料与金属材料的拉伸应力-应变曲线　　图 1-37 陶瓷材料的抗压强度与抗拉强度

2) 硬 度

陶瓷的硬度很高,绝大多数陶瓷的硬度远高于金属和高聚物。例如,各种陶瓷的硬度多为 1 000~5 000 HV,淬火钢的硬度为 500~800 HV,高聚物一般不超过 20 HV。

3) 强 度

陶瓷材料的键合力强,弹性模量和硬度高,它的强度理应很高。然而陶瓷的成分、组织都不那么纯,内部杂质多,存在各种缺陷,且有大量气孔,致密度小,致使它的实际抗拉强度比它本身的理论强度要低得多。金属材料的实际抗拉强度和理论强度的比值为 1/3~1/50,而陶瓷可达 1/100 以下。

陶瓷材料的抗拉强度虽然低,但它的抗压强度却比较高。陶瓷的抗压强度通常是抗拉强

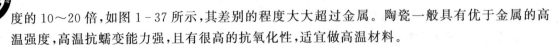

度的 10～20 倍,如图 1-37 所示,其差别的程度大大超过金属。陶瓷一般具有优于金属的高温强度,高温抗蠕变能力强,且有很高的抗氧化性,适宜做高温材料。

4) 塑性与韧性

对于大多数金属材料而言,断裂前都发生不同程度的塑性变形,而陶瓷材料在室温静拉伸或静弯曲载荷下,一般不出现塑性变形,即弹性变形结束后立即发生脆性断裂,如图 1-37 所示。在高温慢速加载的条件下,特别是组织中存在玻璃相时,陶瓷也能表现出一定的塑性。

(2) 物理性能

1) 热膨胀、导热性和抗热震性

多数陶瓷的热膨胀系数较小,其大小与结合键强弱和晶体结构密切相关。结合键强的材料热膨胀系数较低,结构较紧密的材料热膨胀系数较大,所以陶瓷的热膨胀系数比高聚物低,比金属低得多。

陶瓷的热传导主要通过原子的热振动进行。由于没有自由电子的传热作用,陶瓷的导热性比金属差;同时陶瓷中的气孔对传热不利,所以陶瓷多为较好的绝热材料。但有些陶瓷具有良好的导热性,例如氧化铍等。

抗热震性是指材料在温度急剧变化时抵抗破坏的能力,一般用急冷到水中不破裂所能承受的最高温度来表达,例如日用陶瓷的抗热震性为 220 ℃。抗热震性与热膨胀系数、导热性和韧性有关。热膨胀系数大、导热性差、韧性低的材料抗热震性不高。多数陶瓷的导热性和韧性低,所以抗热震性差。但也有些陶瓷具有高的抗热震性,例如碳化硅等。

2) 导电性

陶瓷的导电性能变化范围很大,多数陶瓷具有良好的绝缘性能。因为它们不像金属那样有可以自由运动的电子,是传统的绝缘材料,但有些陶瓷具有一定的导电性。随着科学技术的发展,具有各种导电性能的陶瓷不断出现,例如压电陶瓷、半导体陶瓷、超导陶瓷等。

3) 光学特性

陶瓷材料由于有晶界、气孔的存在,一般是不透明的。但近些年来,由于烧结机制的研究和控制晶粒直径技术的进展,可将某些原是不透明的氧化物陶瓷烧结成能透光的透明陶瓷。

有些陶瓷不仅具有透光性,而且具有导光性、光反射性等功能,可做透明材料、红外光学材料、光传输材料、激光材料等,称为光学陶瓷。

(3) 化学性能

陶瓷的结构非常稳定,很难与介质中的氧发生作用。例如在以离子晶体为主的陶瓷中,金属原子被氧原子所包围,被屏蔽在其紧密排列的间隙之中,不但室温下不会氧化,甚至在 1 000 ℃ 以上的高温下也不会氧化。

陶瓷对酸、碱、盐等的腐蚀有较强的抵抗能力,也能抵抗熔融的有色金属(如铝、铜等)的侵蚀。但在有些情况下,例如高温熔盐和氧化渣等会使某些陶瓷材料受到腐蚀破坏。

2. 常用陶瓷材料

(1) 氧化物陶瓷

1) 氧化铝陶瓷

氧化铝陶瓷的主要成分为 Al_2O_3 和 SiO_2。一般所说的氧化铝陶瓷实际上是含 Al_2O_3 在 95% 以上的氧化铝陶瓷。按 Al_2O_3 的含量不同可分刚玉瓷、刚玉-莫来石瓷和莫来石瓷,其中

刚玉瓷中 Al_2O_3 的含量高达99%。

氧化铝陶瓷的强度大大高于普通陶瓷,硬度很高,仅次于金刚石、立方氮化硼、碳化硼和碳化硅。刚玉瓷耐高温性能好,能在1 600 ℃的高温下长期使用,蠕变很小,也不会氧化,且具有优良的电绝缘性能。由于铝氧之间控合力很大,氧化铝又具有酸碱两重性,所以氧化铝陶瓷特别能耐酸碱的侵蚀。高纯度的氧化铝陶瓷也非常能抵抗金属或玻璃熔体的侵蚀,广泛用于冶金、机械、化工、纺织等行业,制做耐磨、抗蚀、绝缘和耐高温材料。

2)氧化镁(MgO)陶瓷

MgO陶瓷在高温下抗压强度较高,能经受较大负重,但抗热震性差。MgO陶瓷能抵抗熔融金属及碱性渣的腐蚀,可制做坩埚、炉衬和高温装置等。

3)氧化锆(ZrO_2)陶瓷

ZrO_2陶瓷呈弱酸性或惰性,耐侵蚀、耐高温,但导热系数小,热膨胀系数较高,抗热震性差。ZrO_2陶瓷主要用做坩埚、炉子和反应堆的隔热材料、金属表面的防护涂层等。

(2)非氧化物陶瓷

1)碳化硅陶瓷

碳化硅(SiC)具有高硬度和高温强度,在1 400 ℃高温仍可保持相当高的抗弯强度,而其他的陶瓷材料在1 200~1 400 ℃时高温强度就要明显下降。碳化硅有很高的热传导能力,抗热震性高,抗蠕变性能好。对一些金属熔体(如铝、铜、铅、锌、锡等)是稳定的,对酸性熔体有很强的抵抗力,但不抗碱。

碳化硅主要用做高温结构材料。例如,火箭尾喷管的喷嘴、热电偶套管等高温零件,使用范围可达1 450~1 500 ℃。此外,碳化硅还可用做高温下热交换器的材料、核燃料的包套材料等。碳化硅还可作为耐磨材料,用于制做砂轮、磨料等。

2)氮化硅陶瓷

氮化硅(Si_3N_4)有反应烧结氮化硅和热压烧结氮化硅。前者含有较多的气孔,后者气孔率接近零。氮化硅具有良好的化学稳定性,除氢氟酸外,能抵抗各种酸、碱和熔融金属的侵蚀;具有优异的电绝缘性能,硬度高,摩擦系数小,是一种优良的耐磨材料;热膨胀系数小,抗热震性高。热压氮化硅由于组织致密,因此强度高。反应烧结氮化硅气孔多,强度不及热压氮化硅。

氮化硅是最重要的高温结构陶瓷材料,可在1 650 ℃以上工作,是具有比金属更高的强度和耐腐蚀性能的低密度材料。氮化硅用于先进涡轮发动机可以提高发动机的效率,减少或取消发动机冷却系统,节省能源,同时减轻总质量。

3)氮化硼陶瓷

氮化硼通常为六方BN,当有碱或碱土金属为触媒时,可在1 500 ℃左右高温和高压下转变为六方BN。

六方BN导热性好,热膨胀系数小,抗热震性高,是优良的耐热材料;具有高温电绝缘性,是一种优质电绝缘体;硬度低,有自润滑性,可进行机械加工;化学稳定性好,能抵抗许多熔融金属和玻璃熔体的侵蚀。因此,它可作为耐高温、耐腐蚀的润滑剂,耐热涂料和坩埚等。

六方BN的硬度极高,接近金刚石,主要用做磨料,制造精密磨轮和金属切削刀具,是优良的耐磨材料。

4)碳化硼陶瓷

碳化硼是一种混合晶体,其组成由 $B_{13}C_2$ 到 $B_{12}C_3$。碳化硼的硬度高,但脆性大,密度、热膨胀系数小，主要用做磨料及在核技术中作为吸收材料等。

（3）金属陶瓷

金属陶瓷实质上是由金属和陶瓷组成的复合材料。金属的抗热震性、韧性好，但易氧化和高温强度不高；而陶瓷的硬度高，耐热性好，耐蚀性强，但抗热震性低，脆性大。通过一定的工艺方法将它们结合起来制成金属陶瓷，则可兼有两者的优点。

金属陶瓷中，陶瓷相是氧化物（如 Al_2O_3、ZrO_2、MgO、BeO 等）、碳化物（如 TiC、WC、SiC 等）、硼化物（如 TiB、ZrB_2、CrB_2 等）和氮化物（如 TiN、BN、Si_3N_4 等），它们是金属陶瓷的基体或"骨架"。金属相主要是钛、铬、镍、钴及其合金，起粘结作用，也称粘结剂。陶瓷相和金属相的相对数量将直接影响金属陶瓷的性能，以陶瓷相为主的多为工具材料，金属相含量较高时多为结构材料。

1.2.4　复合材料

复合材料是由两种或两种以上的化学或物理性质不同的材料通过复合工艺制造出来的具有优越性能的固体材料。各种材料在性能上互相取长补短，产生协同效应，使复合材料的综合性能优于原组成材料而满足构件的各种不同的要求。

1. 复合材料及性能

（1）复合材料的组成

复合材料的结构一般由基体与增强相组成，基体与增强相之间存在界面，图 1-38 为复合材料结构示意图。

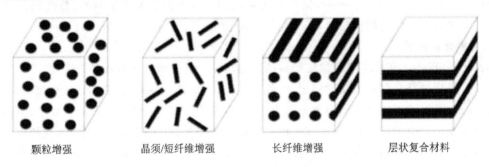

颗粒增强　　　　晶须/短纤维增强　　　　长纤维增强　　　　层状复合材料

图 1-38　复合材料的结构类型

复合材料的基体主要有聚合物材料、无机非金属材料和金属材料等。基体的主要作用是利用其粘附特性，固定和粘附增强体，将复合材料所受的载荷传递并分布到增强体上。载荷的传递机制和方式与增强体的类型和性质密切相关，在纤维增强的复合材料中，复合材料所承受的载荷大部分由纤维承担。

基体的另一作用是保护增强体在加工和使用过程中，免受环境因素的化学作用和物理损伤，防止诱发造成复合材料破坏的裂纹。同时基体还会起到类似隔膜的作用，将增强体相互分开，这样即使个别增强体发生破坏断裂，裂纹也不易从一个增强体扩展到另一个增强体。因此基体对复合材料的耐损伤和抗破坏、使用温度极限以及耐环境性能均起着十分重要的作用。正是由于基体与增强体的这种协同作用，才赋予复合材料良好的强度、刚度和韧性等。

复合材料所采用的增强相主要有纤维、晶须和颗粒 3 种类型。纤维一般为合成纤维，晶须是含缺陷很少的单晶短纤维，颗粒主要是指具有高强度、高模量、耐热、耐磨、耐高温的陶瓷和石墨等非金属颗粒。

增强相主要用来承受载荷。因此在设计复合材料时,通常所选择的增强相的弹性模量应比基体高。如纤维增强的复合材料在外载作用下,当基体与增强相应变量相同时,基体与增强相所受载荷比等于两者的弹性模量比,弹性模量高的纤维就可承受高的应力。此外,增强相的大小、表面状态、体积分数及其在基体中的分布等,对复合材料的性能同样具有很大的影响,其作用还与增强体的类型、基体的性质紧密相关。

复合材料中的界面起到连接基体与增强相的作用,界面连接强度对复合材料的性能有很大的影响。基体与增强相之间的界面特性决定着基体与增强相之间结合力的大小。一般认为,基体与增强相之间结合力的大小应适度,其强度只要足以传递应力即可。结合力过小,增强体和基体间的界面在外载作用下易发生开裂;结合力过大,又易使复合材料失去韧性。

(2) 复合材料性能

1) 比强度和比模量高

复合材料的比强度和比模量比其他材料高得多,这表明复合材料具有较高的承载能力。它不仅强度高,而且还具有质量轻的特点。因此,将此类材料用于动力设备,可大大提高动力设备的效率。

图 1-39 所示为复合材料和单一材料力学性能的比较。

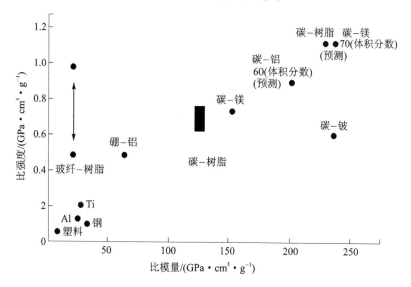

图 1-39　复合材料与其他材料的比强度和比模量

2) 抗疲劳性能好

复合材料具有高疲劳强度。例如,碳纤维增强聚酯树脂的疲劳强度为其拉伸强度的 $70\% \sim 80\%$,而大多数金属材料的疲劳强度只有其抗拉强度的 $40\% \sim 50\%$。

3) 破损安全性好

纤维增强复合材料由大量单根纤维合成,受载后即使有少量纤维断裂,载荷会迅速重新分布,由未断裂的纤维承担,这样可使构件丧失承载能力的过程延长,表明断裂安全性能较好。

4) 减振性能好

工程结构、机械及设备的自振频率除与本身的质量和形状有关外,还与材料的比模量的平方根成正比。复合材料具有高比模量，因此也具有高自振频率，这样可以有效地防止在工作状态下产生共振及由此引起的早期破坏。同时，复合材料中纤维和基体间的界面有较强的吸振能力，表明它有较高的振动阻尼，故振动衰减比其他材料快。

5）耐热性能好

树脂基复合材料耐热性要比相应的塑料有明显的提高。金属基复合材料的耐热性更显出其优越性，例如，铝合金在400℃时，其强度大幅度下降，仅为室温时的0.06～0.1，而弹性模量几乎降为零；而用碳纤维或硼纤维增强铝，400℃时强度和弹性模量几乎与室温下保持同一水平。

图1-40所示是材料比强度与温度的关系。

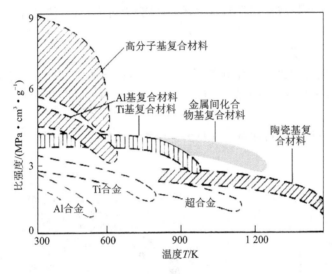

图1-40 不同基体复合材料的性能

6）成型工艺简单

复合材料可用模具采用一次成型制成各种构件，工艺简单，材料利用率高。

2. 复合材料类型

（1）聚合物基复合材料

聚合物基复合材料（亦称树脂基复合材料）是目前应用最广泛、消耗量最大的一类复合材料，该类材料主要以纤维增强的树脂为主。

1）玻璃纤维-树脂复合材料

玻璃纤维-树脂复合材料通常称为玻璃钢，具有瞬时耐高温性能，被用做人造卫星、导弹和火箭的外壳（耐烧蚀层）。玻璃钢不反射无线电波，微波透过性好，是制造雷达罩、声呐罩的理想材料。

按树脂的性质可将其分为热塑性玻璃钢和热固性玻璃钢两类。

热塑性玻璃钢由20%～40%的玻璃纤维和60%～80%的基体材料（如尼龙、ABS等）组成，具有高强度和高冲击韧性，同时具有良好的低温性能及低热膨胀系数。

热固性玻璃钢由60%～70%的玻璃纤维（或玻璃布）和30%～40%的基体材料（如环氧、聚酯等）组成。其主要特点是密度小、强度高，比强度超过一般高强度钢和铝合金、钛合金，耐磨性、绝缘性和绝热性好,吸水性低、防磁、微波穿透性好,易于加工成型。其缺点是弹性模量低,只有结构钢的 $1/10\sim1/5$,刚性差,耐热性比热塑性玻璃钢好但不够高,只能在 300 ℃ 以下工作。为提高它的性能,可对它进行改性。如以环氧树脂和酚醛树脂混溶做基体的环氧-酚醛玻璃钢,热稳定性好,强度更高。

2) 碳纤维-树脂复合材料

碳纤维-树脂复合材料也称碳纤维增强复合材料。常用的这类复合材料是由碳纤维与聚酯、酚醛、环氧、聚四氟乙烯等树脂组成的。其性能优于玻璃钢,具有密度小、强度高、弹性模量高、比强度和比模量高等特点以及优良的抗疲劳、耐冲击性能,同时还具有良好的自润滑性、减振性、耐磨性、耐蚀性和耐热性。其缺点是碳纤维与基体的结合力低,各向异性严重。

碳纤维复合材料用做航空航天结构材料时,减重效果十分显著,显示出无可比拟的巨大应用潜力。当前先进固体发动机均优先选用碳纤维复合材料壳体。采用碳纤维复合材料可提高弹头携带能力,增加有效射程和落点精度。其在飞机上的应用已由次承力结构材料发展到主承力结构材料。

3) 碳化硅纤维-树脂复合材料

碳化硅纤维与环氧树脂组成的复合材料,具有高的比强度和比模量,抗拉强度接近碳纤维环氧树脂复合材料,而抗压强度为其两倍。因此,它是一种很有发展前途的新材料,主要用于航空、航天工业。

4) 芳纶(Kevlar)纤维-树脂复合材料

它是由芳纶有机纤维与环氧、聚乙烯、聚碳酸酯、聚酯等树脂组成的。其中最常用的是 Kevlar 纤维与环氧树脂组成的复合材料,其主要性能特点是抗拉强度较高,与碳纤维-环氧树脂复合材料相似,延性好,与金属相当;耐冲击性超过碳纤维增强塑料,有优良的疲劳抗力和减震性;其疲劳抗力高于玻璃钢和铝合金;减震能力为钢的 8 倍,为玻璃钢的 $4\sim5$ 倍。这种复合材料可用于制造飞机机身、雷达天线罩、轻型舰船等。

(2) 金属基复合材料

金属基复合材料的基体大多采用铝及铝合金、铜及铜合金、钛及钛合金、镁及镁合金和镍合金等。金属基复合材料的增强材料要求高强度和弹性模量(抵抗变形及断裂)、高抗磨性(防止表面损伤)与高化学稳定性(防止与空气和基体发生化学反应)。

1) 纤维增强金属基复合材料

纤维增强金属基复合材料通常是由低强度、高韧性的基体与高强度、高弹性模量的纤维组成的。常用的纤维有硼纤维、碳化硅纤维、碳纤维、氧化铝纤维、钨纤维、钢丝等。装备结构常用的是铝基复合材料。主要类型有:

① 碳纤维增强金属基复合材料。碳纤维/铝复合材料具有高比强度和比模量,较高的耐磨性,较好的导热性和导电性,较小的热膨胀和尺寸变化。碳纤维/铝复合材料在宇航和军事方面得到应用。如采用碳纤维/铝复合材料制造的卫星用波导管具有良好的刚性和极低的热膨胀系数,比原碳纤维/环氧树脂复合材料轻 30%。

② 氧化铝纤维增强金属基复合材料。氧化铝纤维/铝复合材料具有高比强度、比模量、高疲劳强度及高耐蚀性,因此,在飞机、汽车工业上得到应用。

③ 碳化硅纤维增强金属基复合材料。碳化硅纤维是一种高熔点、高强度、高弹性模量的陶瓷纤维。它以碳纤维做底丝,用二甲基二氯硅烷反应生成聚硅烷,经聚合生成聚碳硅烷纺

丝,再烧结产生碳化硅纤维尼可纶。

碳化硅纤维尼可纶/铝复合材料由于其尼可纶的密度(2.55 mg/m^3)与铝的(2.71 mg/m^3)十分相近,因此能容易地制造非常稳定的复合材料,并且强度较高,在400 ℃以下随着温度的升高强度降低也不大,可作为飞机材料。

④ 硼纤维增强金属基复合材料。硼纤维/铝复合材料具有高比强度和比模量,因此应用在飞机部件、喷气发动机、火箭发动机上。早在20世纪70年代,美国就把硼纤维/铝复合材料用到航天飞机轨道器主骨架上,比原设计的铝合金主骨架减重44%。这种复合材料用于航空发动机风扇和压气机叶片、飞机和卫星构件,减重达20%~60%。

⑤ 钨纤维增强金属基复合材料。钨是高熔点金属,钨纤维比其他纤维的密度高,但其抗拉强度/密度比却大大超过其他纤维。如镍基高温合金在1 090 ℃温度下100 h的持久强度为100 MPa,而用钨、钨-二氧化钍($W - ThO_2$)和钨-铪-碳($W - Hf - C$)纤维增强后,其强度可分别提高至原来的1.5倍、2倍和3倍。因此,钨纤维增强高温合金在发动机热端部件制造中有应用前景。

图1-41说明了纤维增强金属基复合材料蠕变抗力提高的机制。当复合材料承受蠕变时,蠕变应力由高蠕变抗力的纤维分担而降低了基体的蠕变应力,从而使复合材料的整体抗蠕变能力提高。

2) 颗粒增强金属基复合材料

颗粒增强金属基复合材料是由一种或多种陶瓷颗粒或金属颗粒增强体与金属基体组成的先进复合材料。此类复合材料一般选择具有高模量、高强度、高耐磨和良好的高温性能,并且在物理、化学上与基体相匹配的颗粒为增强体,通常为碳化硅、氧化铝、硼化铁等陶瓷颗粒,有时也用金属颗粒作为增强体。

颗粒增强金属基复合材料具有良好的力学性能、物理性能和优异的工艺性能,可采用传统的成型工艺进行制备,如图1-42所示。颗粒增强金属基复合材料的性能一般取决于增强颗粒的种类、形状、尺寸和数量,基体金属的种类和性质以及材料的复合工艺等。

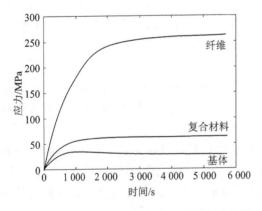
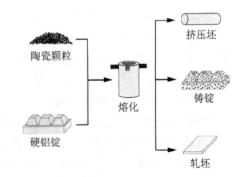

图1-41　纤维增强金属基复合材料的蠕变曲线　　图1-42　颗粒增强金属基复合材料制备示意图

① 碳化硅颗粒增强铝基复合材料。碳化硅颗粒增强铝基复合材料是目前金属基复合材料中最早实现大规模产业化的品种。此种复合材料的密度仅为钢的1/3、钛合金的2/3,与铝合金相近;其比强度较铝合金高,与钛合金相近;模量略高于钛合金,比铝合金高很多。此外,

SiCp/Al 复合材料还具有良好的耐磨性能(与钢相似,比铝合金大 1 倍),使用温度最高可达 300~350 ℃。

碳化硅颗粒增强铝基复合材料目前已批量用于汽车工业和机械工业中,制造大功率汽车发动机和柴油发动机的活塞、活塞环、连杆、刹车片等;同时,还可用于制造火箭、导弹构件、红外及激光制导系统构件。此外,以超细碳化硅颗粒增强的铝基复合材料还是一种理想的精密仪表用高尺寸稳定性材料和精密电子器件的封装材料。

碳化硅颗粒增强铝基复合材料的力学性能与增强体的形状和尺寸以及体积分数密切相关。图 1-43 所示为碳化硅颗粒体积分数变化对 Al-Cu-Mg 基复合材料应力-应变曲线的影响,随碳化硅颗粒体积分数增加,复合材料的弹性模量和强度提高,但塑性有所降低。图 1-44 所示为碳化硅颗粒体尺寸变化对 Al-Cu-Mg 基复合材料应力-应变曲线的影响,随碳化硅颗粒体尺寸增加,复合材料的弹性模量有所降低但仍高于基体,强度和塑性都有所降低,颗粒体尺寸增大到一定程度则没有增强效果。

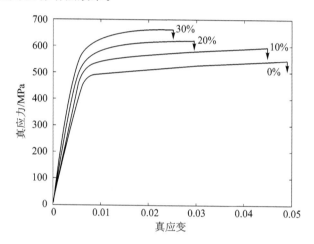

图 1-43　碳化硅颗粒体积分数对 Al-Cu-Mg 基复合材料应力-应变曲线的影响

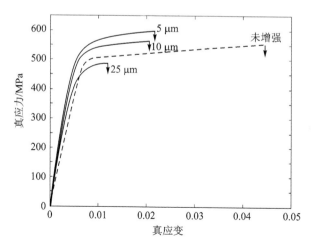

图 1-44　碳化硅颗粒尺寸对 Al-Cu-Mg 基复合材料应力-应变曲线的影响

② 颗粒增强型高温金属基复合材料。这是一种以高强、高模量陶瓷颗粒增强的钛基或金属间化合物基复合材料，典型材料是 TiC 颗粒增强的 Ti-6Al-4V(TC4) 钛合金，这种材料一般采用粉末冶金法，由 10%～25% 超硬 TiC 颗粒与钛合金粉末复合而成。

与基体合金相比，TiC/Ti-6Al-4V 复合材料的强度、模量及抗蠕变性能均明显提高，使用温度最高可达 500 ℃，可用于制造导弹壳体、导弹尾翼和发动机零部件。另一种典型材料是正处于发展之中的颗粒增强金属间化合物基复合材料，其使用温度可达 800 ℃以上。

③ 金属陶瓷。由陶瓷颗粒与金属基体结合的颗粒增强金属称金属陶瓷。这种金属陶瓷的特点是耐热性好，硬度高。但脆性大的陶瓷（金属氧化物、碳化物、氮化物）颗粒与韧性好的基体烧结粘合在一起后，产生既有陶瓷的高硬度和耐热性，又有金属的耐冲击性等复合效果。

工业上应用的金属陶瓷有碳化物增强金属即所谓超硬合金。例如，WC-Co 已用做耐磨、耐冲击的工具或合金刀头。

④ 弥散强化金属。弥散强化指将金属或氧化物颗粒均匀地分散到基体金属中去，使金属晶格固定，增加位错运动的阻力。金属经弥散强化后可使室温及高温强度提高。氧化铝弥散增强铝复合材料就是工业中应用的一例。

3. 无机非金属基复合材料

(1) 陶瓷基复合材料

1) 纤维-陶瓷复合材料

纤维-陶瓷复合材料日益受到人们的重视。由碳纤维或石墨纤维与陶瓷组成的复合材料能大幅度地提高冲击韧性和防热、防震性，降低陶瓷的脆性，而陶瓷又能保持碳（或石墨）纤维在高温下不被氧化，因而具有很高的高温强度和弹性模量。如碳纤维-氮化硅复合材料可在 1 400 ℃温度下长期使用，用于制造飞机发动机叶片；碳纤维-石英陶瓷复合材料，冲击韧性比烧结石英陶瓷大 40 倍，抗弯强度大 5～12 倍，比强度、比模量成倍提高，能承受 1 200～1 500 ℃高温气流冲击，是一种很有前途的新型复合材料。

2) 晶须和颗粒增强陶瓷基复合材料

由于晶须的尺寸很小，从客观上看与粉末一样，因此在制备复合材料时只需将晶须分散后与基体粉末混合均匀，然后对混好的粉末进行热压烧结，即可制得致密的晶须增韧陶瓷基复合材料。目前常用的是 SiC、Si_3N_4、Al_2O_3 晶须，常用的基体则为 Al_2O_3、ZrO_2、SiO_2、Si_3N_4 及莫来石等。晶须增韧陶瓷基复合材料的性能与基体和晶须的选择、晶须的含量及分布等因素有关。

由于晶须具有长径比，因此当其含量较高时，会引起密度的下降并导致性能的下降。为了克服这一弱点，可采用颗粒来代替晶须制成复合材料，这种复合材料在原料的混合均匀化及烧结致密化方面均比晶须增强陶瓷基复合材料要容易。当所用的颗粒为 SiC、TiC 时，基体材料采用最多的是 Al_2O_3、Si_3N_4。目前，这些复合材料已广泛用来制造刀具。

(2) 碳/碳复合材料

碳/碳复合材料是由碳纤维增强体与碳基体组成的复合材料，简称碳/碳(C/C)复合材料。这种复合材料主要是以碳（石墨）纤维毡、布或三绝编织物与树脂、沥青等可碳化物质复合，经反复多次碳化与石墨化处理，达到所要求的密度，或者采用化学气相沉积法将碳沉积在碳纤维上，再经致密化和石墨化处理，制得复合材料。根据用途，碳/碳复合材料可分为烧蚀型 C/C 复合材料、热结构型 C/C 复合材料和多功能型 C/C 复合材料。

碳/碳复合材料制备的主要步骤是先将碳增强材料预先制成预成体型,然后再以基体碳填充逐渐形成致密的碳/碳复合材料。碳/碳复合材料预成体型体可分为单向、二维或三维,甚至可以是多维方式。图 1-45 所示为碳/碳复合材料预成体型体的三维正交结构。

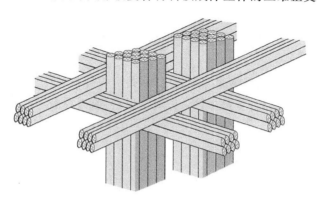

图 1-45　碳/碳复合材料预成体型体的三维正交结构

成型后的预制体含有许多孔隙,密度也低,不能直接应用,须将碳沉积于预制体,填满其孔隙,才能成为真正的结构致密、性能优良的碳/碳复合材料。此即致密化过程,也是基体碳形成过程。基体碳形成可通过液相浸渍和化学气相沉积来实现。液相浸渍工艺一般在常压或减压下进行,通过多次重复浸渍-炭化-石墨化过程来实现致密预制体。化学气相沉积是利用碳氢化合物气体在高温下分解并沉积炭于预制体来获得基体碳。与液相浸渍工艺相比,化学气相沉积工艺过程便于精确控制,所制备的材料具有结构均匀、完整、致密性好、石墨化程度高等优点。

碳/碳复合材料具有卓越的高温性能、良好的耐烧蚀特性和较好的抗热冲击性能,同时还具有热膨胀系数低、抗化学腐蚀的特点。碳/碳复合材料的密度仅为镍基高温合金的 1/4,陶瓷材料的 1/2,尤其是这种材料随着温度升高(可达 2 200 ℃)其强度不仅不降低,甚至比室温还高,这是其他材料所无法比拟的独特的性能。碳/碳复合材料是目前可使用温度最高的复合材料(最高温度可达 2 000 ℃以上),首先在航空航天领域作为高温热结构材料、烧蚀型防热材料以及耐摩擦磨损等功能材料得到应用。

图 1-46 所示为典型复合材料强度随温度的变化。

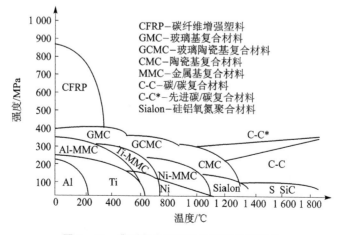

图 1-46　典型复合材料强度随温度的变化

碳/碳复合材料用于航天飞机的鼻锥帽和机翼前缘，以抵御起飞载荷和再入大气层的高温作用。碳/碳复合材料已成功用于飞机刹车盘，具有低密度、耐高温、寿命长和良好的摩擦性能。碳/碳复合材料也是发展新一代航空发动机热端部件的关键材料。

1.3 工程材料的应用

工程材料是通过成型制造结构来实现其应用的，工程材料的应用是结构设计以及成型制造的集成要素。根据应用领域，工程材料分为航空材料、航天材料、兵器材料、船舶材料、核能材料等。

1.3.1 航空材料及应用

1. 航空材料的发展

现代和未来飞机在高速化、机动化、隐形化、智能化、微型化、无人化、电子化等方面的发展都离不开航空材料的发展。材料直接关系到飞机的性能、外形及作战性能。材料的优劣对飞机的飞行速度、高度、航程、机动性、隐身性、服役寿命、安全可靠性、可维修性等性能有着无可置疑的重大影响。

早期的飞机结构主要采用木材、布料、金属丝等材料。直到 20 世纪 30 年代，金属结构开始被采用。喷气式飞机出现后，飞机材料主要采用铝合金。铝合金在早期战斗机上占有相当大的份额，一般在 70% 以上，其次是钢，约占 20%。目前，铝合金和钢在先进战斗机上的用量已经逐渐缩小，钛合金和树脂基复合材料的用量则不断增加。如某型战斗机的钛合金用量达到 41%，树脂基复合材料的用量为 24%，铝合金和钢的用量分别降至 15% 和 5%。而正在研制的先进战斗机都将大量地采用钛合金。

铝合金和钢在飞机上的用量会逐渐减少，这是因为铝合金和钢已不能满足先进飞机在减轻结构质量和提高飞行速度（相应地提高零部件工作温度）等方面的需要。钛合金的比强度超过铝合金与钢，钛合金的强度和使用温度上限与钢相近，密度却只有钢的 57% 左右，以钛代钢的减重效果显而易见。铝合金的密度虽小，但由于强度显著低于钛合金，其比强度仍不及钛合金，尤其当零部件工作温度较高时，使用温度上限较低的铝合金更不得不让位给钛合金。

先进树脂基复合材料以其优异的性能已成为继铝合金、钢、钛合金之后的主要航空材料。目前飞机上应用的主要有树脂基复合材料、碳纤维复合材料等。复合材料主要用于雷达罩、进气道、机翼（含整体油箱等）、襟翼、副翼、垂尾、平尾、减速板及机身蒙皮等。20 世纪 60 年代末设计的民用飞机中，复合材料占比不到 2%，到 80 年代，复合材料占比为 3%～6%，而今天的飞机复合材料使用比例达到了 11% 左右。目前，民用飞机机身结构的复合材料用量达到 50%，现代民用飞机机身结构的复合材料用量则达到 52%。现代军用飞机也广泛采用复合材料。例如战斗机大量采用高强度、耐高温的树脂基复合材料。战斗机翼大部分部件和机身的一半都采用了碳纤维复合材料。图 1-47 所示为战斗机应用复合材料（图中涂黑的部分）的情况。

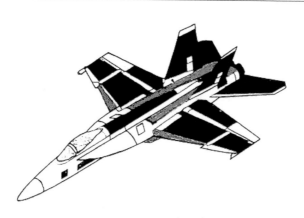

图 1-47　复合材料在战斗机上的应用

隐形飞机的隐形效果除采用特殊的外形设计外,再就取决于隐形材料。隐形材料堪称隐形飞机的一大法宝。隐形材料可分为涂敷型和结构型两种,前者指涂料、胶膜一类的材料,后者指功能与结构一体化的纤维增强树脂基复合材料。

起落架在飞机降落时承受飞机的全部质量和惯性力,在空中不承受任何载荷。就飞机结构的完整性来说,起落架是重要而薄弱的构件,起落架的失效将产生严重的后果。为了减轻飞机结构质量和压缩起落架的收藏空间,起落架材料应有高的弹性模量和高强度,因此需要选用超高强度钢。飞机起落架是一种典型的承受冲击疲劳的构件。对战斗机而言,起落架着陆时的损伤,一半以上是因为疲劳,而且这种损伤大都处于低周高应力范围,并且有时工作应力会超过屈服强度。因此,起落架所用的钢应有良好的抗冲击疲劳性,同时要考虑材料的断裂韧性与裂纹扩展速率等性能指标。

号称飞机心脏的发动机在选用材料上更为严格。发动机在选材上最初也是以钢和铝合金为主的,20 世纪 50 年代初,钢和铝合金在喷气发动机上的结构质量百分比分别高达 80% 和 17%。但随着镍合金和钛合金的迅猛发展,铝合金和钢的用量显著降低。从 20 世纪 60 年代至今,钢的结构质量百分比已降至 20% 以下,而从 70 年代开始,在喷气发动机上已不再选用铝合金。目前喷气发动机在选材上冷端以钛合金为主,热端以镍基合金为主。高温镍基合金主要用于涡轮叶片、盘、环、机匣、燃烧室等零件,钛合金用于风扇、压气机盘、鼓筒等。定向凝固合金、单晶合金、氧化物弥散强化合金已广泛用于涡轮叶片。未来先进的发动机将广泛采用复合材料和金属间化合物等材料。

图 1-48 所示为航空发动机用材料的发展趋势。

航空发动机燃烧室燃气温度达 1 500~2 000 ℃。当发动机加速或减速时,燃烧室壁面温度梯度能加大至 120 ℃/cm,产生很大的热应力。特别是在起飞、加速和停车时温度变化更为急剧。由于周期循环加热冷却,热应力可达很大值,燃烧室常出现变形、翘曲、边缘热疲劳裂纹等。因此,燃烧室材料应具有足够的高温强度和塑性、优良的抗氧化性能、冷热疲劳性能、抗高温蠕变和持久性能以及良好的成型工艺性。

为了不断提高发动机的性能(高推重比、低油耗),要求不断提高涡轮进口燃气温度。涡轮叶片(包括导向叶片、工作叶片)长期经受高温燃气的冲击和侵蚀,这对涡轮叶片材料提出了严峻的要求。在这种恶劣环境下使用的金属材料构件既要有优异的高温力学性能(蠕变性能、持久性能、疲劳性能、韧塑性能等),又要具备良好的抗腐蚀性能。单靠改进合金很难同时解决这

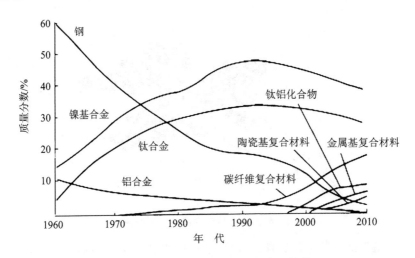

图 1-48　航空发动机用材料的发展趋势

两个问题。一般的设计原则是：选择高温强度足够高的合金作为基体提供部件所需的力学性能，表面施加防护涂层提供抗高温氧化和耐热腐蚀能力，如图 1-49 所示。

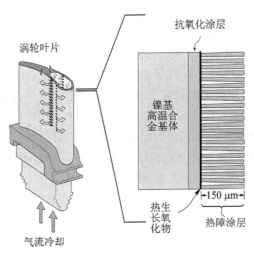

图 1-49　涡轮叶片冷却与热障涂层

图 1-50 所示为不同年代发动机材料的工作温度曲线。可以看出，采用高温防护涂层（热障涂层）可以大幅度提高发动机材料的工作温度（其中 Y-PSZ 为氧化钇部分稳定的氧化锆）。

2. 飞机制造中的成型工艺

先进成型工艺是现代飞机结构设计的有力保证。飞机结构成型工艺包括超塑成型/扩散连接、等温锻造、热等静压、超塑成型、大尺寸变厚度数控加工、铝合金多层次立体化铣、大型整体壁板喷丸成型、超长蒙皮的滚弯成型、整体油箱密封、强化工艺、激光加工、粉末注射和自动铆接装配等。无余量成型或接近无余量成型技术在飞机构件制造中受到重视。

飞机广泛采用模锻件，且尽量采用精锻件，近无余量锻造在飞机承力构件中正在得到应用。机身加强框、机翼主梁、起落架等部件均采用锻造成型工艺。多向锻造、等温锻造、粉末锻造、热等静压等特种锻造成型工艺在飞机结构件的制造中有应用前景。

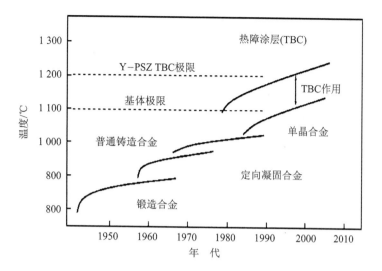

图 1-50 发动机材料工作温度与材料的发展

铸造成型是飞机机轮、轮缘、起落架半轮叉、壳体等多种零件的制造工艺。常用材料有铝、镁、钛合金、钢及铸铁。现代飞机零件的铸造成型工艺正在向大型、薄壁、整体、高精度、少切削、无余量、高质量的方向发展。精密铸造成型工艺在飞机结构件制造中也在逐步应用。计算机辅助设计与制造技术在复杂零件铸造成型显示了极大的优越性。

钣金成型工艺是飞机零件的主要成型工艺。钣金件的厚度一般不超过 5 mm,飞机用钣金件的材质多为铝及铝合金、不锈钢、钛合金等。飞机的覆盖件及骨架零件均为钣金件,零件数量约占飞机零件总量的 50% 以上。主要的成型方法有拉伸、拉形、胀形、橡皮成型、旋压、喷丸、爆炸成型、超塑成型等。超塑成型/扩散连接组合工艺可显著减轻结构的质量,在钛合金复杂形状零件的成型中得到成功应用。图 1-51 所示为飞机舱门铆接结构与超塑性/扩散连接结构的比较,超塑性/扩散连接简化了结构设计,减少了零件数量,降低了结构的质量。

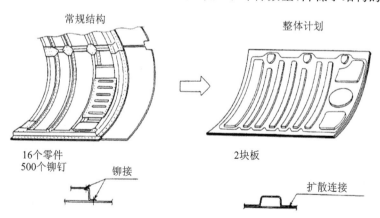

图 1-51 铆接结构与超塑性/扩散连接结构

整体结构具有连接数目少、传力直接、疲劳性好等特点,在飞机结构中得到越来越多的应用。整体结构有机身、机翼、尾翼等整体壁板、梁、接头等。整体结构成型加工方法主要是数控、化铣、精密锻造、挤压、铸造与焊接等。

现代飞机结构正在不断扩大焊接结构的应用范围。钛合金构件的氩弧焊、电子束与激光焊、等离子电弧焊、感应钎焊等先进工艺具有减轻重量、提高结构的整体性等优势。新型战斗机的承力框、带筋壁板采用焊接结构，如图1-52所示，可降低加工制造成本。在铝合金整体壁板结构的制造方面，搅拌摩擦焊技术具有很大的优势。

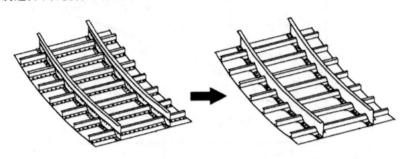

图1-52　铆接壁板与整体壁板结构

复合材料结构可根据使用要求和受力情况进行材料的设计与减裁，目前已扩大应用到飞机主承力结构。与一般金属结构相比，复合材料构件的比强度、比刚度高，耐腐蚀、抗疲劳，但损伤不易检测与修理。主要成型法有：热压罐成型、缠绕成型、编织成型、RTM法等。其中，RTM即树脂传递模塑，是在一定温度及压力下，将低粘度的树脂体系注入置有预成型坯的模具中，而后加热固化。这种成型方法具有工艺简单、制件表面质量和尺寸精度高、成型周期短等特点，是目前正在发展的复合材料成型方法。

表1-3所列为用于飞机的新结构方案。

表1-3　用于飞机的新结构方案

结构概念	应　用	优　点	限　制
整体加筋均布和正交格栅结构	蒙皮/桁条、舱门、地板组合件	减少零件数量，减少紧固件数，减少加工工序	复杂零件、工装成本、损伤容限、维护、检查和修理
精密铸造	吊挂、隔板、安定面、天窗骨架、舱门、结构框架	减少零件数量，降低制造成本，适合于快速制样方法	铸造缺陷、疲劳特性、性能数据库
多向结构/树脂传递模型	蒙皮、桁条、框、肋	减少零件数目，改善分层能力，提高冲击容限	可变纤维/基体分布、性能数据库，加工成本
夹层结构	蒙皮、控制面、边角、舱门、地板组件、水平安定面	高强度/重量比，双向稳定性	吸湿问题，高制造和装配成本，低成本现场检测
层压混杂结构	蒙皮、地板、带板	改善疲劳性能，提高刚度	等厚度，检测方法
焊接结构	油箱、压力容器、翼盒结构	减少零件数目，降低制造成本，便于自动化	降低静强度，疲劳性能差，性能数据库
胶接结构	机翼和尾翼盒段结构	减少紧固件数目，降低制造成本	疲劳性能差，没有适当的检测方法

3. 航空发动机制造中的成型工艺

高性能发动机制造大力发展精确铸造、粉末冶金、定向凝固、快速凝固、等温锻造、摩擦焊、电子束焊接等成型技术，积极采用整体结构以减少零件数量并减轻结构质量，提高航空发动机的推重比。例如采用线性摩擦焊制造整体叶盘，用于高推重比的升力风扇。作为升力风扇，它只在飞机起飞与着陆时使用，在飞机水平飞行时不工作，因此要求它的质量非常轻，所以采用整体叶盘，而风扇叶片则采用超塑成型/扩散连接方法制造。

图 1-53 所示为普通榫槽连接叶盘与整体叶盘局部结构的比较。

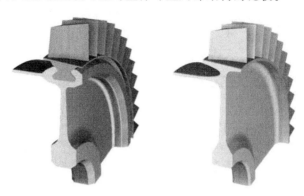

图 1-53　榫槽连接叶盘与整体叶盘

采用整体叶盘大大减轻了轮盘的质量，而且根除了榫槽可能产生的不利影响。整体叶盘技术得益于采用先进的成型工艺，同时也推动了线性摩擦焊技术的发展，表明这一新的加工方法将有较好的发展前景。

1.3.2　航天材料及应用

1. 航天器结构材料

高性能飞行器的发展取决于新型材料、先进的设计和现代的制造技术。由于航天结构要求用的材料性能具有密度低、强度高、弹性模量高、断裂韧性高、抗疲劳、抗腐蚀和抗氧化等特点，所以材料和制造工艺是空间飞行器发展的关键技术之一。

运载火箭与导弹弹体结构大多采用的是铝合金等高强轻质材料，选择材料要在保证强度条件下最大限度地减轻质量，同时要考虑结构耐蚀性、耐温性和工艺性。如推进剂贮箱要求材料具有良好的超低温性能，常选用铝镁合金，该类合金的焊接性和抗蚀性好，在国外和我国早期发展的型号上广泛采用。随着型号的发展，要求运载的有效载荷增大，铝铜合金被用于推进剂贮箱。铝铜合金具有良好的超低温性能，但焊接性较铝镁合金差。此后又发展了低温力学性能优异的铝锂合金。铝锂合金有良好的超塑性，可以制成形状复杂、难以成型的零件，可减小劳动强度和减轻结构的质量。

铝锂合金高的比强度、比刚度是传统铝合金无法比拟的，可以代替目前使用的高强度铝合金，用于制造运载火箭和航天飞机的低温燃料贮箱，因此受到航天工业界的重视。

弹头是导弹武器系统的有效载荷，减轻弹头的结构质量，可以获得最大的技术经济效益。对洲际导弹而言，弹头如能减轻 1 kg 质量，可增加 15 km 的射程，或相当于减少起飞质量50 kg。弹道导弹头的超高速再入大气层时形成的气动加热流场具有高温、高压和高热流的特征，使弹头处于非常苛刻的环境条件下。因此，弹头材料的研究一直是航天材料研制的关键和重点之一。防热是战略导弹弹头材料最基本的问题，通常称为"热障"问题。解决"热障"问题的途径之一就是在材料上想办法。目前，远程及洲际导弹弹头普遍采用先进碳/碳复合材料、高性能碳/酚醛材料等高性能材料。

运载火箭与导弹的主要动力装置是液体发动机或固体发动机。液体火箭发动机常用材料为高温合金、不锈钢等。固体火箭发动机需要选用先进的复合材料,如玻璃纤维、碳纤维增强复合材料等。表1-4列出了液体和固体火箭发动机对材料的需求。图1-54所示为采用C/C复合材料制造的火箭发动机喷管。采用C/C复合材料后喷管设计被大大地简化了,喷管质量减轻了30%~50%。

表1-4　液体和固体火箭发动机对材料的需求

应用部位	材　料	技术要求
液氢/液氧火箭发动机	电铸材料及电铸工艺技术 新型高温合金材料及成型工艺 超低温(-253℃)钛合金材料及成型技术 高强钛合金薄壁管材技术 金属间化合物及以其为基的复合材料与成型技术	满足泵壳体及涡轮壳体成型性能要求 满足高压氧泵组件要求 满足液氧泵诱导轮成型及性能要求 使发动机机架减轻结构质量 比传统发动机高温合金涡轮盘质量要轻
液氧/煤油火箭发动机	新型不锈钢材料技术 新型铸造不锈钢材料及工艺技术 新型高温合金及特种工艺技术	满足不锈钢制成品的性能要求 满足导管、涡轮泵轴杆、低温紧固件等要求 满足涡轮泵壳、液氧泵叶轮要求
固体火箭发动机	新型芳纶/环氧复合材料技术 高强中模碳/环氧复合材料技术 四向碳/碳喉衬材料和工艺技术 碳/碳喷管材料和工艺技术	发动机质量比达到高水平

航天器防热系统依赖于先进的热结构材料。热结构材料既是结构材料又是防热材料,既承载又防热。钛合金蜂窝、钛合金夹层板、碳/碳化硅夹层板可以作为热结构材料,图1-55所示的防热系统使用的防热材料主要包括抗氧化的碳/碳复合材料、刚性陶瓷防热瓦、柔性陶瓷隔热毡、硅橡胶基低密度烧蚀材料等。

图1-54　C/C复合材料制造的火箭发动机喷管

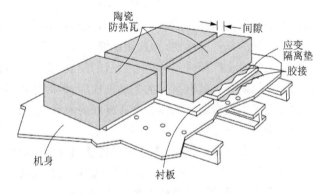

图1-55　航天飞行器防热系统

长期在轨航天器结构承受真空、高低温、粒子辐照、太阳辐照、微流星体/碎片和原子氧等空间环境的作用,由此导致材料发生损伤累积使结构性能劣化。为保证长期在轨航天器结构的可靠性,研究材料在空间环境下的损伤行为,发展具有足够耐久性和空间环境适应性的材料具有重要意义。

2. 航天器结构制造中的成型工艺

航天器的发展要求不断采用新材料、新结构和先进的成型技术。成型加工是运载火箭与导弹、卫星、空间站等航天结构的主要制造工艺。

焊接技术在航天器制造中得到广泛的应用。如长征三号运载火箭推进剂贮箱的焊缝总长近 600 m，螺旋管式喷管焊缝总长 820 多半。

应用 VPPA（变极性等离子弧焊）焊接厚度 3～26 mm、焊缝长 900 m 的 2195 铝锂合金外贮箱，比起用 GTA（气体保护钨极电弧焊）质量提高，成本降低。控制焊缝质量采取了 3 种有效途径。

搅拌摩擦焊受到航天工业的关注。铝合金搅拌摩擦焊技术已成功应用于运载火箭燃料贮箱的制造。

将轮廓圆筒滚压和近净流动成型两种成型工艺应用于 2195 铝锂合金无缝圆筒，为运载火箭贮箱材料的选取提供了有力的竞争途径。如果直接用 2195 铝锂合金替换原材料可以减轻质量 5% 以上，再改进导弹构件的设计可以达到减轻质量 10% 的效果。轮廓圆筒滚压的晶粒流线与通常加工出的产品直的晶粒流向不一样，用这种成型方法制造的圆筒能够保证高的轮廓尺寸公差的要求，并可制成内壁带加强筋或凸缘、外壁带轴向叶片的圆筒；与机械加工相比可节省金属 60%，同时改善了冶金性和提高了材料的力学性能。目前，已经制成运载火箭用的直径为 4.2 m 的大型无缝圆筒。这是一种有效的降低成本的制造方法，已经取得专利。

旋压成型或近成型是重复使用运载火箭成型工艺中的关键技术。成型时通过预制件旋压成型获得所要求的无缝薄壁圆筒。有两种成型方法：一种内部有芯轴，外部有滚轮滚压成圆筒形；另一种内、外同时用滚轮滚压成圆筒形。航天器固体助推器壳体可用这种方法制造。这种成型技术的优点是结构件的显微组织经过热处理后得到细小的、均匀的等轴晶粒，节省了加工时间，降低了加工成本。采用近成型挤压蒙皮桁条，可减少加工量 15%，降低加工费 85% 以上，直接挤压成最后的零件尺寸。

近年来，增材制造技术（3D 打印）在航天器结构制造方面获得应用。

1.3.3　装甲防护材料及应用

1. 装甲防护材料

坦克装甲的作用主要是抵御动能穿甲弹、空心装药破甲弹和核武器的贯穿辐射。坦克某一部位的装甲防护能力，与装甲材料的性能、厚度、结构、形状等因素有关。装甲材料应具有良好的抗侵彻性能，可为人员、武器和其他器材提供有效的防护。装甲材料主要有金属装甲材料、非金属装甲材料和复合装甲材料 3 大类。坦克采用的装甲有均质装甲与非均质装甲两大类。均质装甲是采用化学成分、金相组织和力学性能基本相同的中碳钢与轻合金制成的。非均质装甲又分复合装甲、表面硬化装甲、屏蔽装甲、反应装甲。由于大威力穿甲弹和高能破甲弹的发展，对均质钢穿深已接近 650 mm，破甲达到 1 000 mm 以上。而具有潜力的非均质装甲，如多功能复合装甲的研制日益受到重视，其中聚合物基复合材料的应用也日趋广泛。

装甲钢是目前应用最为广泛的金属装甲材料。装甲钢一般为中碳低合金钢，抗拉强度为686～1 569 MPa。按成型工艺分为铸造装甲钢和轧制装甲钢。铸造装甲钢可用于制造坦克装甲车辆的炮塔、防盾、炮框等。轧制装甲钢用于制造装甲车辆车体、炮塔等，其抗弹性能一般高于铸造装甲钢。

铝合金与钛合金等轻金属材料在装甲结构中的应用也受到重视。用于装甲的铝合金抗拉强度可达294～686 MPa,钛合金的抗拉强度可达785～1 177 MPa。轻金属装甲材料可制成均质合金板或复合板,多用于轻型装甲车辆,也用于主战坦克的复合装甲。轻合金装甲材料具有质量轻、比强度高、低温韧性好、抗腐蚀性高等优点,可大大减轻装甲质量。

非金属装甲材料主要有陶瓷、纤维材料、工程塑料等。常用的陶瓷装甲材料主要有氧化物陶瓷、碳化物陶瓷或氧化硅陶瓷以及玻璃陶瓷。陶瓷装甲材料用于制造复合装甲的面板和夹层、战斗车辆用透明观察装置及个人防弹衣等。纤维装甲材料分为有机纤维和无机纤维,纤维材料主要用于复合材料的增强体或编制防弹衣等。坦克车辆中可以利用的空间有限,采用金属材料加工形状复杂的油箱比较困难,可采用工程塑料来成型防弹油箱。

复合装甲材料能提高装甲结构的抗侵彻能力和防核辐射等。复合装甲材料主要有纤维增

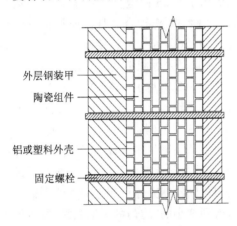

图 1-56　复合装甲结构

外层钢装甲
陶瓷组件
铝或塑料外壳
固定螺栓

强复合材料、层叠复合材料、颗粒增强复合材料等,图1-56所示为典型复合装甲结构。复合材料可用于制造战斗车辆复合装甲、防地雷复合装甲板等。据计算,采用复合材料的装甲车装甲质量将减少35%～40%,可有效增加战斗负荷,提高战场生存能力。普通坦克常因中弹着火而严重毁损,而复合材料车体着火时,装甲内壁温度不会明显升高,可防止乘员烧伤或弹药引燃,且中弹后无金属崩落现象,车体易修复。因此,近年来复合材料已成功用于现代坦克上,并且已由非承力部件逐步发展到主承力部件。由于复合材料的大量使用,坦克的

机动能力大大提高。采用复合材料能够满足坦克隐形的要求。坦克金属装甲的固有弱点是雷达信号特征明显,易被敌方的红外、雷达等光电探测器材发现。复合材料不仅比重小、强度高、防弹性能好,而且对光波和雷达波反射比金属弱,并可吸收部分雷达波;材料性能和结构外形的可设计性好,易加工成具有最佳隐形结构外形;可减少各发热部位的红外辐射和抑制车辆的推进噪声等特点,使坦克的各种主、被动信号减少到最低限度。

为避免车体装甲被新一代反坦克弹药击穿,需要研究应用高性能超轻装甲材料,如新型铝合金装甲(尤其是提高海水腐蚀抗力)材料、低成本钛合金装甲材料及钛合金陶瓷复合装甲材料。还要开发高密度高模量纤维增强编织结构复合装甲材料、梯度陶瓷装甲材料、超细晶粒陶瓷装甲材料、混合型纳米陶瓷装甲材料。利用生物仿真技术研究具有极硬层、极软层的轻型复合装甲以及电磁装甲、智能装甲材料等。图1-57所示为结构功能一体化轻质装甲材料结构。

2. 装甲结构制造中的成型工艺

坦克炮塔体、金属履带与挂胶履带板体均采用铸造成型工艺制造。坦克炮塔体结构复杂,材料为铸造装甲钢,壁厚变化大,技术要求高,可采用砂型铸造,也可采用金属型铸造和树脂砂型铸造。金属履带板使用条件恶劣,要求有较高的综合性能,常用的铸造方法有砂型铸造和制芯。挂胶履带板体形状较复杂,壁薄、尺寸要求较严格,铸造方法主要有树脂砂壳型铸造、熔模

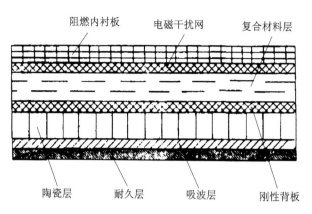

图 1-57 结构功能一体化轻质装甲材料结构

精密铸造和砂型铸造。

坦克装甲车金属负重轮及履带板挂胶也是装甲结构成型加工工艺之一。金属负重轮挂胶是在其轮圈上用硬度较高的胶料以缠绕法或压注法制成实心轮胎的工艺。缠绕法是用压延机压出规定胶片,再在专用成型机上将胶片缠绕在涂胶或已挂上硬质橡胶的轮圈上,然后进行成型、切边、硫化等处理的方法。压注是把经处理并涂过胶浆的轮圈装入硫化模,用压力机把混炼胶压入模型内,经硫化等工序制成实心负重轮胎的方法。履带板挂胶是用胶粘剂将橡胶与履带的金属部分进行硫化粘接,挂胶的一般生产工艺是对金属履带板、履带销进行除油、除锈、喷砂、清洗、涂刷胶浆后,将履带板、履带销和混炼胶装入硫化膜同时硫化,形成硫化粘接。硫化的方法可选用移模法、压注法等。经硫化的挂胶履带板、履带销在修饰后即为单件成品。

坦克车体和炮塔多采用装配焊接工艺。坦克车体装配焊接工艺包括发动机机座、散热器顶盖、蓄电池室等中小部件的装配焊接,车首、后桥、车底、左右侧装甲板、车体顶装甲板等大部件的装配焊接,车体(车壳体)的装配焊接,行动部分支架在车体上的装配焊接,各种支架、附座等在车体内部的装配焊接,驾驶员窗口盖及传动、动力部分顶盖在车体上的装配焊接等。铸造炮塔装配焊接工艺包括炮塔顶板、底板等在炮塔体上的装配焊接等。车体和炮塔的焊缝尺寸大,焊接变形也大。为了保证良好的尺寸及几何形状精度,一般都配备有精度高、刚性好的大型装配台,装焊中需要采取措施控制焊接变形。

复合装甲的成型是在钢装甲间夹着按一定比例和厚度配置的陶瓷、铝合金和纤维等抗弹材料组成的多层结构。各层材料、厚度、连接方式、细微结构和形状等的不同组合可获得不同的防护效果。如玻璃钢用于复合装甲有3种主要形式:

① 夹层复合装甲,即在面板与背板之间有玻璃钢夹层,当破甲弹引爆后,射流将穿过双层板结构,产生的冲击波在双板之间反复反射和透射而发生振荡,从而使背板沿法线方向发生弯曲变形,对射流产生持续的侧向干扰作用,使射流的侵彻能力大大降低。

② 蜂窝复合装甲,以玻璃钢为基体,基体内的钢筋呈椭圆形截面,此种钢筋起到进一步阻止弹丸侵彻的作用。

③ 多层复合装甲,第1层的细钢丝网层可以剥去弹丸的外壳,第2层的高模量钨丝网可使弹芯破裂,并由第3层装甲大量吸收弹丸的能量,以阻止弹丸侵彻。

1.3.4　船舶材料及应用

1. 船舶材料

现代船舶采用的材料品种多,数量大。据粗略估计,建造一艘排水量为 1 000 t 的军舰约需 1 300 多种材料,其中还不包括电气设备材料,消耗材料的总重量约 1 000 t。典型核动力航母的吨位都超过 90 000 t,相当于 9 000 辆装满货物的解放牌卡车的总质量。建造这样的庞然大物一般需要耗费钢材 70 000 多吨、铝材和焊接金属各 1 000 多吨、各种涂料 160 000 多升。

潜艇与水面舰艇所用的船体材料不同。在水下几百米深处的潜艇要受到几兆帕压强的作用,潜艇壳体耐压结构多采用 500～700 MPa 级的高强度合金钢。钢的强度级别提高,减轻了耐压壳体的质量,其下潜深度比采用屈服强度为 550 MPa 的 HY-80 钢建造的潜艇增加 25% 以上。先进潜艇的下潜深度已达 900 m 左右,除采用更高强度的合金钢外,强度高、比重小的钛合金、铝合金等材料也正在被应用于潜艇结构。为了提高潜艇的隐蔽性,艇体表面还要敷设 80～150 mm 厚的合成橡胶消声瓦,消声瓦既能吸收敌方主动声呐的控测声波,又能隔绝和降低本艇的噪声。

船舶结构广泛采用焊接制造。在焊接结构断裂事故中,船舶的脆性断裂是最典型的。第二次世界大战期间,美国制造的焊接结构的"自由轮"在使用过程中发生了大量的破坏事故,其中 238 艘船完全报废,19 艘沉没。破坏的船只中有 24 艘船舶甲板完全断裂,也有部分断裂的。对船舶的脆性断裂事故的调查认为,造成破坏最主要的原因是钢的低温韧性不足。因此,对船舶结构材料而言,不仅需要一定的强度,而且必须具有足够的低温韧性指标。

船舶时常会受到周围介质的腐蚀,如船体外板外面受到海水的腐蚀,上层建筑和船舶设备在潮湿空气中也遭受大气腐蚀,因而要求造船材料须具有较好的耐腐蚀性能,以免材料因受腐蚀而性能降低,甚至被破坏。据统计,浸于静止海水中的碳钢,其年平均腐蚀深度约 0.1 mm,长期航行在海洋中的舰船年平均腐蚀深度约在 0.25 mm 以上,严重的可达 2 mm/年。腐蚀不仅降低了材料强度,缩短了使用年限,而且增加了停航修理次数,同时还会由于锈蚀使航行阻力增加,航速降低影响使用性能。因此材料的抗腐蚀性能也是造船材料很重要的指标。

舰艇的关键部位都要求采用轻型防弹装甲,以承受来自敌方的有限的导弹袭击。现代军舰还需要考虑隐身问题。

铝合金与钛合金具有优良的抗腐蚀性能、比强度高、无磁性、低温韧性好,已成为重要的造船材料之一。船用铝合金已从建造大型船舶的上层建筑发展到建造铝合金船体。钛合金用于高速、大型快艇和扫雷艇体的材料,性能优于铝合金与钢材。钛合金在船舶制造中的应用是继航空航天领域应用之后的重要应用领域。

玻璃钢在船舶中应用也越来越多,已在小型舰船船体上大量采用,还用以制作上层建筑的驾驶室和潜艇的指挥台围壳等。此外,玻璃钢也日益广泛地用在舾装件方面,如烟囱、桅杆、舱口盖、各种导流罩、通风斗、救生艇、救生筏、救生圈以及舵、划桨、螺旋桨与舱室装饰、卫生用具等。

2. 船舶结构制造中的成型工艺

船舶结构是板材和骨架的组合结构。水面舰艇主体由船体外板及甲板形成水密外壳,潜艇艇体为密封壳体结构。图 1-58 所示为船体建造过程。板料成形与焊接是船舶制造的主要工艺。这里重点介绍船舶建造生产中广泛采用的水火弯板工艺及焊接技术。

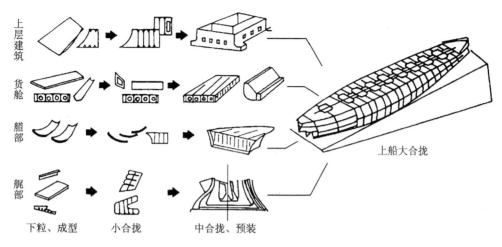

图 1 - 58　船体建造过程

(1) 水火弯板工艺

水火弯板是用氧、乙炔焰对板材(或型材)进行局部线状加机并用水进行跟踪冷却,使板材产生局部塑性变形,从而将工件弯成所要求的曲面形状的一种热加工方法。由于水火弯板时,加热火焰的移动速度较快,故在加热处工件的厚度方向存在较大的温差,加热面的温度高于背面的温度。这种热场的局部性,使加热面金属在膨胀时受到周围冷金属的限制,因而在加热区产生压缩塑性变形;热源移去后,在板厚方向产生收缩变形的同时,钢板加热面产生拉应力,这相当于作用在平板上的外加弯矩,结果使板件产生弯曲变形。水火弯板就是利用板材在局部加热冷却过程中会产生角变形和横向收缩变形这一特点来达到弯曲成型的目的。用水跟踪冷却的作用在于加大这种变形,增加其成型效果。

水火弯板的冷却方式有自然冷却、正面跟踪水冷和背面跟踪水冷 3 种。如图 1 - 59 所示,自然冷却是在氧乙炔焰进行局部加热后,让工件在空气中自然冷却的工艺方法,简称空冷。其优点是操作简单,缺点是成型速度慢。正面跟踪水冷时,由于加热面被水强制冷却,温度急剧降低加剧已加热部分的收缩使附加变形的作用加强,其横向收缩变形比空冷法好,角变形效果一般不如空冷法好。由于常见的复杂曲度板在水火弯板时主要依靠横向收缩变形来得到零件

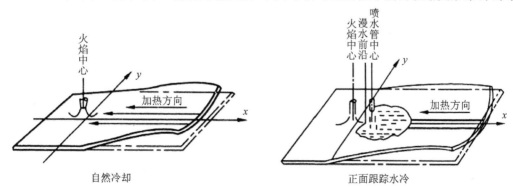

图 1 - 59　水火弯板示意图

的纵向曲度,故正面跟踪水冷法总的成型效果比空冷好,成为目前最为常用的冷却方式。背面跟踪水冷操作不太方便,实际应用较少。

水火弯板时,加热线的位置、疏密和长短对板材成型效果影响极大,如图 1-60 所示。一般而言,加热线愈密、愈长,则产生的变形愈大,成型效果愈好。目前,在常规的水火弯板中,加热线的位置、疏密和长短一般由操作人员凭其实践经验确定。发展方向是按所要求的零件形状来确定加热线有关参数的数学模型,以实现数控水火弯板。

图 1-60 加热线布置示意图(箭头方向为热源运动方向)

水火弯板工艺是我国各类船厂目前使用最为广泛的弯板工艺方法之一,90%以上复杂曲度船壳板都可以用该法进行弯曲加工。发展方向是开发数控水火弯板、激光成型等技术,以期实现板件成型自动化,提高劳动生产效率,降低劳动强度,彻底改变手工操作的面貌。

(2) 船舶焊接

船体钢材经预处理、号料、成型后,便可以开始进行船体装配与焊接工作。船体装焊工作量一般要占船体建造总工时的一半以上。现代造船普遍采用分阶段装焊的工艺,把船体装焊作业分为几个工艺阶段。首先将零件装焊成部件或组件,然后装焊成分段或总段,如图 1-61 所示,最后进行船体总装。这种分阶段装焊的造船方法称为"分段建造法"。

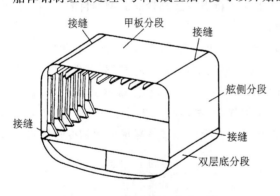

图 1-61 平面分段总装成总段

在现代造船中,焊接是一项很关键的工艺,它不仅对船舶的建造质量有很大的影响,而且对提高生产率、降低成本、缩短造船周期起着很大的作用。焊接工时在整个船体建造中占 30%～40%。因此,研究、改进焊接技术对提高造船生产能力有着重大的意义。

船体结构由板材和型材利用焊接方法连接而成。根据焊接件的结构,大致可以分为板材与板材的焊接、板材与构架的焊接以及构架间的焊接 3 种。各种焊接结构的主要接头形式有对接接头和角接接头两种。从船体接缝总长度来看,尤以角接接头形式为多;但就焊接工时而言,两者相差不多。

常见的焊缝形式为对接焊缝和角焊缝。船体结构焊缝中还有一种特殊焊缝,称塞焊焊缝,它通常用于两块钢板叠合的连接或板材与构架连接,在构架一面难以进行焊接的场合,如导流管、流线型舵以及小型尖底船的首尾处构架与外板的连接。塞焊是通过塞焊孔进行焊接的。船体构件的焊缝按其在空间的位置来分,有平焊(俯焊)、立焊、横焊和仰焊,各种焊缝的形式如图 1-62 所示。

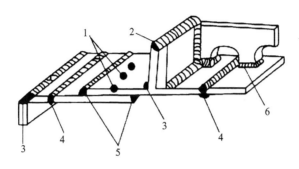

1—塞焊;2—端接;3—角接;4—对接;5—搭接;6—周围焊

图 1-62　船体构件的焊接连接方法

焊接是对船体结构的局部加热过程,加热范围小,温度梯度大,致使结构产生复杂的热应力和变形,冷却后就会出现残余应力和变形。热应力和残余应力容易导致构件在焊接过程中或焊后出现裂缝;而变形使构件的后续装配工作发生困难,同时也影响外表的美观,降低连接构件的承载能力。因此,焊接应力与变形直接影响到船舶结构的连接质量和使用安全,又影响到船体建造工作的顺利进行,必须予以重视。

船体焊接结构的变形包括整体变形和局部变形。

整体变形指的是整个结构形状和尺寸发生变化,这是由于焊缝在各个方向收缩所引起的。整体变形包括直线变形、弯曲变形、扭曲变形等。直线变形是由于焊缝的纵向和横向收缩造成的,整个结构的长度缩短、宽度变窄。弯曲和扭曲变形是由于焊缝在结构中布置不当,焊接程序和施焊方向不合理造成的。通常弯曲变形、扭曲变形与纵向和横向收缩变形相伴发生,使整个结构的尺寸和形状发生变化。

局部变形指的是结构某部分发生的变形包括角变形和波浪变形。角变形主要是由于温度沿板厚方向分布不均匀和熔化金属沿厚度方向收缩量不一致而引起的,因此一般多发生在中、厚板的对接焊及角接焊中。波浪变形多产生于薄板结构中,它是由于纵向和横向的压应力使薄板失去稳定而造成的。有的结构因产生连续的角变形,在外观上形成了波浪形。

不均匀的焊接温度场和施焊时焊接构件的刚性条件是形成焊接残余变形和应力的两个主要因素。焊接残余变形和应力是不可避免的,问题是如何控制焊接残余变形和应力的产生以及设法矫正变形,消除应力。控制焊接变形最有效的办法是从焊接结构设计和焊接施工工艺两方面同时采取措施。

1.3.5　核电材料及应用

1. 核电结构材料

核电设备中要求最高的是核反应堆压力容器。核反应堆压力容器一般由高强度低合金钢锻件焊接而成,锻件厚度通常在 200 mm 以上,长期在高温高压下工作,并承受中子和 γ 射线辐照。核反应堆压力容器内表面均堆焊超低碳不锈钢,压力壳顶盖组合件和筒体的环缝均采用自动埋弧焊。由于壳壁较厚,多层焊时产生的残余应力大,需经多次消除应力热处理。因此,要求核反应堆压力容器用高强度低合金钢必须具有良好的焊接性,以避免裂纹的产生,并保证焊缝和热影响区有较好的塑性和低温冲击韧度。对辐照区的焊缝,则要求具有足够的塑性、韧性储备,以确保核反应堆压力容器长期安全、可靠地运行。

核电用钢必须具备如下特点:

① 在室温和工作温度条件下具有合适的强度和高韧性及尽可能低的脆性转变温度;

② 在反应堆辐照条件下应具有良好的抗辐照脆化敏感性;

③ 具有良好的可焊性和冷热加工性;

④ 在工作温度下具有最大的组织稳定性;

⑤ 有足够的大截面淬透性和厚断面组织性能均匀性;

⑥ 应具有高的疲劳强度;

⑦ 合理的经济性。

核反应堆压力容器常用材料一般为高强度低合金钢,内表面所有与冷却剂接触的部位堆焊厚度不小于 5 mm 的不锈钢衬里。

压水堆核电厂发展至今,除俄罗斯采用 Cr - Ni - Mo 钢外,我国和美、法、德、日等国,均采用 Mn - Ni - Mo 钢。

Mn - Ni - Mo 型低合金高强度钢是在 Mn - Mo 型低合金钢的基础上加 Ni 而发展起来的,比单一 Mn - Mo 型低合金钢韧性好,如美国的 A508、德国的 20MnMoNi55、法国的 16MND5、日本的 A508、中国的 A508 等。

俄罗斯的反应堆应力容器用钢是 Cr2Mo2V（15X2HMΦA）及 Cr2Ni2Mo2V 钢（15X2HMΦA2A）。Cr2Ni2Mo2V 钢的优点是高温性能和耐蚀性好,辐照效应小;缺点是回火脆性倾向大,焊接性不理想。通过降低磷、硫及杂质含量和改进热处理工艺可改善其性能。15X2HMΦA 钢,主要合金元素为 Cr、Ni、Mo、V、N。合金元素 Cr 的主要作用是提高 15X2HMΦA 钢的抗氧化性和热强性,Ni、Mo、V、N 的作用是提高钢的强韧性或耐蚀性。

反应堆在运行期间,压力容器钢强度升高,塑、韧性下降,尤其是屈服强度升高较快和均匀伸长率下降较大,使得材料变脆(称为辐照脆化)。因此,需要采取措施提高钢的韧性和减小辐照效应。

辐照损伤是指材料受载能粒子轰击后产生微观缺陷引起材料性能劣化的现象,其中最为突出的问题是材料的辐照脆化问题。辐照脆化对核反应堆的安全和寿命的影响很大。在核反应堆压力容器的结构设计、制造和运行过程中,需要予以高度重视。

（1）辐照脆化

辐照下的金属材料强度升高较快,塑、韧性下降较大,故材料变脆,称为辐照脆化。辐照对材料性能的影响见图 1 - 63 和图 1 - 64。辐照脆化导致核反应堆压力容器结构的抗脆性断裂能力在核电设备寿命周期内不断下降。防止核反应堆压力容器结构脆性断裂设计的要点是充分估计辐照脆化作用,以合理的安全裕度来保证核反应堆压力容器结构在核电站寿命末期的可靠性和结构完整性。

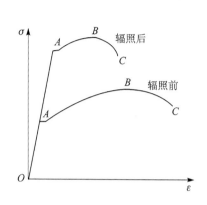

图 1-63 辐照对材料拉伸曲线的影响

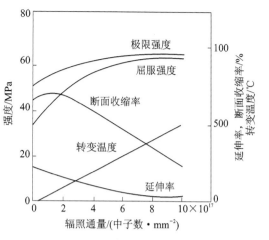

图 1-64 辐照对材料性能的影响

铁素体钢经过中子辐照以后,它的韧脆转变温度将向高温方向移动,如图 1-65 所示。因此,韧脆转变温度行为是评价核压力容器材料抗脆性断裂能力的重要依据。表征辐照脆化通常采用辐照前后夏比冲击试验的冲击功与温度关系曲线的韧脆转变温度迁移量如图 1-65 中的 ΔT_{56J} 或采用上平台能量的变化 ΔUSE 来表示,这些指标的变化便是材料辐照脆化效应的重要量度。若材料的这些指标在辐照前后变化大,则材料辐照脆化效应大,即辐照脆化敏感性高。

核压力容器需要工作 20～30 年,在这一期间,压力容器一直承受中子辐照,累积辐照通量可达 10^{19}～10^{20} 中子/cm²。辐照脆化是核压力容器

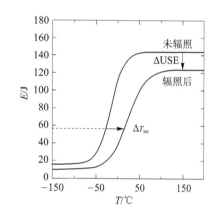

图 1-65 辐照引起的材料
韧脆转变温度的提高

结构面临的主要问题。承受的中子辐照通量大于 10^{18} 中子/cm²,尤其是辐照温度在 230 ℃以下时,铁素体钢脆化现象非常显著。

研究表明,核压力容器用钢的主要脆化机制是辐照产生的稳定缺陷团和辐照与热老化共同作用引起的富 Cu 沉淀和 P 沉淀造成的。钢中杂质愈多、晶粒和组织愈粗、气体含量愈高,尤其是 C、N、Cu、P 含量和痕迹元素(Sn、Sb、Bi 等)含量高时,辐照脆化倾向愈大;加工时塑性变形量愈大,辐照脆化倾向愈小;焊接时 Cu 元素容易熔入焊缝,因此,焊缝比母材的辐照脆化倾向大。

此外,辐照参数的影响也比较敏感。温度高,通量低,则辐照脆化小。温度超过 250 ℃时,辐照脆化明显减小,通量超过 $30×10^{19}$ 中子/cm² 时,辐照脆化变缓。因此,受到辐照损伤的核压力容器,当处于比辐照温度更高的环境下,其辐照产生的缺陷会出现恢复,从而使材料性能得到恢复。如果能实现高工况现场退火,就可以延长核压力容器的使用寿命。

辐照脆化和介质、拉应力的共同作用,会加速应力腐蚀开裂。辐照导致晶界弱化,微小的应力也能产生应力腐蚀开裂,高应力具有加速作用。

（2）反应堆压力容器钢辐照脆化控制措施

① 冶炼前严格控制原料中天然有害杂质（痕迹元素 Sn、Sb、Bi 等）和辐照敏感元素（Cu、P）是减小辐照脆化的主要途径。

② 在浇铸前和浇铸时对熔融钢水进行真空处理，除去有害的气体，特别是氢。

③ 尽量减少氧和氮的含量，以便减少非金属夹杂物，提高钢的纯洁度，尽量减少钢中非合金化元素，尤其是硅。在冶炼过程中，用适量铝脱氧以细化钢的晶粒（应保证晶粒度细于 5 级），但需注意 Al/N 比最好在 1.2～1.8 之间。

④ 大型钢锭在生产中难以避免元素的偏析和内部缺陷的存在，目前采用中间包芯杆吹氩真空浇铸技术和冒口加热剂技术，可控制大钢锭的成分偏析和提高钢的纯净度，同时可使钢的无塑性转变参考温度下降 40 ℃。

⑤ 镍对提高钢的强度、改善钢的可焊性和降低无塑性转变温度都是有益的。但钢中残余铜含量较高时，镍有增强铜对钢辐照脆化倾向的有害作用，且镍含量较高的材料经过辐照后所生成的物质放射性比较强，因此镍的含量不宜过高，取中上限为佳。

⑥ 在满足强度要求下，碳含量尽量低，取中限较好。因为碳含量增加虽显著提高钢的强度，但也显著提高了钢的无塑性转变温度。锰既能提高钢的强度又能降低钢的无塑性转变温度，所以锰含量取中上限较好。

锆的热中子吸收截面与铝接近，仅次于铍和镁，比镍、铜、钛等金属小得多，约为铁的 1/30。将锆置于反应堆辐照后，也只有较低的放射性。锆合金主要用做核反应堆中核燃料的包套材料。锆合金强度高，难熔，具有抗氧化性。

2. 核电结构制造工艺

（1）大型锻件制造

核电反应堆压力容器的功能主要是固定和包容堆芯及堆内构件，使核燃料的裂变反应限制在一个密封的容器内进行，它和一回路管道共同组成高压冷却剂的压力边界，是防止放射性物质外逸的第 2 道屏障之一。反应堆压力容器及其内部的堆内构件均由大型锻件组装而成。压力容器大锻件主要由封头类、筒体类、法兰类及接管类锻件组成，如图 1-66 所示。其中堆芯区（筒身段、过渡段、接管段）锻件在服役期将受到来自堆芯的中子轰击而引起辐照脆化。压力容器大锻件所用材料为低合金钢。堆内构件大锻件主要由板类件和环类件组成，所用材料

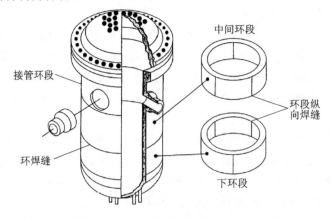

图 1-66　核反应堆压力容器

为奥氏体不锈钢和马氏体不锈钢。蒸汽发生器大锻件主要由封头类、筒体类及管板组成,所用材料为低合金钢。

核电站核反应堆一回路主管道将核反应堆压力容器、蒸发器主泵连接起来组成一个环形回路。作为一回路压力边界,处于高温、高压、高流速、强放射性介质条件下工作,承受瞬态工况,事故工况变载荷叠加条件。一旦管道发生泄露或破坏事故,造成的危害将是不堪设想的。因此,确保其安全性是核电设计、制造、运行中必须予以特别重视的问题,故要求具有良好的力学性能、强抗腐蚀性能、良好工艺性能、良好塑性和断裂韧性。主管道所用材料为奥氏体不锈钢,其中带一体化接管嘴的热段是制造难度最大的锻件。接管嘴要求与主管一体锻造而成,而且整根管道(包括弯管部分)不允许有环焊缝,其冶炼、浇铸、锻造、深孔加工、弯管等工艺都具有较大难度。

汽轮机和发电机转子大锻件内在质量要求较核岛主设备大锻件还要高。

(2) 大厚度构件的焊接及大面积堆焊

压水堆核电站核岛一回路主设备均属于厚壁(120～250 mm)大型设备,其焊接接头质量要求高,采用常规焊接方法很难得到高质量的焊接接头。窄间隙焊接方法可以大幅度减少坡口横截面,在较小的焊接线能量下实现高效焊接,是一种高效优质的焊接方法,特别适合用于厚壁容器的焊接。

窄间隙焊接是把厚度 30 mm 以上的钢板,按小于板厚的间隙相对放置开坡口,如图 1-67 所示,再进行机械化或自动化弧焊的方法(板厚小于 200 mm)。窄间隙焊接技术按其所采取的工艺来进行分类,可分为窄间隙埋弧焊(NG-SAW)、窄间隙熔化极气体保护焊(NG-GMAW)、窄间隙钨极氩弧焊(NG-GTAW)、窄间隙焊条电弧焊、窄间隙电渣焊、窄间隙激光焊,每种焊接方法都有各自的特点和适应范围。

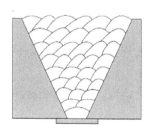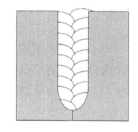

图 1-67　普通坡口焊缝与窄间隙焊缝

在核岛主设备中,普遍存在低合金钢接管与不锈钢安全端异种钢焊接,如图 1-68 所示。接管与安全端焊接一般先在低合金钢一端堆焊 8～10 mm 厚的镍基隔离层,消除应力热处理后加工焊接坡口,再与不锈钢安全端焊接,焊后不进行消应力热处理。

核岛主设备一回路容器除在高温、高压条件下运行外,还有含硼水腐蚀介质作用,因此容器内壁必须堆焊超低碳不锈钢(见图 1-69)。大面积内壁堆焊目前应用最广的是带极埋弧或电渣堆焊,带极堆焊具有稀释率低、堆焊效率高等优点。当带极宽度超过 60 mm 后,焊道由于磁偏吹的影响,焊道两侧容易造成咬边,因此带极堆焊时应配备磁控装置,以避免其影响。封头内壁堆焊一般在变位机上进行,保证堆焊处于平焊位置。

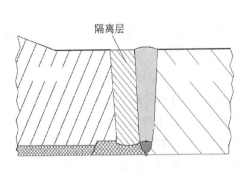

图 1-68　异种钢焊接接头

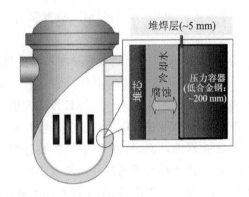

图 1-69　反应堆压力容器内壁堆焊层

1.4　工程装备结构材料的选择与评估

工程装备的研制不仅需要完备的系统设计,而且需要根据性能要求和结构特点探索应用新材料及成型工艺,以保证设计方案的实现。结构是工程装备系统的主体,采用先进的结构形式是发展新型工程装备的主要方向。任何结构都是材料通过成型来制造的,材料选择直接影响工程装备的性能与可靠性。结构设计与材料及成型技术的协调发展,对工程装备的研制具有重要作用。

1.4.1　工程装备结构的总体要求

工程装备结构要满足使用要求,是材料选择和成型工艺制定的重要依据,装备结构制造工程技术人员必须了解装备结构的使用要求。

1. 结构效能

效能是在规定的条件下达到规定使用目标的能力,即装备完成任务的能力。结构效能就是指装备系统分配给各个构件部分所应具有的能力。

结构效能是结构的作用与其固有性能的综合体现。在结构选材和成型工艺制定时要进行效能分析,以优化制造过程。

2. 寿命周期费用

寿命周期费用是在预期的装备寿命周期内,为装备的论证、研制、生产、使用保障、退役所付出的一切费用之和。

装备的结构效能不仅取决于它的性能,而且有赖于它的可靠性、维修性、保障性、安全性等因素,这些因素同时决定了结构的寿命周期费用。材料和成型工艺对结构寿命周期费用的考虑往往被忽视,在现代工程装备制造中必须予以重视。

3. 结构的可靠性与维修性

结构的可靠性是结构在规定的条件下和规定的时间内,完成规定功能的能力。可靠性是要求装备在长期反复使用过程中不出或少出故障,处于可用状态的时间长。对于材料和成型件的可靠性而言,最重要的是掌握材料和成型件性能的可靠性数据及其影响因素,应用统计学方法分析这些数据的分布规律,按照结构的可靠性要求对材料和成型件的质量与寿命进行评估。

结构的维修性是结构在规定的条件下和规定的时间内,按规定的程序和方法进行维修时,保持或恢复到规定状态的能力。维修性是研究结构是否容易维修的问题,目的是缩短结构的非可用时间。

4. 装备的风险评价与结构完整性

工程装备在研制和使用过程中都带有一定的风险。风险由两部分组成:一是危险事件出现的概率;二是一旦危险出现,其后果严重程度和损失的大小。危险是可能产生潜在损失的征兆,是风险的前提,没有危险就无所谓风险。危险是客观存在,是无法改变的,而风险却在很大程度上随着人们的意志而改变,亦即按照人们的意志可以改变危险出现或事故发生的概率以及一旦出现危险,由于改进防范措施从而改变损失的程度。

在装备研制和使用过程中,应对风险有足够的认识。工程技术人员要掌握风险分析与控制的方法,提高应对风险的能力。装备结构的风险性与结构的完整性密切相关,保证结构的完整性是降低技术风险的关键。材料及成型质量是结构完整性的基础,因此,必须从防范风险的角度来重视材料及成型技术。

1.4.2　工程装备结构选材原则

在工程装备研制过程中,结构设计与材料及成型技术之间的相互联系是密不可分的,也是并行工程的关键要素,如图1-70所示。并行工程是集成地、并行地设计产品及其相关过程的系统化方法,它要求产品开发人员从设计一开始即考虑产品整个生命周期中从概念形成到产品报废的所有因素,包括质量、成本、进度、环保和用户需求。并行工程的核心是利用信息技术、仿真技术、计算机技术对现实制造活动中的人、物、信息及制造过程进行全面的仿真,以发现制造中可能出现的问题,在产品实际生产前就采取预防措施,从而达到产品一次性制造成功,来达到降低成本、缩短产品开发周期、增强产品竞争力的目的。在应用并行工程研制工程装备过程中,需要反复进行设计、材料、工艺的优化,如图1-71所示。因此,需要全面掌握材料选择及工艺特点。

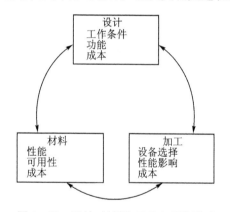

图1-70　设计、材料和工艺之间的联系

材料选择的通用原则主要包括:使用性能原则、工艺性能原则、成本原则以及环保性原则。其中使用性能原则即正确选用材料占有最重要的地位,它是保证零件正常工作和使用寿命所必需的。工程装备结构材料的使用性能主要是力学性能,用于保证结构具有足够的强度、刚度等抗失效能力。对于高性能的工程装备结构选材特别强调抗失效能力,因此需要对材料的失效进行全面分析,进而提出所需的抗失效指标。

工程装备及其零件或构件由于某种原因丧失其特定功能的现象称为失效。根据零件或构件丧失功能的原因,可将失效分为以下4种类型。

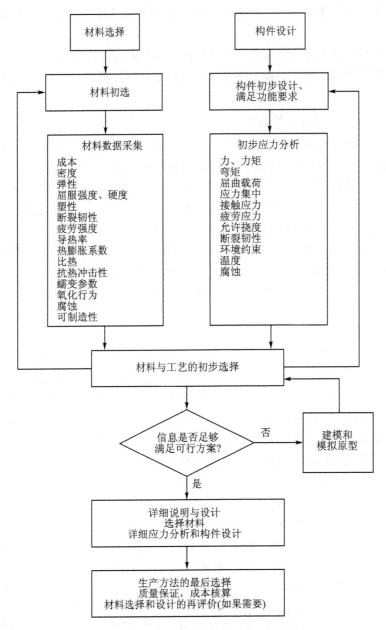

图1-71 设计阶段材料选择步骤

(1) 断裂失效

断裂是构件在外力作用下,当其应力达到材料的断裂强度时而产生的破坏。根据断裂机理可以把断裂分为脆性断裂、塑性断裂、疲劳断裂和蠕变断裂。实际金属构件发生断裂常常是几种断裂机制的复合形式。

(2) 表面损伤

表面损伤是构件由于应力或温度的作用而造成的表面材料损耗,或者是由于构件与介质产生不希望有的化学或电化学反应而使金属表面损伤。表面损伤的主要形式有磨损、腐蚀损伤和接触疲劳等形式。表面损伤往往是断裂的前奏,表面损伤处常常是裂纹的策源地,最后导致构件的断裂。

（3）过量变形

过量变形是金属构件在使用过程中产生超过设计配合要求的过量形变。过量变形主要有过量弹性变形和过量塑性变形（即永久变形）。过量变形影响构件的配合精度，使构件不能使用，或者加速构件的破坏。金属构件在实际应用中需要限制过量弹性变形，要求具有足够的刚度。构件的设计不允许发生永久变形。

（4）材质变化失效

材质变化失效是由于冶金因素、化学作用、辐射效应、高温长时间作用等引起材质变化，使材料性能降低而发生的失效现象。

以上几种失效形式中，以断裂失效危害最大，特别是脆性断裂，是对装备结构工作的最大威胁。脆性断裂总是突然发生的，往往引起所谓"灾难性"的破坏。因此，对于高可靠性工程装备结构则需要专门进行断裂控制设计。

工程装备结构的断裂破坏受设计、选材、制造工艺、使用环境等多方面因素的影响，断裂控制设计就是依据断裂理论建立系统的强度设计体系，其设计准则一方面考虑传统的强度和刚度，另一方面又强调结构的抗断裂性能。其核心是保障结构在使用过程中的完整性和可靠性。断裂控制原理是建立在结构材料可能存在或在使用中出现裂纹，以及裂纹扩展导致断裂的基础上的。断裂控制基本方法与此相对应，即首先是阻止裂纹起裂（起裂控制），其次是设法对失稳扩展的裂纹进行止裂（止裂控制），建立阻止结构断裂的第二道防线。基于断裂控制的选材原则主要包括 3 个方面：

① 材料应具有足够的韧性以保证结构在使用条件下的抵抗裂纹的起裂——抗开裂能力；

② 如果结构发生破坏，其断裂性质应为延性，不允许发生脆性破坏；

③一旦裂纹起裂，结构材料要具有足够的能力吸收断裂能量以阻止延性裂纹的扩展——对裂纹扩展的止裂能力。

系统的结构断裂控制设计的主要内容包括：

① 详细确定结构整体或断裂关键构件完整性的全部因素；

② 定性或定量分析各因素对结构或构件断裂的影响；

③ 制定设计、工艺、安装、检验、维护等措施以减少断裂可能性；

④ 强调各方面、各环节的协调与合作，制定严格控制程序以及组织措施。

1.4.3　工程装备结构研制与评估

根据工程装备结构的总体要求，确定材料及成型工艺是一项综合性强的应用研究，需要综合运用多方面的知识来解决。

1. 结构的制造工程性分析

结构的制造工程性分析就是要回答该结构用何种材料及成型工艺制造出来，这种分析是一个复杂的过程，所考虑的主要问题有如下几方面：

① 结构所需要的性能，如力学、电学、化学、热学等；

② 确定结构的构形，应力分析与强度校核；

③ 可制造分析，选择成型工艺；

④ 结构的服役期限；

⑤ 经济可承受性；

⑥ 使用过程中的检查间隔期；

⑦ 维修性及维修间隔期；

⑧ 报废结构的处理办法；

⑨ 使用过程中可能的失效模式及所造成的后果。

上述几方面是结构效能、寿命周期费用、可靠性与维修性等方面的具体体现。针对不同的结构，需要研究的重点也有所差异。

例如，如前所述，飞机起落架所用的钢应有良好的抗冲击疲劳性，同时要考虑材料的断裂韧性与裂纹扩展速率等性能指标；航空发动机燃烧室材料应具有足够的高温强度和塑性、优良的抗氧化性能、冷热疲劳性能、抗高温蠕变和持久性能以及良好的成型工艺性。

2. 材料及成型工艺的选择与评估

工程装备结构制造遇到的首要问题是材料及成型工艺的选择。材料与成型工艺的选择往往是互相制约的，新结构方案的实现有赖于先进材料的应用，先进材料对成型工艺的发展又起到促进作用。这就要求所选材料要满足结构需要的使用性能，同时具有良好的工艺性能以及经济性和环境适应性。

材料是否符合结构性能要求需要进行严格的评估。通常可分为初步评估和结构性能评估。初步评估是检验材料的基本性能是否符合要求。结构性能评估是对关键件材料的损伤容限、持久性能、环境适应性等方面进行评估，以确定材料的可用性。

成型工艺的选择需要经过反复试验验证才能确定。重要工作是评估所选材料对有关工艺的适用性，以及成型件性能对工艺参数的敏感性。同时要分析可能出现的缺陷，确定检验的方法和标准，以及缺陷的修复方案等。

3. 结构件验证

对于重要的承力结构件，要按设计要求进行全尺寸或缩比模拟件的验证试验，以考核结构的承受载荷与环境的能力。关键结构件要装机在真实工况下进行综合考核试验，以最终确定材料及成型工艺的可行性。

通过计算机模拟进行结构件验证是获取重要数据的有力手段。近年来，有限元分析方法已成为结构成型及受力分析的基本方法。有限元分析软件有强大的计算及数据前、后置处理的功能，大大提高了工程技术人员对结构响应的认识，对于优化结构设计、合理选择材料和成型工艺具有指导作用。

结构件验证结果是工程材料数据库的重要来源。在装备研制中必须建立强大的工程材料数据库，作为结构设计与制造的支持系统。在此基础上建立符合工程应用的结构分析方法，以使工程技术人员能够对结构材料与成型工艺做出快速判断。

思考题

1. 分析工程材料在工程装备研制中的作用。

2. 工程材料的应力-应变曲线有几种典型形式？其主要特征如何？

3. 说明工程材料的强度指标和塑性指标的意义。

4. 讨论材料的综合力学性能的意义。

5. 针对典型工程装备调研材料的失效问题。

6. 讨论在工程装备设计中如何进行材料选择？

7. 分析金属材料、塑料、陶瓷材料的力学性能差异。

8. 讨论材料的比强度与比刚度在结构设计中的实际意义。

9. 调研现代飞机使用材料的情况。

10. 航空发动机涡轮叶片材料应主要考虑何种性能？

11. 讨论高温合金在航空发动机制造中的应用情况。

12. 分析隐身武器是如何选择材料的？

13. 调研高强钢与超高强度钢在工程装备中的应用。

14. 分析铝合金、钛合金用于航空航天结构的优势。

15. 讨论复合材料在力学性能方面的特点。

16. 分析在轨航天器对材料性能的要求。

17. 运载火箭燃料贮箱采用什么材料？

18. 复合装甲结构有哪些形式？

19. 船舶结构材料有何特点？

20. 核电压力容器对材料有何要求？

21. 结合图 1-72 讨论工程装备结构选材过程。

第2章　材料成型的工程基础

材料成型是利用材料物理、化学、冶金及力学原理制造零部件、结构或改进材料组织性能的工程活动。实现材料成型需要耗散能量，提供或传输能量的设备系统是材料成型工程的重要基础。

2.1　材料成型的工艺原理

工程材料的初始形态多为金属锭、型材、板材、线材、管材等，而工程装备的零部件形状和大小则千变万化。因此，必须通过改变材料的形态，使其接近或达到零部件的几何形状、尺寸和技术要求。这种通过改变材料的形态而获得所需的毛坯或零件的制造工艺方法统称为材料成型技术。

2.1.1　材料成型的工艺类型

工程材料可以通过不同的工艺过程成型为所需要的零部件或结构，由于工程材料的种类多，形态或性能各异，因此，所需的成型工艺也多种多样。各种成型方法要充分利用材料物态进行成型。材料的物态包括物质的物态，如固态、液态和气态，也包括空间尺度变化引起的特性改变，如块体材料、薄膜材料、粉末材料等在物质层面都属于固体，但在材料性质方面有较大差异。因此，材料物态的概念要比物质物态广泛得多。根据成型过程中材料物态及变化的特点，可将材料成型工艺分为凝固成型（或称相变成型）、塑性成型、聚合成型等基本类型。

1. 凝固成型

凝固成型主要是指将原材料加热至液态或流动状态，然后成型为所需要形状零部件的工艺，例如铸造、注塑等。这种成型工艺几乎可以应用于所有的工程材料，主要用来制备各种具有复杂外形或内腔的毛坯或工件。

2. 塑性成型

塑性成型是使工件的原始几何形状从一种状态改变为另一种状态的工艺，包括锻造、钣金加工、轧制、挤压、拉拔等。锻造是将金属加热到一定温度，在冲击力或压力作用下产生较大的塑性变形，成为所需形状的工艺；钣金加工则利用模具使板料在压力的作用下产生变形或分离。

3. 聚合成型

聚合成型是指将离散粉体材料或分离的构件成型或连接为整体零件或结构件的工艺，如粉末冶金、焊接、粘接等工艺。粉末冶金和焊接是在成型制造系统内应用极为广泛的聚合成型工艺。

在上述基本成型工艺的基础上，可以派生出各种各样的成型制造方法。表2-1列出了典型的成型工艺。

为了方便制造工艺识别和选择，类似于工程材料的分类方法，也可将制造工艺按用途和技术特征建立分类系统。如图 2-1 所示,制造工艺(界)可分为连接、成型和精加工 3 族,每一族又可分为不同的工艺(类),每一类又包含不同的方法(支),每一种方法具有各自的属性(或特征)。本教材后续内容将参照这一分类系统讨论基本的成型技术。

表 2-1　典型的成型工艺

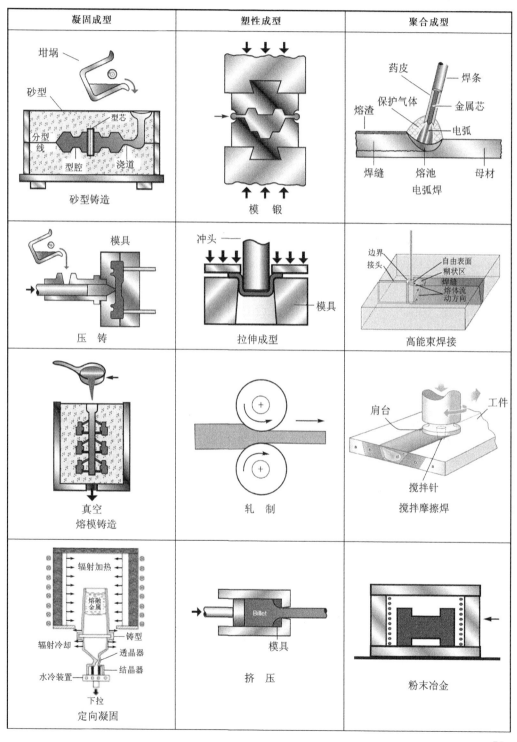

凝固成型	塑性成型	聚合成型
砂型铸造	模锻	电弧焊
压铸	拉伸成型	高能束焊接
真空熔模铸造	轧制	搅拌摩擦焊
定向凝固	挤压	粉末冶金

续表 2-1

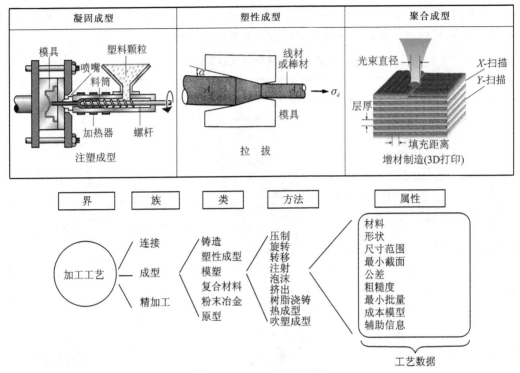

图 2-1　加工工艺分类系统

2.1.2　加工工艺过程与工件构形

1. 材料成型的基本工艺过程

成型过程是材料形状与性能改变的过程,也是能量耗散的过程。材料是成型制造系统的物质基础,能量是成型制造过程的驱动力。在能量的作用下,材料成型过程中即产生机械运动,也会导致热运动甚至化学变化。因此,基本工艺过程可按材料成型过程中力学、热学和化学反应来表示其特征,如表 2-2 所列。不同的成型工艺下,材料所经历的主要过程有所区别,本教材的后续章节将分别论述。

表 2-2　材料成型的基本工艺过程

机械过程	热过程	化学过程
弹性变形	加热	溶解
塑性变形	冷却	燃烧
脆性断裂	熔融	硬化
粘性断裂	凝固	沉淀
流动	蒸发	渗透
混合	凝聚	⋮
分解	⋮	
安装		
运输		
⋮		

2.工件构形及分类

工件构形是指工件的形状和具有的性质与功能,是工件本身的一种视觉语言和符号。通过工件构形所传达的信息,人们可以联想到工件功能等多方面内容。例如,看到一个齿轮,就会感受到它是用于机械传动的,以及传动过程中的啮合作用等;而看到一个航空发动机涡轮叶片,就会想到它是用于燃气推力传动的,承受高温冲刷作用等。

任何工件都具有一定的功能,这种功能是工件材料和结构所决定的。同类的工件,不同的结构和材料,其功能也是不同的。因此,工件构形是将材料、结构、功能等要素联系起来的综合体现。材料是结构的基础,结构是工件功能的载体,没有结构就无法实现工件的功能。结构决定了工件的外部形态,称之为功能形态。

工件构形繁多,大到水轮机转子、运载火箭贮箱壳体,小到芯片、纳米级齿轮等,都显示出构形的差异与变化。正是这些差异和变化,促使制造工艺不断创新发展。工件构形的复杂程度决定着制造工艺,复杂程度增加必然引起工艺性降低。因此,工件设计的原则是尽可能使构形简单。

图 2 - 2 所示为按工件几何特征划分的基本构形,包括固定截面工件、板件、三维件。每种类型工件又可以根据构形差异做进一步细分,这样便于工件构形信息的管理及成型工艺选择。

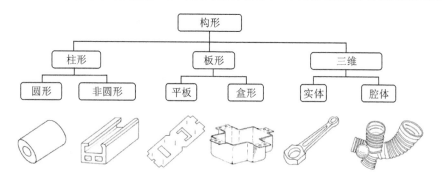

图 2 - 2　工件的基本构形

图 2 - 3 所示是按照工件构形的复杂程度进行的分类。均匀截面产品的空间复杂程度为零,只需用平面几何参数就可以描述其构形特征。随工件三维构造空间复杂程度增加,描述其构形特征的几何参数也随之增加。而成型工艺对工件几何信息量的增加非常敏感,形状微小的变化就可能引起成型工艺较大的变化。

3.工件构形与成型工艺

图 2 - 4 表示工件构形几何特征与成型工艺的关系。如果再考虑材料对成型工艺的约束作用,则工件材料和几何特征共同作用于成型工艺的选择。因此,在设计过程中要同时考虑工艺的可实现性。成型工艺选择时,要综合考虑材料性能、结构及工艺之间的相互作用。这就是绪论中探讨的构形与结构功能、成型工艺、材料要素之间的关系(见图 0 - 3),认识这些要素的相互作用是将材料与成型集成到产品设计制造的工程基础。

工件几何尺寸对成型工艺选择也具有较大影响,如图 2 - 5 所示。靠近横轴的平直虚线说明冷轧的工件可以很薄且宽度变化范围大,如轧制的型材、板材等。而锻造和砂型铸造用于生产较厚大的工件,熔模铸造和压力铸造用于生产较薄的工件。

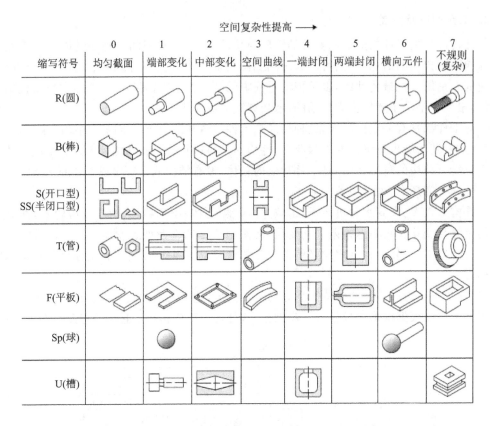

图 2-3　工件基本构形分类

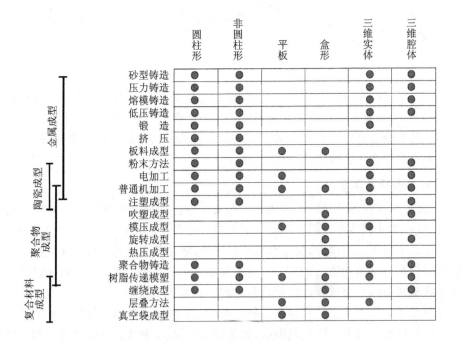

图 2-4　成型工艺与工件形状

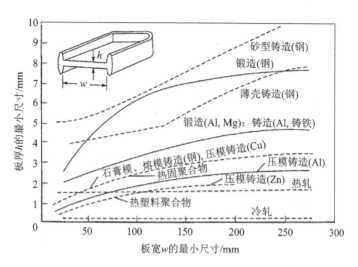

图 2-5　工件尺寸与制造工艺

几何学中点、线、面、体等抽象元素一般只是提供工件构形的基本信息。对于实际工件而言,除了基本几何信息外,更重要的是赋予能够识别工艺性能的信息。由于各类产品零件或结构形状的复杂性,目前尚未有被普遍接受的工件形状分类方法。在成型制造中,常依据工艺方法对工件进行分类,如铸件、锻件、焊件等。

此外,加工工艺对工件的制造精度和表面质量也有较大的影响。图 2-6 显示了各种加工工艺所能达到的表面粗糙度和公差。一般而言,随工件精度和表面质量要求的提高,制造成本

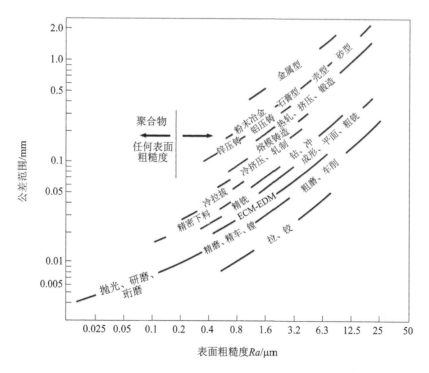

图 2-6　加工工艺及所能达到的表面粗糙度和公差

也随之增加。这就是说在材料成型工艺选择中还需要考虑成本可承受的问题。

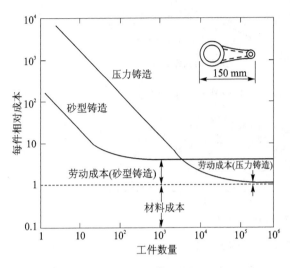

图2-7　铝合金连杆不同成型方法的成本

成型工艺方法对工件成本的影响是不言而喻的。而对哪一类工件采用什么工艺最有效、最经济是个很复杂的问题,需对各种工艺方法进行比较、分析才能得出结论。图2-7表示出用不同的工艺方法生产铝合金连杆件的生产费用。

从图2-7可看出,当批量小时,砂型铸造费用比压力铸造低。砂型铸造一般是所有铸造方法中费用最低的一种,尤其是在单件或少量生产时,它的成本几乎只有熔模铸造的1/10。对单件大型铸件的生产,从成本考虑,砂型铸造是唯一的方法。而当铸件批量大时,压力铸造的综合费用较低。

材料成型是一个将原料、能源转化为产品和废物的流动过程,这一过程必然对自然环境产生影响,影响的强度取决于原料与能量使用的强度。不同的热制造工艺所消耗的能量与所产生的废物是不同的,对环境所产生的影响也是不同的。图2-8为不同成型加工工艺的能量消耗与废物产生的示意图。

如前所述,成型技术与材料是密不可分的,工件的构形是其主要约束条件。此外,选择成型工艺方法时,还应综合技术、经济、环境等多因素进行分析,结合工件的具体情况,最后选择一种合适的成型工艺方法,图2-9为材料与成型工艺选择路线图。

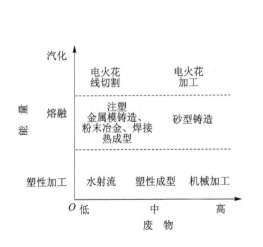

图2-8　制造工艺与能量消耗及废物产生

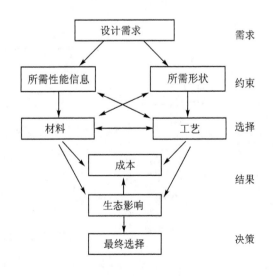

图2-9　材料与成型工艺选择路线图

2.2 材料成型的能源与设备

能量是物质运动的动力。成型过程中材料的所有运动或变化,均需要能量来维持,都伴随着能量的流动与耗散。成型过程中能量形式和传递过程都将影响材料的工艺行为,因此,用于能量转化和传递的能源与设备是材料成型的重要技术手段。

2.2.1 材料成型的能量形式

材料成型作为与人类文明发展息息相关的技术活动,在漫长的历史中都受限于能量的利用。18 世纪末的第一次工业革命的显著标志,是人类转换和利用各种能量发生飞跃,现代材料成型技术得以迅速发展。目前,材料成型过程中广泛采用的能量形式有机械能和热能。

1. 机械能

材料成型过程多是依靠形变来实现的。材料的塑性变形、流动、断裂都需要机械力,机械力与材料的作用是机械能耗散的过程。直接的机械力来源包括动能、势能、介质压力、真空等,也可以通过电能、电磁能、化学能、热能等其他形式的能量进行转化。图 2 - 10 为典型机械力作用下的材料成型工艺示意图。图 2 - 11 为电能转化为机械力作用下的材料成型工艺示意图。

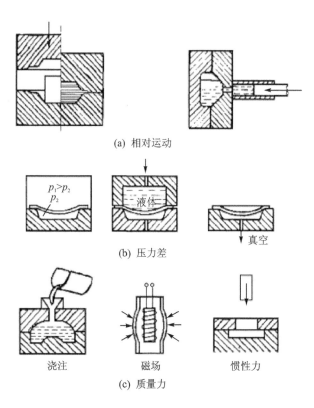

图 2 - 10 典型机械力作用下的成型工艺示意图

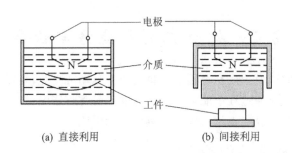

图2-11 电能转化为机械力作用下的热制造工艺示意图

材料成型过程中,机械力的作用可遍及整个工件材料,又可分多次作用于工件材料的同一部位或不同部位。例如,在锤锻过程中,材料要经过多道锻造工序才能最终成型。

2. 热 能

热能可以转换为机械能,作为机械力成型工件的能量供给。但是,在材料成型过程中,热能的最主要利用是改变材料的内能,控制材料的物性和凝聚状态,使材料易于成型为所需的形状;或利用工件对不均匀加热所产生的热力效应,实现无外力的成型。不同的成型工艺对热能形式有不同的要求。热能的产生需要热源,热源是将电能、化学能或机械能转变为热能的装置,发展高效、洁净、低耗的热源是现代材料成型工艺热能供应的重要方向。

材料成型工艺中广泛应用的热源主要有以下形式。

（1）**电阻热**

利用电流通过导体产生的电阻热作为热源。如电阻焊(点焊和缝焊)及电渣焊。前者是利用焊件金属本身电阻产生的电阻热,后者是利用液态熔渣的电阻产生的电阻热来进行焊接。

导电生热是基于导电材料由电阻产生热量的损失。如果工件本身就是导体,则可由其本身直接供热。如果使用专门的导电体(高电阻值的热元件)来产生热量,就需要通过适当的介质,以辐射或对流的方式将热量传导给工件,这就是间接供热(如电阻炉)。以电传导为基础将电能转换为热能的方式既可用于导电工件材料本身的加热过程,也可用于机器的加热过程。

（2）**电磁感应**

感应加热利用涡流原理和变压器原理来实现。将导电的工件置于一个感应线圈的感应场内,线圈通以高频(5 kHz～5 MHz)电流,靠物体内感应出的涡流使物体直接产生热量,这就是涡流原理。变压器原理是让工件本身起一个二级线圈的作用。工件感应出低电压、大电流,这也是一种间接供热的方式。如果采用二级线圈为加热元件,那么就变成导电加热的方式了。

图2-12为典型感应加热淬火的示意图。

（3）**电 弧**

利用在气体介质中放电产生的电弧热作为热源,如电弧熔炼、电弧焊等。电弧所产生的热量通过传导、辐射和(或)

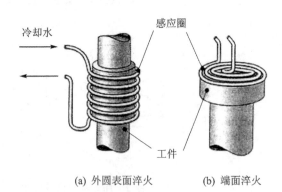

(a) 外圆表面淬火　　(b) 端面淬火

图2-12 感应加热表面淬火示意图

对流传递到工件上,如图 2-13 所示。

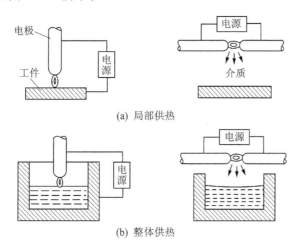

(a) 局部供热

(b) 整体供热

图 2-13　电弧加热示意图

（4）等离子束

将电弧放电或高频放电形成的等离子体通过一水冷喷嘴引出形成等离子体束电弧,如图 2-14 所示,由于喷嘴中电弧受到电磁压缩作用和热压缩作用,等离子束具有较高的能量密度和极高的温度（1 800～2 400 K）,是一种高能量密度热源。

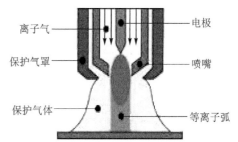

图 2-14　等离子束电弧示意图

（5）电子束

在真空中高电压场作用下,高速运动的电子经过聚焦形成高能密度电子束,当它猛烈轰击金属表面时,电子的动能转化为热能。电子束的能量密度可达 10^7 W/mm²,可用磁性透镜聚焦,使之达到足够的高密度去熔化工件并使材料气化。利用这种热源可以熔炼金属,焊接或沉积材料。

（6）激光束

利用经聚焦后具有高能量密度的激光束作为热源。当激光束到达材料上时,一部分能量被反射掉了,其余部分在工件上转换为热量。生成的热量能使大多数金属熔化并气化。由于激光束可聚集在 10～100 μm 这样极小的范围内,所以激光束的能量密度很高,可达 10^2～10^6 W/mm²。激光束可用于焊接、材料表面处理等。

（7）化学热

利用可燃气体燃烧反应热或铝、镁热剂的化学反应热来进行加热或焊接。以化学能为基础的热源,这些能量转换过程是燃烧或其他放热的化学反应。燃烧可由固体、液体、颗粒体或气体燃料中获得,其热量是间接向工件供应的。

图 2-15 为化学能转化为机械力作用下的材料成型工艺示意图。

（8）摩擦热

摩擦生热是机械能转换为热能的不可逆过程。在摩擦过程中,机械能可以高效地转换为

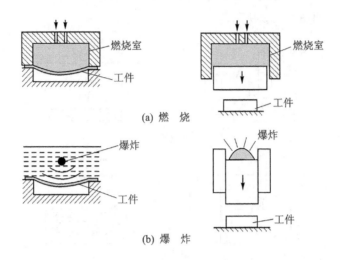

(a) 燃 烧

(b) 爆 炸

图 2-15 化学能转化为机械力作用下的热制造工艺示意图

热能,因此科学利用摩擦进行材料加工受到关注。目前,以摩擦焊接为代表的摩擦加工技术正在发展成为一项低能耗、高效、洁净的热制造工艺。

为了实现不同的成型工艺,需要特定的设备将能量转换或传递用于成型材料。这些设备包括金属熔炼炉、加热炉、锻压机、电焊机等。

2.2.2 金属熔炼设备

熔炼是液态金属铸造成型技术过程中的一个重要环节,与铸件的品质、生产成本、产量、能源消耗以及环境保护等密切相关。不同类型的金属,需要采用不同的熔炼方法及设备。如铸铁的熔炼多采用冲天炉;钢的熔炼采用转炉、平炉、电弧炉、感应电炉等;而非铁金属如铝、铜合金等的熔炼,则用坩埚炉。

在金属熔炼中,多种固态金属的炉料(废钢、生铁、回炉料、铁合金、有色金属等)按比例搭配装入相应的熔炉中加热熔化,通过冶金反应,转变成具有一定化学成分和温度的符合铸造成型要求的液态金属。

1. 冲天炉

冲天炉是一种竖式圆筒形熔炼炉,如图 2-16 所示,分为前炉和后炉。前炉又分为出铁口、出渣口、炉盖前炉缸和过桥;

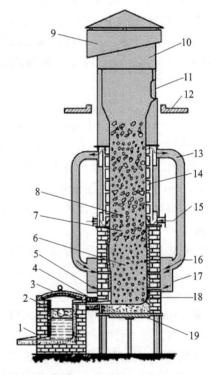

1—出铁口；2—出渣口；3—前炉；4—过桥；5—风口；
6—底焦；7—金属料；8—层焦；9—火花罩；10—烟囱；
11—加料口；12—加料台；13—热风管；14—热风胆；
15—进风口；16—热风；17—风带；18—炉缸；19—炉底门

图 2-16 冲天炉的构造

后炉又分为 3 个部分,顶炉、腰炉和炉缸。因炉顶开口向上,故称冲天炉。冲天炉身是用钢板弯成的圆筒形,内砌以耐火砖炉衬。炉身上部有加料口、烟囱、火花罩;中部有热风胆;下部有热风带,风带通过风口与炉内相通。从鼓风机送来的空气,通过热风胆加热后经风带进入炉内,供燃烧用。风口以下为炉缸,熔化的铁液及炉渣从炉缸底部流入前炉。冲天炉具有结构简单、设备费用少、电能消耗低、生产率高、成本低、操作和维修方便,并能连续进行生产等特点,在铸造生产中应用极为广泛。

常用的冲天炉以焦炭为燃料,也有以油、天然气等为燃料的。在熔炼过程中,金属与炉气、焦炭、炉渣相互接触,发生一系列物理化学变化——冶金反应,引起金属液化学成分发生一定的变化。铁水的最终化学成分,就是金属炉料的原始成分和熔炼过程中成分变化的综合结果。

2. 电弧炉

电弧炉是利用电极与金属炉料之间电弧产生的热能,通过辐射、传导和对流传递给炉料,加热、熔化固体炉料,并使金属液过热,从而实现熔炼目标的一种设备,主要用于钢、铸铁的熔炼。电弧炉的构造如图 2-17 所示。

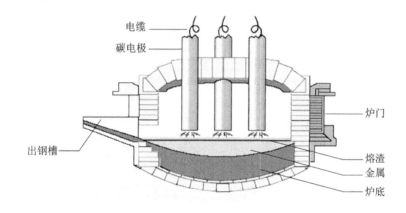

图 2-17　电弧炉熔炼

电弧炉的炉体是一个圆筒形。底部为球形铁壳,内部砌有耐火材料。熔化室上面有可移动的炉盖,它用钢板制成炉盖圈,圈内用耐火砖砌成。炉体设有装料门、出钢口和出钢槽。三相电通过三个垂直电极产生电弧。

炼钢电弧炉根据炉衬的性质不同,可以分为碱性炉和酸性炉。碱性电弧炉的炉衬是用镁砂、白云石等碱性耐火材料修砌的;而酸性电弧炉炉衬是用硅砖、石英砂、白泥等酸性材料修砌的。由于炉衬的性质不同,在炼钢过程中所采用的造渣材料也不一样。碱性炉要用石灰为主的碱性材料造碱性渣,而酸性炉则用石英砂为主的材料造酸性渣。

碱性电弧炉由于使用碱性炉渣,能有效地去除钢中的有害元素磷、硫。而酸性渣无去除磷硫的能力,所以酸性炉炼钢要用含磷硫很低的原材料,在特殊钢生产中不能大量采用。一般以钢锭和连铸坯为产品的电炉钢厂都是使用碱性电弧炉。但酸性炉渣阻止气体透过的能力大于碱性渣,使钢液升温快,因而异型铸造车间多数使用酸性电弧炉。

3. 感应电炉

感应电炉利用感应线圈中交流电的感应作用,使坩埚内的金属炉料及钢液产生感应电流发出热量使炉料熔化,典型的感应电炉构造如图 2-18 所示。感应电炉按电源频率可分为高频炉、中频炉和工频炉 3 类;按工艺目的可分为熔炼炉、加热炉、热处理设备和焊接设备等。

4. 坩埚炉

坩埚是用极耐火的材料制成的器皿。坩埚炉将要熔炼的金属炉料或金属液放在坩埚中,用燃料在坩埚外加热熔炼金属,因坩埚内金属料不与焰气接触,故金属液质量纯净。坩埚炉分为燃油、燃气、焦炭和电阻坩埚炉,图 2-19 为焦炭坩埚炉示意图。坩埚炉主要用于有色金属的熔炼,如铜合金、铝合金、镁合金、低熔点轴承合金等。

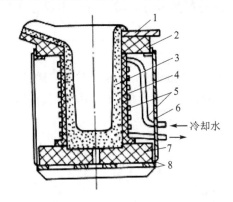

1—水泥石棉盖板;2—耐火砖上框;3—揭制坩埚;
4—玻璃丝绝缘布;5—感应线圈;6—水泥石棉防护板;
7—耐火砖底座;8—铝制边框

图 2-18 感应电炉

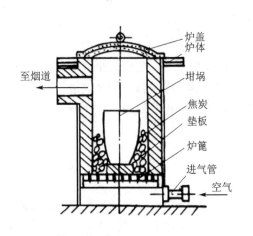

图 2-19 焦炭坩埚炉示意图

2.2.3 金属锻造加热设备

加热的目的是提高金属的塑性和降低变形抗力,即提高金属的锻造性能。除少数具有良好塑性的金属可在常温下锻造成型外,大多数金属在常温下的锻造性能较差,造成锻造困难或不能锻造。但将这些金属加热到一定温度后,可以大大提高塑性,并只需要施加较小的锻打力,便可使其发生较大的塑性变形,这就是热锻。

加热是锻造工艺过程中的一个重要环节,它直接影响锻件的质量。加热温度如果过高,会使锻件产生加热缺焰,甚至造成废品。因此,为了保证金属在变形时具有良好的塑性,又不致产生加热缺陷,锻造必须在合理的温度范围内进行。各种金属材料锻造时允许的最高加热温度称为该材料的始锻温度;终止锻造的温度称为该材料的终锻温度。

锻造加热炉按热源的不同,分为火焰加热炉和电加热炉两大类。

1. 火焰加热炉

火焰加热炉采用烟煤、焦炭、重油、煤气等作为燃料。当燃料燃烧时,产生含有大量热能的高温火焰将金属加热。

(1) 明火炉

将金属坯料置于以煤为燃料的火焰中加热的炉子,称为明火炉,又称为手锻炉。其结构简单,操作方便,但生产率低,热效率不高,加热温度不均匀和速度慢。在小件生产和维修工作中应用较多,锻工实习常使用这种炉子。因此,明火炉常用来加热手工自由锻及小型空气锤自由锻的坯料,也可用于杆形坯料的局部加热。

（2）反射炉

图 2-20 为燃煤反射炉结构示意图。燃烧室产生的高温炉气越过火墙进入加热室加热坯料,废气经烟道排出。鼓风机将换热器中经预热的空气送入燃烧室。坯料从炉门装取。这种炉的加热室面积大,加热温度均匀一致,加热质量较好,生产率高,适用于中小批量生产。

（3）油炉和煤气炉

油炉和煤气炉分别以重油和煤气为燃料,其结构基本相同,仅喷嘴结构不同。油炉和煤气炉的结构形式很多,有室式炉、开隙式炉、推杆式连续炉和转底炉等。图 2-21 为室式重油加热炉示意图,室式重油加热炉由炉膛、喷嘴、炉门和烟道组成。其燃烧室和加热室合为一体,即炉膛。坯料码放在炉底板上。喷嘴布置在炉膛两侧,燃油和压缩空气分别进入喷嘴。压缩空气由喷嘴喷出时,将燃油带出并喷成雾状,与空气均匀混合并燃烧以加热坯料。用调节喷油量及压缩空气的方法来控制炉温的变化。这种加热炉用于自由锻,尤其是大型坯料和钢锭的加热,它的炉体结构比反射炉简单、紧凑,热效率高。

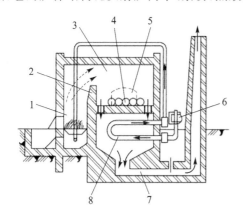

1—燃烧室;2—火墙;3—加热室;4—坯料;
5—炉门;6—鼓风机;7—烟道;8—换热器

图 2-20　反射炉结构

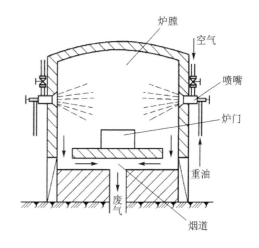

图 2-21　室式重油加热炉示意图

2. 电加热炉

电加热炉有电阻加热炉、接触电加热炉和感应加热炉等。电阻炉是利用电流通过布置在炉膛围壁上的电热元件产生的电阻热为热源,通过辐射和对流将坯料加热的。炉子通常制成箱形,分为中温箱式电阻炉（见图 2-22）和高温箱式电阻炉（见图 2-23）。前者的发热体为电阻丝,最高工作温度 950 ℃,一般用来加热有色金属及其合金的小型锻件;后者的发热体为硅碳棒,最高工作温度为 1 350 ℃,可用来加热高温合金的小型锻件。电阻加热炉操作方便,可精确控制炉温,无污染,但耗电量大,成本较高,在小批量生产或科研实验中广泛采用。

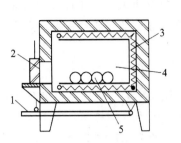

1—踏杆;2—炉门;3—电热元件;
4—炉膛;5—坯料

图 2-22　箱式电阻炉示意图

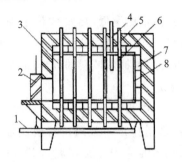

1—踏杆;2—炉门;3—炉膛;4—温度传感器;
5—硅碳棒冷端;6—硅碳棒热端;7—耐火砖;8—反射层

图 2-23　红外箱式炉示意图

2.2.4　锻压设备

锻压设备是指在锻压加工中用于成型和分离的机械设备。锻压设备根据传动方式的不同,分为锤(空气锤、蒸汽-空气锤)、液压机、机械压力机等。

1. 空气锤

空气锤是利用电机直接驱动的锻锤,其结构小、打击速度快,有利于小件一火打成。空气锤的吨位是以落下部分的质量来表示的,最小为 65 kg,最大可达 1 000 kg。

空气锤的工作原理如图 2-24 所示。空气锤有两个气缸,压缩气缸将空气压缩。电动机通过减速机构和曲柄,连杆带动压缩气缸的压缩活塞上下运动,产生压缩空气。当压缩缸的上下气道与大气相通时,压缩空气不进入工作缸,电机空转,锤头不工作,通过手柄或脚踏杆操纵上下旋阀,使压缩空气进入工作气缸的上部或下部,推动工作活塞上下运动,从而带动锤头及上砧铁的上升或下降,完成各种打击动作。旋阀与两个气缸之间有 4 种连通方式,可以产生提锤、连打、下压、空转 4 种动作。

2. 蒸汽-空气锤

蒸汽-空气锤也靠锤的冲击力锻打工件,如图2-25所示。蒸汽-空气锤自身不带动力装

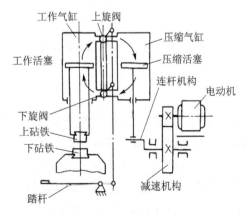

图 2-24　空气锤的工作原理

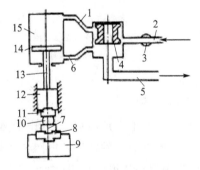

1—上气道;2—进气道;3—节气阀;4—滑阀;5—排气管;
6—下气道;7—下砧;8—砧垫;9—砧座;10—坯料;11—上砧;
12—锤头;13—锤杆;14—活塞;15—工作缸

图 2-25　蒸汽-空气锤原理图

置,另需蒸汽锅炉向其提供具有一定压力的蒸汽,或空气压缩机向其提供压缩空气。其锻造能力明显大于空气锤,一般为 500~5 000 kg(0.5~5 t),常用于中型锻件的锻造。

与其他模锻方法相比,锤上模锻具有适应性强,可以独立完成各种类型锻件的锻造以及设备费用较低等优点,在锻造生产中的地位非常重要。

3. 液压机

液压机是根据液体的静压力传递原理(即帕斯卡原理)设计制造的,如图 2-26 所示。液压机包括水压机和油压机。以水基液体为工作介质的称为水压机,以油为工作介质的称为油压机。

锻造用液压机多是水压机,吨位较高。水压机加工具有工作行程大、变形速度低、工件变形均匀等优点,并且工作中无振动,可制成大吨位设备,适合以钢锭为坯料的大件加工。水压机的缺点是结构较大,供水和操作系统等附属设备较复杂。

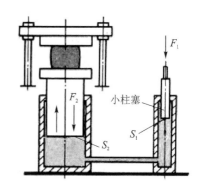

图 2-26　液压机的工作原理

液压机是锻造大型锻件的主要设备。大型锻造液压机的制造和拥有量是一个国家工业水平的重要标志。我国已经能自行设计制造 8 万吨级模锻液压机。

液压机上锻造时,以压力代替锤锻时的冲击力,大型液压机能够产生数万千牛甚至更大的锻造压力,坯料变形的压下量大,锻透深度大,从而可改善锻件内部的质量,这对于以钢锭为坯料的大型锻件是很必要的。此外,液压机在锻造时振动和噪声小,工作条件好。

4. 机械压力机

机械压力机是机械传动机构将电动机的旋转运动转变为滑块的直线往复运动,对坯料进行加工的锻压设备。常用的机械压力机有曲柄压力机、摩擦压力机等。

(1) 曲柄压力机

曲柄压力机是一种机械式压力机,其传动系统如图 2-27 所示。工作时电动机旋转,小带轮带动大带轮转动,通过小齿轮再带动大齿轮转动。合上离合器,曲轴开始转动,然后通过连杆滑块机构,带动滑块做上下往复运动。压力机每完成一个冲次,即上下运动一个循环,离合器会自动分离,滑块会自动停在上止点上,除非按下连续冲压开关,压力机才会连续循环冲压。

曲柄压力机按其传动系统又可分为单点、双点和 4 点压力机,按其用途又分为普通压力机、拉深压力机、精压压力机、精冲压力机等,按其床身结构不同也可分为开式和闭式两种。

(2) 摩擦压力机

摩擦压力机靠飞轮旋转所积蓄的能量转化成金属的变形能进行锻造,如图 2-28 所示。摩擦压力机属于锻锤锻压设备,其行程速度介于模锻锤和曲柄压力机之间,有一定的冲击作用。滑块行程和冲击能量都可自由调节,坯料在一个模膛内可以多次锻击,因而工艺性能广泛,既可完成镦粗、成型、弯曲、预锻、终锻等成型工序,也可进行校正、精整、切边、冲孔等后续工序的操作,必要时,还可作为板料冲压的设备使用。

摩擦压力机的飞轮惯性大,单位时间内的行程次数比其他设备低得多,这对于再结晶速度较低的塑性材料的锻造是有利的,但也因此生产率较低。由于采用摩擦传动,摩擦压力机的传动效率低,因而,设备吨位的发展受到限制,通常不超过 10 000 kN。

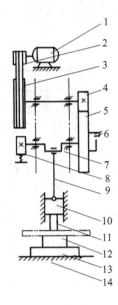

1—电动机;2—小带轮;3—大带轮;4—小齿轮;5—大齿轮;
6—离合器;7—曲轴;8—制动器;9—连杆;10—滑块;
11—上模;12—下模;13—垫板;14—工作台

图 2-27　曲柄压力机传动系统

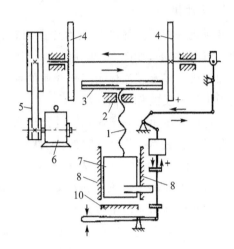

1—螺杆;2—螺母;3—飞轮;4—圆轮;
5—传动带;6—电动机;7—滑块;
8—导轨;9—机架;10—机座

图 2-28　摩擦压力机原理图

摩擦压力机上模锻适用于小型锻件的批量生产。摩擦压力机结构简单、性能广泛、使用维护方便,是中、小型工厂普遍采用的锻造设备。近年来,许多工厂还把摩擦压力机与自由锻锤、辊锻机、电镦机等配成机组或组成流水线,承担模锻锤、平锻机的部分模锻工作,有效地扩大了它的使用范围。

2.2.5　焊接设备

焊接设备是实施焊接结构制造的工程装备。不同的结构或焊接工艺,其焊接设备有很大的不同。图 2-29 所示为典型的气体保护焊设备,图 2-30 所示为电阻对焊设备,其中焊接电源是其核心设备。

电弧焊的电源又称为弧焊电源,弧焊电源是应用最多的焊接电源。弧焊电源为焊接电弧提供电流、电压。在规定范围内,弧焊电源稳态输出电流和输出电压间的关系称为电源外特性。电弧对电源来说是非线性负载,所以要求具有特殊外特性的弧焊电源供电。焊接时若有某种干扰因素使弧长变化或电流变化,那么电源必须能够迅速使电弧自行调整,保证电弧稳定燃烧和保持焊接规范稳定。

按弧焊电源输出的焊接电流波形的形状将弧焊电源分为交流弧焊电源、直流弧焊电源和脉冲弧焊电源 3 种类型。每种类型的弧焊电源根据其结构特点不同又可分为多种形式,如图 2-31 所示。

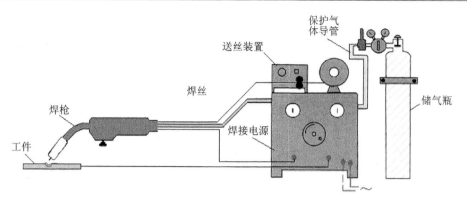

(a) 半自动焊

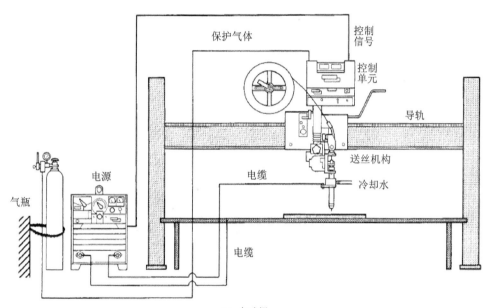

(b) 自动焊

图 2 - 29　气体保护焊设备

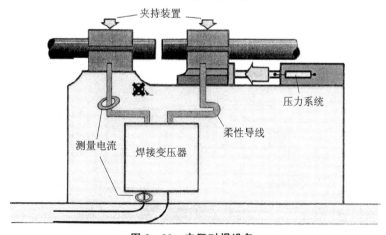

图 2 - 30　电阻对焊设备

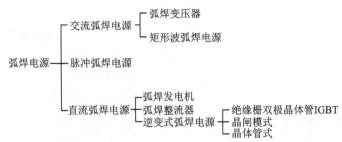

图 2-31　弧焊电源分类

2.2.6　注塑机

注塑机是利用塑料成型模具将热塑性塑料或热固性塑料制成塑料制件的注射成型设备，也是应用最广的塑料成型设备。

注射成型机通常由注射装置、合模装置、液压传动系统等组成，如图 2-32 所示。注射装置使塑料均匀地塑化成熔融状态，并以足够的速度和压力将一定量的熔料注射进模具型腔。合模装置也称锁模装置，用于保证注射模具可靠地闭合，实现模具开、合动作及顶出制件。液压和电器控制系统保证注射机按预定工艺过程的要求（如应力、温度、速度和时间）和动作程序准确有效地工作。

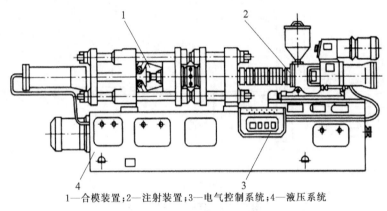

1—合模装置；2—注射装置；3—电气控制系统；4—液压系统

图 2-32　注塑机的基本组成

常见的合模装置有液压式（见图 2-33）和液压-曲肘式（见图 2-34）。合模装置在注塑时锁紧注塑模，而在脱模取出制品时又能打开塑膜，故要求合模机构开启灵活、闭锁紧密。注塑机一般用油泵做应力来源使模具开启和闭合。

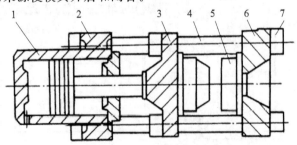

1—合模液压缸；2—后固定模板；3—动模固定板；4—拉杆；5—模具；6—定模固定板；7—拉杆螺母

图 2-33　液压式合模装置

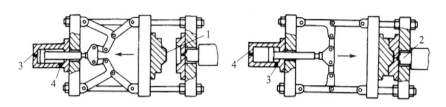

1—注塑模具；2—喷嘴；3—低压油嘴；4—高压油嘴

图 2 – 34　液压-曲肘式合模装置

2.3　材料成型模具

2.3.1　模具概述

模具是根据工件形状制成的能限制坯料质点流动，使之形成所需形状和尺寸的制件的工具。材料成型中常用的模具主要有：铸造模具、金属塑性成型模具、粉末成型模具和注塑模具等。模具成型方法在工程装备制造中得到广泛的应用。

在材料成型工艺中，铸造、模锻、冲压、粉末冶金、塑料成型等都使用模具成型，与之相应的模具类型有铸型（模）、锻模、冲模、粉末冶金模、塑料模等各类模具。根据模具使用温度的不同可将模具分为冷作模具和热作模具。根据成型材料及变形特征，成型模具可分为两大类：冲压模模具和型腔模模具，每一大类又可细分为若干种，如图 2 – 35 所示。

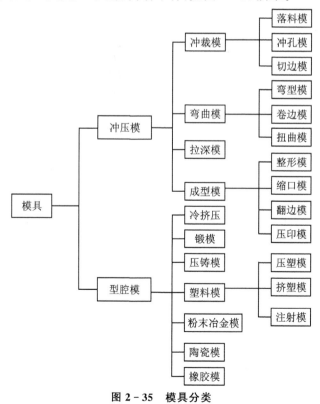

图 2 – 35　模具分类

模具是材料成型工艺装备的组成部分。模具制造也需要材料与成型工艺，模具一般是单件生产，加工精度高。各种模具的工作条件不同，对材料性能的要求也各有差异。模具材料的性能包括力学性能、高温性能、表面性能、工艺性能及经济性能等。例如，对冷作模具要求具有较高的硬度和强度，以及良好的耐磨性，还要具有高的抗压强度和良好的韧性及耐疲劳性；对热作模具除要求具有一般常温性能外，还要具有良好的耐蚀性、回火稳定性、抗高温氧化性和耐热疲劳性，同时还要求具有较小的热膨胀系数和较好的导热性，模腔表面要有足够的硬度，而且既要有韧性，又要耐磨损。

2.3.2　典型模具

1. 铸　型

铸型是用金属或其他耐火材料制成的组合整体，是金属液凝固后形成铸件的模具。以两箱砂型铸造为例，典型的铸型如图2-36所示，它由上砂型、下砂型、浇注系统、型腔、型芯和通气孔组成。型砂被春紧在上、下砂箱中，连同砂箱一起，称为上砂型（上箱）和下砂型（下箱）。取出模样后砂型中留下的空腔称为型腔。上、下砂型的分界面称为分型面，一般位于模样的最大截面上。型芯是为了形成铸件上的孔或局部外形，用芯砂制成的。型芯上用来安放和固定型芯的部分称为型芯头，型芯头放在砂型的型芯座中。

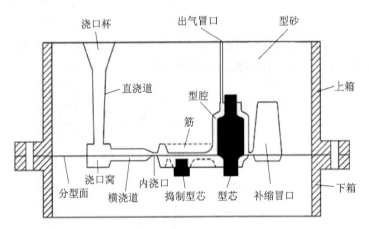

图2-36　砂型示意图

在铸型中引导液体金属进入型腔的通道称为浇注系统。浇注系统包括外浇道（口）、直浇道、横浇道、内浇道。被高温金属包围后型芯产生的气体则由型芯通气孔排出，而型砂中的气体及部分型腔中的气体则由通气孔排出。有的铸件为了避免产生缩孔缺陷，在铸件厚大部分或最高部分加有补缩冒口。

图2-37为压铸铸型（或压铸模）示意图。压铸模的基本结构由动模和定模两大部分组成。定模部分装在压铸机的定模板上，动模

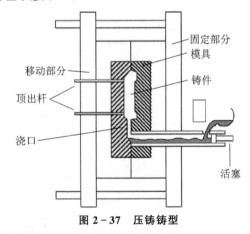

图2-37　压铸铸型

部分装在压铸机的动模板上,并随着压铸机的合模装置运动,实现锁模和开模。

2. 锻   模

锻模是金属在热态或冷态下进行体积成型时所用模具的统称,锻模内用以使金属变形的空腔称为模腔,如图 2－38 所示。

根据模锻设备可将锻模分为模锻锤用锻模、摩擦压力机锻模、自由锻锤用固定锻模及不固定锻模(胎膜)。由于各种模锻设备的工作特点不同,锻模的结构差别较大,然而,模腔设计却相类似。模锻模腔包括终锻模腔和预锻模腔。终锻模腔是锻模中各种模腔的最主要的模腔,它用来完成锻件最终成型的终锻工步。模锻件的几何形状和尺寸靠终锻模腔保证。任何锻件的模锻工艺过程都必须有终锻,都要用终锻模腔,预锻模腔要根据具体情况决定是否采用。

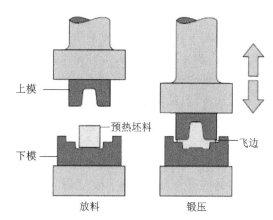

图 2－38　简单锻模成型过程

锤上模锻用锻模分上、下模两部分,如图 2－39 所示,分别用键、楔块和调整垫片固定在模锻锤头和模座的燕尾槽内。锤上模锻为开式模锻,一般终锻模腔周边必须有飞边槽,如图 2－40 所示。其主要作用是增加金属流出模腔的阻力,迫使金属充满模腔。通过终锻模腔可以获得带飞边的锻件。由于锻锤上没有顶出装置,一般不宜在锤上精锻形状复杂、脱模困难的锻件。若采用锤上精密模锻时,应在模腔中做出拔模斜度或在模具中设计顶出装置,以利取出锻件。

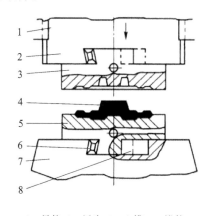

1—导轨;2—锤头;3—上模;4—锻件;
5—下模;6—模块;7—模座;8—键

图 2－39　锤上模锻锻模

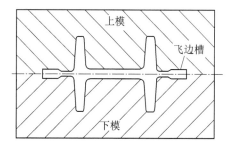

图 2－40　锻模结构

热模锻压力机(如曲柄压力机)由于工作速度比锤锻低、工作平稳、设有顶出装置,所以多数锻模采用通用模架内装有单模腔镶块的组合结构,如图 2－41 所示。它主要由模座、垫板、模腔镶块、紧固件、导向装置、上下顶出装置等零件组成。其中与锤用锻模区别较大的有模架、模块、导向装置及顶出装置。

螺旋压力机具有模锻锤与热模锻压力机的双重特点,所以螺旋压力机锻模的结构形式既可采用锤锻模结构形式,也可采用热模锻压力机锻模结构形式。

3. 冲压模具

在冲压加工中,将材料加工成冲压零件(或半成品)的一种特殊工艺装备,称为冲压模具或冷冲模。冲压模具在实现冲压加工中是必不可少的工艺装备:没有符合要求的冲压模具,冲压加工就无法进行;没有先进的冲压模具,先进的冲压工艺就无法实现。冲模设计是实现冷冲压加工的关键,一个冲压零件往往要用几副模具才能加工成型。

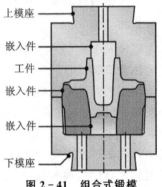

图 2-41 组合式锻模

冲压模具的种类非常多,结构繁简不一,但是结构无论多复杂,其基本的结构总是相同的。模具的结构可分为上模和下模,上模一般与压力机的滑块连接,并随滑块一起上下往复运动,中小型模与常用模柄及压力机滑块连接;下模固定在压力机的工作台面上,是固定不动的。

冲压模具主要的分类方式有两种:一种是按工序性质区分,另一种是按工序组合方式区分。按工序性质分为冲裁模、弯曲模、拉伸模、成型模等;按工序组合方式分单工序模、复合模、级进模等。

(1) 单工序模

图 2-42 所示是一副单工序冲裁模,整副模具由 6 个部分组成。

① 凸模和凹模。它们是完成板料冲裁分离的最重要、最直接的零件。凸模和凹模的形状、尺寸决定了零件的形状、尺寸。

② 卸料板。当凸模进入凹模完成冲裁工序后,凸模必须从凹模内退出来,以准备进行第二次冲裁。这时条料紧箍在凸模上。当凸模进一步后退时,包在凸模上的条料被固定卸料板卸下来,这样条料可以进一步送入凹模洞口,以准备下一次冲裁。

③ 定位销。它的作用是保证条料送进时有正确的位置。

④ 导柱和导套。它们的作用是保证冲裁时凸、凹模之间的间隙均匀,从而提高零件的精度和模具的寿命。

⑤ 基础零件。它包括上模板、下模板、模柄、垫板、凸模固定板。它们的作用是固定凸模和凹模,并与压力机的滑块和工作台面相连接。

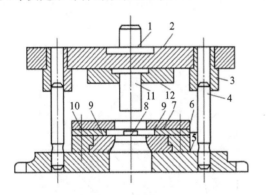

1—模柄;2—上模板;3—导套;4—导柱;5—下模板;6、12—压板
7—凹模;8—定位销;9—导料板;10—卸料板;11—凸模

图 2-42 冲裁模

⑥ 紧固零件,如内六角螺钉和圆柱定位销。它们的作用是把相关联的零件固定或连接起来。

（2）复合模

复合模是一种多工序的冲模,是在压力机的一次工作行程中,在模具同一部位同时完成数道分离工序的模具。它在构造上的主要特征是有一个既是落料凸模又是冲孔凹模的凸凹模。

复合模的特点是生产率高,冲裁件的内孔与外缘的相对位置精度高,板料的定位精度要求比级进模低,冲模的轮尺寸较小。但复合模构复杂,制造精度要求高,成本高。复合模主要用于生产批量大、精度要求高的冲裁件。

（3）级进模

在压力机的一次行程中,在模具的不同部位上同时完成数道冲压工序的模具称为级进模。它是一种工位多、效率高的冲模,如图 2-43 所示。整个冲件的成型是在连续工作过程中逐步完成的。冲压工作时,条料沿固定卸料板的凹槽和凹模的上平面送进,固定挡料钉对条料进行定位,上模部分随压力机滑块向下运动,凸模冲入凹模内,完成对板料的冲裁分离。随后凸模返程,包在凸模上的条料被固定卸料板卸下。然后条料再一次送进,准备下一次冲裁。

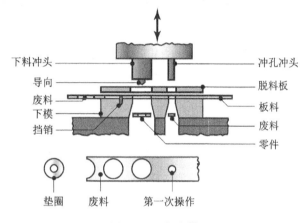

图 2-43　级进模

4. 注塑模具

注塑是指将熔融的塑料利用压力注入模具中,冷却成型得到想要的各种塑料件。注塑模具分为动模和定模两大部分,定模部分安装在注塑机的固定座板上,动模部分安装在注塑机的移动座板上。注塑时,动、定模两大部分闭合,塑料经喷嘴进入模具型腔。开模时,动、定模两大部分分离,然后顶出机构动作,从而推出塑件,如图 2-44 所示。

根据模具上各个部件所起的作用,注塑模具可分为以下几个部分。

① 成型部分。成型部分是由构成塑件形状的模具型腔组成的,它由模具的动、定模有关部分组成,通常由凸模（成型塑件内部形状）、凹模（成型塑件外部形状）、型芯、嵌件和镶块等组成。

② 浇注系统。熔融塑料从注塑机喷嘴进入模具型腔所流经的模具内通道称为浇注系统。它通常由主流道、分流道、浇口及冷料井等组成。

③ 导向机构。为了确保动、定模之间的正确导向与定位,通常在动、定模部分采用导柱、导套或在动、定模部分设置互相吻合的内外锥面导向。

④ 侧向抽芯机构。塑件上的侧向如有凹、凸形状的孔或凸台,这就需要有侧向的凹、凸模或型芯来成型。在塑件被推出之前,必须先拔出侧向凸模或抽出侧向型芯,然后方能顺利脱

开。使侧向凸模或侧向型芯移动的机构称为侧向抽芯机构。

⑤ 顶出机构。顶出机构是指模具分型以后将塑件顶出的装置（又称脱模机构）。通常顶出机构由顶杆、复位杆、顶杆固定板、顶板、主流道拉料杆等组成。

⑥ 冷却和加热系统。为了使熔融塑料在模具型腔内尽快固化成型，提高生产效率，一些塑料成型时必须对模具进行冷却，通常是在模具上开设冷却水道，当塑料充满型腔并经一定的保压时间后，水道通以循环冷水对模具进行冷却。

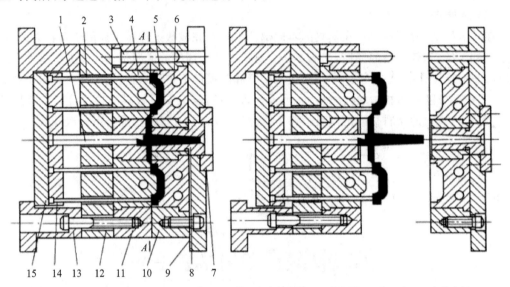

1—拉料杆；2—推杆；3—导柱；4—凸模；5—凹模；6—冷却通道；7—定位圈；8—浇口套；9—定模座板；
10—定模板；11—动模板；12—支承板；13—动模支架；14—推杆固定板；15—推板

图 2-44　单分型面注塑模具

2.4　材料成型数字化技术

2.4.1　材料成型数字化与快速工艺实现

1. 数字化建模

数字化建模是应用 CAD 技术定义工件的三维模型，其核心是实体造型。利用实体建模软件，设计人员可在计算机上直接进行工件的三维设计，同时可对其加工性能进行分析。工件的数字信息可方便地进行传递、存储、修改，可显著提高产品的开发速度。

近年来，三维 CAD 软件、反求工程、快速成型、数值模拟技术取得了长足的进步，为成型制造数字化建模提供了基础。在传统的成型工艺中，例如铸造，开发一个新的铸件，工艺定型需通过多次试验，反复摸索，最后根据多种试验方案的浇铸结果，选择出能够满足设计要求的铸造工艺方案。多次的试铸要花费很多的人力、物力和财力。采用铸造过程数值模拟，可以指导浇注工艺参数优化，预测缺陷数量及位置，有效地提高铸件成品率。

2. 快速原型

快速原型/零件制造（RPM）技术是由 CAD 模型直接驱动的快速制造任意复杂形状三维

实体的技术总称,是实体自由成型的主要方法,目前也称为增材制造或 3D 打印技术。其主要特征是:

① 可以制造任意复杂的三维几何实体。

② CAD 模型直接驱动。

③ 成型设备无需专用夹具或工具。

④ 成型过程中无人干预或较少干预。

快速原型(RP)技术采用离散/堆积成型的原理,如图 2-45 所示,其工艺流程如图 2-46 所示。首先由三维 CAD 软件设计出所需要零件的计算机三维曲面或实体模型(亦称电子模型),然后根据工艺要求,将其按一定厚度进行分层,把原来的三维电子模型变成二维平面信息(截面信息),即离散的过程;再将分层后的数据进行一定的处理,加入加工参数,产生数控代码;在微机控制下,数控系统以平面加工方式有序地连续加工出每个薄层并使它们粘接而成型。这就是材料堆积的过程(即所谓 3D 打印)。

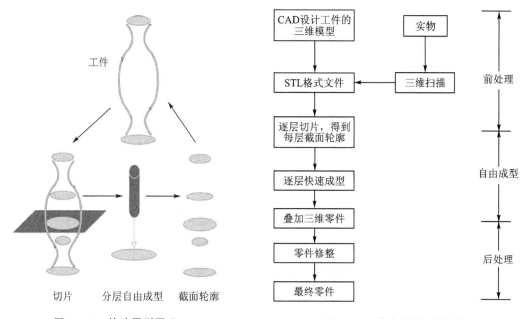

图 2-45　快速原型原理　　　　　　图 2-46　快速原型工艺流程

目前已投入应用的快速成型方法(也称实体自由成型方法)主要有立体印刷成型(SLA)、选区激光烧结(SLS)、叠层实体制造(LOM)、熔融沉积成型(FDM)等(详细内容见第 6 章)。

3. 快速工艺实现

在生产过程中,模具设计和制造占很长的周期。一个复杂薄壁件模具的设计和制造可能需一年或更长的时间。随着世界工业的进步和人们生活水平的提高,产品的研发周期越来越短,设计要求响应时间短。特别是结构设计需做些修改时,前期的模具制造费用和制造工期都白白地浪费了,因而模具设计和制造成为新产品开发的瓶颈。计算机辅助工程的发展,使得传统产业与新技术的融合成为可能。三维 CAD 可以把设计从画图板中解放出来,大大简化了设计者的设计过程,减少出错的概率。随着快速成型(RP)技术的应用,三维模型可以通过 RP 设备,快速转变成所需的原型,缩短模具设计制造周期。一般来说,采用 RP 技术的模具制造时间和成本均为传统技术的 1/3。

基于 RPM 的快速模具总体情况如图 2-47 所示。

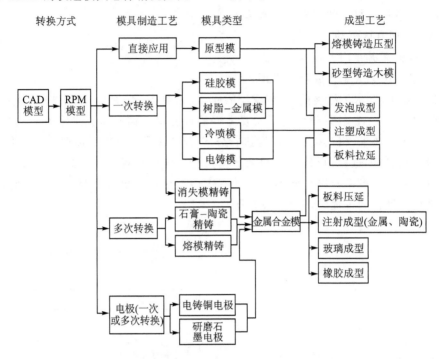

图 2-47 基于 RPM 的快速模具制造过程

RPM 在产品开发中的关键作用和重要意义是很明显的，它不受复杂形状的任何限制，可迅速地将显示于计算机屏幕上的设计变为可进一步评估的实物。根据原型可对设计的正确性、造型的合理性、可装配和干涉进行具体的检验。对形状较复杂而贵重的零件（如模具），若直接依据 CAD 模型不经原型阶段就进行加工制造，这种简化的做法风险极大，往往需要多次反复才能成功，不仅延误开发的进度，而且需花费更多的资金。通过原型的检验可将此种风险减到最低的限度。

2.4.2 材料成型数值模拟

工程装备零部件或结构从设计到制造的过程中，仅凭经验和反复的实物试验验证的传统制造方法已经不能满足快速响应和增强产品竞争力的需要。材料成型工艺数值模拟技术正越来越受关注并得到广泛应用，其目的是在产品设计阶段，借助建模与仿真技术及时地模拟预测、评价结构性能与可制造性，从而有效缩短装备的研制周期，降低成本，提高质量和生产效率。

1. 材料成型加工数值模拟的作用

（1）动态模拟工艺过程

材料成型加工是极其复杂的过程，在这个过程中，材料经液态流动充型、凝固结晶，或发生固态流动变形、相变、再结晶和重结晶等一系列复杂的物理、化学、冶金变化而最后成为毛坯或构件。通过对成型过程的有效控制，使材料的成分、组织、性能处于最佳状态，缺陷减到最小，以满足结构的使用要求。

长期以来,材料成型加工工艺设计以经验为主。近年来,随着试验技术及计算机技术的发展和材料成型理论的深化,材料成型过程工艺设计方法正在发生着质的改变。材料成型工艺模拟技术指在材料成型理论指导下,通过数值模拟和物理模拟,在试验室动态仿真材料成型过程,形象地显示各种工艺的实施过程及材料形状、轮廓、尺寸、组织的演变情况,预测实际工艺条件下材料的最后组织、性能和质量,进而实现成型工艺的优化设计,使材料成型由"技艺"走向"科学"。

(2) 预测成型件组织性能,优化工艺设计

材料成型工艺数值模拟过程中,人们使用专用的计算机软件对整个成型过程的各种物理量的变化进行数值计算,预测出成型过程中工程师们所关心的各种有用的技术信息,并将最终的计算结果以各种图形或动画的形式直观生动地显示在计算机的屏幕上。从屏幕上人们可以看到工件的详细变形过程,以及各种物理量随空间和时间的变化。如果工艺、模具或坯料设计不当,还可以看到由此所产生的各种成型缺陷,如开裂、折叠、过烧与回弹等。

完成一次成型工艺数值模拟,就相当于在计算机上实现了一次虚拟的工艺试验。与实际工艺试验相比,工艺数值模拟的优势是成本低、周期短,所得到的技术信息更多更全而且是定量化的数据。如果发现模拟出的工件具有某些缺陷,可以根据自己的经验找出产生缺陷的原因,然后对工艺、模具和坯料进行修改。将修改后的数据进行第二次工艺模拟,如此反复直到工艺成功。

大型结构件是重型装备研制的关键,其造价高,生产周期长,需要一次制造成功,如果报废,在经济和时间上都损失惨重,无法挽回。由于传统的成型工艺设计只能凭经验,无法对材料内部宏观、微观结构的演化进行理想控制,因此难以消除成型加工所带来的缺陷,影响结构的完整性。而建立在工艺模拟、优化基础上的成型工艺设计,可在制造前通过模拟分析成型制造中可能出现的问题,预测在不同工艺条件下材料经成型制成毛坯零件后的组织性能质量,特别是确定缺陷的成因及消除方法。通过模拟,反复比较工艺参数的影响,得出最优工艺方案,从而确保关键结构件一次制造成功。

(3) 促进多学科交叉应用,实现装备的快速研制

材料成型涉及铸造、锻压、焊接、热处理等技术领域,以物理化学、计算数学、图形学、材料成型理论、传热学、传质学、流体力学、固体力学、金属学、金属物理学等为基础,应用计算机技术定量分析材料成型加工过程,是基础学科、高新技术与材料成型加工等学科之间的相互交叉和有机结合。发展材料成型工艺模拟技术将有利推动材料成型加工理论、计算机图形学、计算机金相学、计算机体视学、计算传热学、计算流体力学、并行工程等新兴交叉学科的形成发展。

通过成型工艺模拟仿真,有助于认识成型过程的本质,预测并优化过程的结果,并快速应对瞬息万变的市场变化,是实现快速设计、制造,拟实设计、制造的基础。

2. 材料成型加工数值模拟技术及其发展趋势

材料成型工艺数值模拟研究开始于铸造过程分析。进入 20 世纪 70 年代后,数值模拟分析从铸造逐步扩展到锻造、焊接、热处理。近年来,材料成型工艺模拟技术不断向广度、深度扩展,其发展历程及发展趋势有以下几个方面。

(1) 从宏观到微观延伸

材料成型工艺模拟的研究工作已由建立在温度场、速度场、变形场基础上的预测形状、尺寸、轮廓的宏观尺度模拟进入到以预测组织、结构、性能为目的的中观尺度模拟(毫米量级)及微观尺度模拟阶段,研究对象涉及结晶、再结晶、重结晶、偏析、扩散、气体析出、相变等微观层次。

(2) 从单一分散到多物理场耦合

模拟功能已由单一的温度场、流场、应力/应变场、组织场模拟普遍进入到耦合集成阶段,包括:流场-温度场;温度场-应力/应变场;温度场-组织场;应力/应变场-组织场等之间的耦合,以真实模拟复杂的实际热加工过程。

(3) 从通用到专用发展

建立在温度场、流场、应力/应变场数值模拟基础上的铸造、焊接工艺模拟技术的日益成熟及商业化软件的不断出现,研究工作已由共性通用问题转向难度更大的专用特性问题。如应用模拟技术解决大型铸钢件的缩孔、缩松,热裂、气孔、偏析,模锻件的折叠及冲压件的断裂、起皱、回弹问题,焊接件的变形、冷裂、热裂,以及热处理中的变形等常见缺陷的预防和消除方法的研究。

(4) 提高数值模拟精度和速度

数值模拟是热加工工艺模拟的重要方法,提高数值模拟的精度和速度是当前数值模拟的研究热点。为此应非常重视热加工基础理论、新的数理模型、新的算法、前后处理、精确的基础数据获得与积累等基础性研究。

(5) 重视物理模拟及精确测试技术

物理模拟是揭示工艺过程本质,得到临界判据,检验、校核数值模拟结果的有力手段,越来越引起研究工作者的重视。如开发新型物理模拟实验方法及装置,以及建立数值模拟与物理模拟(含实验验证)之间的关系等。

一般而言,数值模拟均需用实验或物理模拟方法校核,当两者有差别时,应以实验为准。在应用数值模拟过程中,要准确了解模拟软件的功能,对于软件所不能解决的问题或由于简化而导致误差过大的部位,通过实验或物理模拟进行修正。一旦确定了数值模拟的误差并加以修正后,应尽量发挥数值模拟的作用,以节省实验的花费。

为了模拟材料的成型加工过程,需要了解工件及模具(或铸型、介质、填充材料等)材料的热物性参数、高温力性参数、几何参数、本构参数、接触、摩擦、界面间隙、气体析出、结晶潜热等各种初始条件、边界条件的数据。没有这些数据,是无法进行数值模拟的。这些数据的准确性对计算结果有很大的影响,为此,要十分重视这些基础数据的获得。

(6) 将工艺模拟与生产系统及其他技术环节实现集成

在零件加工制造系统中,工艺模拟作为重要的支撑技术,将成型工艺模拟与产品、模具设计和加工结合,将模拟结果与结构的安全可靠性评定实现集成也是重要发展方向。

3. 成型加工数值模拟过程与方法

常用的数值模拟方法主要是有限差分法、有限元法。有限元差分法数学模型简单,推导易于理解,占用计算机内存较少,但计算精度一般。当工件具有复杂边界形状时,误差较大,应力分析时需将差分网格转换成有限元网格进行计算。有限元法技术根据变分原理对单元进行计算,然后进行单元总体合成,模拟精度高,可解决形状复杂的构件问题。数值模拟是成型工艺模拟最重要的方法,它主要包括前处理、模拟分析计算和后处理 3 部分内容。

(1) 数值模拟的前处理

前处理的任务是为数值模拟准备一个初始的计算环境及对象。主要包括:

1) 三维造型

将模拟对象(铸件、锻件、焊接结构件等)的几何形状及尺寸以数字化方式输入,成为模拟软件可以识别的格式。由于目前已有商品化造型软件推出,除特殊情况外,一般可采用商品化 CAD 软件作为三维造型的软件平台。

2) 网格划分

按模拟的功能有精确度要求,将实体造型划分成一定细度的单元。零件尺寸越小,模拟尺度越接近微观,则要求划分得越细。

(2) 模拟分析计算

模拟分析计算是数值模拟的核心技术。按其功能,主要包括以下内容。

1) 宏观模拟仿真

宏观模拟仿真的目的是模拟成型加工过程中材料形状、轮廓、尺寸及宏观缺陷(变形、皱折、缩孔、气孔、夹渣等)的演化过程及最终结果。为达到上述目的,需建立并求解以下一些物理场的数理方程。

➢ 温度场。是进行成型加工过程数值模拟最重要的物理场。多采用有限差分方法计算,可以求出在成型加工过程中材料的温度变化及各点的温度分布。

➢ 应力/应变场——位移场。是建立在弹塑性力学基础上的物理场。主要用于模拟金属的成型过程应力分布及变形、缺陷形成规律等。一般采用有限元法求解。

➢ 流动场——压力场、速度场。建立在流体力学基础上的流动场(压力场、速度场)模拟是分析液态材料充型过程的重要手段,有助于优化浇注系统。

2) 微观组织及缺陷的模拟仿真

微观组织及缺陷的模拟仿真的目的是模拟成型加工过程中材料微观组织(枝晶生长、共晶生长、粒状晶等轴晶的转变、晶粒度大小、相转变等)及微观尺度缺陷的演变过程及结果。如液-固转变时,晶粒组织形成及生长的模拟;热塑性成型加工过程晶粒度演变的动态再结晶模拟;焊接过程局部氢浓度集聚扩散模拟等。

3) 多种物理场的耦合计算

要解决成型加工的实际问题,就必须对上述各种物理场及方法进行局部或系统耦合。首先是宏观模拟层次中各种物理场的耦合,其中温度场是建立其他各种物理场的基础。常见的耦合有:温度场-应力/应变场、温度场/流场。再次是把描述成型加工过程宏观现象的连续方程(温度场、应力/应变场、速度场等)与描述微观组织演变的模型进行耦合,如温度场-相变场、应力/应变场-相变场等多种宏、微观模型之间耦合。

(3) 数值模拟的后处理

后处理的任务是将数值模拟计算中取得的大量繁杂数据转化为用户容易理解、可以用于指导工艺分析的图形图像,即动态可视化。图 2-48 所示为环形件锻造过程数值模拟结果。

4. 工艺模拟与成型制造系统的集成

通过数值模拟可以研究成型制造引起的热、力和冶金变化,有助于产品开发人员选择最合

坏料 　　 镦粗 　　 模锻 　　 冲孔 　　 环轧

图 2 - 48　环形件锻造过程数值模拟结果

适的工艺方法并更准确地预测成型性能。将成型制造数值模拟过程集成到产品设计系统，可以减少从产品设计到投入生产所需的时间，降低生产成本、减少返修，提高生产效率。

以工程分析、数值模拟、计算机控制自动化生产为基础的成型制造技术将得到广泛使用，使成型制造从以基于经验的工艺向基于物理模型的工艺转变，成型制造工艺将建立在更严密的科学基础之上。这种转变的核心是以多学科知识体系为基础的工艺模拟与集成，信息技术将起到重要作用。

数字化制造的出现也要求设计人员借助于信息技术完成成型建模以快速开发产品与工艺，减少在实际生产过程中不协调因素的影响。

图 2 - 49 所示是数值分析支持的结构设计过程。

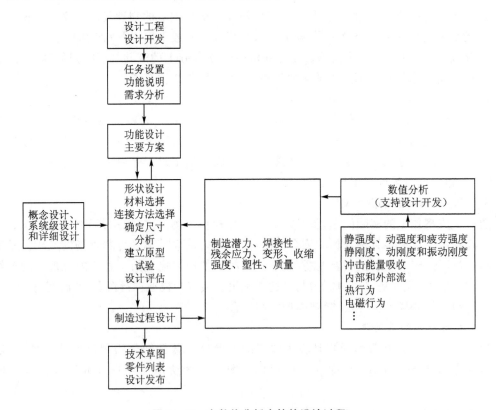

图 2 - 49　由数值分析支持的设计过程

思考题

1. 说明材料成型基本工艺过程及特点。
2. 举例说明材料成型过程中材料物态的变化。
3. 材料成型中常用的热源形式有哪些？各有何特点？
4. 分析材料成型过程中变形力的作用形式。
5. 结合图 2-4 说明成型工艺与工件构形的关系。
6. 金属熔炼设备有哪几种类型，各自有何特点？
7. 锻压设备有哪几种类型，各自有何特点？
8. 举例分析材料成型过程中模具的作用。
9. 调研数值模拟技术在材料成型工艺的应用。

第3章　铸造成型技术

铸造是将液态金属浇入铸型型腔并在其中凝固和冷却而得到铸件的成型方法。其特点是使金属一次成型,工艺灵活性大,成本低廉,适宜于形状复杂特别是具有复杂内腔的毛坯或零件的制造,可实现机械化和自动化生产。金属铸造成型的原理和方法在高分子材料、陶瓷材料及复合材料的成型方面也得到发展应用。

3.1　金属铸造成型的基本原理

金属铸造成型要经历液态金属充型、凝固、收缩以及铸件的冷却、收缩等一系列过程,掌握这些过程的基本原理对于金属铸造工艺设计和铸件质量控制具有重要作用。

3.1.1　液态金属的充型能力与流动性

液态金属充填过程是铸件形成的第一阶段。为了获得形状完整、轮廓清晰的优质铸件,必须掌握和控制这个过程。为此,首先要研究液态金属充填铸型的能力。液态金属充填铸型的能力(充型能力)是生产合格铸件的最基本要求,其次要研究液态金属的充型过程与铸型之间热、力和物理、化学的相互作用,以及在充型不利的情况下可能产生的缺陷和防止措施。

1. 液态金属的充型能力

液态金属流经浇注系统并充满铸型型腔的全部空间,形成轮廓清晰、形状正确的铸件的能力叫做液态金属充填铸型的能力,即充型能力。

液态金属充填铸型的能力是一种很重要的铸造性能。在铸造上它是对液态金属的主要要求之一,因为它不仅表明了金属充满铸型和使外形轮廓清晰的能力,而且对于获得优质铸件也有很大影响。液态金属充填铸型是一个复杂的物理、化学和流体力学问题。为控制这一过程,须知金属及各种合金在液态时的性质(密度、粘度、表面张力、氧化性及润湿性等)。

液态金属充填铸型一般是在纯液态下充满型腔,也有边充填边结晶的情况。如果在充满型腔之前就停止流动,铸件上将出现浇不足的缺陷。

充型能力的大小影响铸件的成型。充型能力差的合金难以获得大型、薄壁、结构复杂的完整铸件。

由于合金的充型能力与铸件的成型及质量有着密切的关系,所以它是合金的重要性能指标之一。掌握了合金的充型能力,可以根据铸件的要求来选择材料。而材料选定以后,又可根据铸件的要求及合金的充型能力来采取相应的工艺措施以获得完整的优质铸件。

2. 液态金属的流动性

液态金属自身的流动能力称为液态金属流动性。流动性好的液态金属充型能力强,有利于液态金属中非金属夹杂物和气体的上浮与排除;若流动性不好,铸件就易产生浇不足、冷隔等缺陷。在铸造设计和制定铸造工艺时,都必须考虑液态金属的流动性。

液态金属流动性可采用一定条件下浇注出的螺旋形试样的长度来衡量,如图3-1所示。

浇注的螺旋形试样愈长,表明该种液态金属的流动性愈好。在常用的铸造合金中,共晶成分附近的灰铸铁和硅黄铜的流动性最好,而处于两相区的铸钢的流动性最差。

影响流动性的因素很多,但以化学成分的影响最为显著。纯金属及共晶成分合金的结晶是在恒温下进行的,结晶过程从表面开始向中心凝固。凝固层的内表面较为光滑,对尚未凝固的金属流动阻力小,金属流动的距离长。此外,对共晶成分的合金,在相同浇注温度下,因其过热度(浇注温度与合金熔点的温度差)大,液态金属存在的时间较长。因此,纯金属及共晶成分合金的流动性最好。

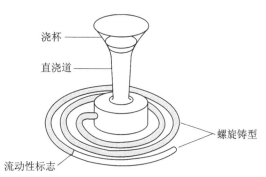

图 3-1　测量液态金属流动性的螺旋形试样

非共晶合金的结晶特点是在一定温度内进行,有一个液-固双相并存的区域。初生的枝晶阻碍液态金属的流动,其流动性较差。合金的结晶间隔越宽,树枝状晶体就越多,其流动性也就越差。

浇注温度对合金的流动性影响极大。浇注温度高可降低合金的粘度,同时,过热度大,液态金属含热量加大,使液态金属冷却速度变慢,因而可提高充型能力。所以,提高金属的浇注温度,是防止铸件产生浇不足、冷隔和夹渣等缺陷的重要工艺措施。但浇注温度过高,会增加合金的总收缩量,吸气增多,铸件容易产生缺陷。因此,每种金属都规定有一定的浇注温度范围,薄壁复杂件取上限,厚大件取下限。在保证流动性的条件下,尽可能做到"高温出炉、低温浇注"。

铸件结构复杂、厚薄部分过渡面多,使型腔结构的复杂程度增加,流动阻力大,铸型的充型就困难。铸件的壁越薄,合金液的热量损失越快,在相同的浇注条件下,铸型越不易充满。

3.1.2　铸件的凝固与收缩

1. 铸件的凝固方式

液态金属的凝固成型是指金属或合金在铸型中由液态转变为固态的状态转变过程。在铸件凝固过程中,其断面上一般存在 3 个区域,即已凝固的固相区、液固相并存的凝固区和未开始凝固的液相区。其中,对铸件质量影响较大的主要是液相和固相并存的凝固区的宽窄。依据凝固区的宽窄,如图 3-2(b)中的 S 所示,可将铸件的凝固方式分为 3 种类型,即逐层凝固、体积凝固和中间凝固方式。凝固方式取决于凝固区域的宽度。凝固方式对铸件质量的影响主要表现在铸件致密性及完整程度等方面。

(1)逐层凝固

纯金属或共晶成分合金在凝固时铸件断面上因不存在液、固并存的凝固区,如图 3-2(a)所示,故外层的固体和内层的液体之间界限(凝固前沿)清晰。随着温度的下降,固体层不断加厚,液体层不断减少直至凝固结束,这种凝固方式称为逐层凝固。在一般铸造条件下,常见合金如灰铸铁、低碳钢、工业纯铜、共晶铝硅合金及某些黄铜都属于逐层凝固的合金。当铸件断面上的凝固区域很窄时,也属于逐层凝固方式。

在液态金属充型过程中,金属在流路的型壁结壳,一层层增厚,通道光滑,阻力小,流速大,

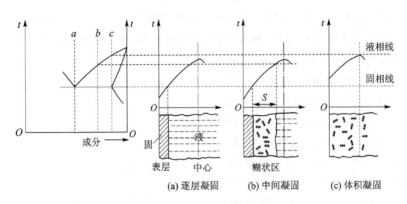

(a) 逐层凝固　　(b) 中间凝固　　(c) 体积凝固

图 3 - 2　铸件的凝固方式

因流路阻塞而停止流动前析出的固相量多,即释放结晶潜热多,流动时间长,因此逐层凝固的充型能力好。

(2) 体积凝固

在一定条件下,凝固过程可能在铸型液态金属各处同时进行,液固共存的糊状区域充斥铸件断面,如图 3 - 2(c)所示。由于这种凝固方式是先成糊状而后整体固化,故称为"糊状凝固"或"体积凝固"。结晶温度间隔宽的合金,其凝固区域宽,倾向于体积凝固方式。球墨铸铁、高碳钢、锡青铜和某些黄铜等都是糊状凝固的合金。这种凝固方式在充型能力、补缩情况和热裂纹愈合等方面的表现与逐层凝固完全不同。

伴随着充型过程进行的凝固发生在液流的前端部,结晶分布在整个断面上,枝晶发达,流动阻力大,流速小,因此,体积凝固时充型能力差。

体积凝固由于凝固区域宽,枝晶发达,补缩通道长,阻力大,因此枝晶间补缩困难。凝固后期,发达的树枝晶很容易将枝晶间的残留液体分割成孤立的小熔池,断绝了补缩来源,形成分散的收缩孔洞即缩松。体积凝固形成的缩松分散而且区域广,在一般铸造条件下难以根除,因此铸件的致密性差。

(3) 中间凝固

大多数合金的凝固介于逐层凝固和体积凝固之间,如图 3 - 2(b)所示,称为中间凝固方式。中碳钢、高锰钢、白口铸铁等具有中间凝固方式。

2. 凝固的控制

研究铸件凝固过程及其规律的目的是利用其规律获得优质的铸件。为此,应对凝固过程进行必要而有效的控制。控制凝固的途径多种多样,基本原理是造成必要的冷却条件以满足铸件温度场的要求,从而实现对于凝固方式或凝固顺序的控制。当常用方法无效或效果不大,不能满足对凝固控制的要求时,则采用强制控制措施。某些对于性能要求高或要求较特殊的铸件组织,通常采用强制性凝固控制。

从凝固方式与铸件质量的关系可知,逐层凝固有利于获得完整致密的铸件。要得到优质铸件应首选逐层凝固方式。在通常的铸造条件下,合金成分确定后,凝固方式的改变只能用改变温度梯度的方法达到。要实现逐层凝固则需要相当大的温度梯度,一般铸型材料的激冷能力往往不能满足其需要,在不影响铸件使用性能的情况下,多采用体积凝固方式。

凝固方向的控制是指创造相应的凝固条件以获得顺序凝固或同时凝固。铸型内液态金属相邻部位按一定先后次序和方向结束凝固过程叫顺序凝固。如果铸型内液态金属相邻各部位的凝固开始及结束的时间相同或相近,甚至是同时完成凝固过程,无先后的差异及明显的方向性,称为同时凝固。

图 3 - 3 所示为阶梯形铸件,金属液从内浇道通过冒口从厚部Ⅲ进入,此处温度最高,从而在铸件纵断面上建立一个从薄部到厚部逐渐递增的温度梯度,实现由Ⅰ→Ⅱ→Ⅲ→冒口方向的凝固。按照这样的凝固顺序,先凝固部位的收缩,由后凝固部位的金属液来补充;后凝固部位的收缩,由冒口中的金属液来补充,从而使铸件各个部位的收缩均能得到补充,而将缩口转移到冒口之中。冒口为铸件的多余部分,在铸件清理时将其除去。

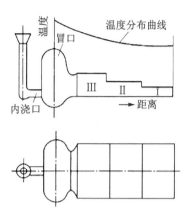

图 3 - 3 顺序凝固示意图

顺序凝固的程度可以用凝固方向上的温度梯度的大小来衡量。同时凝固受铸件结构及合金特点制约较大。薄壁件,结晶温度间隔大并倾向体积凝固时,多采用同时凝固。当铸件的热裂或变形缺陷成为主要问题而难以克服时,往往也采取同时凝固的办法。

强制控制的途径分为冷却条件的强化和补缩条件的强化两类。在强制条件下,铸件凝固组织往往发生显著变化。凝固的强制控制一般都需要在专门的设备或条件下才能实现,如快速凝固、定向凝固(见第 6 章)、加压补缩、振动等。

3. 铸件的冷却收缩

金属从液态冷却至室温的过程中,体积或尺寸缩小的现象,称为收缩。任何一种液态金属注入铸型以后,从浇注温度冷却到常温都要经历以下 3 个互相联系的收缩阶段。

(1) 液态收缩

液态收缩是指液态金属由浇注温度冷却到凝固开始温度(液相线温度)间的收缩。在此阶段,金属处于液态,体积的缩小仅表现为型腔内液面的降低。

(2) 凝固收缩

凝固收缩是指从凝固开始温度到凝固结束温度(固相线温度)之间的收缩。合金结晶的范围越大,则凝固收缩越大。液态收缩和凝固收缩使金属液体积缩小,一般表现为型内液面降低,因此,常用单位体积收缩量(即体收缩率)来表示,它是缩孔和缩松形成的基本原因。图 3 - 4 和图 3 - 5 所示为铸造缩孔和缩松的形成过程。

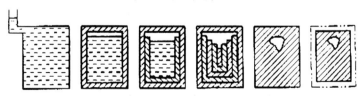

图 3 - 4 缩孔的形成过程

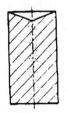

图 3-5 缩松的形成过程

（3）固态收缩

固态收缩是指合金从凝固终止温度冷却到室温之间的收缩，这是处于固态下的收缩。该阶段收缩不仅表现为合金体积的缩减，还直接表现为铸件的外形尺寸的减小，因此常用单位长度上的收缩量（即线收缩率）表示。

铸件在凝固过程中，由于金属的液态收缩和凝固收缩，往往在最后凝固的部位出现孔洞。容积大而集中的孔洞称为缩孔；细小而分散的孔洞称为缩松。

合金的总体积收缩为液态收缩、凝固收缩和固态收缩之和，其主要影响因素有合金的化学成分、浇注温度、铸件结构和铸型条件等。

3.1.3 铸造应力及铸件的变形与裂纹

1. 铸造应力

铸件凝固后将在冷却至室温的过程中继续收缩，有些合金甚至还会发生固态相变而引起收缩或膨胀，这些都使铸件内部产生应力。应力是铸件产生变形及裂纹的主要原因。

（1）热应力

铸件在凝固和其后的冷却过程中，因壁厚不均，各部分冷却速度不同，便会造成同一时刻各部分收缩量不同，因此在铸件内产生热应力。

金属在冷却过程中，从凝固终止温度到再结晶温度阶段，处于塑性状态。在较小的外力下，就会产生塑性变形，变形后应力可自行消除。低于再结晶温度的金属处于弹性状态，受力时产生弹性变形。

固态收缩使铸件厚壁或心部受拉，薄壁或表层受压缩。合金固态收缩率愈大，铸件壁厚差别愈大，形状愈复杂，所产生的热应力愈大。

（2）约束应力

铸件收缩受到铸型、型芯及浇注系统的机械阻碍而产生的应力称为约束阻碍应力，简称约束应力。典型的约束应力如图 3-6 所示。

铸型或型芯退让性良好，约束应力则小。约束应力在铸件落砂之后可自行消除。但是约束应力在铸型中能与热应力共同起作用，增加了铸件产生裂纹的可能性。

应力的存在，将引起铸件变形和冷裂的缺陷。

2. 铸件的变形

如果铸件存在内应力，则铸件处于不稳定状态。铸件厚的部分受拉应力，薄的部分受压应力。如果内应力超过合金的屈服点，则铸件本身总是力图通过变形来减缓内应力。因此细而长或大又薄的铸件易发生变形。

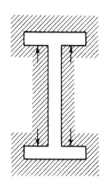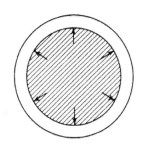

图 3 - 6 铸型和型芯产生的束应力

图 3 - 7(a)所示为车床床身,其导轨部分因较厚而受拉应力,床壁部分较薄而受压应力,于是朝着导轨方向发生弯曲变形,使导轨呈内凹。图 3 - 7(b)所示为一平板铸件,尽管其壁厚均匀,但其中心部分因比边缘散热慢而受拉应力,其边缘处则受压应力。由于铸型上面比下面冷却快,故该平板发生如图所示方向的变形。

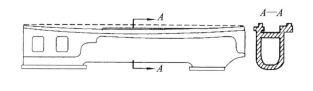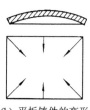

(a) 车床床身挠曲区变形示意图　　　　　　　(b) 平板铸件的变形

图 3 - 7 铸件变形示意图

实践证明,尽管铸件冷却时发生部分变形,但内应力仍未彻底消除。在经过机加工后内应力重新分布,铸件仍发生变形,影响零件的精度。因此,对某些重要的、精密的铸件,必须采取去应力退火或自然时效等方法,将残余应力消除。

3. 铸件的裂纹

当铸件内应力超过金属的强度极限时便会产生裂纹。裂纹是铸件上最常见的也是最严重的铸造缺陷,按其形成的温度范围可分为热裂和冷裂两种。

(1) 热　裂

热裂是在凝固末期高温下产生的裂纹。热裂纹一般沿晶界产生,其形状特征是裂纹短、缝隙宽、形状曲折、缝内呈氧化色。铸件凝固末期,固态合金已形成了完整的骨架,但晶粒之间还存有少量液体,故强度、塑性较低。当铸件的收缩受到铸型、型芯或浇注系统阻碍时,若铸造应力超过了该温度下合金的强度极限,则发生热裂。热裂一般出现在铸件上的应力集中部位(如尖角、截面突变处)或热节处等,如图 3 - 8 所示。铸钢件、可锻铸铁件以及某些铸造铝合金件容易产生热裂纹缺陷。

(2) 冷　裂

冷裂是铸件处于弹性状态时,铸造应力超过合金的强度极限而产生的。冷裂常常是穿过晶体而不是沿晶界断裂的,裂纹细小,外形呈连续直线状或圆滑曲线状,且裂纹内干净,有时呈

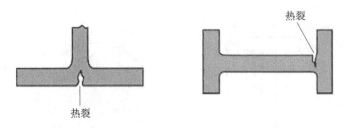

图3-8　铸件热裂示意图

轻微氧化色。冷裂往往出现在铸件受拉伸的部位，特别是在有应力集中的地方。

图3-9为带轮和飞轮铸件的冷裂纹示意图。带轮的轮缘、轮辐比轮毂薄，冷却速度较快，比轮毂先行收缩。当整个铸件进入弹性状态时，轮毂的收缩受到轮缘的阻碍，轮辐内产生拉应力，当其大于材料的强度极限时，轮辐发生断裂，见图3-9（a）；而对于飞轮铸件，其轮缘较厚，轮缘后期的收缩将受到轮辐的阻碍而产生拉应力，在轮缘内产生裂纹，见图3-9（b）。

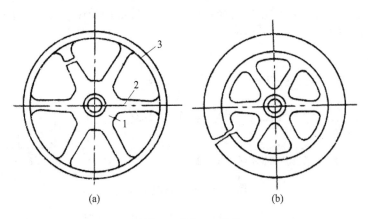

1—轮毂；2—轮辐；3—轮缘

图3-9　轮形铸件的冷裂

铸件产生冷裂的倾向与铸件形成应力的大小密切相关。影响冷裂的因素与影响铸造应力的因素基本是一致的。脆性大、塑性差的合金，如白口铸铁、高碳钢及某些合金钢最易产生冷裂纹，大型复杂铸件也容易产生冷裂纹。

大型复杂铸件由于冷却不均匀，应力状态复杂，铸造应力大而易产生冷裂。有的铸件在落砂和清理前可能未产生冷裂，但内部已有较大的残余应力，而在清理或搬运过程中，因为受到激冷或震击作用而促使其冷裂。

铸件产生冷裂的倾向还与材料的塑性和韧性有密切关系。有色金属由于塑性好，易产生塑性变形，冷裂倾向较小。低碳奥氏体钢弹性极限低而塑性好，很少形成冷裂。合金成分中含有降低塑性及韧性元素时，将增大冷裂倾向。磷增加钢的冷脆性，而容易冷裂。当合金中含有较多的非金属夹杂物并呈网状分布时，也会降低韧性而增加冷裂倾向。

裂纹是严重的铸造缺陷，往往造成铸件的报废。消除和防止铸造应力的所有措施都可以有效地防止裂纹缺陷的产生。此外，铸造合金的结晶特点和化学成分对裂纹的产生均有明显的影响。合金凝固温度范围的宽窄决定了合金凝固收缩量的大小，合金的凝固范围越宽，其绝对收缩量越大，产生的热裂倾向就越大；反之，热裂倾向就小。灰口铸铁和球墨铸铁由于凝固

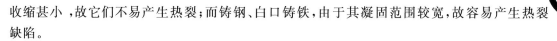

收缩甚小，故它们不易产生热裂；而铸钢、白口铸铁，由于其凝固范围较宽，故容易产生热裂缺陷。

钢铁中的硫、磷，因可在铸件中形成低熔点的共晶体，扩大了凝固温度范围，故含量越多，热裂倾向越大。同时，钢铁中的磷增加了材料的冷脆性，如铸钢中磷的质量分数大于 0.1%、铸铁中磷的质量分数大于 0.5% 时，因冲击韧度急剧下降，冷裂倾向将明显增加。

因此，为有效地防止铸件裂纹的发生，应尽可能采取措施减小铸造应力。在金属的熔炼过程中，应严格控制有可能扩大金属凝固范围元素的加入量及钢铁中的硫、磷含量。

3.1.4　铸造合金的偏析和吸气性

1. 偏　析

铸件中出现化学成分不均匀的现象称为偏析。偏析可导致铸件的性能下降，严重时可造成废品。铸件的偏析可分为晶内偏析、区域偏析和体积质量偏析 3 类。

晶内偏析（又称枝晶偏析）是指晶粒内各部分化学成分不均匀的现象，这种偏析出现在具有一定凝固温度范围的合金铸件中。当铸件凝固时，往往初生晶轴上含熔点较高的组元多，而在枝晶的边缘上，含熔点较低的组元多，对于那些凝固范围较大的形成固溶体的合金，晶内偏析尤为严重。为防止和减少晶内偏析的产生，在生产中常采取缓慢冷却或孕育处理的方法。若偏析已产生，则可采用扩散退火将其消除。

铸件在凝固时，与铸型壁相接触的外部先行凝固，于是靠近型壁的部分高熔点组元含量较多，而中心部分容易富集低熔点的组元和杂质。这种铸件截面整体上化学成分和组织不均匀，称为区域偏析。区域偏析难以采用热处理的方法予以消除，因为在实用的温度和时间内偏析元素不可能在长距离内扩散均匀。为避免区域偏析的发生，主要应该采取预防措施，控制浇注温度不要太高，采取快速冷却使偏析来不及发生，或采取工艺措施造成铸件断面较低的温度梯度，使表层和中心部分接近同时凝固。

铸件凝固过程中，如果液相和固相的体积质量相差较大，那么体积质量大的组元下沉，体积质量小的组元上浮，这种铸件上、下部分化学成分不均匀的现象称为体积质量偏析。球墨铸铁的石墨飘浮、高铝铸铁的铝成分上浮以及铅青铜的上面富铜而下面富铅等现象都是由于体积质量偏析的缘故。为防止体积质量偏析，在浇注时应充分搅拌金属液或加速合金液的冷却，使液相和固相来不及分离，凝固即告结束。

2. 吸气性

吸气性是指金属液吸收气体的能力。液态金属对某些气体（如氧气、氢气等）有一定的溶解能力，轻合金、钢和某些耐热合金都有较高的吸气性，特别是吸取氢气的能力。对于一定合金而言，气体的溶解度取决于合金的温度和气体的分压力。在一定的压力下提高合金的温度，或者在一定的温度下随着压力的增加，都会使气体在合金中的溶解度增加。

凝固时溶解度急剧下降，气体大量析出。析出的气体形成气泡，若气泡浮出受阻不能排出，则在铸件中形成气孔。气孔破坏了合金的连续性，减少了承载的有效面积，并在气孔附近引起应力集中，因而降低了铸件的力学性能，特别是冲击韧性和疲劳强度显著降低。弥散性气孔还可促使显微缩松的形成，降低了铸件的气密性。

3.2 铸造成型方法

根据铸造生产中所采用的造型方法、造型材料和浇铸方法,铸造可分为砂型铸造、熔模铸造、压力铸造、金属型铸造、离心铸造和消失模铸造等基本方法。

3.2.1 砂型铸造

砂型铸造是用型(芯)砂制作铸型的一种最常用的铸造方法。它适应性强,工艺设备简单,可用于生产不同尺寸、形状及各种合金的铸件。尤其对产品批量小、更新快和大型复杂铸件的生产更显示出其优越性。目前铸造生产中有 80%~90% 的铸件(按吨位计)都是由砂型铸造的。砂型铸造是其他一切铸造方法的基础。

1. 砂型及铸件生产过程

(1) 砂型的组成

砂型是根据零件形状用造型砂制成的铸型。砂型一般由上砂型、下砂型、型芯和浇注系统等部分组成,如图 3-10 所示。上砂型和下砂型之间的接合面称为分型面。砂型中由砂型面和型芯面所构成的空腔部分,用于在铸造生产中形成铸件本体,称为型腔。型芯一般用来形成铸件的内孔和内腔。金属液流入型腔的通道称为浇注系统。出气孔的作用在于排出浇注过程中产生的气体。

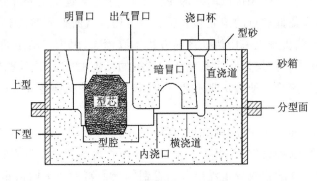

图 3-10 砂型剖面示意图

(2) 砂型铸造过程

砂型铸造的主要工序包括制造模样,制备造型材料、造型、造芯、合型、熔炼、浇注、落砂、清理和检验等。图 3-11 为铸件生产过程示意图,其中造型和造芯是砂型铸造中最重要的工艺。选择合理的造型和造芯方法,对简化工艺操作、提高铸件质量和降低生产成本有重要意义。

2. 造型材料

制作砂型和型芯的材料,称为造型材料,生产上习惯称为型砂(芯砂)。它主要由原砂、粘结剂和水按一定的比例混合而成。原砂多为天然的石英砂(以 SiO_2 为主,另含少量矿物杂质),粘结剂一般为粘土,还有水玻璃、树脂等。

型砂的质量对铸件质量有很大的影响,铸件中的砂眼、夹砂、气孔、裂纹等缺陷往往是由于

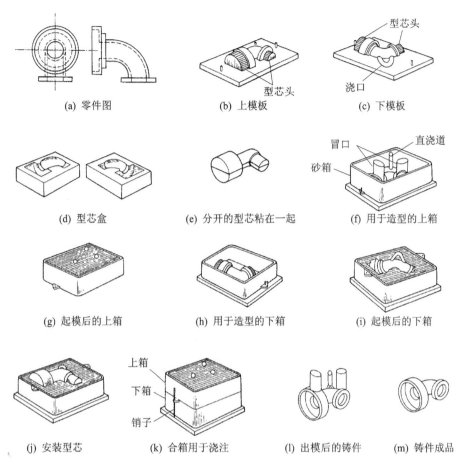

(a) 零件图　　　　　　　(b) 上模板　　　　　　　(c) 下模板

(d) 型芯盒　　　　(e) 分开的型芯粘在一起　　　　(f) 用于造型的上箱

(g) 起模后的上箱　　　　(h) 用于造型的下箱　　　　(i) 起模后的下箱

(j) 安装型芯　　　(k) 合箱用于浇注　　　(l) 出模后的铸件　　　(m) 铸件成品

图 3-11　铸件生产过程

型砂的质量不合格引起的。为了保证铸件的质量,型砂应具有一定的强度、透气性、耐火性及容让性等性能。由于型芯在浇注时被金属液冲刷和包围,因此,对型砂的性质要求更为严格,除满足型砂的基本要求外,还应具有吸湿性小、发气量少、易于落砂清理等特点。

　　按照粘结剂的不同,型(芯)砂可分为粘土砂、水玻璃砂、油砂、合脂砂及树脂砂等。

3. 铸造工艺装备

　　铸造工艺装备是造型、造芯及合箱过程中所使用的模具和装置的总称,简称铸造工装,包括模样、模板、芯盒、砂箱、烘干板(器)等。

(1) 模样和模板

　　砂型需要借助模样来成型,模样是根据零件形状设计制作,并用以在造型中形成铸型型腔的工艺装备。设计模样要考虑到铸造工艺参数,如铸件最小壁厚、加工余量、铸造圆角、铸造收缩率和起模斜度等。

　　图 3-12 为零件及模样关系示意图。

　　模样一般用木材制成,其形状尺寸与铸件外形基本相同。在批量较大的生产中为防止模样的磨损、变形和损坏,可采用金属模样。生产中最常用的模样为分开模,应用最多的为两分模,如图 3-13(b)所示。它可简化造型操作,便于开设浇注系统和安置冒口,适用于生产较复

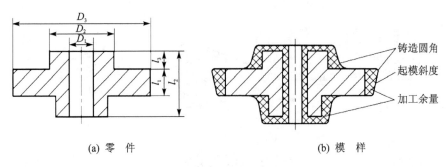

图 3-12　零件与模样关系示意图

杂的铸件。

模板是将模样、浇注系统和冒口模沿分型面与底板联结成一个整体的模具，造型后，底板基面形成铸型的分型面，模样等形成型腔。用于手工造型的模板一般为单面模板，它将上、下两块模样分别联结在两块底板上，如图 3-13(d) 所示。用上、下两块单面模板分别造出上、下箱后，合箱浇注。采用模板进行手工造型，能简化造型操作，有利于提高劳动生产率和保证铸件尺寸精度。

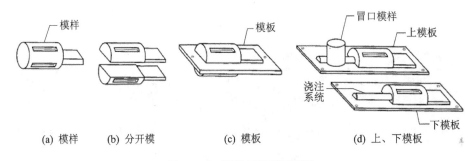

图 3-13　模样与模板示意图

（2）芯　盒

芯盒是制造型芯的工艺装备，按制造材料可分为金属芯盒、木质芯盒、塑料芯盒和金木结构芯盒四类。在大量生产中，为了提高砂芯精度和芯盒的耐用性，多采用金属芯盒。按芯盒结构又可分为敞开整体式、分式、敞开脱落式和多向开盒式多种，前两种芯盒结构形式如图 3-14 所示。

（3）砂　箱

砂箱是铸件生产中必备的工艺装备之一，用于铸造生产中容纳和紧固砂型。一般根据铸件的尺寸、造型方法设计及选择合适的砂箱。按砂箱制造方法可把砂箱分为整铸式、焊接式和装配式。

4.造　型

用造型混合料及模样等工艺装备制造铸型的过程称为造型。造型可分为手工造型和机器造型。前者用于小批量或大型铸件的生产；后者用于大批量的机械化生产。

（1）手工造型

手工造型是一种最基本的造型方法。它适应面广，不需要特别复杂的设备，在单件、小批量生产中，手工造型占有相当大的比重。手工造型的方法也很多，生产中可根据铸件的尺寸、

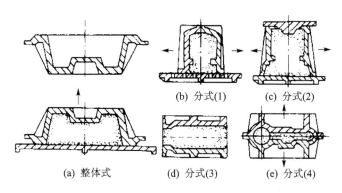

(b) 分式(1)	(c) 分式(2)	
(a) 整体式	(d) 分式(3)	(e) 分式(4)

图 3 - 14　芯盒结构形式

形状、生产批量、使用要求及生产条件,选择不同的方法,常用的方法有模样造型与模板造型。

手工造型的关键是起模问题。对于形状较复杂的铸件,需将模型分成若干部分或在几只砂箱中造型。根据模型特征,手工造型方法可分为整模造型、分模造型、挖砂造型、活块造型、刮板造型等。根据砂型特征,又可分为两箱造型、三箱造型、地坑造型、组芯造型等。

1) 两箱整模造型与分模造型

整模造型一般用在零件形状简单、最大截面在零件端面的情况,其造型过程如图 3 - 15 所示。分模造型将模样从其最大截面处分开,并以此面作分型面。造型时,先将下砂型春好,然后翻箱,春制上砂箱,其造型过程如图 3 - 16 所示。

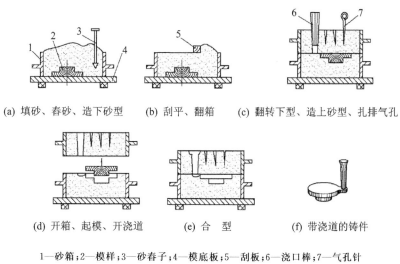

(a) 填砂、春砂、造下砂型	(b) 刮平、翻箱	(c) 翻转下型、造上砂型、扎排气孔
(d) 开箱、起模、开浇道	(e) 合　型	(f) 带浇道的铸件

1—砂箱;2—模样;3—砂春子;4—模底板;5—刮板;6—浇口棒;7—气孔针

图 3 - 15　整模造型

2) 挖砂造型和假箱造型

有些铸件的模样不宜做成分开结构,必须做成整体,在造型过程中局部被砂型埋住不能起出模样,这时就需要采用挖砂造型,即沿着模样最大截面挖掉一部分型砂,形成不太规则的分型面,如图 3 - 17 所示。挖砂造型工作麻烦,适用于单件或小批量的铸件生产。

假箱造型是利用预先制备好的半个铸型简化造型操作的方法。此半型称为假箱,其上承托模样,可供造另半型,但不用来组成铸型,其原理如图 3 - 18 所示。假箱造型的特点是将模样置于预先做好的假箱或成型底板上,可直接造出曲面分型面,代替挖砂造型,操作较简单。

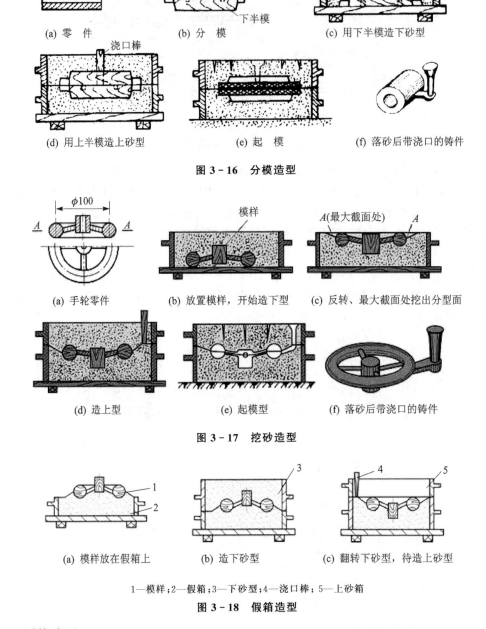

图 3-16　分模造型

图 3-17　挖砂造型

1—模样；2—假箱；3—下砂型；4—浇口棒；5—上砂箱

图 3-18　假箱造型

3）活块造型

有些零件侧面带有凸台等突起部分，造型时这些突出部分妨碍模样从砂型中起出，故在模样制作时，将突出部分做成活块，用销钉或燕尾槽与模样主体连接。起模时，先取出模样主体，然后从侧面取出活块，这种造型方法称为活块造型，如图 3-19 所示。

4）刮板造型

刮板造型适用于单件、小批量生产中的大型旋转体铸件或形状简单的铸件，方法是利用刮

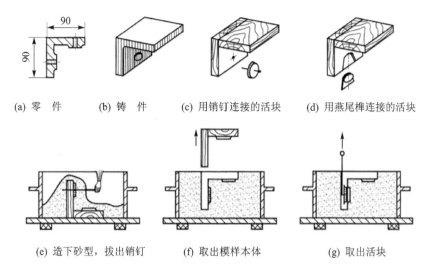

(a) 零 件 (b) 铸 件 (c) 用销钉连接的活块 (d) 用燕尾榫连接的活块

(e) 造下砂型,拔出销钉 (f) 取出模样本体 (g) 取出活块

图 3 - 19 活块造型

板模样绕固定轴旋转,将砂型刮制成所需的形状和尺寸,如图 3 - 20 所示。刮板造型模样制作简单省料,但造型生产效率低,并要求较高的操作技术。

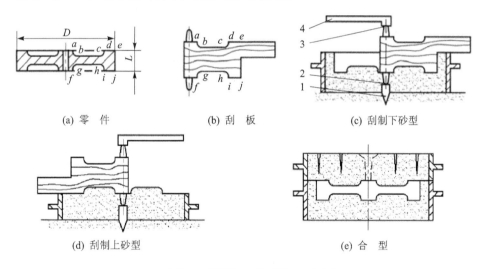

(a) 零 件 (b) 刮 板 (c) 刮制下砂型

(d) 刮制上砂型 (e) 合 型

1—木桩;2—下顶针;3—上顶针;4—转动臂

图 3 - 20 刮板造型

5）三箱造型

对一些形状复杂的铸件,只用一个分型面的两箱造型难以正常取出型砂中的模样,必须采用三箱或多箱造型的方法。三箱造型有两个分型面,操作过程较两箱造型复杂,生产效率低,只适用于单件小批量生产,其工艺过程如图 3 - 21 所示。

（2）机器造型

在大批量连续生产中,广泛采用机器造型造芯。同手工方法相比,机器造型的生产率高,铸件质量稳定,工人劳动强度低。但它投入的设备和工装费用高,生产准备周期长,适用于大量和成批生产的铸件。机器造型的两个主要环节是铸型的紧实和起模。

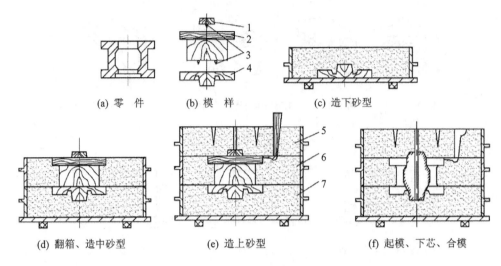

(a) 零件　　　(b) 模样　　　(c) 造下砂型

(d) 翻箱、造中砂型　　　(e) 造上砂型　　　(f) 起模、下芯、合模

1—上箱模样；2—中箱模样；3—销钉；4—下箱模样；5—上砂型；6—中砂型；7—下砂型

图 3-21　三箱造型

随着现代造型机的不断出现,机器造型中铸型的紧实方法很多,振实、压实、振压和抛砂紧实为 4 种最基本的方式,其他则为上述几种方法的结合。图 3-22 为典型机器压实方法示意图。常用的起模方法有顶箱起模与顶箱漏模、转台起模等。

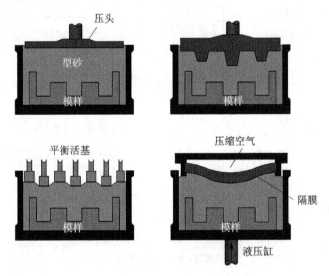

图 3-22　典型机器压实方法

5. 制　芯

砂芯是铸型的一个重要组成部分,它的主要用途是形成铸件的内腔和铸孔,也可形成铸件的外形。

当浇注金属液时,砂芯除芯头外,全部被液体金属包围,受到液体金属的热、力和化学作用较砂型更为强烈。因此,要求砂芯具有更高的强度、刚度和耐火度,更高的透气性;而且还要求好的退让性和溃散性,以防阻碍铸件收缩而产生裂纹或尺寸变化等缺陷,便于落砂;吸湿性和发气性要小,防止铸件产生气孔等缺陷。

最常用的造芯方法是用芯盒造芯,在大批量生产中应采用机器造芯。手工制芯可分为芯盒制芯和刮板制芯。芯盒制芯是应用较广的一种方法,按芯盒结构的不同,又可分为整体式芯盒制芯、分式芯盒制芯及脱落式芯盒制芯。

为了提高型芯的刚度和强度,需在型芯中放入芯骨;为了提高型芯的透气性,需在型芯的内部制作通气孔;为了提高型芯的强度和透气性,一般型芯需烘干使用。

对于形状简单且有一个较大平面的砂芯,可采用整体式芯盒制芯。图 3-23 为整体翻转式芯盒制芯示意图。

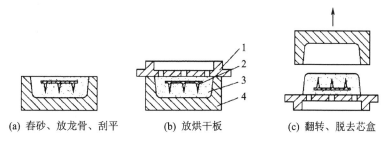

(a) 舂砂、放龙骨、刮平　　(b) 放烘干板　　(c) 翻转、脱去芯盒

1—烘干板;2—龙骨;3—砂芯;4—芯盒

图 3-23　整体式芯盒制芯

分式芯盒制芯工艺过程如图 3-24 所示。也可以采用两半芯盒分别填砂制芯,然后组合使两半砂芯粘合后取出砂芯的方法。

对于具有回转体形的砂芯可采用刮板制芯方式,它要求操作者有较高的技术水平,并且生产率低,所以刮板制芯适用于单件、小批量生产砂芯。刮板制芯工艺如图 3-25 所示。

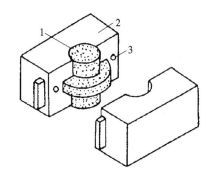
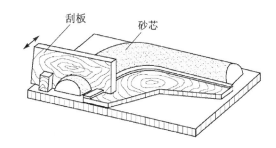

1—砂芯;2—芯盒;3—定位销孔

图 3-24　分式芯盒制芯　　　　　**图 3-25　刮板制芯**

6. 浇注系统

浇注系统是将液态金属引入铸型的必要通道。通常情况下,一个完整的浇注系统应包括浇口杯、直浇道、横浇道和内浇道(或内浇口)4 个组成部分,如图 3-26 所示。浇口杯承接浇注的熔融金属;直浇道以其高度产生的静压力使熔融金属充满型腔的各个部分,并能调节熔融金属流入型腔的速度;横浇道将熔融金属分配给各个内浇道;内浇道的方向不应对着型腔壁和砂芯,以免型壁或型芯被熔融金属冲坏。

正确设计浇注系统,使液态合金平稳而又合理地充满型腔,是保证铸件质量的重要方面。

7. 砂型(芯)的烘干与合箱

(1) 砂型(芯)的烘干

大型、重型以及质量要求高的铸件,普通砂型和砂芯均需经过烘干,以除去其水分,提高其强度和透气性,减少发气量,使铸件不易产生气孔、砂眼、夹砂和粘砂等缺陷,从而保证铸件的质量。

砂型(芯)的烘干方法主要有表面烘干和整体烘干。为了缩短生产周期,减少燃料能源

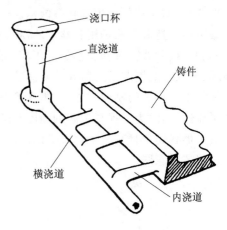

图 3-26 浇注系统结构

消耗,以及有利于组织流水作业,在能达到质量要求的条件下,应尽量应用表面烘干。大型和较重要的砂型和砂芯都要进行整体烘干,整体烘干一般在周期作业或连续作业的烘干炉中进行。

(2) 合 箱

合箱就是把砂型和砂芯按要求组合在一起成为铸型的过程。习惯上也称拼箱、配箱或扣箱。铸型的合箱是制备铸型的最后工序,也是铸造生产的重要环节。如果合箱质量不高,铸件的形状、尺寸和表面质量就得不到保证,甚至还会由于偏芯、错箱、抬箱跑火等原因而使铸件报废。

8. 浇注、落砂与清理

金属液浇入铸型的过程称为浇注。浇注时先将铁水放入浇包,再由浇包注入铸型,如图 3-27 所示。浇注温度对铸件质量影响很大,一般中、小型铸铁件的浇注温度为 1 250～1 350 ℃,薄壁铸铁件可达 1 400 ℃。浇注速度也必须合适,速度快金属易充满铸型,但易冲坏砂型,且型腔中气体来不及排出而产生气孔;太慢则温度降低过多,易产生浇不足、冷隔等缺陷。浇注不应中断,直到冒口或出气口出现铁水为止。

铸件从砂型中取出称为落砂。落砂时间不能过早,以免铸件产生内应力、变形甚至开裂。铸铁件还可能因冷却过快而产生白口组织。落砂用手工或振动落砂机进行。大型、复杂的

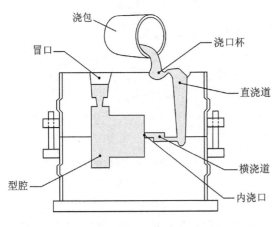

图 3-27 浇注过程示意图

型芯不易清除,可采用高压水除芯。铸件落砂后,还需进行表面清理,包括切除浇冒口、清除铸件表面粒砂、毛刺等。

3.2.2　熔模铸造

1. 熔模铸造工艺简介

熔模铸造又称失蜡铸造,是精密铸造工艺方法之一。熔模铸造通常是在蜡模表面涂上数层耐火材料,待其硬化干燥后,将其中的蜡模熔去而制成型壳,再经过焙烧,然后进行浇注,而获得铸件的一种方法,如图 3-28 所示。由于获得的铸件具有较高的尺寸精度和表面光洁度,故又称熔模精密铸造,其工艺流程如图 3-29 所示。

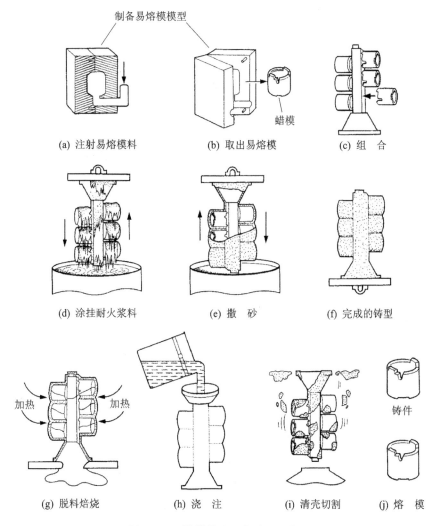

(a) 注射易熔模料　　　　(b) 取出易熔模　　　　(c) 组　合

(d) 涂挂耐火浆料　　　　(e) 撒　砂　　　　(f) 完成的铸型

(g) 脱料焙烧　　　　(h) 浇　注　　　　(i) 清壳切割　　　　(j) 熔　模

图 3-28　熔模铸造工艺过程示意图

可用熔模铸造法生产的合金种类有碳素钢、合金钢、耐热合金、不锈钢、精密合金、永磁合金、轴承合金、铜合金、铝合金、钛合金和球墨铸铁等。

熔模铸件的形状一般都比较复杂,铸件上可铸出孔的最小直径可达 0.5 mm,铸件的最小壁厚为 0.3 mm。在生产中可将一些原来由几个零件组合而成的部件,通过改变零件的结构,设计成整体零件而直接由熔模铸造铸出,以节省加工工时和金属材料的消耗,使零件结构更为

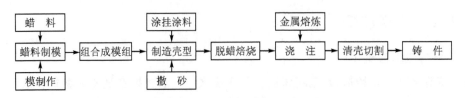

图 3-29　熔模铸造工艺流程

合理。

熔模铸件的重量大多为几十克到几千克,太重的铸件用熔模铸造法生产较为麻烦,但目前生产大的熔模铸件的重量已达 80 kg 左右。

熔模铸造工艺过程较复杂,且不易控制,使用和消耗的材料较贵,故它适用于生产形状复杂、精度要求高或很难进行其他加工的小型零件。

熔模铸造尤其适用于航空工业,现代航空喷气涡轮技术的发展,促进了高温合金涡轮叶片熔模铸造技术的进步,实现了从静叶片到动叶片、从铸造空心涡轮叶片到定向柱晶和单晶空心涡轮叶片的技术跨越。图 3-30 所示为采用熔模铸造的导向叶片铸件。熔模铸造已成为航空发动机制造技术中不可缺少的重要工艺手段,在航天、兵器、舰船等武器装备制造工业部门也得到广泛的应用。

图 3-30　导向叶片铸件

2. 熔模的制造

熔模铸造生产的第一个工序就是制造熔模。熔模是用来形成耐火型壳中型腔的模型,所以要获得尺寸精度和表面光洁度高的铸件,首先熔模本身就应该具有高的尺寸精度和表面光洁度,此外熔模本身的性能还应尽可能使随后的制型壳等工序简单易行。为得到上述高质量要求的熔模,除了应有好的压型(压制熔模的模具)外,还必须选择合适的制模材料(简称模料)和合理的制模工艺。

(1) 模　料

制模材料的性能不单应保证方便地制得尺寸精确和表面光洁度高、强度好、质量轻的熔模,它还应为型壳的制造和获得良好铸件创造条件。模料一般用蜡料、天然树脂和塑料(合成树脂)配制。凡主要用蜡料配制的模料称为蜡基模料,它们的熔点较低,为 60～70 ℃;凡主要用天然树脂配制的模料称为树脂基模料,熔点稍高,为 70～120 ℃。

① 模料的配制。配制模料的目的是将组成模料的各种原材料混合成均匀的一体,并使模料的状态符合压制熔模的要求。

配制时主要用加热的方法使各种原材料熔化混合成一体,而后在冷却情况下,将模料剧烈搅拌,使模料成为糊膏状态供压制熔模用。有时也有将模料熔化为液体直接浇注熔模的情况。

② 模料的回收。使用树脂基模料时,由于对熔模的质量要求高,大多用新材料配制模料压制铸件的熔模。而脱模后回收的模料,在重熔过滤后用来制作浇冒口系统的熔模。

使用蜡基模料时,脱模后所得的模料可以回收,再用来制造新的熔模。可是在循环使用时,模料的性能会变坏,脆性增大,灰分增多,流动性下降,收缩率增加,颜色由白变褐,这些主要与模料中硬脂酸的变质有关。因此,为了尽可能地恢复旧模料的原有性能,就要从旧模料中除去皂盐,常用的方法有盐酸(硫酸)处理法、活性白土处理法和电解回收法。

（2）熔模和模组的制造

① 熔模的制造。生产中大多采用压力把糊状模料压入压型的方法制造熔模。压制熔模之前,需先在压型表面涂薄层分型剂,以便从压型中取出熔模。压制蜡基模料时,分型剂可为机油、松节油等;压制树脂基模料时,常用麻油和酒精的混合液或硅油作为分型剂。分型剂层越薄越好,使熔模能更好地复制压型的表面,提高熔模的表面光洁度。压制熔模的方法有3种,柱塞加压法、气压法和活塞加压法。

② 熔模的组装。熔模的组装是把形成铸件的熔模和形成浇冒口系统的熔模组合在一起,主要有焊接和机械组装法。

3. 型壳的制造

熔模铸造的铸型可分为实体型和多层型壳两种,目前普遍采用的是多层型壳。

将模组浸涂耐火涂料后,撒上粒状耐火材料,再经干燥、硬化,如此反复多次,使耐火涂挂层达到需要的厚度为止。这样便在模组上形成了多层型壳,通常将其停放一段时间,使其充分硬化,然后熔失模组,便得到多层型壳。

多层壳有的需要装箱填砂,有的则不需要,经过焙烧后就可直接进行浇注。

在熔失熔模时,型壳会受到体积正在增大的熔融模料的压力;在焙烧和浇注时,型壳各部分会产生相互牵制而又不均匀的膨胀或收缩,金属还可能与型壳材料发生高温化学反应。所以对型壳便有一定的性能要求,如小的膨胀率和收缩率、高的强度、抗热震性、耐火度和高温下的化学稳定性等。型壳还应有一定的透气性,以便浇注时型壳内的气体能顺利外逸。这些都与制造型壳时所采用的耐火材料、粘结剂以及工艺有关。

（1）制造型壳用的材料

制造型壳用的材料可分为两种类型,一种是用来直接形成型壳的,如耐火材料、粘结剂等;另一类是为了获得优质的型壳、简化操作、改善工艺用的材料,如熔剂、硬化剂、表面活性剂等。

① 耐火材料。目前熔模铸造中所用的耐火材料主要为石英和刚玉,以及硅酸铝耐火材料,如耐火粘土、铝矾土等,有时也用锆英石、镁砂(MgO)等。

② 粘结剂。在熔模铸造中用得最普遍的粘结剂是硅酸胶体溶液(简称硅酸溶胶),如硅酸乙酯水解液、水玻璃和硅溶胶等。组成它们的物质主要为硅酸(H_2SiO_3)和溶剂,有时也有稳定剂,如硅溶胶中的 NaOH。

硅酸乙酯水解液是硅酸乙酯经水解后所得的硅酸溶胶模铸造中用得最早、最普遍的粘结剂;水玻璃壳型易变形、开裂,用它浇注的铸件尺寸精度和表面光洁度都较差。但在我国,当生产精度要求较低的碳素钢铸件和熔点较低的有色合金铸件时,水玻璃仍被广泛应用于生产。硅溶胶的稳定性好,可长期存放,制型壳时不需专门的硬化剂。但硅溶胶对熔模的润湿稍差,型壳硬化过程是一个干燥过程,需时较长。

（2）制壳工艺

制壳过程中的主要工序和工艺为:

① 模组的除油和脱脂。在采用蜡基模料制熔模时,为了提高涂料润湿模组表面的能力,需将模组表面的油污去除掉。

② 在模组上涂挂涂料和撒砂。涂挂涂料以前,应先把涂料搅拌均匀,尽可能减少涂料桶

中耐火材料的沉淀，调整好涂料的粘度或比重，以使涂料能很好地充填和润湿熔模。挂涂料时，把模组浸泡在涂料中，左右上下晃动，使涂料能很好润湿熔模，均匀覆盖模组表面。涂料涂好后，即可进行撒砂。

③ 型壳干燥和硬化。每涂覆好一层型壳以后，就要对它进行干燥和硬化，使涂料中的粘结剂由溶胶向冻胶、凝胶转变，把耐火材料连在一起。

④ 自型壳中熔失熔模。型壳完全硬化后，需从型壳中熔去模组，因模组常用蜡基模料制成，所以也把此工序称为脱蜡。根据加热方法的不同，脱蜡方法也较多，常用的有热水法、常压蒸汽法和高压蒸汽法。

⑤ 焙烧型壳。如需造型（填砂）浇注，在焙烧之前，先将脱模后的型壳埋箱内的砂粒之中，再装炉焙烧。如型壳高温强度大，不需造型浇注，则可把脱模后的型壳直接送入炉内焙烧。焙烧时逐步增加炉温，将型壳加热至 800～1 000 ℃，保温一段时间，即可进行浇注。

4. 熔模铸件的浇注和清理

(1) 熔模铸件的浇注

熔模铸造时常用的浇注方法有：

① 热型重力浇注方法。这是用得最广泛的一种浇注形式，即型壳从焙烧炉中取出后，在高温下进行浇注。此时金属在型壳中冷却较慢，能在流动性较高的情况下充填铸型，故铸件能很好地复制型腔的形状，提高了铸件的精度。但铸件在热型中的缓慢冷却会使晶粒粗大，这就降低了铸件的力学性能。在浇注碳钢铸件时，冷却较慢的铸件表面还易氧化和脱碳，从而降低了铸件的表面硬度、光洁度和尺寸精度。

② 真空吸气浇注。真空吸气浇注将型壳放在真空浇注箱中，通过型壳中的微小孔隙吸走型腔中的气体，使液态金属能更好地充填型腔，复制型腔的形状，提高铸件精度，防止气孔、浇不足的缺陷。

③ 压力下结晶。将型壳放在压力罐内进行浇注，结束后，立即封闭压力罐，向罐内通入高压空气或惰性气体，使铸件在压力下凝固，以增大铸件的致密度。

④ 定向结晶（定向凝固）。一些熔模铸件如涡轮机叶片、磁钢等，如果铸件的结晶组织是按一定方向排列的柱状晶，其工作性能便可提高很多，所以熔模铸造定向结晶技术正迅速地得到发展。

(2) 熔模铸件的清理

熔模铸件清理的内容主要为：

① 从铸件上清除型壳；

② 自浇冒系统上取下铸件；

③ 去除铸件上所粘附的型壳耐火材料；

④ 铸件热处理后的清理，如除氧化皮、毛边和切割浇口残余等。

3.2.3 压力铸造

压力铸造（简称压铸）的实质是在高压作用下，使液态或半液态金属以较高的速度充填压铸型型腔，并在压力下成型和凝固而获得铸件的方法。

压铸是最先进的金属成型方法之一，是实现少切屑、无切屑的有效途径，应用很广，发展很快。目前压铸合金不再局限于有色金属的锌、铝、镁和铜，而且也逐渐扩大用来压铸铸铁和铸钢件。

1. 压铸特点

高压和高速充填压铸型是压铸的两大特点。常用的压射比压从几千至几万 kPa,甚至高达 2×10^5 kPa。充填速度为 $10 \sim 50$ m/s,有些时候甚至可达 100 m/s 以上。充填时间很短,一般在 $0.01 \sim 0.2$ s 范围内。与其他铸造方法相比,压铸有以下 3 方面优点:

(1) 产品质量好

铸件尺寸精度高,表面光洁度好,强度和硬度较高,强度一般比砂型铸造提高 $25\% \sim 30\%$,但伸长率降低约 70%;尺寸稳定,互换性好;可压铸薄壁复杂的铸件。例如,当前锌合金压铸件最小壁厚可达 0.3 mm,铝合金铸件可达 0.5 mm,最小铸出孔径为 0.7 mm,最小螺距为 0.75 mm。

(2) 生产效率高

机器生产率高,例如普通卧式冷室压铸机平均 8 h 可压铸 $600 \sim 700$ 次,小型热室压铸机平均每 8 h 可压铸 $3\,000 \sim 7\,000$ 次。压铸型寿命长,一副压铸型压铸铝合金寿命可达几十万次,甚至上百万次;易实现机械化和自动化。

(3) 经济效果优良

压铸件一般不再进行机械加工可直接使用,或加工量很小,既提高了金属利用率,又减少了大量的加工设备和工时。

压铸虽然有许多优点,但也有一些缺点尚待解决。如压铸时由于液态金属充填型腔速度高,流态不稳定,铸件易产生气孔;对内凹复杂的铸件,压铸较为困难;高熔点合金(如铜,黑色金属)压铸的铸型寿命较低;压铸型制造成本高,不宜小批量生产等。

2. 压铸机

(1) 压铸机的类型

压铸机一般分为热室压铸机和冷室压铸机两大类。冷室压铸机按其压室结构和布置方式分为卧式压铸机和立式压铸机两种。

热室压铸机的工作原理如图 3-31 所示,压室浸在保温溶化坩埚的液态金属中,压射部件

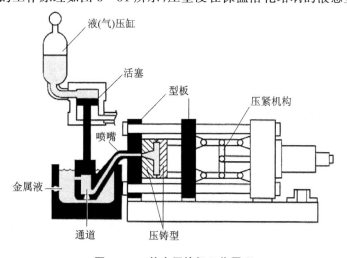

图 3-31　热室压铸机工作原理

不直接与机座连接,而是装在坩埚上面。这种压铸机的优点是生产工序简单,效率高;金属消耗少,工艺稳定。但压室、压射冲头长期浸在液体金属中,影响使用寿命,并易增加合金的含铁量。热压室压铸机目前大多用于压铸锌合金等低熔点合金铸件,但也有用于压铸小型铝、镁合金压铸件的。

冷室压铸机(见图3-32)的压室与保温炉是分开的。压铸时,从保温炉中取出液体金属浇入压室后进行压铸。

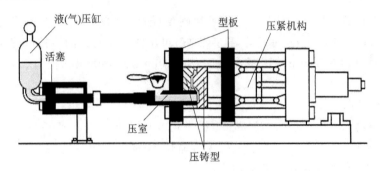

图3-32 冷室压铸机工作原理

图3-33所示为卧式压铸机压铸过程。

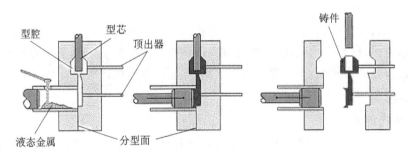

图3-33 卧式压铸机压铸过程示意图

(2) 压铸机的选择

实际生产中并不是每台压铸机都能满足压铸各种产品的需要,而必须根据具体情况进行选用,一般应根据不同品种及批量、铸件结构及工艺参数等因素考虑。

在组织多品种、小批量生产时,一般要选用液压系统简单、适应性强、能快速进行调整的压铸机;在组织少品种大量生产时,要选用配备各种机械化和自动化控制机构的高效率压铸机;对单一品种大量生产的铸件可选用专用压铸机。

铸件重量(包括浇注系统和溢流槽)不应超过压铸机的额定容量,但也不能过小,以免造成压铸机功率的浪费。

压铸机都有一定的最大和最小型距离,所以压铸型厚度和铸件高度要有一定限度,如果压铸型厚度或铸件高度太大就可能取不出铸件。

3. 压铸工艺

在压铸生产中,压铸机、压铸合金和压铸型是3大要素。压铸工艺则是将3大要素做有效的组合并加以运用的过程,使各种工艺参数满足压铸生产的需要。

（1）**压力和速度的选择**

压射比压的选择，应根据不同合金和铸件结构特性确定，表 3-1 所列是常用压铸合金的经验数据。

表 3-1　常用压铸合金的比压

类　别	比压/kPa			
	铸件壁厚<3 mm		铸件壁厚>3 mm	
	结构简单	结构复杂	结构简单	结构复杂
锌合金	30 000	40 000	50 000	60 000
铝合金	30 000	35 000	45 000	60 000
铝镁合金	30 000	40 000	50 000	65 000
镁合金	30 000	40 000	50 000	60 000
铜合金	50 000	70 000	80 000	90 000

对充填速度的选择，一般对于厚壁或内部质量要求较高的铸件，应选择较低的充填速度和高的增压压力；对于薄壁或表面质量要求高的铸件以及复杂的铸件，应选择较高的比压和高的充填速度。

（2）**浇注温度**

浇注温度是指从压室进入型腔时液态金属的平均温度。由于对压室内的液态金属温度测量不方便，一般用保温炉内的温度表示。

浇注温度过高会使铸件收缩大、容易产生裂纹、晶粒粗大，还能造成粘型；浇注温度过低，易产生冷隔、表面花纹和浇不足等缺陷。因此浇注温度应与压力、压铸型温度及充填速度同时考虑。

（3）**压铸型的温度**

压铸型在使用前要预热到一定温度，一般多用煤气、喷灯、电器或感应加热。在连续生产中，压铸型温度往往升高，尤其是压铸高熔点合金时温度升高很快。温度过高除使液态金属产生粘型外，还会使铸件冷却缓慢、晶粒粗大，因此在压铸型温度过高时，应采取冷却措施。通常用压缩空气、水或化学介质进行冷却。

（4）**充填、持压和开型时间**

1）充填时间

自液态金属开始进入型腔起到充满型腔止，所需的时间称为充填时间。充填时间长短取决于铸件体积的大小和复杂程度。对大而简单的铸件，充填时间要相对长些，对复杂和薄壁铸件充填时间要短些。充填时间与内浇口的截面积大小或内浇口的宽度和厚度有密切关系，必须正确确定。

2）持压和开型时间

从液态金属充填型腔到内浇口完全凝固，继续在压射冲头作用下的持续时间，称为持压时间。持压时间的长短取决于铸件的材质和壁厚。

持压后应开型取出铸件。从压射终了到压铸打开的时间，称为开型时间。开型时间应控制准确，开型时间过短，由于合金强度尚低，可能在铸件顶出和自压铸型落下时引起变形；但开型时间太长，则铸件温度过低，收缩大，抽芯和顶出铸件的阻力亦大。一般开型时间按铸件壁厚 1 mm 需 3 s 计算,然后经试验调整。

(5) 压铸用涂料

压铸过程中,为了避免铸件与压铸型焊合,减少铸件顶出的摩擦阻力和避免压铸型过分受热,因而采用涂料。对涂料的要求:

① 在高温时,具有良好的润滑性;

② 挥发点低,在 100~150 ℃时,稀释剂能很快挥发;

③ 对压铸型及压铸件没有腐蚀作用;

④ 性能稳定,在空气中稀释剂不应挥发过快而变稠;

⑤ 在高温时不会析出有害气体;

⑥ 不会在压铸型腔表面产生积垢。

(6) 铸件清理

铸件的清理是很繁重的工作,其工作量往往是压铸工作量的 10~15 倍。随压铸机生产率的提高,产量的增加,铸件清理工作实现机械化和自动化是非常重要的。铸件清理主要包括:

① 切除浇口及飞边。切除浇口和飞边所用的设备主要是冲床、液压机和摩擦压力机。在大量生产件下,可根据铸件结构和形状设计专用模具,在冲床上一次完成清理任务。

② 表面清理及抛光。表面清理多采用普通多角滚筒和振动埋入式清理装置。对批量不大的简单小件,可用多角清理滚筒,对表面要求高的装饰品,可用布制或皮革的抛光轮抛光。对大量生产的铸件可采用螺壳式振动清理机。

清理后的铸件按照使用要求,还可进行表面处理和浸渍,以增加光泽,防止腐蚀,提高气密性。

3.2.4　金属型铸造

1. 金属型铸造特点

金属型铸造又称硬模铸造,它是将液体金属浇入金属铸型,以获得铸件的一种铸造方法,如图 3-34 所示。铸型用金属制成,可以反复使用多次(几百次到几千次)。金属型铸造与砂型铸造相比较在技术上与经济上有许多优点。

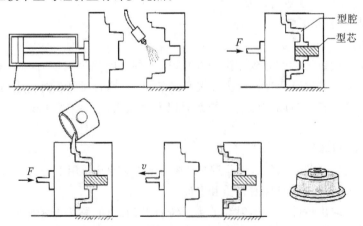

图 3-34　金属型铸造示意图

➢ 金属型生产的铸件,其力学性能比砂型铸件高。同样的合金,其抗拉强度平均可提高约 25%,屈服强度平均提高约 20%,其抗蚀性能和硬度亦显著提高。

➢ 铸件的精度和表面光洁度比砂型铸件高,而且质量和尺寸稳定。

➢ 可节约造型材料 80%～100%,生产效率高,工序简单,易实现机械化和自动化。

金属型铸造虽有很多优点,但成本高、不透气,而且无退让性。铸型的工作温度、合金的浇注温度和浇注速度,铸件在铸型中停留的时间以及所用的涂料等,对铸件的质量影响甚为敏感,需要严格控制。

金属型铸造目前所能生产的铸件,在重量和形状方面还有一定的限制,如对黑色金属只能是形状简单的铸件,铸件的质量不可太大,壁厚也有限制,较小的铸件壁厚无法铸出。

2. 金属型铸造热规范

金属型材质具有高的导热系数和大的热容量,它必然对铸型的充填以及铸件的凝固产生重要影响。液态金属浇入铸型后,由于型壁的直接导热,靠近型壁处很快结成一层硬壳,其后的导热则要通过硬壳与型壁间的空气隙来完成,即具有较大的界面热阻。由于铸件结构的不同和不均匀冷却,铸件内将产生大的内应力,而这种内应力无法通过铸型的退让来松弛,容易使铸件产生变形和裂纹。因此,金属型铸造工艺规范对铸件的质量十分敏感,而最重要的是热规范。在金属型铸造中要对金属型的工作温度、合金的浇注温度和金属型的热平衡进行严格的控制。

(1) 金属型的预热

未预热的金属型不能进行浇注。这是因为金属型导热性好,液体金属冷却快,流动性剧烈降低,容易使铸件出现冷隔、浇不足、夹杂气孔等缺陷。未预热的金属型在浇注时,铸型将受到强烈的热冲击,应力倍增,使其极易破坏。因此,金属型在开始工作前,应该先预热,预热温度(即工作温度)随合金的种类、铸件结构和大小而定,可通过试验确定。一般情况下,金属型的预热温度不低于 150 ℃。

金属型的预热方法主要有喷灯或煤气火焰预热、电阻加热、烘箱加热等。

(2) 金属型的浇注温度

金属型的浇注温度一般比砂型铸造时高。可根据合金种类如化学成分、铸件大小和壁厚,通过试验确定。表 3-2 中所列数据可供参考。

表 3-2 各种合金的浇注温度

合金种类	浇注温度/℃	合金种类	浇注温度/℃
铝锡合金	350～450	黄铜	900～950
锌合金	450～480	锡青铜	1 100～1 150
铝合金	680～740	铝青铜	1 150～1 300
镁合金	715～740	铸铁	1 300～1 370

由于金属型的激冷和不透气,浇注速度应做到先慢,后快,再慢。在浇注过程中应尽量保证液流平稳。

3. 金属型工作温度的调节

要保证金属型铸件的质量稳定,生产正常,首先要使金属型在生产过程中温度变化恒定。

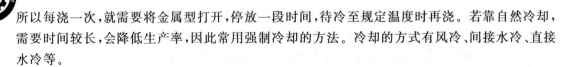

所以每浇一次，就需要将金属型打开，停放一段时间，待冷至规定温度时再浇。若靠自然冷却，需要时间较长，会降低生产率，因此常用强制冷却的方法。冷却的方式有风冷、间接水冷、直接水冷等。

4．金属型的涂料

在金属型铸造过程中，常需在金属型的工作表面喷刷涂料。涂料的作用是调节铸件的冷却速度，保护金属型防止高温金属液对型壁的冲蚀和热冲击，以及利用涂料层蓄气排气。

根据不同合金，涂料可能有多种配方，一般由粉状耐火材料（如氧化锌、滑石粉、锆砂粉、硅藻土粉等）、粘结剂（常用水玻璃、糖浆或纸浆废液等）、溶剂（水）3 类物质组成。

涂料应有一定粘度，便于喷涂，在金属型表面上能形成均匀的薄层；涂料干后不发生龟裂或脱落，且易于清除；具有高的耐火度，高温时不会产生大量气体；不与合金发生化学反应（特殊要求者除外）等。

5．金属型的浇注

在金属型浇注中，需要控制的工艺因素除金属型工作温度、浇注温度外，还有浇注速度和铸件在铸型中的停留时间。

（1）浇注速度

金属型的浇注速度包括两个含义，即液体金属在型腔中的运动速度（cm/s）和充填型腔的体积速度（cm³/s 或 kg/s）。但实际生产中所说的浇注速度，习惯上是以浇注时间来衡量的。

在大多数情况下，特别是一些带有较大金属型芯的大型复杂薄壁铸件，通常希望充填时的体积速度要大，流动线速度要小。前者要求液态金属能在尽可能短的时间内充满型腔，避免流动性的急剧降低，后者为使液态金属流动平稳，避免产生喷溅和涡流，这就要求增加浇注系统的断面尺寸和内浇口的数量。

（2）铸件的出型和抽芯时间

金属型芯在铸件中停留的时间愈长，由于铸件收缩产生的抱紧型芯的力就愈大，因此需要的抽芯力也愈大。金属型芯在铸件中最适宜的停留时间，是当铸件冷却到塑性变形温度范围并有足够的强度时，这时是抽芯最好的时机。铸件在金属型中停留的时间过长，型壁温度升高，需要更多的冷却时间，也会降低金属型的生产率。

最合适的拔芯与铸件出型时间，一般用试验方法确定。

6．金属型的设计

金属型设计主要包括确定金属型的结构、尺寸、型芯、排气系统和顶杆机构等。金属型应力求结构简单，加工方便，选材合理，安全可靠。

（1）金属型的结构形式

金属型的结构取决于铸件形状、尺寸大小，分型面数量，合金种类和生产批量等条件。按分型面位置，金属型结构有以下几种形式。

➢ 整体金属型：铸型无分型面，结构简单，但它只适用于形状简单、无分型面的铸件。

➢ 水平分型金属型：它适用于薄壁轮状铸件。

➢ 垂直分型金属型：这类金属型便于开设浇冒口和排气系统，开合型方便，容易实现机械化生产，多用于生产简单的小铸件。

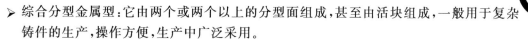

➢ 综合分型金属型：它由两个或两个以上的分型面组成，甚至由活块组成，一般用于复杂铸件的生产，操作方便，生产中广泛采用。

（2）金属型主体与型芯

金属型主体系指构成型腔，用于形成铸件外形的部分。主体结构与铸件大小、其在型中的浇注位置、分型面以及合金的种类等有关。在设计时应力求使型腔的尺寸准确；便于开设浇注系统和排气系统，铸件出型方便，有足够的强度和刚度等。

根据铸件的复杂情况和合金的种类可采用不同材料的型芯。一般浇注薄壁复杂件或高熔点合金（如锈钢、铸铁）时，多采用砂芯；而在浇注低熔点合金（如铝、镁合金）时，大多采用金属芯。在同一铸件上也可砂芯和金属芯并用。

（3）金属型的排气

在设计金属型时就必须有排气设施，其排气的方式有以下几种：

➢ 利用分型面或型腔零件的组合面的间隙进行排气。

➢ 开排气槽，即在分型面或型腔零件的组合面上，芯座或顶杆表面上做排气槽。

➢ 设排气孔，排气孔一般开设在金属型的最高处。

➢ 排气塞是金属型常用的排气设施。

（4）顶出铸件机构

金属型腔的凹凸部分，对铸件的收缩会有阻碍，铸件出型时就会有阻力，必须采用顶出机构，方可将铸件顶出。在设计顶出机构时，须注意防止顶伤铸件，即防止铸件被顶变形或在铸件表面顶出凹坑；防止顶杆卡死，首先是顶杆与顶杆孔的配合间隙要适当。如果间隙过大易钻入金属，过小则可能造成卡死的现象。

（5）金属型的定位、导向及锁紧机构

金属型合型时，要求两半型定位准确，一般采用两种办法，即定位销定位和"止口"定位。对于上下分型，而分型面为圆形时，可采用"止口"定位；而对于矩形分型面大多采用定位销定位。定位销应设在分型面轮廓之内，当金属型本身尺寸较大，而自身的质量也较大时，要保证开合型定位方便，可采用导向形式。

（6）金属型材料的选择

从金属型的破坏原因分析可以看到，制造金属型的材料耐热性和导热性要好，反复受热时不变形，不破坏；应具有一定的强度、韧性及耐磨性，机械加工性好。

铸铁是金属型最常用的材料，其加工性能好，耐热、耐磨，是一种较合适的金属型材料。只是在要求高时，才使用碳钢和低合金钢。

采用铝合金制造金属型已引起注意，铝型表面可进行阳极氧化处理，而获得一层由 Al_2O_3 及 $Al_2O_3 \cdot H_2O$ 组成的氧化膜，其熔点和硬度都较高，而且耐热、耐磨。如采用水冷措施，不仅可铸造铝件和铜件，也可用来浇注黑色金属铸件。

3.2.5　离心铸造

离心铸造是将液体金属浇入旋转的铸型中，使液体金属在离心力的作用下充填铸型和凝固成型的一种铸造方法。为实现这一工艺过程，必须采用离心铸造机使铸型旋转。根据铸型旋转轴在空间位置的不同，分为立式离心铸造机（见图 3 - 35）和卧式离心铸造机（见图 3 - 36）两种类型。

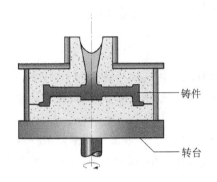

图 3－35　立式离心铸造示意图

离心铸型转速的选择应保证液体金属在进入铸型后立刻能形成圆筒形绕轴线旋转；并充分利用离心力的作用，保证得到良好的铸件内部质量，避免铸件内产生缩孔、缩松、夹杂和气孔。

离心铸造时使用的铸型有金属型和非金属型两类。非金属型可为砂型、壳型、熔模壳型等。由于金属型在大量生产、成批生产时具有一系列的优点，所以在离心铸造时广泛地采用。

金属型离心铸造时，常需在金属型的工作表面喷刷涂料。对离心铸造金属型使用涂料的要求与一

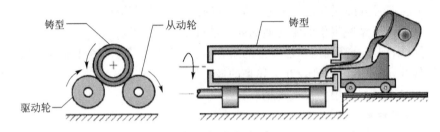

图 3－36　卧式离心铸造示意图

般金属型铸造相同。为防止铸件与金属型粘合和铸铁件产生白口，在离心金属型上的涂料层有时较厚。离心铸造用涂料大多用水做载体，有时也用固态涂料，如石墨粉，以使铸件能较易地自型中取出。

离心铸造时，铸件的内表面是自由表面，而铸件厚度的控制全由所浇注液体金属的数量决定，故离心铸造浇注对所浇注金属的定量要求较高。此外由于浇注是在铸型旋转情况下进行的，为了尽可能地消除金属飞溅的现象，要很好控制金属进入铸型时的方向。为尽可能地消除浇注时金属的飞溅现象，要控制好液体金属进入铸型时的流动方向。

3.2.6　消失模铸造

消失模铸造是将与铸件尺寸形状相似的泡沫模型粘结组合成模型簇，刷涂耐火涂料并烘干后，埋在干石英砂中振动造型，在负压下浇注，使模型气化，液体金属占据模型位置，凝固冷却后形成铸件的铸造方法。消失模铸造浇注的工艺过程如图 3－37 所示。

 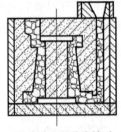 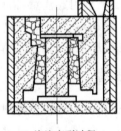 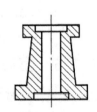

(a) 组装后的泡沫塑料模样　　(b) 紧实好的待浇铸型　　(c) 浇注充型过程　　(d) 去除浇冒口后的铸件

图 3－37　消失模铸造浇注的工艺过程

消失模铸造具有以下特点。

➢ 由于采用了遇金属液即气化的泡沫塑料模样,无须起模,无分型面,无型芯,因而无飞边毛刺,铸件的尺寸精度和表面粗糙度接近熔模铸造,但尺寸却可大于模铸造。

➢ 各种形状复杂铸件的模样均可采用泡沫塑料模粘合,成型为整体,减少了加工装配时间,可降低铸件成本 10%～30%,也为铸件结构设计提供充分的自由度。

➢ 简化了铸件生产工序,缩短了生产周期,使造型效率比砂型铸造提高 2～5 倍。

消失模铸造的缺点在于消失模铸造的模样只能使用一次,且泡沫塑料的密度小,强度低,模样易变形,影响铸件尺寸精度;浇铸时模样产生的气体污染环境。

消失模铸造主要用于不易起模等复杂且较大铸件(如大型模具)的批量及单件生产。

模样是消失模铸造的关键。对于传统的砂型铸造,模样仅仅决定着铸件的形状、尺寸等外部质量;而消失模铸造的模样,不仅决定着铸件的外部质量,而且还直接与金属液接触并参与传热、传质、动量传递和复杂的化学、物理反应,因而对铸件的内在质量也有着重要影响。消失模铸造的模样,是生产过程必不可少的消耗材料,每生产一个铸件,就要消耗一个模样,模样的生产效率必须与消失模铸造生产线的效率相匹配。

3.3　典型铸造合金

用于铸造的金属统称铸造合金,常用的铸造合金有铸铁、铸钢和铸造有色金属。

3.3.1　铸　铁

铸铁是含碳量大于 2.11% 的铁碳合金,工业用铸铁是以铁、碳、硅为主的多元合金。铸铁具有许多优良性能,且制造简单,成本低廉,是最常用的金属材料。

1. 灰铸铁

灰铸铁的碳硅当量接近共晶成分,熔点低,结晶温度范围小,呈逐层凝固方式凝固,流动性好。另外凝固时石墨析出,使总收缩较小,因此,灰铸铁的熔铸工艺容易,铸件缺陷少。

灰铸铁铸熔点低,对型砂耐火性要求低,适合于湿型铸造;浇注温度可适当降低,流动性好,可浇注形状复杂的薄壁铸件;收缩小,铸件不易产生缩孔、裂纹等缺陷,一般可不用或少用冒口和冷铁。

2. 球墨铸铁

球墨铸铁流动性与灰铸铁相近,它的结晶区间宽,属糊状凝固,补缩困难。而且球墨铸铁凝固后期的石墨化膨胀又远大于灰铸铁,会引起铸型胀大,造成铸件内部金属液不足,很容易产生缩孔、缩松和皮下气孔。

球墨铸铁碳的质量分数高,球化处理使铁水得到净化,流动性应比灰铸铁好,但经过球化处理和孕育处理,铁水温度大幅度降低,且易于氧化,因此,实际生产中应注意适当提高球墨铸铁的浇注温度。同时要加大内浇道截面,采用快速浇注等措施,以防止产生浇不足、冷隔等缺陷。

球墨铸铁件表面完全凝固的时间较长,收缩大,而且外壁与中心几乎同时凝固,造成凝固后期外壳不坚实,此时因析出石墨的膨胀所产生的压力会使铸型型腔扩大,容易产生缩孔、缩松等缺陷。常采用顺序凝固原则,并增设冒口以加强补缩。同时应提高铸型的紧实度,增强其刚度,使型腔不胀大或尽快在铸件表层形成硬壳,使石墨膨胀能补偿铸铁收缩。此外,球墨铸铁凝固时有较大内应力,产生变形、裂纹的倾向大,所以要注意消除内应力。

由于铁水中 MgS 与型砂中水分作用,生成 H_2S 气体,易使铸件产生皮下气孔,所以应严格控制型砂中水分和铁水中硫的含量。球墨铸铁还易产生石墨飘浮及球化不良等缺陷,所以必须严格控制碳、硅的质量分数和尽量缩短球化处理后铁水的停留时间,一般不超过15~20 min。球化处理后常含有 MgO、MgS 等夹渣,故应考虑排渣措施,一般常采用封闭式浇注系统。

3. 蠕墨铸铁

蠕墨铸铁碳当量接近共晶点,蠕化剂又使铁水得以净化,因此具有良好的流动性。蠕墨铸铁的收缩与蠕化率有关,蠕化率越低越接近球墨铸铁,反之接近于灰铸铁。因此,要获得无缩孔、缩松的致密铸件比球墨铸铁容易,但比灰铸铁稍困难些。

4. 可锻铸铁

可锻铸铁主要用来制造一些形状复杂,又受振动的薄壁小型铸件。近年来,由于球墨铸铁的发展,许多可锻铸铁铸件已被球墨铸铁所取代。但可锻铸铁生产历史悠久,工艺成熟,质量比较稳定,对原材料要求不高,退火时间正在缩短,所以仍有不少工厂生产可锻铸铁。

3.3.2 铸 钢

铸钢比铸铁强度高,尤其是韧性好,故适于制造承受重载荷及冲击载荷的重要零件,如大型轧钢机立柱、火车挂钩及车轮等。但由于铸钢铸造性能差,生产成本高,其应用不如铸铁广泛。

铸钢按化学成分分为碳素铸钢和合金铸钢两大类。碳素铸钢占铸钢总产量的 80% 以上,用于制造零件的铸钢主要是中碳钢。

铸钢的熔点高、流动性差、收缩率高,而且在熔炼过程中氧化、吸气严重,容易产生浇不足、冷隔、缩孔、缩松、变形、裂纹、夹渣、粘砂和气孔等缺陷。因此其铸造性能差,在铸造工艺上应采取相应措施,如合理设计铸件的结构,合理设计冒口、冷铁等,以确保铸钢件质量。

铸钢的浇注温度高,为了防止变形、裂纹,所用的型(芯)砂的透气性、耐火性、强度和退让性都要好。为防止粘砂,铸型表面要涂以耐火度高的石英粉或铅砂粉涂料。为了减少气体的来源,提高合金的流动性和铸型强度,大件多用干型或快干型来铸造。

中小型铸钢件的浇注系统开设在分型面上或开设在铸件的上面(顶注),大型铸钢件开设在下面(底注)。为使金属液迅速充满铸型,减少流动阻力,其浇注系统的形状应简单,内浇道横截面面积应是灰铸铁的 1.5~2 倍,一般采用开放式。铸钢件大多需要设置一定数量的冒口,采用顺序凝固原则,以防缩孔、缩松等缺陷。冒口所耗钢水常占浇入金属重量的 25%~50%。为控制凝固顺序,在热节处需设置冷铁。对少数壁厚均匀的薄件,因其产生缩孔的可能性小,可采用同时凝固原则,并常开设多道内浇道,以使钢水均匀、迅速地充满铸型。

3.3.3 铸造有色合金

常用的铸造有色合金有铜合金、铝合金、镁合金及轴承合金。在机械制造中应用最多的是铸造铝合金和铸造铜合金。

1. 铸造铝合金

铸造铝合金按成分可分为铝硅合金、铝铜合金、铝镁合金和铝锌合金等。其中铝硅合金具有良好的铸造性能,如流动性好、收缩率较小、不易产生裂纹、致密性好,因此应用较广,约占铸造铝合金总产量的 50% 以上。含硅 10%～13% 的铝硅合金是最典型的铝硅合金,是共晶类型的合金。

铸造铝合金的熔点低,流动性好,对型砂耐火性要求不高,可用细砂造型,以减小铸件表面粗糙度值,还可浇注薄壁复杂铸件;为防止铝液在浇注过程中的氧化和吸气,通常采用开放式浇注系统,并多开内浇道,使铝液迅速而平稳地充满铸型,不产生飞溅、涡流和冲击;为去除铝液中的夹渣和氧化物,浇注系统的挡渣能力要强;另外,铸型应能造成合理的温度分布,使铸件进行顺序凝固,并在最后凝固部位设置冒口进行补缩,以利于消除缩孔和缩松等缺陷。

铝合金铸件有产生热裂纹的倾向。铝合金凝固温度区间越大,合金收缩率也越大,热裂纹倾向也就越大,如 Al-Cu、Al-Mg 系合金产生热裂纹倾向比 Al-Si 系合金大。即使同一种合金,也因铸型的阻力、铸件的结构、浇注工艺等因素的不同,产生热裂纹的倾向也不同。生产中常采取退让性铸型,或改进铸铝合金的浇注系统及合理配置冷铁等工艺措施,使铝铸件避免产生裂纹。

为获得优质铝合金铸件必须采用合理而先进的铸造方法,还应采取正确的变质及精炼工艺。例如,在熔炼 Al-Si 合金时加入少量的辅料(合金元素或含该元素的盐)进行变质处理,使合金结晶条件发生变化,铸件的金相组织和性能得到改善。此外,向铝合金熔体中加少量能形成异质晶核的物质,作为 α 固溶体的结晶核心,起异质核心作用,可细化铝合金组织。

各种铸造方法都适用于铝合金铸件,主要的铸造方法是压力铸造、砂型铸造和金属型铸造。压力铸造效率高,铸件精度高,是铝合金铸件的主要生产方法。金属型铸造用于生产需要热处理的或在高温工作的铝铸件和壁厚较大、内部质量要求较高的铸件。砂型铸造主要用于大型铸件和具有复杂内腔的铸件,以及批量较小的铸件生产。

2. 铸造铜合金

铸造铜合金分为铸造黄铜和铸造青铜两大类。

铸造黄铜是铜锌合金,黄铜强度高,成本低,铸造性能好,产量大。黄铜的铸造性能和工艺特点是熔点低,结晶温度范围较窄,流动性好,对型砂耐火性要求不高,可用较细的型砂造型,以减小铸件表面粗糙度值,减少加工余量,并可浇注薄壁复杂铸件。但是铸造黄铜容易产生集中缩孔,铸造时应配置较大的冒口,进行充分补缩。

锡青铜合金的结晶温度范围较宽,流动性差,但凝固收缩及线收缩率均小,不易产生缩孔,却易产生枝晶偏析与缩松,降低了铸件致密度。然而这种缩松便于存储润滑油,故适于制造滑动轴承。壁厚不大的锡青铜铸件,常用同时凝固的方法。锡青铜宜采用金属型铸造,因冷速大而易于补缩,使铸件结晶细密。锡青铜在液态下易氧化,在开设浇口时,应使金属液流动平稳,防止飞溅,故常用底注式浇注系统。锡青铜的耐磨性、耐蚀性优于黄铜,适于制造形状复杂,致密性要求不高的耐磨、耐蚀零件,如轴承、轴套水泵壳体等。

铝青铜的结晶温度范围窄,流动性好,易获得致密铸件。但其收缩大,易产生集中缩孔,需安置冒口、冷铁,使之顺序凝固。又因铝青铜易吸气和氧化,所以浇注系统宜采用底注式,并在浇注系统中安放过滤网以除去浮渣。

3. 铸造镁合金

铸造镁合金主要有 3 类：第 1 类以 Mg－Al 合金为基础，如镁铝锌合金和镁锌合金。第 2 类以 Mg－Zn 合金为基础，如镁锌锆合金等。这两类合金有较高的常温强度和良好的铸造性能，但耐热性较差，长期工作温度不能超过 150 ℃。第 3 类以 Mg－RE 为基础，如镁稀土锆合金等，这类合金为耐热镁合金，可在 250～300 ℃下工作。

镁合金零件的铸造成型方法有砂型铸造、金属型铸造、低压铸造、消失模铸造、压力铸造、挤压铸造以及半固态铸造等。

镁合金铸造过程中极易氧化和发生燃烧，传统生产工艺中常在液面撒上盐类熔剂（由 $MgCl_2$、KCl 等组成）覆盖镁液表面以避免氧化烧损。在浇注过程中，也需要在液流周围和浇冒口处撒布硫黄粉，靠硫的燃烧来夺取空气中的氧，以防止镁的燃烧。当采用砂型铸造时，在型砂中也常加入 5％～10％（质量分数）的氟化物附加剂，以便在型腔内形成保护气氛，并在镁合金表面形成致密的保护膜，以防止镁合金在浇注过程中氧化，所以镁基合金的生产工艺较之铝、铜合金复杂得多。

镁合金压铸工艺技术应用较为普遍，在镁合金的压铸工艺中不使用熔剂，生产环境大为改善，但熔炼时也需要利用保护气体保护镁液避免氧化燃烧。另外，由于镁合金结晶温度间隔较宽，而且合金的体收缩较大，所以在铸造过程中有严重的缩松倾向，也容易形成热裂，因此，在铸件结构设计和铸型工艺设计中应加以注意。

镁合金半固态铸造技术得到迅速发展。该工艺成型温度低，凝固收缩小，成型零件精度高，质量好，是一种大有前途的镁合金零件的成型方法。目前镁合金零件的半固态生产和应用主要是触变注射成型。

4. 铸造钛合金

钛合金难熔且化学活性高，在熔融状态下能与几乎所有的耐火材料和气体起反应，大大增加了铸造的困难。因此，钛合金铸造工艺的发展所遇到的困难比钢、铝、镁都多。钛合金在铸造过程中，其熔化和浇注都必须在惰性气体保护下或真空中进行。图 3－38（a）为钛合金熔炼与离心铸造一体化系统示意图。其中，水冷紫铜坩埚在真空室内用感应加热，或自耗电极加热熔化钛合金。熔化的钛合金在坩埚上形成一个凝壳，如图 3－38（b）所示，将坩埚与液态金属隔离，避免"污染"。

钛合金铸造对铸型的造型材料有许多要求，如耐火度、强度、导热、膨胀及润湿性能等，但它与液态金属接触时的化学稳定性，则是能否用做造型材料的先决条件。钛在室温下是非常稳定的，然而在熔融状态下几乎能与所有已知的耐火氧化物发生物理化学交互反应。因此，普通钢铁、有色金属铸造常用的造型材料都不适用于钛合金的铸造。目前，钛合金铸造常采用有石墨型（包括机加工石墨型、捣实石墨型、热解石墨型等）、氧化物型（如氧化钙型等）、金属型和难熔金属陶瓷型，其中以石墨型和金属型应用最广泛。

钛合金在铸造过程中，其熔化和浇注都必须在惰性气体保护下或真空中进行。常用的设备有真空自耗电弧凝壳炉等，并且应使用强制冷却的铜坩埚，不能用普遇耐火材料制成的坩埚。可采用石墨捣实型等铸钛造型系统，也可用离心法浇注。

钛合金铸造容易产生气孔缺陷。钛合金气孔可分为外来气孔与析出气孔。外来气孔是在

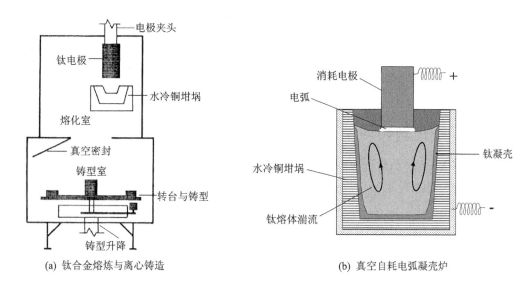

(a) 钛合金熔炼与离心铸造　　　　　　　(b) 真空自耗电弧凝壳炉

图 3-38　钛合金熔炼与浇注

浇注时铸型放气或液态与铸型材料反应生成气体产物而造成;析出气孔是由熔融钛冷却凝固时溶解在金属中的气体析出而产生。为了消除钛铸件气孔缺陷可采取铸型真空除气,保证铸型有良好的透气性,在浇注系统中设置合理的排气道等措施,还可采用离心加压铸的方法。

钛铸件的典型组织是晶粒粗大的 β 转变组织,由于晶粒粗大,铸件的塑性和抗拉强度较差。铸造合金与锻造合金相比,具有断裂韧性好、持久强度高、蠕变性能好等优点。铸造条件下的性能和 β 退火的锻造合金相似。

5. 铸造高温合金

高温合金含大量合金元素,具有很高的抗氧化性和高温强度,使用温度高于变形高温合金。但铸造高温合金的工艺性能很差,切削性很差,铸造性能差,流动性不好,易产生偏析,熔炼、浇注过程中合金元素易氧化、烧损。

高温合金铸造质量的要点是减少铸件的缺陷和控制铸件的显微组织。主要措施包括采用真空熔炼工艺去除高温合金中的杂质获得高纯度合金,可有效提高合金强度和塑性,改善合金的热加工性能。针对高温合金铸件容易出现疏松缺陷,采用热等静压技术可有效闭合疏松缺陷,还可以改善合金的微观组织和力学性能。采用强制冷却和震动工艺获得超细等轴晶来实现细晶铸造,也是改善合金的微观组织和力学性能的技术手段。制造涡轮叶片时,可采用定向凝固技术、单晶生长技术,提高叶片的高温性能。

铸造高温合金主要用熔模铸造生产,因为合金熔点高,要求铸型有足够的耐热性。而且用熔模铸造可以减少切削加工量。为了获得高质量的熔模精密铸件,高温合金一般先冶炼成母合金锭,经成分分析和质量检验合格后,在浇注零件时用来进行重熔和浇注。通常高温合金采用真空感应炉熔炼和真空感应重熔浇注零件。在真空环境下,熔化的合金料避免了大气的氧化和污染,合金成分能准确控制,可有效保证高温合金铸件质量。

3.4 铸造工艺设计

在铸件投产之前,首先应编制铸件生产工艺过程的技术文件,也就是铸造工艺规程设计,简称铸造工艺设计。

3.4.1 铸件结构的工艺性

铸件结构的工艺性是指所设计的铸件结构,除保证使用性能外,还要考虑铸造工艺与合金铸造性能对铸件结构的要求。铸件的结构是否合理,会直接影响铸件质量、生产率和生产成本。

铸造工艺主要有以下要求。

1. 铸造结构形式

铸件结构应尽可能使制模、造型,造芯、合型和清理等铸造生产工序简化。结构外形应方便起模,尽可能减少和简化分型面。铸件的内腔应尽量不用或少用型芯,以简化工艺。当采用型芯时,应有利于型芯固定、排气和清理。

2. 合理的铸件壁厚

铸件壁厚过小,易产生浇不足、冷隔等缺陷;壁厚过大,易产生缩孔、缩松、气孔等缺陷。因此,需要规定铸件的最小壁厚。

铸件壁厚应均匀。铸件各部分壁厚若相差太大,则在厚壁处易形成金属积聚的热节,凝固收缩时在热节处易形成缩孔、缩松等缺陷。此外,因冷却速度不同,各部分不能同时凝固,易形成热应力,并有可能使厚壁与薄壁连接处产生裂纹。

图 3-39(a)所示为圆柱座铸件,其内孔需装配一根轴。现因壁厚过大而出现缩孔,若采用图 3-39(b)所示挖空铸件或图 3-39(c)所示设置加强筋铸件的方法,可使其壁厚均匀,在保证其使用性能的前提下,既可消除缩孔缺陷,又能节约金属材料。

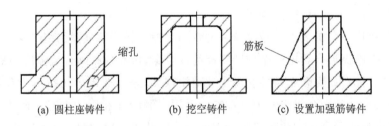

(a) 圆柱座铸件　　　　(b) 挖空铸件　　　　(c) 设置加强筋铸件

图 3-39　应尽量减小铸件壁厚并使其均匀

3. 铸件壁的连接

铸件壁的连接处或转角处应有结构圆角,避免交叉和锐角连接,厚壁与薄壁间的连接要逐步过渡,如图 3-40 所示。若两壁间的夹角是锐角,则应考虑如图 3-41(b)所示的过渡形式。

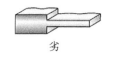  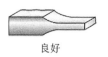 

劣　　　　　　　佳　　　　　　　良好　　　　　　最佳

图 3 - 40　厚壁与薄壁间的过渡

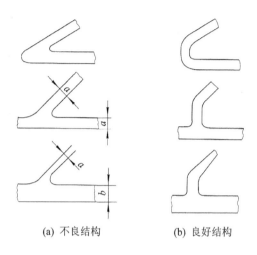

(a) 不良结构　　　　　　　　(b) 良好结构

图 3 - 41　铸件壁之间避免锐角联接

4. 铸件应尽量避免有过大的平面

铸件上过大的水平面不利于金属液体的充填,易造成浇不足、冷隔等缺陷,同时还有易产生夹砂、不利于气体和非金属夹杂物排除等缺点,因此,应尽可能避免。

5. 铸件内腔的设计

良好的内腔设计,既可减少型芯的数量,又有利于型芯的固定、排气和清理,因而可防止偏芯、气孔等缺陷的产生,并简化造型工艺,降低成本。

在铸件设计中应尽量避免或减少型芯。图 3 - 42 所示为悬臂支架的两种结构。图 3 - 42(a)所示为箱形截面结构,必须采用悬臂型芯和芯撑使型芯定位和固定,此时,下芯费时,质量难以保证。将箱形截面结构改为工字形截面结构,可省去型芯,降低成本,但刚性和强度比箱形结构略差。

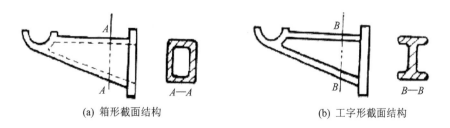

(a) 箱形截面结构　　　　　　　　　　(b) 工字形截面结构

图 3 - 42　悬臂支架

3.4.2 铸造工艺设计及基本原则

1. 铸造工艺设计

为了获得合格铸件,减小铸型制造的工作量,降低铸件成本,在铸造的生产准备过程中,必须合理地设计铸造工艺。铸造工艺设计主要是绘制铸造工艺图、铸件毛坯图、铸型装配图和编写工艺卡片等,它们是生产的指导性文件,也是生产准备、管理和铸件验收的依据。因此,铸造工艺设计的好坏,对铸件的质量、生产率及成本起着决定性的作用。

铸造工艺图是在零件图中用各种工艺符号表示出铸造工艺方案的图形,其中包括:铸件的浇注位置,铸型分型面,型芯的数量、形状、固定方法及下芯次序,加工余量,起模斜度,收缩率,浇注系统,冒口,冷铁的尺寸和布置等。铸造工艺图是指导模样(芯盒)设计、生产准备、铸型制造和铸件检验的基本工艺文件。依据铸造工艺图,结合所选造型方法,便可绘制出模样图及合箱图。图3-43所示为支座的铸造工艺图、模样图及合箱图。

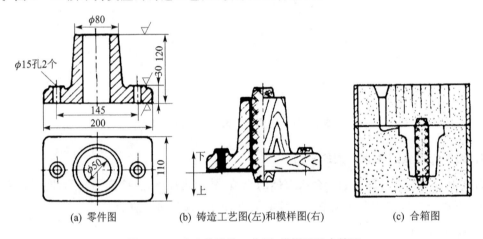

(a) 零件图　　　　(b) 铸造工艺图(左)和模样图(右)　　　　(c) 合箱图

图3-43　支座的铸造工艺图、模样图及合箱图

2. 铸造工艺设计基本原则

(1) 浇注位置

铸件的浇注位置是指浇注时铸件在铸型内所处的位置,见图3-44。在确定浇注位置时,应根据铸造合金的种类、铸件的具体结构和技术要求拟定几种方案,进行仔细地分析对比后选择出最佳方案。通常在确定铸件浇注位置时应遵循以下原则。

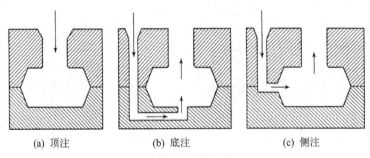

(a) 顶注　　　　(b) 底注　　　　(c) 侧注

图3-44　浇注位置示意图

> 铸件上重要的工作面和大平面应尽量朝下或垂直安放。金属凝固过程中,由于气体、非金属夹杂物的上浮,而使铸件的上表面质量较差。因此对于质量要求较高,结构、形状和性能又要求对称的铸件,应将对称壁置于垂直位置。

> 应保证铸件有良好的充填条件,以避免合金液充填过程中的冲击、飞溅和二次氧化。

> 应有利于铸件自下而上的顺序凝固。

> 应尽量减少砂芯数目,避免使用吊芯、悬臂砂芯。

(2) 铸型分型面的选择

分型面是指两半铸型互相接触的表面。在浇注位置确定之后,铸型分型面在很大程度上取决于铸件的结构形状。铸型分型面是否合理,对铸件尺寸精度、生产成本有重要影响。

> 为保证铸件精度,将形状较简单的铸件最好都布置在半型内,或大部分布置在半型内。图 3 - 45 表示圆锥齿轮的两种分型面方案,齿轮部分质量要求高,不允许产生砂眼、夹杂和气孔等缺陷,应将其放在下面,如图 3 - 45(a)所示;图 3 - 45(b)所示为不合理方案。

> 应有利于铸件的补缩。对收缩大的铸件,应把铸件的厚实部分放在上面,以便放置补缩冒口,如图 3 - 46(a)所示;对收缩小的铸件,则应将厚实部分放在下面,依靠上面金属液体进行补缩,如图 3 - 46(b)所示。

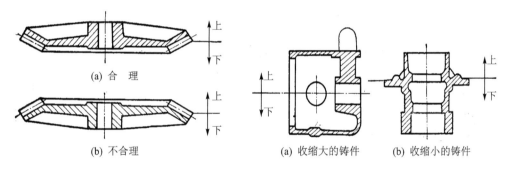

图 3 - 45　圆锥齿轮的分型面　　　　图 3 - 46　有利于铸件补缩

> 应便于起模。分型面应选择在铸件的最大截面处。对于阻碍起模的突起部分,手工造型时可采用活块,机器造型时用型芯代替活块。

> 分型面数目应尽量少,保证铸件外形美观,铸件出型和下芯方便。

> 尽量避免曲面分型,减少拆卸件及活块数量。

(3) 浇注系统

对浇注系统主要有以下基本要求。

> 浇注系统应保证在一定的浇注时间内使液态金属充满型腔,以防止大型薄壁铸件的浇不足缺陷。

> 应合理控制液态金属进入型腔的流速和方向,使液态金属能平稳地流入型腔,防止发生冲击、飞溅和旋涡现象,以避免铸件产生氧化夹渣和气孔缺陷。

> 应能把混入合金液中的熔渣挡在浇注系统中,并使型腔中的气体顺利排出,以防止铸件的气孔和夹渣等缺陷。

> 能够合理地控制和调节铸件各部分的温度分布，减少或消除铸件产生缩孔、缩松、裂纹和变形等缺陷。

> 在满足其他要求的前提下，浇注系统应尽可能结构简单，体积小，以简化造型操作、减少清理工作量和金属液的消耗。

在铸型内开设浇注系统时，内浇道总是处于铸件浇注位置高度方向的某一位置。按照金属液引入部位所在铸件的高度情况，可分为顶注式、侧注式、底注式和阶梯注入4种基本类型。大型复杂铸件采用一种浇注系统，往往难以得到合理的充型过程，故采用两种或两种以上类型的浇注系统，以取长补短，保证液流平稳地充满型腔，得到轮廓清晰的合格铸件。

图 3-47 所示为铝、镁合金铸件的浇注系统。

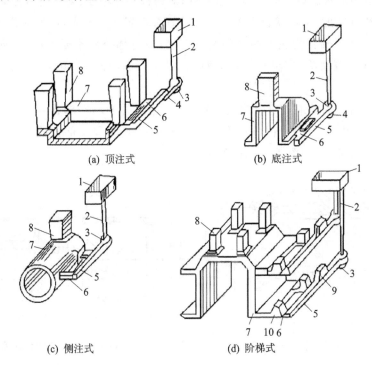

(a) 顶注式　　　　(b) 底注式

(c) 侧注式　　　　(d) 阶梯式

1—浇口杯；2—直浇道；3—直浇道窝；4—下横浇道；5—上横浇道；
6—内浇道；7—铸件；8—冒口；9—集渣包；10—输液包

图 3-47　典型的浇注系统

(4) 冒口和冷铁

1) 冒　口

在液态金属浇入铸型后的冷却过程中，大部分金属要产生体积收缩。其液态收缩和凝固收缩将导致铸件最后凝固的区域产生缩孔和缩松。为避免这一铸造缺陷，生产中普遍使用冒口，即将冒口设置在铸件最后凝固部位的上方或侧面，并且让它最后凝固，如图 3-48 所示。这样，冒口中的液态金属将补偿铸件凝固过程中的体积收缩，使收缩形成的孔洞移入冒口，最后切去冒口，就可获得致密的铸件。

生产中最常用的冒口有明冒口和暗冒口两种，如图 3-49 所示。明冒口与大气相通，一般位于铸件被补缩部位的顶部，有较好的重力补缩效果和排气浮渣作用。因顶部敞开，辐射散热

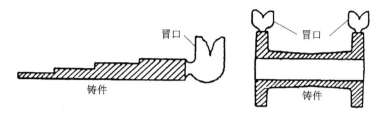

图 3 - 48　铸件上的冒口

快,特别适用于熔点较低的有色合金铸件。暗冒口设在砂型中,其热辐射损失小、补缩效率优于明冒口,多用于铸钢件中、下部热节部位的补缩。此外,为提高冒口的补缩效果,提高金属利用率,生产中还会采用一些特种冒口,如加压冒口、发热冒口、保温冒口等。

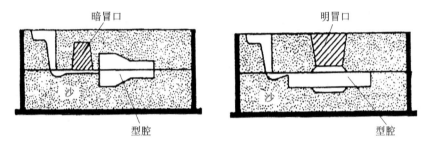

图 3 - 49　常用冒口类型

冒口在铸件上的安放位置正确与否,对铸件质量有着重要影响。冒口安放位置不当,不仅不能消除铸件的缩孔和缩松,反而会造成铸件裂纹,加重冒口附近的缩松程度。一般情况下,冒口的位置应根据铸件的结构特点、浇注系统结构等工艺因素确定。

2) 冷　铁

为了增加铸件局部冷却速度,在铸件局部区域设置急冷能力强的材料,例如铸铁、铸钢或石墨等,称为冷铁。冷铁的设置可减少冒口的数量和减小冒口的尺寸,消除局部热节处的缩孔和缩松,防止铸件产生裂纹以及提高铸件的硬度和耐磨性。冷铁的大小和材质需考虑铸件的结构和材质,根据传热学理论进行设计。

冷铁分为内冷铁和外冷铁两大类。放置在型腔内能与铸件熔合为一体的金属激冷块叫内冷铁,如图 3 - 50 所示;造型(芯)时放在模样(芯盒)表面上的金属激冷块叫外冷铁,如图 3 - 51 所示。内冷铁成为铸件的一部分,应和铸件材质相同。外冷铁用后回收,一般可重复使用。根

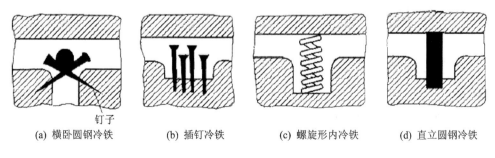

(a) 横卧圆钢冷铁　　　(b) 插钉冷铁　　　(c) 螺旋形内冷铁　　　(d) 直立圆钢冷铁

图 3 - 50　内置冷铁法

据铸件材质和激冷作用强弱，可采用钢、铸铁、铜、铝等材质的外冷铁，还可采用蓄热系数比石英砂大的非金属材料，如石墨、碳素砂、铬镁砂、铬砂、镁砂、锆砂等作为激冷物使用。

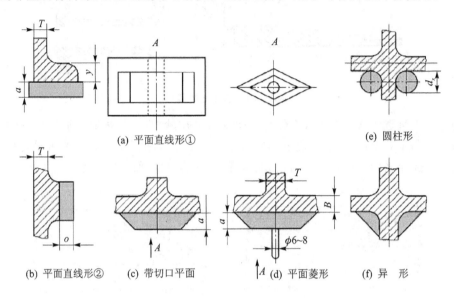

(a) 平面直线形①　　　　　　　　　　　　　　　　　(e) 圆柱形

(b) 平面直线形②　　(c) 带切口平面　　(d) 平面菱形　　(f) 异　形

图 3 - 51　外置冷铁

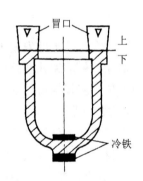

图 3 - 52　冷铁的应用

冷铁与冒口配合使用，可扩大冒口的有效补缩距离。图 3 - 52 所示铸件若仅靠顶部冒口，难以向底部凸台补缩，为此，在该凸台的型壁上安放了两个外冷铁，使铸件实现自下而上的顺序凝固，从而防止了凸台处缩孔、缩松的产生。冷铁仅能加快某些部位的冷却速度，以控制铸件的凝固顺序，其本身并不起补缩作用。正确地估计铸件上缩孔或缩松可能产生的部位是合理安设冒口和冷铁的重要依据。

(5) 铸件工艺参数

1）铸造收缩率

由于合金的收缩，铸件的实际尺寸要比模样的尺寸小。为确保铸件的尺寸，必须按合金收缩率放大模样尺寸。合金的收缩率受多种因素的影响。

由于金属型工艺的特点，其铸件的工艺参数与砂型铸件略有区别。金属型铸件的线收缩率不仅与合金的线收缩有关，还与铸件结构、铸件在金属型中收缩受阻的情况、铸件出型温度、金属型受热后的膨胀及尺寸变化等因素有关，其取值还要考虑在试浇过程中留有修改尺寸的余地。

2）机械加工余量

在铸件加工表面上留出的、准备切去的金属层厚度，称为机械加工余量。机械加工余量过大，浪费金属和机械加工工时，增加零件成本；过小，则不能完全去除铸件表面的缺陷，甚至露出铸件表皮，达不到设计要求。机械加工余量的具体数值取决于铸件生产批量、合金的种类、铸件的大小、加工面与基准面的距离及加工面在浇注时的位置等。金属型铸件精度一般比砂型铸件高，所以加工余量可较小，一般在 0.5～4 mm 之间。

3）起模斜度

为方便起模,在模样、芯盒的出模方向留有一定斜度,以免损坏砂型或砂芯,如图 3-53 所示。这个在铸造工艺设计时所规定的斜度,称为起模斜度。起模斜度应在铸件上没有结构斜度的、垂直于分型面的表面上应用。起模斜度一般用角度 α 或宽度 a 表示。起模斜度的大小取决于立壁的高度、造型方法、模型材料等因素,通常为 15°~30°。

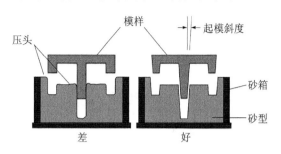

图 3-53　起模斜度示意图

起模斜度可采取增加铸件壁厚、加减铸件壁厚或减少铸件壁厚 3 种方式形成,如图 3-54 所示。

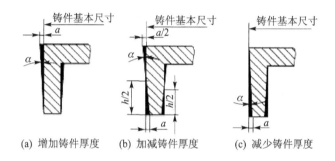

(a) 增加铸件厚度　(b) 加减铸件厚度　(c) 减少铸件厚度

图 3-54　起模斜度形式

4）芯　头

芯头是砂芯的外伸部分,不形成铸件内腔轮廓。铸型中使用砂芯时,为使型芯在铸型中定位准确、安放稳固及砂芯内部排气通畅,在型芯及模样上均需做出芯头。芯头主要用于定位和固定砂芯,使砂芯在铸型中有准确的位置。

芯头分为垂直芯头和水平芯头两大类,如图 3-55 所示。垂直型芯一般都有上、下芯头,短而粗的型芯可不留上芯头。芯头高度主要取决于芯头直径。为增加芯头的稳定性和可靠

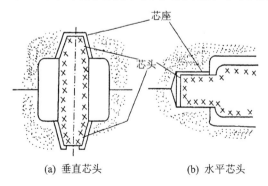

(a) 垂直芯头　　　　　　(b) 水平芯头

图 3-55　型芯头

性,下芯头的斜度小,高度大;为易于合型,上芯头的斜度大,高度小。水平芯头的长度主要取决于芯头的直径和型芯的长度。为便于下芯及合型,铸型上的芯座端部也应有一定的斜度。

铸造工艺设计中应减少不必要的砂芯,以降低成本,提高铸件精度。图3-56所示为用自带型芯(亦称砂垛)替代专制砂芯的实例,减少了砂芯数目,降低了成本。

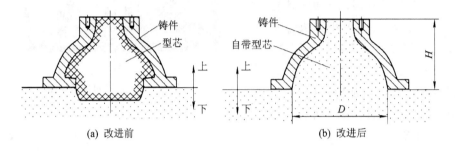

(a) 改进前　　　　　　　　　　　　(b) 改进后

图3-56　以自带型芯替代专制砂芯的内腔结构改进

3.4.3　铸造工艺CAD

如前所述,铸造工艺设计过程中,有许多烦琐的计算和大量的标准查询等工作,仅凭工艺设计人员的个人经验和手工操作,不但要花费很多时间,而且设计结果往往因人而异,很难保证铸件质量。随着计算机辅助设计(CAD)技术的发展,铸造工艺CAD在铸造技术开发和生产中得到愈来愈广泛的应用。

铸造工艺CAD主要工作内容有:

① 根据铸件图纸,应用CAD软件进行铸件三维造型,如图3-57所示。

② 按需要从任一角度或对铸件任一部分结构加以观察,根据三维实体计算铸件重量和不同部位的模数,计算浇冒口等工艺数据,进行铸件的初步设计,估算成本并提出报价。

③ 从建立的铸件三维实体抽取数据进行三维凝固模拟并修改铸件设计,然后自动生成相应的型(芯)或模具、模组的三维模型。

④ 型(芯)的设计结果输出用于制模,模具三维模型数据传递至数控机床进行加工。蜡模模型数据可直接传递至快速原型机自动制模。

图3-58所示为铸造工艺计算机辅助设计过程。

与传统的铸造工艺设计方法相比,铸造工艺CAD有如下特点:

➤ 计算准确、迅速,消除了人为的计算误差。

➤ 可同时对几个不同的方案进行工艺设计和比较,从而找出较好的方案。

➤ 能够储存并系统利用铸造工作者的经验,使得使用者不论其经验丰富与否都能设计出较合理的铸造工艺。

➤ 计算结果能自动打印记录,并能绘制铸造工艺图等技术文件。

➤ 铸件的三维模型数据可与计算机辅助制造(CAM)及计算机辅助分析(CAE)或数值模拟实现集成,以实现铸造工艺设计数字化,如图3-59所示。

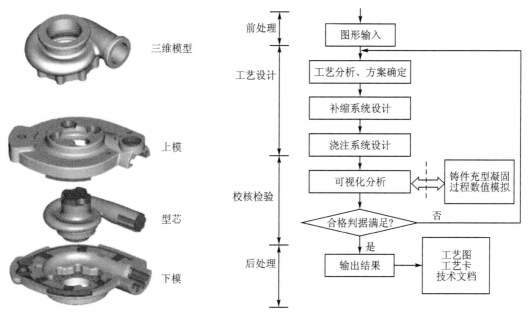

图 3-57　铸型三维模型　　　　图 3-58　铸造工艺计算机辅助设计过程

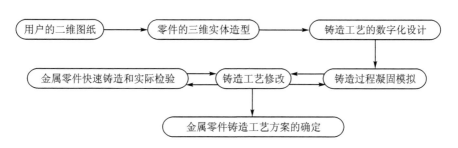

图 3-59　数字化铸造工艺设计流程

思考题

1. 试述液态金属的充型能力和流动性之间在概念上的区别。

2. 铸件的凝固有哪几种方式？如何对铸件的凝固过程进行控制？

3. 铸件缩孔和缩松是如何形成的？

4. 试述顺序凝固和同时凝固的区别。

5. 铸造内应力、变形和裂纹是怎样形成的？怎样防止它们的产生？

6. 试说明铸造生产的特点及砂型铸造的基本工艺过程。

7. 手工造型方法有哪几种？选用的主要依据是什么？

8. 浇注位置选择原则是什么？

9. 分析砂型、金属型、压力、熔模、离心铸造的特点及适用范围。

10. 压铸机有哪几种类型？

11. 铸造合金有哪些？常用铸铁有哪几种？

12. 比较铸铁件与铸钢件的铸造工艺特点。

13. 比较铸造铝合金和铸造镁合金的铸造工艺特点。

14. 分析钛合金的铸造工艺特点。

15. 如何保证高温合金的铸造质量？

16. 分析铸件结构和铸造工艺之间的关系及铸件设计应注意的问题。

17. 为什么要设分型面？怎样选择分型面？

18. 为什么铸件的重要加工面和主要工作面在铸型中应朝下？

19. 铸件壁厚设计不当会产生哪些铸造缺陷？

20. 铸件内腔的设计有哪些要求？为什么？

21. 分析冒口与冷铁的各自作用。

22. 冒口分为哪几种类型？各有什么特点？

23. 如何利用 CAD 技术进行铸造工艺设计？

第4章 塑性成型技术

塑性成型是利用金属在外力作用下发生塑性变形,从而获得所需形状和性能的坯料或零件的加工方法。具有塑性的金属及其合金,在一定的工艺条件下就可以进行塑性成型加工。

4.1 金属塑性成型性能

金属的塑性变形行为不仅与金属或合金的晶格类型、化学成分和显微组织有关,而且与变形温度、变形速度和受力状况等变形外部条件有关。金属塑性变形的能力决定金属材料在塑性成型加工时获得优质毛坯或零件的难易程度,或称为成型性。金属的成型性好,表明该金属适合于塑性加工成型,反之则说明该金属不宜于选用塑性成型加工。

4.1.1 塑性和塑性指标

1. 塑 性

所谓塑性,是指固体材料在外力作用下发生永久变形,而不破坏其完整性的能力。它是金属的一种重要加工性能。

2. 塑性指标

为了衡量金属材料塑性的好坏,需要有一种数量上的指标,称为塑性指标。塑性指标可以用材料开始破坏时的塑性变形量来表示,它可借助于各种试验方法来测定。常用的试验方法有拉伸试验、压缩试验和扭转试验等。此外,还有模拟各种实际塑性加工过程的实验方法。

① 拉伸试验是在材料试验机上进行的,拉伸速度通常在 1 m/s 以下,应变速率为 $10^{-1} \sim 10^{-3} \mathrm{s}^{-1}$,相当于一般液压机的速度范畴。也有些在高速试验机上进行,拉伸速度为 3.8 ~ 4.5 m/s,相当于锻锤变形速度的下限。在拉伸试验中可以确定两个塑性指标:伸长率 $\delta(\%)$ 和断面收缩率 $\psi(\%)$。

这两个指标越高,说明材料塑性越好。试样拉伸时,在缩颈出现前,材料承受单向拉应力;缩颈出现后,缩颈处承受三向拉应力。可见,δ、ψ 反映了材料在单向拉应力均匀变形阶段和三向拉应力局部变形阶段的塑性总和。δ 的大小与试样原始标距长度有关,而 ψ 与试样原始标距长度无关。因此,在塑性材料中,用 $\psi(\%)$ 作为塑性指标更合理。

② 镦粗试验是将圆柱体试样在压力机的落锤上进行镦粗,试样的高度一般为直径的 1.5 倍,用试样侧表面出现第一条裂纹时的压缩程度 ε_c 作为塑性指标,即

$$\varepsilon_c = \frac{H_0 - H_k}{H_0} \times 100\%$$

式中,H_0 为圆柱形试样原始高度;H_k 为试样压缩后,在侧表面出现第一条肉眼能观察到的裂纹时的试样高度。

镦粗时,由于接触摩擦的影响,试样会出现鼓形,内部处于三向压应力状态,而侧表面出现切向拉应力,这种应力状态与自由锻、冷镦等塑性成型过程相近。试验表明,同一金属在一定

的变形温度和速度条件下进行镦粗时,可能得出不同的塑性指标。因此,对镦粗试验必须制定相应的规程,注明试验的具体条件。

③ 扭转试验是在专门的扭转试验机上进行的,材料的塑性指标用试样破断前的扭转角或扭转圈数表示。由于扭转时的应力状态接近于零静水压力,且试样沿其整个长度上的塑性变形均匀,不像拉伸试验时出现缩颈和镦粗试验时出现鼓形,从而排除了变形不均匀性的影响。

4.1.2　塑性变形抗力

塑性成型时,对金属或合金必须施加的外力,称为变形力。金属或合金对变形力的反作用力,称为变形抗力。在某种程度上,它反映了材料变形的难易程度。变形抗力的大小,不仅取决于材料的流动应力,而且取决于塑性成型的应力状态、摩擦条件及变形体的几何尺寸等因素。只有在单向均匀拉伸(或压缩)时,变形抗力才与所考虑材料在一定变形温度、变形速度和变形程度下的流动应力相等。

成型性常用金属的塑性指标(伸长率 δ 和断面收缩率 ψ)和变形抗力来综合衡量,塑性指标越高,变形抗力越低,成型性越好。金属成型性的优劣受材料性质和变形加工条件这两个内外因素的综合影响。

1. 材料性质

(1) 化学成分的影响

不同种类的金属以及不同成分含量的同类金属材料塑性是不同的,铁、铝、铜、镍、金、银等金属的塑性好。一般情况下,纯金属的塑性比合金的好,如纯铝的塑性就比铝合金的好;低碳钢的塑性就比中高碳钢的好;碳素钢的塑性又比含碳量相同的合金钢好。

(2) 组织状态的影响

金属内部组织结构不同,其成型性有较大的差异。纯金属及固溶体(如奥氏体)组成的单相组织比多相组织的塑性好,变形抗力低;均匀细小的晶粒比铸态柱状晶组织和粗晶组织的成型性好。

2. 成型加工条件

(1) 成型温度的影响

就大多数金属材料而言,提高金属塑性变形时的温度,金属的塑性指标(伸长率 δ 和断面收缩率 ψ)增加,变形抗力降低,是改善或提高金属成型性的有效措施。故成型加工时,都要将金属预先加热到一定的温度。

金属在加热过程中,随着温度的升高,其力学性能变化很大。低碳钢在 300 ℃ 以上,随着温度的升高,塑性指标 δ 和 ψ 上升,变形抗力下降,如图 4-1 所示。当组织为单一奥氏体时,塑性很好,适宜进行塑性成型加工。

为保证金属在热成型过程中具有最佳变形条件以及热变形后获得所要求的内部组织,需正确制定金属材料的加热温度范围。加热温度过高,易产生过热(金属内晶粒急剧长大的现象)、过烧(晶粒间低熔点物质熔化,变形时金属发生破裂)及严重氧化等缺陷;过低会因出现加工硬化而使塑性下降,变形抗力剧增,变形难以进行。

金属锻造加热时允许的最高温度称为始锻温度。在锻压过程中,金属坯料温度不断降低,当温度降低到一定程度,塑性变差,变形抗力增加,不能再锻,否则引起加工硬化甚至开裂,此

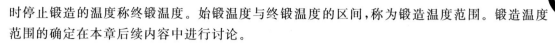

时停止锻造的温度称终锻温度。始锻温度与终锻温度的区间,称为锻造温度范围。锻造温度范围的确定在本章后续内容中进行讨论。

（2）**变形速度的影响**

变形速度是指单位时间内的变形程度。它对金属成型性的影响是比较复杂的,一方面因变形速度的增大,回复与再结晶不能及时克服加工硬化现象,金属表现出塑性指标 δ 和 ψ 下降,变形抗力增大,成型性变坏;另一方面,金属在变形过程中消耗于塑性变形的能量有一部分转换成热量,使金属温度升高（热效应现象）。若变形速度足够大,热效应现象很明显,又使金属的塑性指标 δ 和 ψ 提高,变形抗力下降,如图 4-2 中 a 点以后,成型性变好。

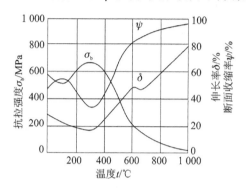

图 4-1　低碳钢力学性能与温度的关系

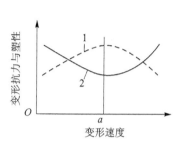

1—变形抗力曲线;2—塑性变化曲线

图 4-2　变形速度对塑性及变形抗力的影响

（3）**应力状态的影响**

金属材料在经受不同方法进行变形时,所产生的应力大小和性质（指压应力或拉应力）是不同的。例如,拉拔时为两向受压、一向受拉的状态,如图 4-3 所示;而挤压变形时则为三向受压状态,如图 4-4 所示。

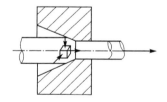

图 4-3　拉拔时金属应力状态

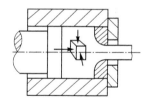

图 4-4　挤压时金属应力状态

实践证明,金属塑性变形时,3 个方向中压应力的数目越多,金属表现出的塑性越好;拉应力的数目越多,金属的塑性就越差;而且,同号应力状态下引起的变形抗力大于异号应力状态下的变形抗力。当金属内部有气孔、小裂纹等缺陷时,在拉应力作用下,缺陷处易产生应力集中,导致缺陷扩展,甚至产生破裂。压应力会使金属内部摩擦增大,变形抗力亦随之增大,但压应力使金属内原子间距减小,又不易使缺陷扩展,故金属的塑性得到提高。因此,在锻压生产中,人们通过改变应力状态来改善金属的塑性,以保证生产的顺利进行。

综上所述,金属的成型性既取决于金属本质,又取决于变形条件。因此,在金属材料的成型加工过程中,力求创造最有利的变形加工条件,提高金属的塑性,降低变形抗力,达到塑性成型的目的。另外,还应使加工过程满足能耗低、材料消耗少、生产率高、产品品质好的要求。

4.1.3 金属塑性成型中组织和性能的变化

金属及合金的塑性变形不仅是一种加工成型的工艺手段,而且也是改善合金性质的重要途径。因为通过塑性变形后,金属和合金的显微组织将产生显著的变化,其性能亦受到很大的影响。

1. 冷变形与热变形

(1) 冷变形

金属在再结晶温度以下进行的塑性变形称为冷变形,如钢在常温下进行的冷冲压、冷轧、冷挤压等。在变形过程中,有形变强化现象而无回复与再结晶现象。

冷变形可提高材料的硬度、强度。其缺点是变形抗力大,对工模具要求高;而且,因为有残余应力、塑性差等,所以常常需要中间退火才能继续变形。

(2) 热变形

热变形是金属在再结晶温度以上进行的。变形过程中再结晶速度大于变形强化速度,故变形产生的强化会随时因再结晶而消除,变形后金属具有再结晶组织,而无变形强化的效果。

热变形与冷变形相比,其优点是塑性良好,变形抗力小,容易加工变形;但高温条件下,金属容易产生氧化皮,所以制件的尺寸精度差,表面粗糙,而且劳动条件不好,还需要配备专门的加热设备。

依据冷、热变形原理对金属进行塑性成型加工分别称为冷加工与热加工。在金属的再结晶温度以下进行塑性成型称为冷加工;在再结晶温度以上进行塑性成型称为热加工。例如铅的再结晶温度在 0 ℃ 以下,因此,在室温下对铅进行塑性成型已属于热加工;而钨的再结晶温度约为 1 200 ℃,因此,即使在 1 000 ℃ 进行塑性成型也属于冷加工。

2. 金属塑性变形中组织结构的变化

多晶体金属和合金,随着形变量的增加,原来等轴状的晶粒将沿其变形方向(拉伸方向或轧制方向)伸长。当形变量很大时,晶界逐渐变得模糊不清,一个一个细小的晶粒难以分辨,只能看到沿变形方向分布的纤维状条带,通常称之为纤维组织或流线,如图 4-5 所示。在这种情况下,金属和合金沿流线方向上的强度很高,而在其垂直的方向上则有相当大的差别。

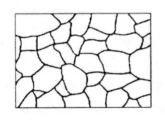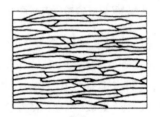

图 4-5 变形前后晶粒形状变化示意图

通过热塑性可使钢中的组织缺陷得到明显的改善,如气孔和疏松被焊合,则金属材料的致密度增加,铸态组织中粗大的柱状晶和树枝晶被破碎,使晶粒细化,某些合金钢中的大块初晶或共晶碳化物被打碎,并较均匀分布,粗大的夹杂物亦可被打碎,并均匀分布。由于在温度和压力作用下原子扩散速度加快,因而偏析可部分得到消除,使化学成分比较均匀。这些都使材料的性能得到明显的提高。图 4-6 所示为不同成型工艺条件下工件组织的比较。

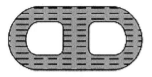
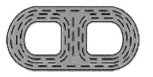

(a) 铸　造　　　　　　　(b) 机械加工　　　　　　　(c) 锻　造

图 4-6　不同成型工艺的比较

金属中纤维组织的形成将使其力学性能呈现出各向异性,沿着流线方向比垂直于流线方向具有较高的力学性能,特别是塑性和冲击韧性。在制定热加工工艺时,必须合理地控制流线的分布情况,尽量使流线方向与应力方向一致。对所受应力比较简单的零件,如曲轴、吊钩、扭力轴、齿轮、叶片等,尽量使流线分布形态与零件的几何外形一致,并在零件内部封闭,不在表面露头,如图 4-7 所示,这样可以提高零件的性能。

图 4-7　金属锻件中纤维组织的流线分布

塑性变形对金属组织和性能的影响主要取决于变形程度,变形程度可用锻造比(简称锻比)表示。锻比的大小能反映锻造对锻件组织和力学性能的影响,也是保证锻件品质的一个重要指标。锻造比通常用坯料变形前后的截面比、长度比或高度比来计算。例如:

拔长锻造比:　　　　　　　　　$Y_{拔} = F_0/F = L/L_0$

镦粗锻造比:　　　　　　　　　$Y_{镦} = F/F_0 = H_0/H$

式中,F_0、L_0、H_0 为变形前坯料的截面积、长度和高度;F、L、H 为变形后坯料的截面积、长度和高度。

一般而言,随着锻比增大,由于内部孔隙的焊合,铸态树枝晶被打碎,锻件的纵向和横向力学性能均得到明显提高;当锻比超过一定数值时,由于形成纤维组织,其横向力学性能(塑性、韧性)急剧下降,导致锻件出现各向异性。因此,在制定锻造工艺过程规程时,应合理地选择锻比。用钢材锻制锻件(莱氏体钢锻件除外),由于钢材经过了大变形的锻造或轧制,其组织与性能均已得到改善,一般不必考虑锻比。用钢锭(包括有色金属铸锭)锻制大型锻件时,就必须考虑锻比,锻比一般取 2～4。合金结构钢比碳素结构钢铸造缺陷严重,锻比应大些,重要受力件的锻比要大于一般锻件的锻比,可达 6～8。

4.1.4　金属塑性成型的基本宏观规律

金属塑性成型过程是在工件整体性不被破坏的前提下,依靠塑性变形实现材料转移的过程,因此材料质点的流动规律是金属塑性成型最基本的宏观规律。

1. 体积不变定理

金属固态成型加工中金属变形后的体积等于变形前的体积，称为体积不变定理（又叫质量恒定定理）。实际上金属在塑性变形过程中，体积总有些微小变化，如锻造钢锭时，由于气孔、缩松的锻合密度略有提高，以及加热过程中因氧化生成的氧化皮耗损等。然而这些变化对整个金属坯件来说是相当微小的，故一般可忽略不计。因此在每一工序中，坯料一个方向尺寸减小，必然使其他方向的尺寸有所增加，在确定各工序间尺寸变化时，就可运用该定理。

2. 最小阻力定律

金属在塑性变形过程中，其质点都将沿着阻力最小的方向移动，称为最小阻力定律。一般来说，金属内某一质点塑性变形时移动的最小阻力方向就是通过该质点向金属变形部分的周边所做的最短法线方向。因为质点沿这个方向移动时路径最短、阻力最小、所需做的功也最小，因此，金属有可能向各个方向变形，但最大的变形将向着大多数质点遇到的最小阻力的方向。

在锻造过程中，可应用最小阻力定律事先判定变形金属的截面变化。例如，镦粗圆形截面毛坯时，金属质点沿半径方向移动，镦粗后仍为圆形截面；镦粗正方形截面毛坯时，以对角线划分的各区域里的金属质点都垂直于周边向外移动。这就不难理解为什么正方形截面会逐渐向圆形变化，长方形截面会逐渐向椭圆形变化的规律了，如图 4-8 所示。

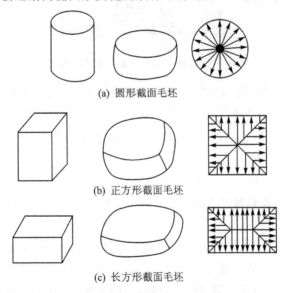

(a) 圆形截面毛坯

(b) 正方形截面毛坯

(c) 长方形截面毛坯

图 4-8 金属镦粗后外形及金属流动方向

又如，毛坯拔长送进量小时，金属大部分沿长度方向流动；送进量增大，更多的金属将沿宽度方向流动。故对拔长比而言，送进量越小，拔长的效率越高。另外，在镦粗或拔长时，毛坯与上、下砧铁表面接触产生的摩擦力使金属流动形成鼓形。

3. 塑性成型中的摩擦与润滑

金属塑性成型是在工具与工件相接触的条件下进行的，这时必然产生阻止金属流动的摩擦力。这种发生在工件和工具接触面间、阻碍金属流动的摩擦，称外摩擦。例如，锻造时坯料与模具间的摩擦，挤压时坯料与挤压模之间的摩擦，轧制时坯料与轧辊间的摩擦等。由于摩擦的作用,工具产生磨损,工件被擦伤;金属变形力、能的增加造成金属变形不均;严重时使工件出现裂纹,还要定期更换工具。

在某些场合下,摩擦也起着有益的作用。例如,薄板拉延时,增加凸缘处的摩擦阻力可避免工件起皱;轧制时,轧辊与坯料间要有足够的摩擦力才能使坯料咬入等。但多数情况下,外摩擦是个不利因素,因此,在工件与工、模具之间加入润滑物质,以减小摩擦,这就是润滑。

(1) 摩擦类型

塑性成型时的摩擦根据其性质可分为干摩擦、边界摩擦和流体摩擦三种。

1) 干摩擦

干摩擦是指不存在任何外来介质时金属与工具的接触表面之间的摩擦,如图 4 - 9(a)所示。但在实际生产中,这种绝对理想的干摩擦是不存在的。因为金属塑性加工过程中,其表面多少存在氧化膜,或吸附一些气体和灰尘等其他介质。通常说的干摩擦指的是不加润滑剂的摩擦状态。

2) 边界摩擦

这是一种介于干摩擦与流体摩擦之间的摩擦状态,称为边界摩擦。当接触面上存有很薄的润滑剂膜时产生的摩擦称为边界摩擦,其表面接触方式如图 4 - 9(b)所示。此时坯料表面的“凸峰”中的一部分被压平。被压平的“凸峰”和模具表面之间,可能会保留一层很薄的润滑剂膜,这层薄膜也可能会被挤掉,此时会出现粘模现象。大多数塑性成型的表面接触状态属于这种边界摩擦。

3) 流体摩擦

当金属与工具表面之间的润滑层较厚时,摩擦副在相互运动中不直接接触,完全由润滑油膜隔开,如图 4 - 9(c)所示,发生在流体内部分子之间的摩擦称为流体摩擦。它不同于干摩擦,摩擦力的大小与接触面的表面状态无关,而与流体的粘度、速度梯度等因素有关。因而流体摩擦的摩擦系数是很小的。塑性加工中接触面上压力和温度较高,使润滑剂常易挤出或被烧掉,所以流体摩擦只在有条件的情况下发生和作用。

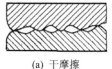 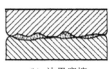 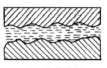

　　　(a) 干摩擦　　　　　　　(b) 边界摩擦　　　　　　　(c) 流体摩擦

图 4 - 9　摩擦类型

在实际生产中,上述三种摩擦不是截然分开的,常会出现所谓的混合摩擦,即半干摩擦与半流体摩擦。半干摩擦是边界摩擦与干摩擦的混合状态。当接触面之间存在少量的润滑剂或其他介质时,就会出现半干摩擦。半流体摩擦是流体摩擦与边界摩擦的混合状态,此时在变形金属和工具的接触表面之间有一层润滑剂,但又没有完全把两表面分开,在相对运动时,个别部位可能会发生“凸峰”与“凹坑”之间的相互咬合。

(2) 润滑剂

塑性成型过程采用润滑剂能起到防粘减摩以及减少工模具磨损的作用,而使用不同的润滑剂效果也不同。因此,正确选用润滑剂,可显著降低摩擦系数。塑性成型时常用的润滑剂有液体润滑剂和固体润滑剂两大类。

液体润滑剂包括矿物油、植物油、动物油、乳液等。矿物油多是机油，机油的化学成分稳定，与金属不起化学作用，但摩擦系数比动、植物油大，因此，常把机油作配制润滑油的基油，再加入各种添加剂以制成所需的润滑油。塑性成型时要根据加工条件选用不同粘度的润滑油。一般说来，板料厚、变形程度大、加工速度低时，选用粘度较大的润滑油；当材料薄、加工速度快时，可选用粘度较小的稀油。

用于金属塑性成型的固体润滑剂，主要有石墨、二硫化铝、玻璃等，此外还有重金属硫化物、特种氧化物、某些矿物（如云母、滑石和塑料（如聚四氟乙烯））等。固体润滑剂的使用状态多数是糊剂或悬浮液，也可以是粉末状的。

4. 塑性成型断裂

塑性成型中的断裂除因铸锭质量差（疏松、裂纹、偏析和粗大晶粒等）和加热时造成的过热、过烧外，绝大多数的断裂是属于不均匀变形所造成的。生产中因工艺条件和操作上的不合理，也会发生各种断裂。

在塑性成型过程中，按金属制品裂纹产生的部位可分为表面裂纹和内部裂纹。

金属的成型性是用不同方法进行塑性成型时，工件出现第一条可见裂纹前所达到的最大变形量来表征的，如可锻性、可轧性、可挤压性、可拉拔性等。它是制定各种塑性加工工艺规程和保证产品质量的一个重要参数。

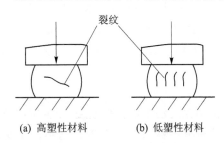

图 4-10　镦粗裂纹示意图

对于不同的塑性成型方法，工件出现裂纹的形式也不同。即使采用相同的加工方法，也会由于加工工艺条件的不同而出现不同的裂纹形式。如自由锻造镦粗时，如图 4-10 所示，一般在鼓形侧表面的中央出现裂纹，高塑性材料的裂纹几乎与轴线呈 45°角，而低塑性材料的裂纹几乎平行于轴线。成型性是一个很复杂的参数，它涉及加工材料的性能、加工力学状态和加工工艺参数三者之间的关系，很难用单一的试验方法确定。

4.2　塑性成型方法

根据材料及变形特点，塑性成型可分为体积成型和板料成型两大类。体积成型主要是指通过对金属坯料（块料）进行体积重新分配的塑性变形来成型制件，如锻造、拉拔、挤压、轧制等。板料成型一般称为冲压，是金属板料在模具作用下发生塑性变形来获得所需形状和尺寸的制件的方法，包括冲裁、弯曲、拉伸等。

4.2.1　锻造成型

锻造成型是对处于再结晶温度以上的金属施加外力，使其产生塑性变形，从而获得具有要求的形状、尺寸和组织性能的制件的过程。在锻造过程中，通过在高温下变形，原材料的铸造缺陷在很大程度上得以消除，锻件的晶粒度及内部组织得到明显改善。因此，锻件的力学性能比铸件和机械加工件明显提高。

常用的锻造成型方法有自由锻、模锻和胎模锻造。

1. 自由锻

自由锻是利用冲击力或压力使金属材料在上下两个砧铁或锤头与砧铁之间产生变形,从而获得所需形状、尺寸和力学性能的锻件的过程。自由锻成型过程中坯料的整体或局部发生塑性变形,金属坯料在水平方向可自由流动,不受限制。自由锻要求被成型材料(黑色金属或有色金属)在成型温度下具有良好的塑性,锻件的形状和尺寸控制取决于操作者的技术水平。

(1) 自由锻工序

自由锻的工序通常分为基本工序、辅助工序和精整工序。

自由锻的基本工序是使坯料产生一定程度的热变形,逐渐形成锻件所需形状和尺寸的过程。基本工序有镦粗(见图 4-11)、拔长(见图 4-12)、冲孔(见图 4-13)、扩孔、切割、弯形、扭转和错移等。

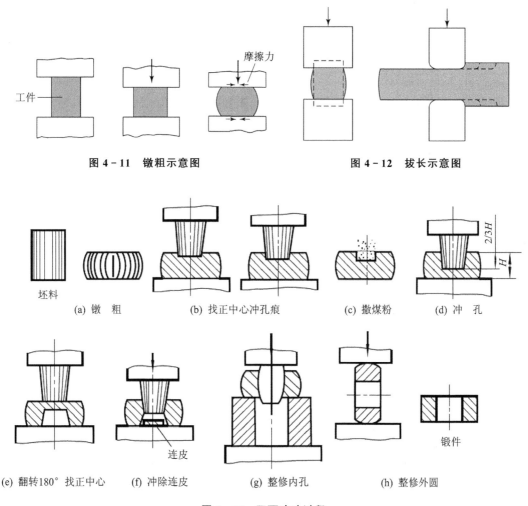

图 4-11　镦粗示意图　　　　图 4-12　拔长示意图

图 4-13　双面冲孔过程

1) 镦　粗

镦粗是自由锻中最常见的工序之一,它是使坯料高度减小而横截面增大的成型工序。圆柱坯料在镦粗时,随着高度尺寸的减小,径向尺寸不断增大。由于坯料与工具之间的接触面存在着摩擦,镦粗后坯料的侧表面变成鼓形,同时造成坯料变形分布不均匀。

镦粗一般用来制造圆盘类(如齿轮坯)及法兰等锻件毛坯,在锻造空心锻件时,可作为冲孔前的预备工序。

2) 拔 长

使坯料横截面减小,长度增加的锻造工序称为拔长。拔长用于制造轴类、杆类和长筒形零件,如光轴、阶台轴、连杆等零件毛坯。

3) 冲孔和扩孔

冲孔是用冲子在坯料冲出通孔或不通孔的锻造工序。冲孔主要用于制造如齿轮坯、圆环、套筒等带孔工件。扩孔是减小空心毛坯壁厚,增加毛坯的内径和外径的锻造工序,其实质是沿圆周方向的变相拔长。

4) 切割、弯形、扭转和错移

切割是将坯料切成所需形状和尺寸的工序,如下料、切去料头等。使坯料弯成一定角度或形状的锻造工序称为弯形。将毛坯的一部分相对于另一部分绕其轴心线旋转一定角度的锻造工序称为扭转。错移是将毛坯的一部分相对另一部分错开,错开后两部分轴心线仍平行的锻造工序。

辅助工序是为基本工序操作方便而进行的预先变形工序,如压肩、倒棱等。

精整工序是用以改善锻件表面品质而进行的工序,如整形、清除表面氧化皮等。精整工序用于要求较高的锻件,且在终锻温度以后进行。

(2) 自由锻件分类

根据锻件的外形特征及其成型方法,可将自由锻件分为 6 类:盘块类、空心类、轴杆类、曲轴类、弯曲类和复杂形状类。

各类锻件变形工序的选择,应根据锻件的形状、尺寸和技术要求,结合各锻造工序的变形特点,参考有关典型工艺过程具体确定。各类自由锻锻件基本变形工艺方案如表 4-1 所列。图 4-14 为轴类零件自由锻过程示意图。

表 4-1 自由锻锻件类型及所需变形工序方案

序 号	类 别	图 例	变形工序方案	实 例
1	盘类锻件		①镦粗或局部镦粗 ②冲孔	法 兰、齿轮叶轮、模块等
2	轴类锻件		①拔长—压肩—锻台阶 ②镦粗—拔长	传动轴、齿轮轴、连杆
3	筒类件		①镦粗 ②拔 长 ③心轴拔长	圆筒、套、空心轴
4	环类件		①镦粗 ②冲孔 ③心轴上扩孔	圆环、齿圈、法兰等

续表 4-1

序号	类别	图例	变形工序方案	实例
5	曲轴类锻件		①拔长 ②错移 ③锻台阶 ④扭转	各种曲轴、偏心轴
6	弯曲类锻件		①同轴类工序 ②弯曲	吊钩、弯接头等

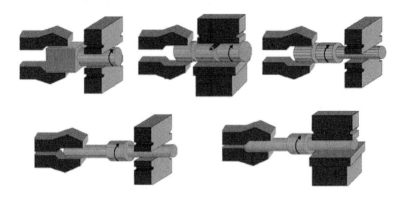

图 4-14　轴类零件自由锻过程

自由锻可使用多种锻压设备(如空气锤、蒸汽锤、电液锤、机械压力机和液压机等),锻造工具简单且通用性强,操作方便。但是,自由锻存在生产率低、金属损耗大和劳动条件较差等缺点。

经自由锻成型所获得的锻件,精度和表面品质差,故自由锻适用于形状简单的单件小批量毛坯成型,特别是重、大型锻件的生产。

2. 模　锻

(1) 模锻成型过程

模锻是将加热到锻造温度的金属坯料放于固定锻模模腔中,当动模做合模运动时(一次或多次),坯料发生塑性变形并充满模腔,随后,模锻件由顶出机构顶出模腔的过程。热锻要求材料在高温下具有较好的塑性,而冷锻则要求材料具有足够的室温塑性。图 4-15 为模锻示意图。

热锻件的精度和表面品质除取决于锻模的精度和表面品质外,还取决于氧化皮的厚度和润滑剂等。要得到零件配合面最终精度和表面品质还须再进行精加工(如车削、铣削和刨削等)。冷锻件则可获得较好的精度与表面品质,几乎可以不再进行或少进行机加工。

图 4-16 所示为典型模锻件。

模锻成型在飞机、机车、汽车、拖拉机、兵器及轴承等制造业中应用广泛。据统计,如按质量计算,飞机上的锻件中模锻件约占 85%、汽车上约占 80%、坦克上约占 70%、机车上约占 60%、轴承上约占 95%。最常见的零件是齿轮、轴、连杆、杠杆和手柄等。但模锻件常限于

150 kg 以下的零件。冷成型工艺（冷镦、冷锻）主要生产一些小型制品或零件，如螺钉、钉子、铆钉和螺栓等。由于锻模造价高，制造周期长，故模型锻造仅适宜于大批量生产。

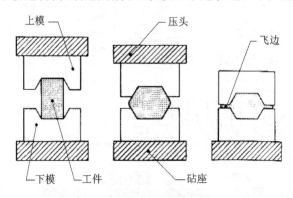

图 4 - 15　模锻示意图

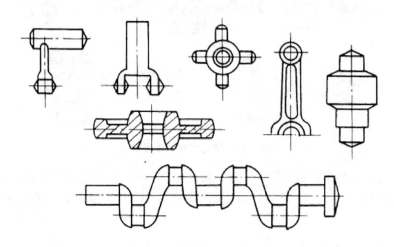

图 4 - 16　典型模锻件

模锻可采用多种锻压设备，如锤上模锻、压力机上模锻。锤上模锻使用的设备有蒸汽-空气模锻锤、无砧底锤、高速锤等。压力机上模锻对金属主要施加静压力，金属在模腔内流动缓慢，在垂直于压力的方向上容易变形，有利于对变形速度敏感的低塑性材料的成型，并且锻件内外变形均匀，锻造流线连续，锻件力学性能好。用于模锻生产的压力机有摩擦压力机、曲柄压力机和平锻机等。这里重点介绍应用较广泛的锤上模锻。

（2）金属在模腔内的变形

根据锻件有无飞边，模锻又可分为开式模锻与闭式模锻，如图 4 - 17 所示。

开式模锻是变形金属的流动不完全受模腔限制的一种锻造方式。开式模锻时，多余的金属沿垂直于作用力方向流动形成飞边。随着作用力的增大，飞边减薄，温度降低，金属由飞边向外流动受阻，最终迫使金属充满型槽，如图 4 - 17（a）所示。

闭式模锻也称无飞边模锻。在变形过程中，金属始终被封闭在型腔内不能排出，迫使金属充满型槽而不形成飞边。闭式模锻时，上下模之间的间隙很小，金属流入间隙的阻力极大，如图 4 - 17（b）所示。但在下料不准确或模锻操作不当时，也会产生微量的纵向毛刺。

现以盘类锻件开式模锻为例来说明坯料变形过程。将金属坯料置于终锻模腔内，从锻造

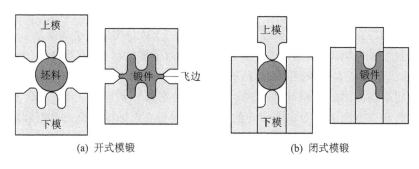

(a) 开式模锻 　　　　　　　　　　　(b) 闭式模锻

图 4 - 17　开式模锻与闭式模锻

开始到金属充满模膛锻成锻件为止,其变形过程可分为 3 个阶段。

1) 充型阶段

充型阶段如图 4 - 18(a)所示。在最初的几次锻击时,金属在外力的作用下发生塑性变形,坯料高度减小,水平尺寸增大,并有部分金属压入模膛深处。这一阶段直到金属与模膛侧壁接触达到飞边槽桥口为止。模锻所需的变形力不大,变形力与行程的关系如图 4 - 18(d)所示。

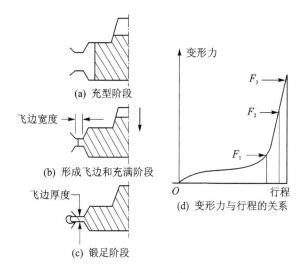

(a) 充型阶段

(b) 形成飞边和充满阶段

(c) 锻足阶段

(d) 变形力与行程的关系

图 4 - 18　金属在模膛中的变形过程

2) 形成飞边和充满阶段

继续锻造时,由于金属充满模膛圆角和深处的阻力较大,金属向阻力较小的飞边槽内流动,形成飞边。此时,模锻所需的变形力开始增大。随后,金属流入飞边槽的阻力因飞边变冷而急速增大,一旦这个阻力大于金属充满模膛圆角和深处的阻力,金属便改向模膛圆角和深处流动,直到模膛各个角落都被充满为止,如图 4 - 18(b)所示。这一阶段的特点是飞边进行强迫充填。由于飞边的出现,变形力迅速增大,如图 4 - 18(d)中 F_1F_2 线所示。

3) 锻足阶段

锻足阶段如图 4 - 18(c)所示。如果坯料的形状、体积及飞边槽的尺寸等工艺参数都设计得恰当,则当整个模膛被充满时,也正好锻到锻件所需高度。但是,由于坯料体积总是不够准确且往往都偏大,或者飞边槽阻力偏大,导致模膛已经充满但上、下模还未合拢,需进一步锻足。这一阶段的特点是变形仅发生在分模面附近区域，以便向飞边槽挤出多余的金属。此阶段变形力急剧增大，直至达到最大值 F_3 为止，如图 4 - 18(d) 中 F_2F_3 线所示。由此可知，飞边有 3 个作用：强迫充填；容纳多余的金属；减轻上模对下模的打击，起缓冲作用。

根据塑性成型的基本规律，在三向压应力的情况下，金属主要是向着小阻力方向流动。因此，模具对金属流动方向的控制就是通过对不同的毛坯依靠不同的工具，采取不同的加载方式，在变形体内建立不同的应力场来实现的，即通过改变变形体内的应力状态和应力顺序来得到不同的变形和流动情况。影响金属充满模膛的因素主要有金属的塑性和变形抗力、模锻温度、飞边槽的形状和位置、锻件形状和尺寸以及设备工作速度等因素。

（3）锻模模膛

根据锻模模膛功用不同，锻模可分为模锻模膛和制坯模膛两大类。

1）模锻模膛

模锻模膛又分为预锻模膛和终锻模膛两种，如图 4 - 19 所示。

预锻模膛的作用是使坯料变形到接近于锻件的形状和尺寸。之后再进行终锻时，金属容易充满终锻模膛，同时也减小了终锻模膛的磨损，延长了使用寿命。终锻模膛的作用是使坯料最后变形到锻件所要求的尺寸，即形状与锻件相同。因锻件冷却时要收缩，终锻模膛的尺寸应比锻件尺寸放大一个收缩量，钢件一般取 1.2%～1.5%。

终锻模膛沿模膛四周有飞边槽，如图 4 - 20 所示，其作用主要是促使金属充满模膛，增加金属从模膛中流出的阻力，同时容纳多余的金属。对于具有通孔的锻件，由于不可能靠上、下模的突出部分把金属完全挤压形成通孔，故终锻后在孔内会留下一薄层金属，即冲孔连皮。把飞边和连皮切除后得到模锻件。

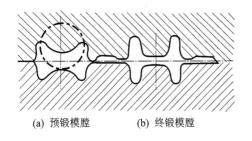

(a) 预锻模膛   (b) 终锻模膛

图 4 - 19　模锻模膛

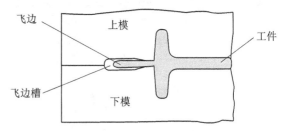

图 4 - 20　飞边槽示意图

预锻模膛和终锻模膛的主要区别是前者的圆角和斜度较大，没有飞边槽。对于形状简单或批量不太大的模锻件可不设置预锻模膛。

2）制坯模膛

对于形状复杂的模锻件（尤其是长轴类模锻件），为了使坯料形状基本接近模锻件形状，使金属能更合理地分布和充满模膛，须预先在制坯模膛内制坯，然后再进行预锻和终锻。制坯模膛有：

① 拔长模膛。它用来减小坯料某部分的横截面积，以增加该部分的长度，如图 4 - 21 所示。

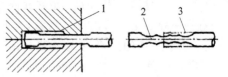

1—拔长模膛；2—拔长后毛坯；3—拔长前坯料

图 4 - 21　拔长模膛

② 滚压模膛。它用来减小坯料某部分的横截面积，以增大另一部分的横截面积，主要是使金属按模锻件形状分布，如图 4-22 所示。滚压模膛分为开式和闭式两种。当模锻件沿轴线的横截面积相差不很大或修整拔长后的坯料时，采用开式滚压模膛。当模锻件的最大和最小截面相差较大时，采用闭式滚压模膛。操作时需不断翻转坯料。

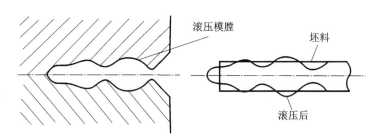

图 4-22　滚压模膛

③ 弯曲模膛。对于弯曲的杆类模锻件，需用弯曲模膛。坯料可直接或先经其他工序制坯后再放入弯曲模膛进行弯曲变形，如图 4-23 所示。

④ 切断模膛。它是由上模与下模的角部组成的一对刀口，用来切断金属，如图 4-24 所示。单件锻造时，用它从坯料上切下锻件或从锻件上切下钳口部金属。多件锻造时，用它来分离成单个件。

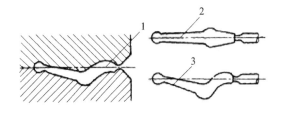

1—弯曲模膛；2—弯曲前坯料；3—弯曲后坯料

图 4-23　弯曲模膛

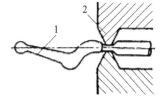

1—锻件；2—切断模膛

图 4-24　切断模膛

此外，还有成型模膛、镦粗台及击扁面等制坯模膛。在这些模膛中，拔长和滚压模膛是属于把毛坯体积沿轴线重新分配的模膛，总称为体积分配模膛；成型和弯曲模膛是把毛坯变成接近锻件断面轮廓的模膛，总称为轮廓成型模膛。

由于制坯模膛增加了锻模体积和制造加工难度，加之有些制坯工序（如拔长、滚压等）在锻压机上不宜进行，故对截面变化较大的长轴模锻，目前多用辊锻机或楔形模横轧来轧制原（坯）料以替代制坯工序，从而大大简化了锻模。

根据模锻件复杂程度的不同，所需变形的模膛数量不等，可将锻模设计成单膛锻模或多膛锻模。单膛锻模在一副锻模上只有一个模膛，如齿轮坯模锻件就可将截下的圆柱形坯料直接放入单膛锻模中成型。多膛锻模在一副锻模上具有两个以上模膛的锻模。后面图 4-67 所示弯曲连杆模锻件的锻模即为多膛锻模。锻模的模膛数越多，设计、制造加工就越难，成本也就越高。

(4) 模锻件基本类型及锻造工序

设计模锻件时,应在保证零件使用要求的前提下,结合模锻过程特点,使零件结构遵循下列原则,从而确保锻件品质,利于模锻生产,降低成本,提高生产率。

➢ 模锻零件必须具有一个合理的分模面,以保证模锻件易于从锻模中取出、敷料最少,锻模制造容易。

➢ 零件外形力求简单、平直和对称,尽量避免零件截面间差别过大,或具有薄壁、高筋、高凸起等结构,以便于金属充满模膛和减少工序。

➢ 尽量避免有深孔或多孔结构。

➢ 在可能的情况下,对复杂零件采用锻-焊组合,以减少敷料,简化模锻过程。

模锻件按形状可分为两大类:一类是轮盘类(短轴类)零件,如图 4 - 25 所示,如齿轮、法兰盘等;另一类是长轴类零件,如图 4 - 26 所示,如台阶轴、连杆等。

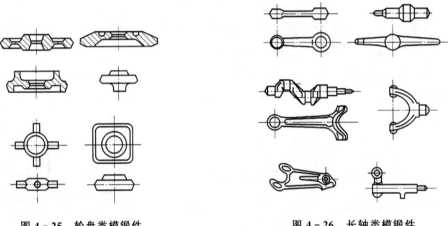

图 4 - 25 轮盘类模锻件   图 4 - 26 长轴类模锻件

盘类模锻件为圆形或长度接近于宽度,锻造过程中锤击方向与坯料轴向相同,金属只在它所在的径向平面(称为流动平面)内沿高度和径向方向流动,如图 4 - 27 所示,因此常选用镦粗、终锻等工步。对于形状简单的盘类锻件,采用比锻件横断面小的毛坯竖起来锻造,可只用终锻工步成型。

长轴类模锻件的长度与宽度之比较大,锻造过程中锤击方向垂直于锻件的轴线,常选用拔长、滚压、弯曲、预锻和终锻等工步。拔长和滚压时,坯料沿轴线方向滚动,使坯料的横截面积与锻件相应的横截面积近似相等。预锻或和终锻过程中,金属基本上只在它所在的垂直于锻件轴线的平面(流动平面)内沿高度和宽度方向流动(在锻件两端的半圆柱体部分则在通过轴线的径向平面内流动),沿轴线方向的流动很小。这是因为金属在流动平面内的流动阻力较小,而沿锻件的轴线方向流动阻力较大。

在锻造工步的选择方面,由于每类锻件都必须有终锻工步,所以工步的选择,实质上是选择制坯工步和预锻工步的问题。这取决于锻件形状、尺寸和现有的模锻设备类型。而生产批量、设备大小、现有原毛坯的规格以及工人的技术水平等因素,对选择工步也有着一定的影响。

对于形状复杂的锻件,需选用预锻工步,最后在终锻模膛模锻成型,如锻造弯曲连杆模锻

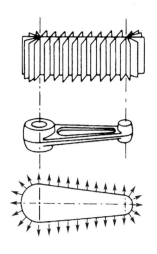

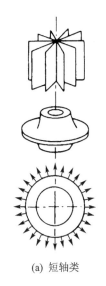

(a) 短轴类　　　　　　　　　　(b) 长轴类

图 4 - 27　锻件模锻时的金属流动

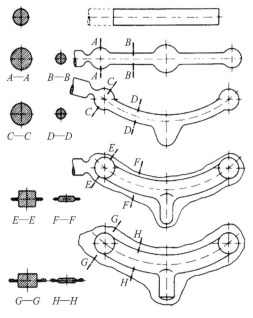

图 4 - 28　弯曲连杆的锻造过程

件,如图 4 - 28 所示。坯料经过拔长、滚压、弯曲 3 个工步,形状接近于锻件,然后经过预锻和终锻两个模膛制成带有飞边的锻件。其中滚压工步的作用是使金属做轴向移动,把毛坯部分断面减小(排料),而把另一部分断面增大(聚料),为下一步变形做准备。

带筋和腹板的锻件的单位体积表面积大,金属流动受到较大的摩擦阻力。如果筋较窄,腹板较薄,则金属充满模膛将较为困难,所需的模锻力也将会增大,同时也易于产生缺陷。图 4 - 29 为 H 形截面锻件的锻造变形示意图。随着翼缘高度和厚度之比(h/b)的增加,锻造变形难度提高。

为了得到合格锻件,锤上模锻一般包括表 4 - 2 所列工序。

表 4 - 2　锤上模锻工序

序　号	工　序	说　明
1	下料	将原材料切割成所需尺寸的坯料
2	加热	为了提高金属的塑性,降低变形抗力,便于模锻成型
3	模锻	得出锻件的形状和尺寸
4	切边或冲孔	切去飞边或冲掉连皮

序　号	工　序	说　明
5	热校正或热精压	使锻件形状和尺寸准确
6	去毛刺	在砂轮上磨毛刺（切边所剩的毛刺）
7	热处理	保证合适的硬度和合格的力学性能，常用的方法是正火和调质
8	清除氧化皮	得到表面光洁的锻件，常用的方法有喷砂、喷丸、滚筒抛光、酸洗
9	冷校正或冷精压	进一步提高锻件的精度，降低表面粗糙度值
10	检验	检验锻件质量

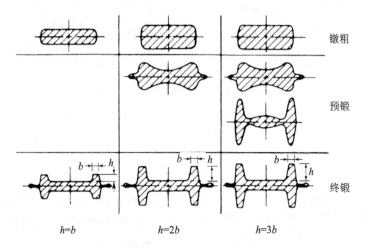

图 4 - 29　H 形截面锻件的锻造变形比较

3. 胎模锻

胎模锻造是在自由锻设备上，使用不固定在设备上的各种称为胎模的单膛模具，将已加热的坯料用自由锻方法预锻成接近锻件形状，然后用胎模终锻成型的锻造方法，如图 4 - 30 所示。它广泛用于中、小批量的中、小型锻件的生产。

与自由锻相比，胎模锻具有锻件品质较好（表面光洁、尺寸较精确、纤维分布合理）、生产率高和节约金属等优点。

与固定锻模的模锻相比，胎模锻具有操作比较灵活、胎模模具简单、容易制造加工、成本低和生产准备周期短等优点。它的主要缺点有：胎模锻件与模锻件相比、表面品质较差、精度较低、所留机加工余量大、操作者劳动强度大、生产率和胎模寿命较低等。

胎模的种类较多，主要有：

① 扣模：用于锻造非回转体锻件，具有敞开的模膛，如图 4 - 30(a)所示。扣模锻造时工件一般不翻转，不产生毛边，既用于制坯，也用于成型。

② 套筒模：主要用于回转体锻件，如齿轮、泆兰等，有开式和闭式两种。

开式套筒模一般只有下模（套筒和垫块），没有上模（锤砧代替上模），如图 4 - 30(b)所示。其优点为结构简单，可以得到很小或不带锻模斜度的锻件，取件时一般要翻转 180°；缺点是对上下砧的平行度要求较严，不然易使毛坯偏斜或填充不满。

闭式套筒模一般由上模、套筒等组成,如图 4 - 30(c)所示。锻造时金属处于模腔的封闭空间中,不形成毛边。由于导向面间存在间隙,往往在锻件端部间隙处形成横向毛刺,需进行修整。此法要求坯料尺寸精确,大则增加锻件垂直方向的尺寸,小则充不满模腔。

③ 合模:合模一般由上、下模及导向装置组成,如图 4 - 30(d)所示。它用来锻造形状复杂的锻件,锻造过程中多余金属流入飞边槽形成飞边。合模成型与带飞边的固定模模锻相似。

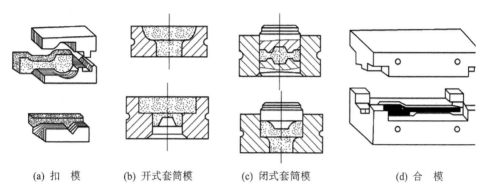

| (a) 扣　模 | (b) 开式套筒模 | (c) 闭式套筒模 | (d) 合　模 |

图 4 - 30　胎模的几种结构

图 4 - 31 所示是一个法兰盘胎模锻造过程。所用胎模为套筒模,它由模筒、模垫和冲头组成。原始坯料加热后,先用自由锻镦粗,然后将模垫和模筒放在下砧铁上,再将镦粗的坯料平放在模筒内,压上冲头后终锻成型,最后将连皮冲掉。

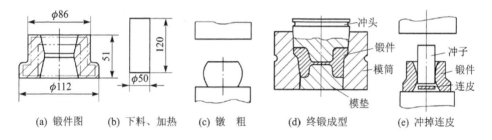

| (a) 锻件图 | (b) 下料、加热 | (c) 镦　粗 | (d) 终锻成型 | (e) 冲掉连皮 |

图 4 - 31　法兰盘胎模锻造过程

4. 锻件的应用

金属经过锻造加工后能改善其组织结构和力学性能。铸造组织经过锻造方法热加工变形后,由于金属的变形和再结晶,使原来的粗大枝晶和柱状晶粒变为晶粒较细、大小均匀的等轴再结晶组织,使钢锭内原有的偏析、疏松、气孔、夹渣等压实和焊合,其组织变得更加紧密,提高了金属的塑性和力学性能。此外,锻造加工能保证金属纤维组织的连续性,使锻件的纤维组织与锻件外形保持一致,金属流线完整,可保证零件具有良好的力学性能与长的使用寿命。采用精密模锻、冷挤压、温挤压等工艺生产的锻件,都是铸件所无法比拟的。

飞机结构件大量采用锻造生产。按质量计算,飞机上有 85 % 左右的构件是锻件。飞机发动机的涡轮盘、后轴颈(空心轴)、叶片、机翼的翼梁,机身的肋筋板、轮支架、起落架的内外筒体等都是涉及飞机安全的重要锻件。飞机锻件多用高强度耐磨、耐蚀的铝合金、钛合金、镍基合金等贵重材料制造。为了节约材料和节约能源,飞机用锻件大都采用模锻或多向模锻压力机来生产。

锻件在兵器工业中占有极其重要的地位。按质量计算,在坦克中有60%是锻件。火炮中的炮管、火炮的炮口制退器和炮尾、步兵武器中的具有膛线的枪管及三棱刺刀、火箭和潜艇深水炸弹发射装置和固定座、核潜艇高压冷却器用不锈钢阀体、炮弹、枪弹等都是锻件。

军用车辆许多重要构件采用锻造成型。如车辆发动机所使用的曲轴、连杆、凸轮轴,前桥所需的前梁、转向节、后桥使用的半轴、半轴套管、桥箱内的传动齿轮等都是与车辆安全运行有关的重要锻件。

船舶用锻件主要有3大类,主机锻件、轴系锻件和舵系锻件。主机锻件与柴油机锻件一样。轴系锻件有推力轴、中间轴艉轴等。舵系锻件有舵杆、舵柱、舵销等。

核电压力壳和堆内构件是重要的大型锻件。压力壳含筒体法兰、管嘴段、管嘴、上部筒体、下部筒体、筒体过渡段、螺栓等。堆内构件是在高温、高压、强中子辐照、硼酸水腐蚀、冲刷和水力振动等严峻条件下工作的,对锻件的材料和制造质量要求很高。

4.2.2　挤压、拉拔和轧制成型

1. 挤　压

挤压是指坯料在强大压力作用下,从模具的出口或缝隙挤出,从而获得所需形状、尺寸零件的加工方法,如图4-32所示。

按照挤压时金属坯料所处的温度,挤压可分为热挤压、冷挤压和温挤压。

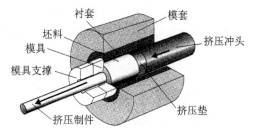

图4-32　挤压成型示意图

> 热挤压。挤压时坯料变形温度高于它的再结晶温度,与锻造温度相同。热挤压时,坯料变形抗力小,但产品表面粗糙,它广泛用于有色金属、型材及管材的生产。

> 冷挤压。坯料在再结晶温度以下(通常是室温)完成的挤压。其产品的表面光洁,精度较高;但挤压时变形抗力较大,广泛用于零件及毛坯的生产。

> 温挤压。将坯料加热到再结晶温度以下的某个合适温度(100~800 ℃)进行挤压。它降低了冷挤压时的变形抗力,同时产品精度比热挤压高。

根据金属流动方向和凸模运动方向的不同,挤压可分为正挤压、反挤压、径向挤压及复合挤压。

> 正挤压。挤压模出口处金属流动方向与凸模运动方向相同,如图4-33(a)所示。挤压件的断面形状可以是圆形、椭圆形、扇形、矩形或棱柱形,也可以是不对称的等断面挤压件和型材。

> 反挤压。挤压模出口处金属流动方向与凸模运动方向相反,如图4-33(b)所示。反挤压的断面形状可以是圆形、方形、长方形、"山"形、多层圆形、多格盒形的空心件。

> 径向挤压。金属流动方向与凸模运动方向成90°角,如图4-33(c)所示。径向挤压法分为离心式和向心式径向挤压两种。该方法可以制造十字轴类挤压件,也可以制造花键轴的齿形部分及直齿和螺旋齿小模数齿轮的齿形部分等。

> 复合挤压。挤压模出口处的金属坯料一部分流动方向与凸模运动方向相同,另一部分流动方向与凸模运动方向相反,如图4-33(d)所示。复合挤压法制造的断面形状有圆

形、方形、六角形、齿形、花瓣形的双杯类、杯–杆类或杆–杆类挤压件,也可以制造等断面的不对称挤压件。

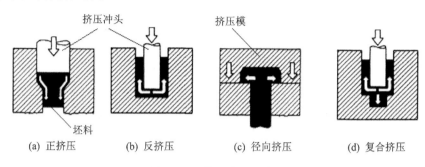

图 4 - 33　挤压成型示意图

图 4 - 34 所示为套筒件挤压成型过程。

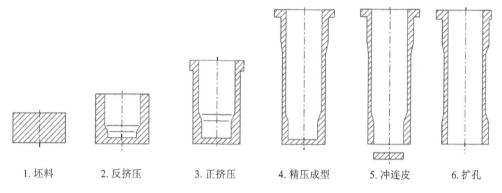

图 4 - 34　套筒件挤压成型过程

2. 拉　拔

在外加拉力作用下,迫使金属坯料通过模孔,以获得相应形状与尺寸制品的塑性加工方法称之为拉拔,如图 4 - 35 所示。拉拔是管材、棒材、型材以及线材的主要生产方法之一。

按制品截面形状分为实心材拉拔与空心材拉拔。实心材拉拔主要包括棒材、型材及线材的拉拔。空心材拉拔主要包括管材及空心异型材的拉拔。

拉拔与其他压力加工方法相比较具有以下特点:

➢ 拉拔制品的尺寸精确,表面光洁。

➢ 拉拔生产的工具与设备简单,维护方便,在一台设备上可生产多品种与规格的制品。

➢ 拉拔道次变形量和两次退火间的总变形量受到拉拔应力的限制。一般道次加工率在 20％～60％,过大的道次加工率将导致拉拔制品的尺寸、形状不合格,甚至频繁地被拉断;过小的道次加工率会使拉拔道次、退火和酸洗等工序增多,成品率和生产率降低。

➢ 最适合于连续高速生产断面非常小的长制品。

3. 轧　制

金属坯料(或非金属坯料)在旋转轧辊的作用下产生连续塑性变形,从而获得要求的截面形状并改变其性能的方法,称为轧制。用轧制的方法可将钢锭轧制成板材、管材和型材等产品。常用的轧制方法有纵轧、横轧和斜轧等。

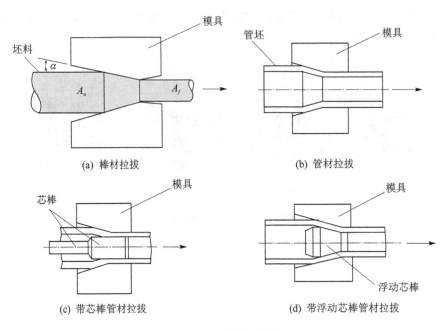

(a) 棒材拉拔

(b) 管材拉拔

(c) 带芯棒管材拉拔

(d) 带浮动芯棒管材拉拔

图 4-35 拉拔示意图

(1) 纵　轧

纵轧是轧辊轴线与坯料轴线互相垂直的轧制方法,包括型材轧制、辊锻轧制、辗环轧制等。

① 型材轧制是将坯料轧制成具有一定断面形状型材的工艺过程,具有生产规模大、效率高、能耗少和成本低等特点。型材轧制产品如图 4-36 所示。

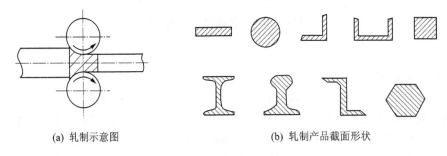

(a) 轧制示意图

(b) 轧制产品截面形状

图 4-36 型材轧制示意图

② 辊锻轧制是使坯料通过装有圆弧形模块的一对相对旋转的轧辊,受压产生塑性变形,从而获得所需形状的锻件或锻坯的锻造工艺方法,如图 4-37 所示。它既可以作为模锻前的制坯工序,也可以直接辊锻锻件。

③ 辗环轧制是扩大环形坯料的外径和内径,从而获得各种环状零件的轧制方法,如图 4-38 所示。产品有火车轮箍、轴承座圈、齿轮及法兰等。

(2) 横　轧

横轧是轧辊轴线与轧件轴线互相平行,且轧辊与轧件做相对转动的轧制方法。直齿轮和斜齿轮均可用横轧方法制造,齿轮的横轧如图 4-39 所示。在轧制前,齿轮坯料外缘被高频感应加热,然后将带有齿形的轧辊做径向进给,迫使轧辊与齿轮坯料对碾。在对碾过程中,毛坯上一部分金属受轧辊齿顶挤压形成齿谷,相邻的部分被轧辊齿部"反挤"而上升,形成齿顶。

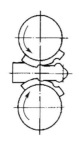

图 4-37 辊锻示意图

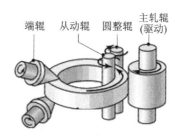

图 4-38 辗环轧制示意图

（3）斜 轧

斜轧又称螺旋斜轧。斜轧时，两个带有螺旋槽的轧辊相互倾斜配置，轧辊轴线与坯料轴线相交成一定角度，以相同方向旋转。坯料在轧辊的作用下绕自身轴线反向旋转，同时还做轴向向前运动，即螺旋运动。坯料受压后产生塑性变形，最终得到所需制品。图 4-40 所示的钢球斜轧，棒料在轧辊间螺旋型槽里受到轧制，并被分离成单个球，轧辊每转一圈，即可轧制出一个钢球，轧制过程是连续的。斜轧还可直接热轧出带有螺旋线的高速钢滚刀、麻花钻、自行车后闸壳以及冷轧丝杠等。

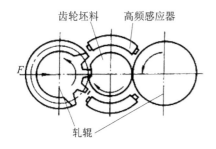

图 4-39 热轧齿轮示意图

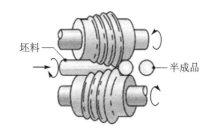

图 4-40 斜轧示意图

4.2.3 板料成型工艺

板料成型（又叫板料冲压）是利用压力装置和模具使板材产生分离或塑性变形，从而获得成型件或制品的成型方法。金属板料的厚度一般都在 6 mm 以下，且通常在常温下进行，故板料成型又称为冷成型（冷冲压）。只有当板料厚度超过 8 mm 时，才采用热成型。

目前，几乎所有制造金属制品的工业部门都广泛地采用板料成型，特别是在航空、汽车、电器、仪表、日用器皿及办公用品等工业中，板料成型占有重要位置。由于板料成型模具较复杂，设计和制作费用高、周期长，故只有在大批量生产的情况下，才能显示其优越性。

板料成型所用原材料须具有足够好的塑性。常用的金属材料有低碳钢、高塑性合金钢、铜、铝、镁合金等，非金属材料如石棉板、硬橡皮、绝缘纸等也广泛采用板料成型。

板料成型按特征分为冲裁和成型两大类。

1. 冲 裁

冲裁是使坯料一部分相对于另一部分产生分离而得到工件或者料坯的方法，如落料、冲孔、切断和修整等。多用于生产有孔的、形状简单的薄板件（一般铝板≤3 mm，钢板≤

1.5 mm)以及作为成型过程的先行工序或者为成型过程制备料坯。除金属薄板外,还可以是非金属板料。分离过程所得到的制品精度较好,通常不需切削加工,表面品质与原材料相同,所用设备为机械压力机。

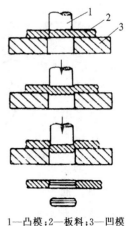

1—凸模;2—板料;3—凹模

图4-41 板料冲裁过程

(1) 冲裁过程

金属板料的冲裁成型过程如图4-41所示。开始时,金属板料被凸模(又叫冲头)下压略有弯曲,凹模上的板料略有上翘。随着冲压力加大,在较大剪切应力的作用下,金属板料在刃口处因塑性变形产生加工硬化,且在刃口边出现应力集中现象,使得金属的塑性变形进行到一定程度时,沿凸凹模刃口处开始产生裂纹。当上下裂纹相遇重合时,坯料被分离。

冲裁时板料的变形具有明显的阶段性,首先由弹性变形过渡到塑性变形,最后断裂分离,如图4-42所示。

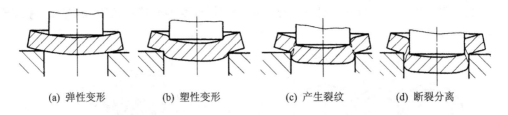

(a) 弹性变形   (b) 塑性变形   (c) 产生裂纹   (d) 断裂分离

图4-42 冲裁变形过程

1) 弹性变形阶段

凸模接触板料后开始加压,板料在凸、凹模作用下发生弹性变形,当材料内的应力达到弹性极限为止。在此阶段,凸模下的材料呈弯曲状,凹模上的材料向上翘起,凸、凹模之间的间隙越大,弯曲与翘起的程度也越大。

2) 塑性变形阶段

随着凸模继续压入板料,压力增加,当材料内的应力状态满足塑性条件时,开始产生塑性变形,进入塑性变形阶段。随着凸模压入板料深度的增大,塑性变形程度增大,变形区材料硬化加剧,冲裁变形抗力不断增大,直到刃口附近侧面的材料由于拉应力的作用出现微裂纹,塑性变形阶段结束,此时冲裁变形抗力达到最大值。

3) 断裂分离阶段

凸模继续下压,使刃口附近变形区的应力达到材料的破坏应力,在凹、凸模刃口侧面的变形区产生裂纹,已形成的上、下裂纹逐渐扩大,并沿最大切应力方向向材料内层延伸,直至两裂纹相遇,板料被剪断分离,冲裁过程结束。

冲裁件断面可分为4部分:圆角带、光面(光亮带)、毛面(断裂带)和毛刺,如图4-43所示。

(2) 冲裁间隙

冲裁间隙是指凸、凹模刃口间缝隙的大小,如图4-44所示。单面间隙用c表示,双面间隙用Z表示。间隙对冲裁件质量、冲裁力、模具寿命的影响很大。

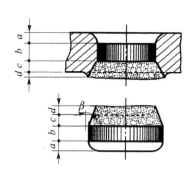

a—圆角带；b—光亮带；c—断裂带；d—毛刺

图 4－43　冲裁件断面特征对质量的影响

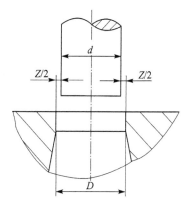

图 4－44　凸凹模间隙

1) 间隙对冲裁件质量的影响

冲裁件质量是指断面质量、尺寸精度及形状误差。冲裁时，裂纹不一定同时发生，上下裂纹重合与否与凸、凹模间隙值有关。凸、凹模间隙控制在合理范围内时，由凸、凹模刃口沿最大剪应力方向产生的裂纹将相互重合。此时，冲出的零件断面虽有一定斜度，但比较平直、光洁、毛刺很小，如图 4－45(b) 所示，而且所需冲裁力较小。

间隙过小时，由凹模入口处产生的裂纹进入凸模下面的应力区后停止发展，当凸模继续下压时，在上、下裂纹中间的部分将产生二次剪切，制件断面的中部留下撕裂面，如图 4－45(a) 所示，而两头为光亮带；间隙过大时，材料的弯曲与拉深增大，拉应力增大，材料易被撕裂，且裂纹在离开刃口稍远的侧面产生，致使制件的光亮带减小，圆角区与断裂的斜度增大，毛刺增厚，难以去除，如图 4－45(c) 所示。

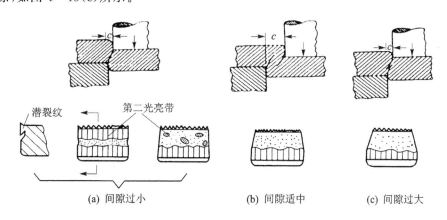

(a) 间隙过小	(b) 间隙适中	(c) 间隙过大

潜裂纹　第二光亮带

图 4－45　间隙大小对冲裁件断面质量的影响

2) 间隙对尺寸精度的影响

冲裁件的尺寸精度指冲裁件的实际尺寸与公称尺寸的差值(δ)。差值的绝对值越小，精度越高。这个差值由冲裁件相对于模具尺寸的偏差和模具的制造偏差组成。偏差的产生是因为板料冲裁过程中伴随挤压变形、纤维伸长和弹性变形，在零件脱离模具时消失所造成的。偏差值可能是正的，也可能是负的。

3) 间隙对冲裁力的影响

一般情况下,由于弹性恢复使落料件会卡在凹模内,剩下的板料紧箍在凸模上。从凸模上将零件或废料卸下所需的力称卸料力。从凹模内顺着冲裁方向把零件或废料从凹模腔内推出的力称推件力。从凹模内把零件或废料逆着冲裁方向顶出的力称顶件力。

随着模具间隙的增大,压应力减小,材料容易分离,因此冲裁力减小。但若继续增大间隙值,由于从凸、凹模刃口产生的裂纹不重合,所以冲裁力下降变缓。当间隙增大,冲裁件的光亮带变窄,落料件尺寸小于凹模尺寸,冲孔尺寸大于凸模尺寸,因而卸料力、推件力、顶件力也减小。但继续增大间隙时,由于毛刺增大,引起卸料力和顶件力的迅速增大。

4) 间隙对模具寿命的影响

冲裁过程中模具的失效形式一般有磨损、变形、崩刃和凹模刃口胀裂等。增大间隙可使冲裁力和卸料力减小,因而模具磨损也减小。但间隙继续增大,卸料力就增大,使模具磨损加剧。间隙为材料厚度的 $10\%\sim15\%$ 时,磨损最小,模具寿命较高。当间隙小时,落料件易卡在凹模口中,可能引起模具胀裂。

(3) 冲裁工艺

1) 落料和冲孔

落料和冲孔是使坯料按封闭轮廓分离的工艺。这两个过程中坯料变形和模具结构相同,只是用途不同。落料时被分离的部分为所需工件,留下的周边部分为废料,冲孔则相反。为能顺利地完成冲裁过程,要求凸模和凹模都有锋利的刃口,且凸模与凹模之间的间隙适当。冲裁件品质和冲裁模结构与冲裁时板料的塑性变形有关。

2) 切　断

切断是指用剪刀或冲模将板料或其他型材沿不封闭轮廓进行分离的工序。切断用以制取形状简单、精度要求不高的平板类工件或下料。

目前,激光切割在板料加工中正得到广泛应用。板料的激光切割速度高,精度可以达到 ±0.01 mm。数控激光切割机可按指令直接切割出板件产品,减少了模具制造、降低了能耗,生产效率大大提高。

3) 修　整

如果零件的精度和表面质量要求较高,则需用修整工序将冲裁后的孔或落料件的周边进行修整,如图 4-46 所示,以切掉普通冲裁时在冲裁件断面上存留的剪裂带和毛刺,从而提高冲裁件的尺寸精度,降低表面粗糙度。

修整所切除的余量很小,一般每边为 $0.05\sim0.2$ mm,表面粗糙度可达 $Ra1.6\sim$ $1.8~\mu m$,精度可达 IT7~IT6。实际上,修整工序的实质属于切削过程,但比机加工的生产率高得多。

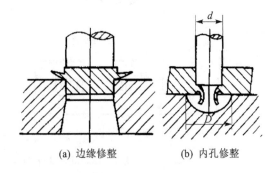

(a) 边缘修整　　(b) 内孔修整

图 4-46　修整示意图

2. 成　型

板料成型是使坯料发生塑性变形而成一定形状和尺寸的工件的过程。主要有拉深、弯曲、胀形、拉形和落压成型等。

（1）拉　深

拉深是将平板坯料放在凹模上，冲头推压金属料通过凹模形成杯形工件的过程。进行拉深时，平板坯料放在凸模和凹模之间，并由压边圈适度压紧，以防止坯料厚度方向变形。在凸模的推压力作用下，金属坯料被拉入凹模，然后变形成为筒状或匣状的工件。

冷拉深广泛用于生产各种壳、柱状和棱柱状杯等，如瓶盖、仪表盖、罩、机壳、食品容器等；热拉深通常用于生产厚壁筒形件，如氧气瓶、炮弹壳、桶盖、短管等。拉深过程的示意图如图 4 - 47 所示。

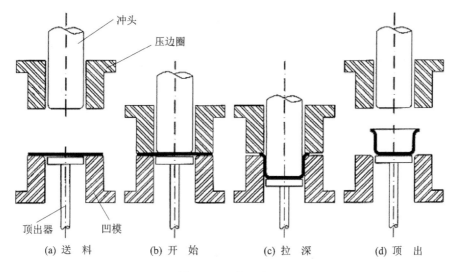

图 4 - 47　拉深过程

拉深用的模具构造与冲裁模相似，主要区别在于工作部分凸模与凹模的间隙不同，而且拉深的凸凹模上没有锋利的刃口。凸模与凹模之间的间隙 Z 应大于板料厚度 δ，一般 $Z = (1.1 \sim 1.3)\delta$。Z 过小，模具与拉深件间的摩擦增大，易拉裂工件，擦伤工件表面，降低模具寿命；Z 过大，又易使拉深件起皱，影响拉深件精度。凸凹模端部的边缘都有适当的圆角，$r_凹 \geqslant (0.6 \sim 1) r_凸$。圆角过小，则易拉裂产品。

拉深件最容易产生的缺陷是起皱和拉裂，如图 4 - 48 所示。拉裂产生的最危险的部位是侧壁与底的过渡圆角处。在拉深过程中，工件的底部并未发生变形，而工件的周壁部分则经历了很大程度的塑性变形，引起了相当大的加工硬化作用。坯料直径 D 与工件直径 d 相差越大，则金属的加工硬化作用就越强，拉深的变形阻力就越大，甚至有可能把工件底部拉穿。

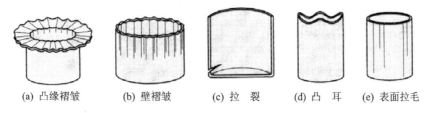

(a) 凸缘褶皱　　(b) 壁褶皱　　(c) 拉 裂　　(d) 凸 耳　　(e) 表面拉毛

图 4 - 48　拉深件缺陷

因此，d 与 D 的比值 m（称为拉深系数）应有一定的限制，一般 $m=0.5\sim0.8$。拉深塑性高的金属，拉深系数 m 可以取较小值。若在拉深系数的限制下，较大直径的坯料不能一次被拉成较小直径的工件，则应采用多次拉深，如图 4-49 所示。必要时在多次拉深过程中进行适当的中间退火，以消除金属因塑性变形所产生的加工硬化，利于下一次拉深。为减小摩擦，降低拉深件壁部的拉应力，减少模具的磨损，拉深时通常加润滑剂。

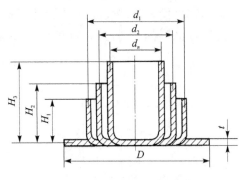

图 4-49　筒形件多次拉深

选择设备时，应结合拉深件所需的拉深力来确定，设备能力（吨位）应比拉深力大。对于圆筒件，最大拉深力可按下式计算：

$$F_{max}=3(\sigma_b+\sigma_s)(D-d-r)\delta$$

式中，F_{max} 为最大拉深力，单位为 N；σ_b 为材料的抗拉强度，单位为 MPa；σ_s 为材料的屈服强度，单位为 MPa；D 为坯料直径，单位为 mm；d 为拉深凹模直径，单位为 mm；r 为拉深凹模圆角半径，单位为 mm；δ 为材料厚度，单位为 mm。

对于坯料尺寸的计算，可按拉深前后的面积不变原则进行。具体计算中可把拉深件划分成若干容易计算的几何体，分别求出各部分的面积，相加后即得所需坯料的总面积，然后再求出坯料直径。

（2）弯　曲

图 4-50 所示为弯曲加工的主要类型。在弯曲过程中，随着凸模进入凹模，支点距离 s 和弯曲圆角半径 r 发生变化，使力臂和弯曲半径减小，同时外力和弯矩逐渐增大。当弯曲圆角半径达到一定位后，板料开始出现塑性变形，并且随着变形发展，塑性变形区的厚度增大，而弹性变形区厚度减小。最后，板料与凸、凹模完全贴合，弯曲成与凸模形状尺寸一致的零件。

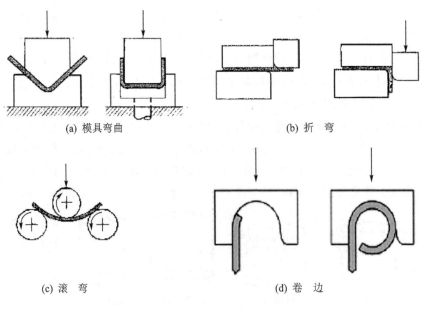

(a) 模具弯曲　　　　　　　　　　　　(b) 折　弯

(c) 滚　弯　　　　　　　　　　　　(d) 卷　边

图 4-50　弯曲成型类型

1）最小弯曲半径

弯曲时坯料内弯处的弯曲半径小，并受压缩，外弯处的弯曲半径大，受拉伸。当外测拉应力超过坯料的抗拉强度时，会造成坯料弯裂。为防止破裂，最小弯曲半径 $r_{min} = (0.25 \sim 1)t$。若材料塑性好，则弯曲半径可小些。为减少弯曲破裂的可能性，弯曲时应考虑弯曲方向，尽量使弯曲造成的拉应力平行于锻造流线方向。若不得已使拉应力垂直于锻造流线，最小弯曲半径应增大一倍。

2）回　弹

弯曲结束后，弯曲角会自动略微增大，这种现象称为回弹。为克服回弹产生的误差，常采用在弯曲区压制加强肋，以及在弯曲模具设计时，使模具角度比成品角度小一个回弹角。

弯曲可成型复杂截面形状的制件，如图 4-51 所示。

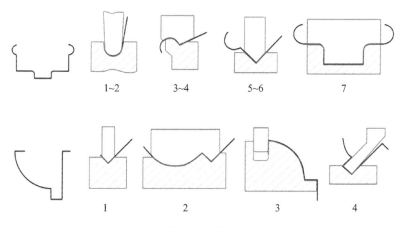

图 4-51　复杂截面制件的弯曲成型过程

（3）胀　形

胀形是将直径较小的空心工件或管状毛坯由内向外膨胀成为直径较大的曲面零件的成型方法。在胀形过程中，变形区内基本上为双向拉应力状态（忽略板厚方向的应力）、沿切向和径向产生拉伸应变，使材料厚度减薄、表面积增大，并在凹模内形成一个凸包。

胀形方法中使用较多的是橡皮胀形与液压胀形。图 4-52 所示为橡皮胀形。

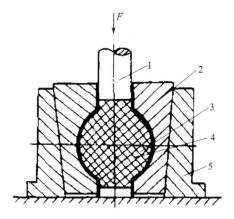

1—凸模；2—凹模；3—工件；4—橡胶；5—外套

图 4-52　橡皮胀形

在拉应力的作用下,胀形过程中可能因材料强度不够引起破裂。材料发生破裂时的胀形变形程度称为胀形成型极限。胀形的变形程度是指胀形后的最大直径与胀形前的直径之比。一般来讲,材料的伸长率大,加工硬化指数大,材料厚度大,都有利于提高胀形成型极限。同时,良好的润滑可改善胀形成型条件,从而提高成型极限。在实际生产中,可采用改变板料或模具的几何尺寸、调整压边力、修整圆角、改善润滑条件或更换原材料等措施,防止胀形过程中发生破裂。

胀形一般分为起伏成形和圆柱形空心件胀形。起伏成形是板料在模具作用下,通过局部胀形而产生凸起或凹下的冲压加工方法,它主要用来增加零件的刚度和强度,常见的有压加强筋、压凸包、压字和压花等。圆柱形空心件胀形是将圆柱形空心(管状或桶状)向外扩张成曲面空心零件的冲压加工方法。

在制造飞行器的框肋结构钣金件时,通常是用橡皮成形方法解决。在橡皮成形中,一般只使用压型模(阳模),而将橡皮垫作为阴模。所用的压型模一般较轻且不需要模架,因而减少了安装时间。此外,一系列形状完全不同的钣金件能在压力机的一次行程中全部成形。橡皮成形方法通常有两种:一是橡皮囊成形法,二是橡皮垫成形法。在橡皮囊成形法中,通常使用一种有弹性的橡皮膜,橡皮膜被封闭管道系统中的油膨胀。膨胀的橡皮膜迫使板料成形为模具的形状。在橡皮垫成形中,采用充满厚橡皮板的橡皮容框,橡皮受压产生弹性变形,将置于压型模上的板料包在模具表面上,压制出零件。橡皮成形过程一般包括"成形与校形"两道工序:成形是使板料压靠到压型模的侧壁上,所需的压力并不高;校形是将成形中产生的皱褶和回弹消除掉,所需的压力很高。

（4）拉　形

拉形工艺主要用于航空工业,用于制造曲率变化较平缓的大型钣金件。在成形过程中,板料两端用拉形机的夹钳夹紧,拉形模由工作台顶升和板料接触,随着拉形模上升,板料逐步与拉形模贴合,如图 4-53 所示。在拉形过程中,板料的变形接近平面应变,由于占优势的拉应力以及沿板厚基本不存在应变梯度,因此板料成形后的回弹较小。

按照加力方式和夹钳相对模胎位置的不同,拉形工艺可分为纵拉和横拉。纵拉和横拉的基本原理相同,但在具体细节上和使用设备的结构上有所差异。横向拉形一般用于制造横向曲率大、纵向曲率小的零件,如飞机的发动机短舱,前后段机身的蒙皮等。对于狭长蒙皮,其纵向曲率比横向曲率小时,为节省材料,以采用纵向拉形较合理。但是,一般来讲,纵向拉形适用于纵向曲率大的狭长蒙皮零件。

（5）落压成型

在成型各种类型的钣金件中,常会遇到外形复杂、曲面急剧变化的零件。在现代飞机结构的钣金件中有 10%～20% 的这种零件。

由于这种零件形状复杂、品种多、数量小,因此在实际生产中一般用一种半机械化半手工的制造方法——落压成型,如图 4-54 所示。在落压中,利用落压机床上的落锤以及落压模使零件在逐步锤击中成型为所要求的形状。为了防止零件在成型中失稳起皱和集中变薄,除了要遵守正确的工艺规范外,往往还要使用辅助设备如缩边机和点击锤等。

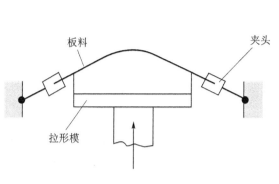

图 4 - 53　板料拉形示意图

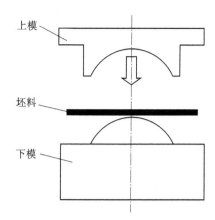

图 4 - 54　落压成型示意图

4.2.4　旋压成型

旋压成型是一种利用旋压工具,对装夹于旋压机上的旋转坯料施加压力,使之产生连续的塑性变形,并逐渐成形为回转零件的工艺方法。

1. 旋压成型特点

旋压成型具有如下特点。

(1) 生产周期短且产品成本低

旋压成型不需要一般冲压加工的模具,即使把芯模作为模具,也只是单模,而且结构十分简单。旋轮是通用的,所以旋压成型的生产准备周期短。旋压成型通过塑性变形改变毛坯材料的形状,材料利用率高,产品成本低。旋压成型将板料或空心毛坯夹紧在模芯上,由旋压机带动模芯。

(2) 变形程度大且适应范围广

旋压过程中,材料通过旋轮的挤压作用产生变形。位于旋轮与芯模之间的工件材料受到三向压应力作用,而且属局部塑性变形,存在有应变分散效应。所以,材料的塑性可以得到充分发挥,获得很大的变形。许多用一般冲压成型难以加工的材料可以进行旋压成型加工。

(3) 改善材料性能

旋压成型中,材料晶粒细化并沿工件母线方向拉长,使工件材料的屈服、强度极限以及硬度均得到提高,力学性能获得改善。

2. 旋压工艺

旋压成型按其变形特点可分为普通旋压和变薄旋压。

(1) 普通旋压

普通旋压是使平板毛坯渐次包覆于芯模表面形成空心件的一种旋压方法,其宏观效果类似于拉深成型,故又称拉深旋压,如图 4 - 55 所示。

普通旋压过程中材料的变形具有如下特点:

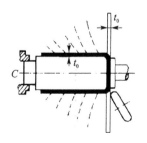

图 4 - 55　普通旋压

1）材料的变形过程不连续

普通旋压过程中，毛料随芯模一起旋转。当旋轮压向毛料时，迫使材料向芯模弯折，产生局部塑性变形。由于毛料正在旋转，所以与旋轮接触的局部塑性变形区材料会不断更新并迅速扩展至整个圆周。随着旋轮的进给，塑性变形区进一步遍及全部凸缘，使毛坯料成为锥形。对于凸缘材料的任一质点来说，它要经过几次"与旋轮接触—脱离旋轮接触"的反复，其塑性变形过程也就经历了"加载—卸载"的多次反复。因此说，普通旋压过程中材料的变形是不连续的。

2）材料的应变状态

普通旋压过程中，与旋轮接触的局部塑性变形区材料变形状态十分复杂。在经过不连续的塑性变形过程后，工件宏观效果上表现出毛坯直径缩小、厚度基本不变，即材料在周向发生了压缩变形，在轴向发生了拉伸变形。这与拉深过程中材料的变形情况相似。普通旋压时，毛坯尺寸可按面积不变原则计算。

3）材料的失稳起皱

普通旋压过程和拉深相似，同样存在有毛坯凸缘起皱和零件底部圆角部位拉裂两种限制因素。只是在普通旋压中，筒壁底部所受拉应力小，正常操作中破裂的危险性较小，而毛坯凸缘完全悬空，失稳起皱的危险性更大。生产中必须采取相应的防皱措施。

普通旋压适用于塑性较好的材料和壁厚较薄的零件。

（2）变薄旋压

变薄旋压与普通旋压不同，旋压过程总是伴随毛坯壁厚的明显减薄。变薄旋压分为剪切旋压和筒形件变薄旋压两种。

1）剪切旋压

锥形件变薄旋压又称剪切旋压，是在普通旋压的基础上发展起来的，成型过程如图 4 - 56(a)所示，与普通旋压的工艺过程有些类似。

锥形件变薄旋压成型过程一次完成。与普通旋压相比，锥形件变薄旋压成型过程时间短，表面粗糙度低，成型精度高，操作简便，成型过程易于实现机械化和自动化。

锥形件变薄旋压过程中，旋轮对毛坯施加以压力，使材料产生局部塑性变形。塑性变形区在工件的旋转和旋轮的进给中不断扩展，材料逐点产生轴向剪切变形。锥形件变薄旋压时，材料还会绕对称轴产生一定的扭转变形。

锥形件变薄旋压成型中，如果变形程度过大或工艺参数选择不当会导致破裂、起皱等成型障碍。

2）筒形件变薄旋压

筒形件变薄旋压又称流动旋压或强力旋压，其成型过程中旋轮沿筒形毛坯轴向进给，筒形毛坯随芯模同步旋转，如图 4 - 56(b)所示。工件材料在旋轮的挤压下产生局部塑性交形，随着工件的旋转和旋轮的进给，变形扩展至整个工件，使筒壁厚度减薄，长度增加，筒形毛坯内径基本不变，外径减小。

按照旋轮进给方向与工件材料流动方向的差异，筒形件变薄旋压分为正旋和反旋两种。正旋时，旋轮运动方向与材料流动方向相同；而反旋时，二者相反。

筒形件变薄旋压的成型障碍主要有破裂和隆起。筒形件变薄旋压中当变薄率超过一定值时，在筒壁上会出现破裂现象，从而使旋压成型过程无法进行。隆起也称飞边，隆起产生在旋

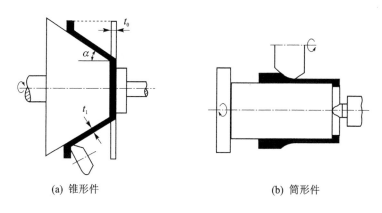

(a) 锥形件　　　　　　　　　　　　　　(b) 筒形件

图 4 - 56　变薄旋压

轮前,是材料流动过程中的一种失稳现象。当隆起保持稳定状态时,旋压过程仍可继续。当隆起逐步增长时,在超过一定的界限后会产生毛坯材料的掉皮并将工件表面压伤。

3. 旋压成型工艺参数

影响旋压成型过程的工艺参数很多,这里仅介绍几个比较重要的参数。

(1) 旋轮进给率

旋轮进给率指芯模每旋转一周旋轮沿工件母线方向的进给量。进给率大小对旋压力大小、成型效率、可旋性和成型质量等均具有直接的影响。进给率增大,使生产率提高,工件贴模紧,对提高工件的精度有利,但也使旋压力增大,工件表面粗糙度增加。进给率过大或过小,都可能造成机床的振动,从而影响工件质量。

(2) 芯模转速

芯模转速对旋压成型过程有一定影响。增大转速有助于提高生产率,但过高的转速往往会导致芯模摆动和机床振动,使工件精度降低。此外,在进给率和芯模尺寸确定的条件下,转速增高,材料产生的变形热量增高,需要更好地冷却。

转速大小反映到工件变形区的周向线速度上。锥形件变薄旋压时,如果工件大端和小端直径相差较大,为提高变形均匀性,最好采用变转速,尽量保证恒线速度。

(3) 冷却与润滑

旋压成型过程,工件材料在旋轮的挤压下产生局部塑性变形,变形功大部分转化为热能,加之旋轮与工件之间的摩擦,形成了变形区的高温状态。为了保证旋压成型过程稳定进行,防止工件材料粘附到旋轮或芯模表面上,应对变形区进行充分地冷却和必要地润滑。

冷却剂应具有较大的比热和良好的流动性。润滑剂应有较大的附着力和浸润性。二者在旋压成型过程中应不产生有害的挥发物,不与工件产生化学作用,不腐蚀机床。实际生产中,为了便于操作,冷却剂和润滑剂往往选择一种液态物质,兼有两方面的作用。

4. 旋　轮

旋轮是旋压成型的主要工艺装备之一,它对工件施加成型力,并且高速旋转。因此,旋轮承受着很大的作用力和剧烈的摩擦作用,对旋压成型效果有着重要影响。旋轮应具有足够的刚度和强度、硬度和耐热性、良好的表面状态、合理的形状和尺寸。

旋轮一般采用优质工具钢或高速钢制造，装备具有足够承载能力的轴承。旋轮的几何要素包括直径、前角和圆角半径。旋轮直径受反轮架相应压机结构以及轴承强度等的限制，旋轮直径增大，旋轮与工件之间的接触压力减小，但接触面积增大，接触面沿轴向、径向的投影增大，沿切向的投影变化不大，所以沿轴向、径向的旋压力增大，沿切向的旋压力减小。为了避免旋压时发生振动，旋轮直径尽量不取芯模直径的整数倍。

旋轮圆角半径对成型过程和工件表面质量都有显著影响。旋轮圆角半径大，工件表面质量好，旋压力大，锥形件变薄旋压时易造成凸缘材料失稳。旋轮圆角半径小，工件质量会差一些，旋压力因接触面积小而减小。旋轮圆角半径取值范围一般为 2～20 mm。

旋轮前角也是旋轮的重要参数，前角过大易引起隆起，降低工件表面质量，过小容易产生扩径。前角的一般选择范围是 15°～45°，常用的是 25°和 30°。

4.3　典型合金的锻造

锻造合金应具有足够的塑性变形能力以进行冷或热塑性成型。合金的可锻性既取决于金属本质，又取决于变形条件。在合金材料的锻造过程中，要充分利用最有利的变形加工条件，提高合金的塑性，降低变形抗力，达到锻造成型的目的。同时还应使锻造过程满足能耗低、材料消耗少、生产率高、产品品质好的要求。

本节主要介绍几种典型的锻造合金。

4.3.1　碳钢及合金钢的锻造

1. 碳钢的锻造

低碳钢的可锻性良好，随着碳的质量分数的提高可锻性变差。如果要求有好的塑性、变形抗力小，在铁碳合金相图中，单相奥氏体区最合适，其次为奥氏体＋铁素体两相区，而有渗碳体存在的两相区，钢的塑性、韧性都差。因此，在进行锻造时要把坯料加热到奥氏体状态。一般始锻温度控制在固相线下 100～200 ℃ 范围内，而终锻温度对亚共析钢控制在稍高于 GS 线，对于过共析钢控制在稍高于 ES 线。通常，各种碳素钢的始锻温度为 1 250～1 150 ℃，终锻温度为 850～750 ℃，如图 4-57 所示。

2. 合金结构钢的锻造

在合金结构钢中，随着合金元素质量分数的增加，可锻性变差。低合金结构钢与低碳钢相近，可锻性比较好。

高合金钢的合金元素质量分数高，组织较复杂，再结晶温度较高，且再结晶速度慢。高合金钢锻造时易产生加工硬化，变形抗力大，塑性降低，可锻性差，容易锻裂，不易控制锻件的质量。高合金钢的导热系数较碳钢低，加热速度高时，因温度应力大易引起开裂，所以加热高合金钢时需进行预热。

高合金钢的始锻温度一般比碳钢低，而终锻温度比碳钢高。高合金钢锻造温度范围较碳钢的窄，一般碳钢的锻造温度范围为 350～400 ℃，而有些高合金钢仅为 100～200 ℃。

3. 不锈钢的锻造

不锈钢具有与碳钢、低合金钢类似的锻造性能。所不同的只是在锻造温度下，不锈钢比碳钢和低合金钢有更高的流动应力。此外，某些不锈钢，如奥氏体-铁素体双相不锈钢和马氏体不锈钢，加热到锻造温度，晶界上有铁素体存在。铁素体与奥氏体的力学性能和再结晶条件不同，使得不锈钢的塑性大大下降。

不锈钢的锻造温度范围较窄，始锻温度较低，所以需要较大的锻造载荷。

铁素体型不锈钢在加热和冷却过程中无同素异晶转变，锻件晶粒度的控制主要取决于始锻和终锻温度以及终锻时的变形量。铁素体型不锈钢的终锻温度是由铁素体再结晶温度决定的。铁素体的再结晶温度比较低，终锻温度可以低至 700 ℃，生产上常定位 720～800 ℃，而且不允许高于 800 ℃。铁素体不锈钢比奥氏体不锈钢具有更大的晶粒长大倾向，如果晶粒粗大，钢的脆性就增大，锻造时会因塑性下降而变形困难，切

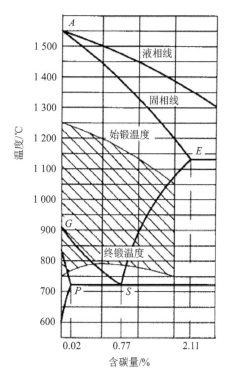

图 4-57　碳钢的锻造温度范围

边时也容易产生裂纹。为了获得细晶组织，减轻晶间腐蚀和缺口敏感性，这类钢的始锻温度不宜过高，均应低于 1 200 ℃，特别是毛坯最后一火的加热温度最好不要超过 1 120 ℃。

奥氏体不锈钢在加热时不发生相变，始锻温度主要受到晶粒长大的限制，这类钢的始锻温度一般都不超过 1 120 ℃。终锻温度主要受碳化物析出敏化温度（480～820 ℃）的限制，终锻温度若落入此范围，则由于碳化物析出，增大了钢的变形抗力，降低了塑性，锻造时可能开裂。所以终锻温度都应高于这一温度，一般取 825～850 ℃。

马氏体不锈钢的始锻温度受高温铁素体形成温度和铁素体形态的限制和影响，如锻造存在有带状铁素体的不锈钢时，则容易产生裂纹；如铁素体呈细小球状颗粒分布时，塑性明显提高。铁素体一般在 1 100～1 270 ℃范围内大量形成，生产中常确定始锻温度约为 1 150 ℃。马氏体不锈钢的终锻温度随含碳量而异，高碳的一般取 925 ℃，低碳的一般取 850 ℃。

4.3.2　有色金属的锻造

1. 铝合金的锻造

变形铝合金可锻性较好，而且几乎所有锻造铝合金都有良好的塑性。一般来说，由于铝合金质地很软，外摩擦系数较大，流动性比钢差，因此在金属流动量相同的情况下，铝合金消耗的能量比低碳钢多 30%。铝合金的塑性受合金成分和变形温度的影响较大。随着合金元素含量的增加，合金的塑性不断下降；除某些高强度铝合金外，大多数铝合金的塑性对变形速度不十分敏感。

铝合金的锻造温度范围很窄，一般都在 150 ℃以内，某些高强度铝合金的锻造温度范围甚

至不到 100 ℃。例如 7A04 超硬铝，由于其成分中主要起强化作用的 $MgZn_2$ 化合物与 Al 形成共晶产物后熔点为 470 ℃，所以始锻温度应低于此温度，一般取 430 ℃；其终锻温度应高于其退火温度（390 ℃），一般取 350 ℃。因此，7A04 的锻造温度范围是 350～430 ℃，温差只有 80 ℃。

尽管铝合金的锻造温度范围很窄，但是模锻过程的时间却无须加以限制。因为对于铝合金的锻造温度范围来说，模具的预热温度比较高，在锻造过程中坯料降温缓慢。另外，由于铝合金的变形热效应很大，因此可以产生一定的热量。综合各种因素，一般铝合金在锻造过程中的温度有所增加。

2. 镁合金的锻造

镁具有密排六方晶格，在室温下塑性低，冷成型很困难。镁的塑性很难用合金化的方法来改善。Al、Ag、Zn、Y、Nd、Mn 等虽能在 Mg 中大量固溶，但只能增加固溶强化效应，不能改变晶体结构，高低温变形阻力反而增大。因此，变形用 Mg 合金的合金化程度应比铸造合金低，以利于塑性变形。

当温度升高到 200 ℃以上时，镁的塑性得到了很大提高，在 300～450 ℃温度范围具有最佳的塑性，适于在此温度范围内进行热变形。镁合金的加热温度和保温时间不仅影响合金的工艺塑性，而且还影响锻件锻后的组织和力学性能。如果加热温度过高，保温时间过长或加热次数过多，还会使镁合金的抗拉强度和屈服强度降低，即产生软化现象。这种晶粒长大及软化现象，不能靠随后的热处理来补救，所以必须严格控制锻造工艺。

3. 钛合金的锻造

钛合金有两种同素异构体，高于相变温度，无论是 α 钛合金，$\alpha+\beta$ 钛合金，还是 β 钛合金，合金中的密排六方晶格结构的 α 相均将转变为具有体心立方晶格结构的 β 相。在低温下，密排六方晶格中的滑移系数目有限，塑性变形困难；当温度升高时，密排六方晶格中的滑移系增多，所以钛合金的可锻性随温度的提高而提高；当温度超过相变温度后，进入单相 β 相区，因体心立方晶格的滑移系数目进一步增多，可锻性随之大大提高。相比而言，钛合金的锻造性能比铝合金和合金结构钢差一些，这是由于钛合金中含有密排六方晶格的 α 相，而且还由于钛合金对变形速度敏感，金属与工具之间的摩擦因数比较大。

在升温加热的过程中，钛合金晶粒的形态、大小、组成相的比例以及晶格类型均发生变化，因此加热温度对钛合金的锻造性能影响很大。根据钛合金锻造温度所处的相区，可将钛合金锻造分为两种类型，一种为 β 型锻造，另一种为 $\alpha+\beta$ 型锻造。β 型锻造在高于 β 相变点温度进行塑性变形，可得到针状组织结构。$\alpha+\beta$ 型锻造温度在 β 相变点以下的双相共存区温度范围发生塑性变形，可以获得等轴组织结构。

β 锻造与 $\alpha+\beta$ 锻造相比有以下的优点：

① 大大降低变形抗力，Ti-6Al-4V 钛合金在 β 转变温度以上 50 ℃锻造，变形抗力降低 50%。

② 锻造温度高，锻件变形抗力低，在同样的设备上可以锻造出接近零件形状的锻件，机械加工费用和材料消耗低。

③ β 锻造的锻件，伸长率与断面收缩率较低，断裂韧性较高，蠕变性能大大提高。

④ 变形抗力降低较大，用较小吨位的锻压设备就可以生产比较大的锻件。在实际生产中

为发挥 β 锻造的特点,铸锭开坯时采用 β 锻造,随后在 β 转变温度以下结束锻造。

锻造温度对 α＋β 钛合金的室温性能和 β 晶粒尺寸的影响如图 4 - 58 所示。在 β 转变温度以上锻造的 α＋β 钛合金在室温下塑性低、脆性大,即引起所谓"β 脆性"。锻造温度对 α 钛合金的室温塑性与晶粒尺寸的影响类似。β 钛合金的合金元素含量较多,高温硬度较大,因此这种合金比工业纯钛和 α＋β 合金更难锻造。

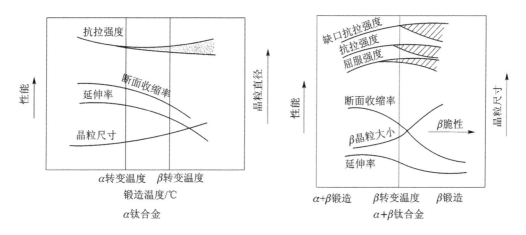

图 4 - 58　锻造温度对钛合金的室温力学性能和晶粒尺寸的影响

锻造温度对钛合金高温和室温性能的影响不一样。在高于 β 转变温度锻造时,合金的持久性能、抗蠕变性能和断裂韧性好;而低于 β 转变温度锻造时,上述性能则较差。钛合金在不同温度下锻造的性能相差较大,原因在于不同温度下锻造后的组织不一样。

由于钛在大气中高温锻造时易发生氧化,因此在保证不发生锻造裂纹的前提下应尽量降低锻造温度。一般而言,对于偏重要求疲劳性能的零件来说,当工艺条件允许时,采用较低温度(例如低于 β 相变点 50～80 ℃)的 α＋β 锻造方法。对于偏重要求高温蠕变或断裂韧性的零件来说,可以采用 β 锻造方法。对于要求综合性能(即兼顾室温塑性、疲劳强度、蠕变强度和断裂韧性等性能)的零件来说,应该采用较高的温度(例如低于 β 转变点 30 ℃左右的 α＋β 锻造方法)。

钛合金变形抗力受变形温度和变形速度的影响较大,要得到满意的微观组织和力学性能,必须将其锻造温度限制在很窄的范围之内。钛合金的终锻温度不宜过低,温度降低时变形抗力急剧增加,塑性下降,加之钛合金粘模严重,若锤击力过大,容易导致锻件开裂。钛合金的锻造温度范围大多数不超过 150 ℃,因此需要提高模具的加热温度来保持锻造温度,并由此发展了等温锻造工艺。

等温模锻工艺是把模具加热到和锻坯具有同样温度的条件下进行的恒温模锻过程。它要求很慢的变形速度,所以,一般在液压机上进行模锻。等温模锻工艺,不仅在模锻开始时,锻模与坯料有相同的温度,而且在小变形速度下的长时间加工过程中,它们的温度差别极小。钛合金的等温模锻,要求把模具加热到 760～980 ℃,因而要求模具材料具有良好的高温强度、高温耐磨性、耐热疲劳以及抗氧化能力。

在一定条件下,大部分钛合金均会显示出超塑性。超塑性特性最好的是 α＋β 型钛合金,α 型和 β 型钛合金稍差。目前用途最广泛的超塑性钛合金为 Ti - 6Al - 4V 合金,该合金在

925 ℃左右具有最佳超塑性,最大超塑性伸长率可达 2 000 %。细晶合金会在较低温度下显示出超塑性,如亚微米晶的 Ti－6Al－4V 合金板材的超塑性温度可降至 650～750 ℃。利用超塑性成型加工形状复杂的钛合金构件,具有成型工艺过程短、材料利用率高、能耗低的优点。

4. 镍基高温合金的锻造

纯镍的塑性好,容易进行冷或热塑性成型。镍基高温合金采用合金元素固溶或沉淀强化,其高温蠕变强度高,锻造温度高且范围窄,锻造成型难度大。

高温合金的导热性较低,加之塑性低,坯料在加热和冷却过程中要产生很大的应力。通常升温速度越快和坯料尺寸越大,即表面和内部的温差越大,热应力也越大。热应力超过合金在该温度下的强度就会引起材料的破坏。因此,对坯料的加热,特别是在大尺寸情况下,为避免产生过大的热应力以致产生裂纹,在低温升温时要缓慢(800～900 ℃以上塑性较好的温度范围内可稍快些)并较长时间加热。锻造操作开始时锤击不宜过重过快,否则会造成坯料内局部升温过热引起内裂。若过轻过慢,坯料表面降温快也易引起角裂。

早期航空发动机涡轮盘用高温合金采用铸锭加锻造方法。由于合金化程度的提高,铸-锻高温合金的铸锭偏析严重,锻造成型日益困难,随着涡轮盘工作温度和应力的提高,已经难以满足要求。后来发展了粉末冶金高温合金涡轮盘制造工艺,由于合金化程度的提高,解决了传统的铸锻高温合金铸锭偏析严重、热加工性能差等问题。该工艺首先在惰性气氛或真空下制备成分均匀无偏析的微细合金粉末,用热压成型并烧结,最后控制锻造和热处理以制成具有一定力学性能的成品。等温锻造通过调整温度、变形速度和总变形量可控制涡轮盘组织和性能。

4.4 塑性成型工艺设计

4.4.1 自由锻工艺设计

1. 自由锻件的结构工艺性

对自由锻件结构工艺性总的要求是:在满足使用性能要求的前提下,锻造方便,节约金属和提高生产率。在进行自由锻件的结构设计时应注意下列原则要求:

➤ 锻件形状应尽可能简单、对称、平直,以适应在锻造设备下的成型特点。

➤ 自由锻锻件上应避免锥体和斜面,可将其改为圆柱体和台阶结构。

➤ 自由锻锻件上应避免空间曲线,如圆柱面与圆柱面的交接线,应改为平面与平面交线,以便锻件成型。

➤ 避免加强筋或凸台等结构。自由锻锻件不应采用像铸件那样用加强筋来提高承载能力的方法。

➤ 应避免工字形截面、椭圆截面、弧线及曲线形表面等形状复杂的截面和表面。

➤ 横截面有急剧变化或形状复杂的零件,可分段锻造,再用焊接或机械连接组成整体。

自由锻锻件的结构工艺性要求如表 4－3 所列。

表 4 - 3　自由锻零件的结构工艺性

要　求	不合理的结构	合理的结构
尽量避免锥面或斜面	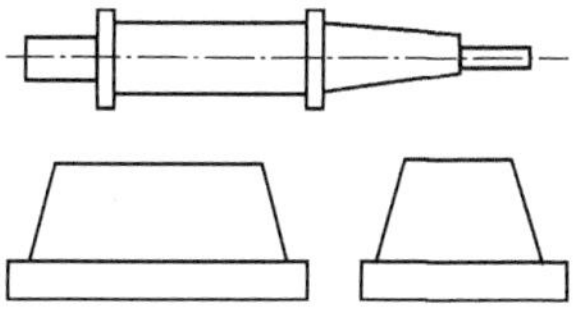	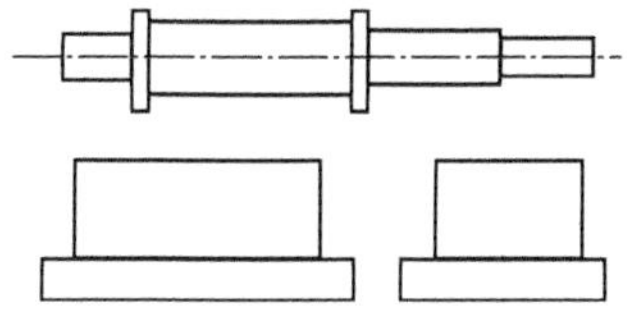
避免圆柱面与圆柱面相交	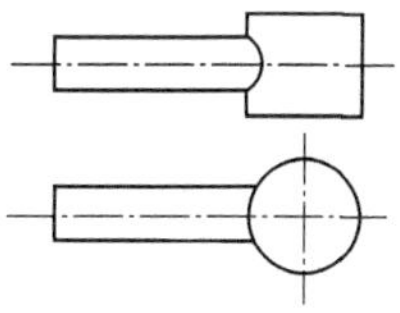	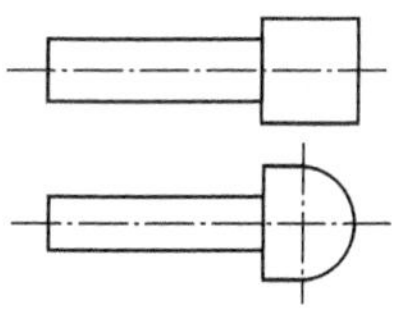
避免椭圆形、工字形或其他非规则形状截面及非规则外形	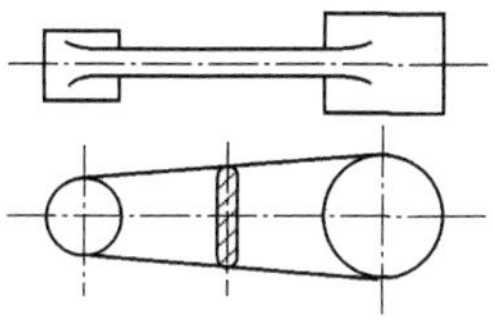	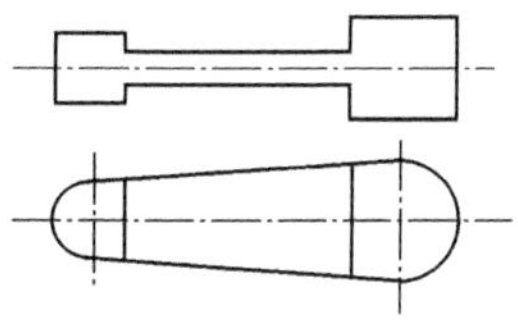
避免筋板和凸台等结构。筋板可在锻造后焊接到锻件上	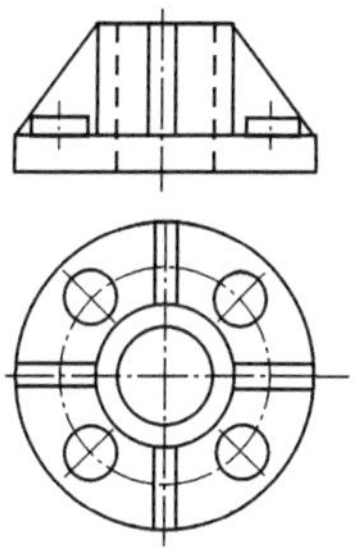	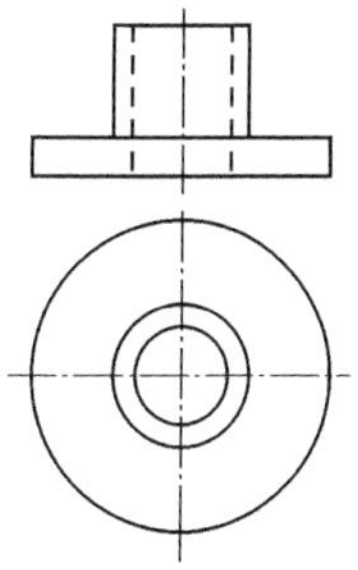
截面有急剧变化或形状复杂的零件，可分段锻造，再用焊接或机械连接组成整体	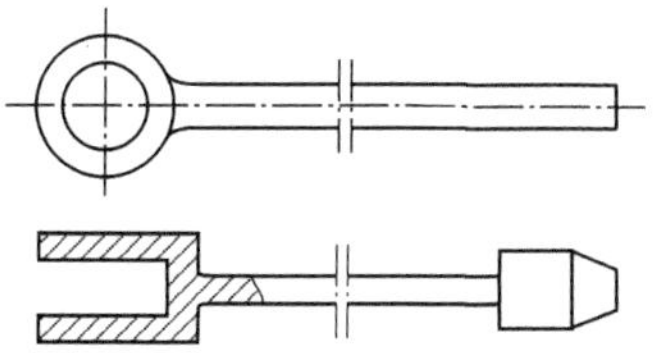	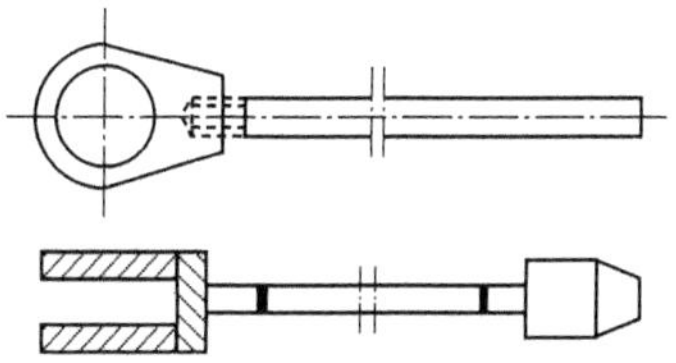

2. 自由锻成型工艺设计

自由锻成型工艺规程主要内容包括：根据零件图绘制锻件图、计算坯料的质量和尺寸、确定锻造工序、选择锻造设备、确定坯料加热规范和填写工艺卡片等。

（1）绘制锻件图

锻件图是以零件图为基础，结合自由锻的过程特征绘制的技术资料。一个零件的毛坯若是用自由锻生产的，则应根据零件图中的零件形状和尺寸、技术要求、生产批量以及所具有的生产条件和能力，结合自由锻过程中的各种因素，用不同色彩的线条直接绘制在图样上或用文字标注在图样上,这就得到了自由锻锻件图。绘制锻件图是进行自由锻生产必不可少的技术准备工作,锻件图是组织生产过程、制定操作规范、控制和检查产品品质的依据。

锻件图绘制时要考虑的因素:

1) 敷　料

敷料是为了简化锻件形状、便于锻造而增添的金属部分,如图 4 - 59 所示。由于自由锻只适宜于锻制形状简单的锻件,故对零件上一些较小的凹挡、台阶、凸肩、小孔、斜面和锥面等都应进行适当的简化,以减少锻造的困难,提高生产率。

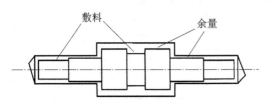

图 4 - 59　锻件的敷料与余量

2) 加工余量

由于自由锻件的尺寸精度低、表面品质较差,需要再切削,所以应在零件的加工表面增加供切削加工用的金属部分,称为加工余量,如图 4 - 59 所示。锻件加工余量的大小与零件的形状、尺寸、加工精度和表面粗糙度等因素有关,通常自由锻件的加工余量为 4～6 mm。加工余量与生产的设备、工装精度、加热的控制和操作技术水平有关,零件越大、形状越复杂,余量就越大。

3) 锻件公差

锻件公差是锻件名义尺寸的允许变动量。锻造操作中掌控尺寸有一定困难,外加金属的氧化和收缩等原因,使锻件的实际尺寸总有一定的误差。自由锻件的公差一般为 $\pm 1 \sim \pm 2$ mm。自由锻件机加工余量和自由锻件公差的具体数值可以查阅锻造手册。为了使锻造操作者了解零件的形状和尺寸,有些工厂或企业就直接在零件图上绘制锻件图;有些虽然另外绘制锻件图,但在锻件图上用双点画线画出零件主要轮廓形状,在锻件尺寸线下面用括弧标注出零件的名义尺寸。

（2）坯料质量及尺寸的计算

坯料质量可按下式计算:

$$m_{坯料} = m_{锻件} + m_{烧损} + m_{料头}$$

式中,$m_{坯料}$ 为坯料质量,单位为 kg;$m_{锻件}$ 为锻件质量,单位为 kg;$m_{烧损}$ 为加热时坯料表面氧化烧损的质量(通常,第一次加热取被加热金属的 2%～3%,以后各次加热取 1.5%～2%);$m_{料头}$ 为在锻造中被切掉或冲掉的那部分金属质量(如用铸锭,例如钢锭时,则要考虑切掉钢锭头部和尾部的质量)。

对于中、小型锻件,通常都是型材(使用最多的是圆钢),即可不考虑料头因素,上式简化为

$$m_{坯料} = (1 + K) m_{锻件}$$

式中,K 是一个与锻件形状有关的系数。对于实心盘类锻件,$K = 2\% \sim 3\%$;对于阶梯轴类锻件,$K = 8\% \sim 10\%$;对于空心类锻件,$K = 10\% \sim 12\%$;对于其他形状的锻件,可视其复杂程度参照上述 3 类锻件取 K 值。

在坯料质量求出后,则需计算坯料的尺寸。对于圆形材料(如圆钢),当锻造的第一工序为镦粗时,则坯料直径为

$$D = k V_{坯}^{1/3}$$

式中，$V_坯$ 为坯料的体积，单位为 mm^3，$V_坯 = m_{坯料}/\rho$；ρ 为金属的密度，单位为 g/cm^3；$k = 0.8 \sim 1.0$。

坯料的高度或长度为

$$H = \frac{4V_坯}{\pi D^2} = \frac{V_坯}{A_坯}$$

且 $1.25D \leqslant H \leqslant 2.5D$；这是因为在体积一定的情况下，坯料高度过大，则直径较小，镦粗时易镦弯；而直径过大，则下料困难且锻造效果不好。

当锻件的第一工序为拔长时，则

$$A_坯 > Y_锻 \, A_{max}$$

式中，$A_坯$ 为坯料的截面积，单位为 mm^2；$Y_锻$ 为锻造比，对于圆钢 $Y_锻 = 1.3 \sim 1.5$；A_{max} 为锻件的最大截面积，单位为 mm^2。

坯料的直径为

$$D_0 = 2\sqrt{\frac{A_坯}{\pi}}$$

坯料的长度为

$$L_0 = \frac{V_坯}{A_坯} = \frac{4V_坯}{\pi D_0^2}$$

要注意的是，当计算的坯料直径 D 与圆钢标准直径不符时，则应将坯料直径就近取成圆钢直径，然后再重新计算坯料的高度 H 或长度 L。

（3）选择锻造工序，确定锻造温度和冷却规范

1）选择锻造工序

自由锻中可进行的工序较多，需要根据锻件的形状、尺寸和技术要求，结合各锻造工艺的变形特点，确定必需的基本工序、辅助工序和精整工序。

2）锻造温度范围及加热冷却规范

金属的锻造是在一定温度范围内进行的。为缩短加热时间，对于塑性良好的中小型低碳钢坯料，可把冷的坯料直接送入高温的加热炉中，尽快加热到始锻温度。这样不仅可提高生产率，而且可以减少坯料的氧化和钢的表面脱碳，并防止过热。但快速加热会使坯料产生较大的热应力，甚至可能会导致内部裂纹。因此，对热导率和塑性较低的大型合金钢坯料，常采用分段加热，即先将坯料随炉升温至 800 ℃左右，并适当保温以待坯料内部组织和内外温度均匀；然后再快速升温至始锻温度并在此温度下保温，待坯料内外温度均匀后出炉锻造。

一些常用金属的锻造温度范围如表 4 - 4 所列。

表 4 - 4　常用金属的锻造温度范围

合金种类	始锻温度/℃	终锻温度/℃
15，25，30	1 200～1 250	750～800
碳素钢：35，40，45	1 200	800
60，65，T8，T10	1 100	800

续表 4 - 4

合金种类	始锻温度/℃	终锻温度/℃
合金结构钢	1 150～1 200	800～850
合金钢:低合金工具钢	1 100～1 150	850
高速钢	1 100～1 150	900
有色金属:H68 黄铜	850	700
硬铝	470	380

锻造后的锻件冷却也必须注意。锻好的锻件仍有较高的温度,冷却时由于表面冷却快,内部冷却慢,锻件表里冷却收缩不一致,可能会使一些塑性较低或大型复杂锻件产生变形或开裂等缺陷。常用的锻件冷却方式有 3 种:

① 直接在空气中冷却(简称空冷)。此法多用于碳钢和低合金钢中小锻件。

② 在炉灰或干砂中缓冷。多用于中碳钢、高碳钢和大多数低合金钢的中型锻件。

③ 随炉缓冷。锻后随即将锻件放入 500～700 ℃的炉中随炉缓冷,多用于中碳钢和低合金钢的大型锻件以及高合金钢的重要锻件。

4.4.2 模锻工艺设计

1. 模锻件的结构工艺性

设计模锻零件时,应根据模锻特点和工艺要求,使其结构符合下列原则:

① 模锻零件应具有合理的分模面,以使金属易于充满模膛,模锻件易于从锻模中取出,且敷料最少,锻模容易制造。分模面的位置与模锻方法直接有关,而且它决定着锻件内部金属纤维(流线)方向。金属纤维方向对锻件性能有较大影响。合理的锻件设计应使最大载荷方向与金属纤维方向一致。若锻件的主要工作应力是多向的,则应设法造成与其相应的多向金属纤维。为此,必须将锻件材料的各向异性与零件外形联系起来考虑,选择恰当的分模面,保证锻件内部的金属纤维方向与主要工作应力一致。

在满足上述原则的基础上,为了保证生产过程可靠和锻件品质稳定,锻件分模位置一般都选择在具有最大轮廓线的地方。图 4 - 60 所示的模锻件几种分模方案中,沿 $d-d$ 面分模是最合理的。

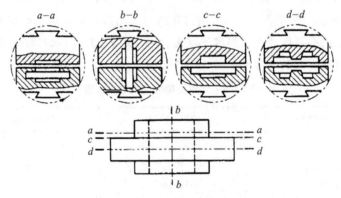

图 4 - 60　模锻件分模面方案比较

② 模锻零件上,除与其他零件配合的表面外,均应设计为非加工表面。模锻件的非加工表面之间形成的角应设计成模锻圆角,与分模面垂直的非加工表面,应设计出模锻斜度。

③ 零件的外形应力求简单、平直、对称,避免零件截面间差别过大,或具有薄壁、高肋等不良结构。一般说来,零件的最小截面与最大截面之比不要小于 0.5。图 4-61(a)所示零件的凸缘太薄、太高,中间下凹太深,金属不易充型。图 4-61(b)所示零件过于扁薄,薄壁部分金属模锻时容易冷却,不易锻出,对保护设备和锻模也不利。

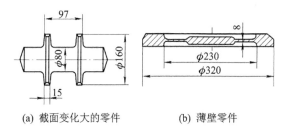

(a) 截面变化大的零件　　(b) 薄壁零件

图 4-61　模锻件结构工艺性

④ 在零件结构允许的条件下,应尽量避免有深孔或多孔结构。孔径小于 30 mm 或孔深大于直径两倍时,锻造困难。如图 4-62 所示齿轮零件,为保证纤维组织的连贯性以及更好的力学性能,常采用模锻方法生产,但齿轮上的 4 个 $\phi20$ mm 的孔不方便锻造,只能采用机加工成型。

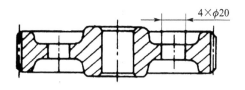

图 4-62　模锻齿轮零件

⑤ 对复杂锻件,为减少敷料,简化模锻工艺,在可能条件下,应采用锻造—焊接或锻造—机械连接组合工艺。

2. 模锻成型工艺设计

模锻成型工艺规程主要内容包括:根据零件图绘制锻件图、计算坯料尺寸、确定锻造工序及安排修整工序等。

(1) 绘制模锻件图

模锻件图(又叫模锻过程图)是生产过程中各个环节的指导性技术文件。在制订模锻件图时应考虑的因素有:

1) 分模面

分模面即指上、下锻模在锻件上的分界面。锻件分模面选择的好坏将直接影响到锻件的成型、锻件出模、锻模结构、制造费用、材料利用率及切边等一系列问题。因此,在制订模锻件图时,必须遵照下列原则:

➢ 为保证模锻件易于从模膛中取出,分模面通常选在模锻件最大截面上。

➢ 所选定的分模面应使模膛的深度最浅。这样有利于金属充满模膛,便于锻件的取出和锻模的制造。

➢ 选定的分模面应使上下两模沿分模面的模膛轮廓一致。这样在安装锻模和生产中发现错模现象时,便于及时调整锻模位置。

➢ 分模面最好是平面,且上下锻模的模膛深度尽可能一致,以便于锻模制造。

> 所选分模面尽可能使锻件上所加的敷料最少。这样既可提高材料的利用率,又减少了切削加工的工作量。

2) 加工余量、锻件公差和敷料

模锻件的尺寸精度较好,其余量和公差比自由锻件小得多。小型模锻件的加工余量一般为 2～4 mm,锻件公差一般为±0.5～±1 mm。另外,模锻件加工余量及模锻件公差还可查锻造手册或其他工程手册。

对于孔径 $d>25$ mm 的模锻件,孔应锻出,但须留冲孔连皮。冲孔连皮的厚度与孔径有关,当孔径在 30～80 mm 时,连皮厚度为 4～8 mm。

图 4-63 所示为齿轮坯模锻锻件图。图中双点画线为零件轮廓外形。分模面选在锻件高度方向的中部。零件轮辐部分不加工,故不留加工余量。

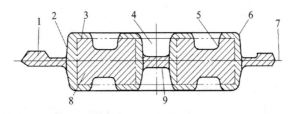

1—飞边;2—模锻斜度;3—加工余量;4—不通孔;5—凹圆角;
6—凸圆角;7—分模面;8—冲孔连皮;9—零件

图 4-63 齿轮坯模锻锻件图

3) 模锻斜度

模锻件上凡平行于锻压方向的表面(或垂直于分模面的表面)都须具有斜度,如图 4-64 所示,这样便于从模膛中取出锻件。常用的模锻斜度系列为:3°、5°、7°、10°、12°、15°。模锻斜度与模膛深度有关,模膛深度与宽度的比值(h/b)越大,斜度取值越大。内壁斜度(锻件冷却收缩时与模壁呈夹紧趋势的表面)应比外壁斜度大 2°～5°。在具有顶出装置的锻压机械上,其模锻件上的斜度比没有顶出装置的小一级。

4) 模锻件圆角半径

模锻件上凡是面与面相交处均应做成圆角,如图 4-65 所示。这样,可增大锻件强度,有利于锻造时金属充满模膛,避免锻模上的内尖角处产生裂纹,减缓锻模外尖角处的磨损,提高锻模的使用寿命。钢质模锻件外圆角半径 r 取 1.5～12 mm,内圆角半径比外圆角半径大 2～3 倍。模膛深度愈深,圆角半径取值就要越大。

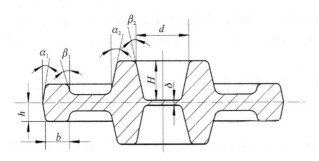

图 4-64 模锻斜度

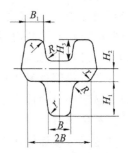

图 4-65 模锻件的圆角半径

（2）坯料质量和尺寸计算

模锻件坯料质量＝模锻件质量＋氧化烧损质量＋飞边（连皮）质量

飞边质量的多少与锻件形状和大小有关，一般可按锻件质量的 20％～25％计算。氧化烧损按锻件质量和飞边质量总和的 3％～4％计算。其他规则可参照自由锻坯料质量及尺寸计算。

（3）模锻工序的确定

模锻工序与锻件的形状和尺寸有关。由于每个模锻件都必须有终锻工序，所以工序的选择实际上就是制坯工序和预锻工序的确定。

1）轮盘类模锻件

轮盘类模锻件指圆形或宽度接近于长度的锻件，如齿轮、十字接盘、法兰盘等。这类模锻件在终锻时金属沿高度和径向（或长、宽方向）均产生流动。

一般的轮盘类模锻件采用镦粗和终锻工序。对于一些高轮毂、薄轮辐的模锻件，采用镦粗—预锻—终锻工序。图 4 - 66 所示为伞形齿轮的锻造与机械加工过程。

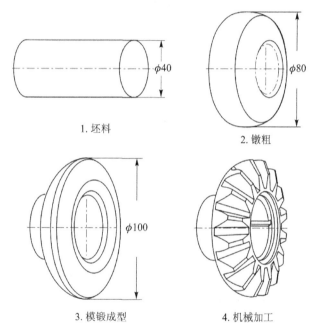

图 4 - 66　伞形齿轮的锻造与机械加工过程

2）长轴类模锻件

这类锻件的长度与宽度之比较大，终锻时金属沿高度与宽度方向流动，但长度方向流动不大。长轴类锻件包括主轴、传动轴、转轴、销轴、曲轴、连杆、杠杆和摆杆等。这类模锻件的形状多种多样，通常模锻件沿轴线在宽度和直径方向上的变化较大，这样就给模锻带来一定的不便和难度。因此，长轴类模锻件的成型较轮盘类模锻件的难，模锻工序也较多，模锻过程也较复杂。长轴类模锻件的工序选择有：

①预锻—终锻。

②滚压—预锻—终锻。

③拔长—滚压—预锻—终锻。

④拔长—滚压—弯曲—预锻—终锻，等。

工序越多,锻模的模膛数就越多,这样,锻模的设计和制造加工就越难,成本也就越高。

在模锻件的成型过程中,工序的多少与零件的结构设计、坯料形状及制坯手段等有关。图 4-67 所示为连杆的模锻示意图。

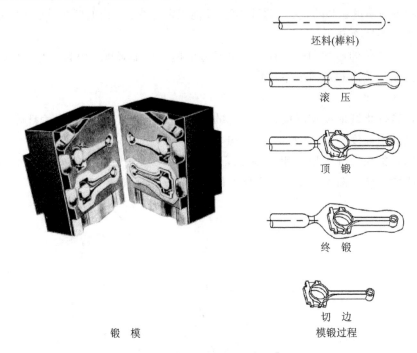

图 4-67　连杆的模锻示意图

(4) 修整工序

由锻模模膛锻出的模锻件,尚须经过一些修整工序才能得到符合要求的锻件。其修整工序有:

1) 切边与冲孔

刚锻制成的模锻件,周边通常都带有横向飞边,对于有通孔的锻件还有连皮,如图 4-68 所示。飞边和连皮须用切边模和冲孔模在压力机上切除。

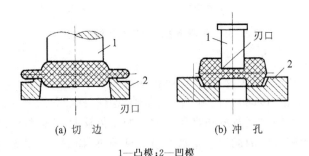

1—凸模；2—凹模

图 4-68　切边模与冲孔模

对于较大的模锻件和合金钢模锻件,常利用模锻后的余热立即进行切边和冲孔,其特点是所需切断力较小,但锻件在切边和冲孔时易产生轻度的变形。对于尺寸较小的和精度要求较高的锻件,常在冷态下进行切边和冲孔,其特点为切断后锻件切面较整齐,不易产生变形,但所需的切断力较大。

切边模和冲孔模由凸模和凹模组成,如图 4－68 所示。切边凹模的通孔形状和锻件在分模面上的轮廓一样,而凸模工作面的形状和锻件上部外形相符。冲孔凹模作为锻件的支座,其形状做成使锻件放在模中能对准冲孔中心,冲孔连皮从凹模孔落下。

当锻件批量很大时,切边和冲连皮可在一个较复杂的复合式连续模上联合进行。

2) 校　正

在切边及其他工序中有可能引起锻件变形。因此对许多锻件特别是形状复杂的锻件,在切边(冲连皮)之后还需进行校正。校正可在锻模的终锻模膛或专门的校正模内进行。

3) 热处理

对模锻件进行热处理的目的是消除模锻件的过热组织、加工硬化组织和内应力等,使模锻件具有所需的组织和性能。热处理宜用正火或退火。

4) 清　理

清理是去除在生产过程中形成的氧化皮、所沾油污及其他表面缺陷,以提高模锻件的表面品质。清理的方法主要有滚筒打光、喷丸及酸洗等。

4.4.3　冲压工艺设计

1. 冲压零件结构工艺性

冲压零件设计不仅应满足其使用要求,而且应具有良好的工艺性能,以减少材料消耗、延长模具寿命、保证制品质量、提高生产率和降低成本。

(1) 对各类冲压件的共同要求

➢ 尽量用普通材料代替贵重材料,如用碳钢代替合金钢。尽可能采用较薄的板料,而在刚度较弱的部位采用压筋结构,这样,既能降低材料费用,又能减小冲压力。

➢ 冲压件尽量采用简单而对称的外形,使冲压时坯料受力均衡,简化加工工序,便于模具制造。

(2) 对冲裁件的要求

➢ 冲裁件的外形应力求简单、对称,尽可能采用圆形、矩形等规则形状,并便于合理排样,将废料降低到最小,如图 4－69(a)所示。

➢ 应避免长槽与细长悬臂结构,否则模具制造困难、寿命低。图 4－69(b)所示为工艺性差的结构。

➢ 孔与有关尺寸应满足图 4－70 所示要求;冲压件上应采用圆角代替尖角连接,以防应力集中;孔与沟槽尽量在变形工序前的平板坯料上冲出;最小圆角半径值可查有关手册。

(3) 对弯曲件的要求

➢ 弯曲线应考虑流线方向,如图 4－71 所示。弯曲半径不能小于坯料的最小弯曲半径。当弯曲曲线与纤维方向垂直时,材料具有较大的拉伸强度,外缘纤维不易破裂,可用较小的相对弯曲半径;当弯曲曲线与纤维方向平行时,则由于材料拉伸强度较低,外缘纤维容易破裂,所允许的相对弯曲半径就要大些。弯曲件的形状应力求对称,非对称件常用成双弯曲、弯曲后再用切削方法切开的办法,如图 4－72 所示。

(a) 合理的零件形状与排样

(b) 不合理的落料外形

图 4 - 69　零件形状与排样

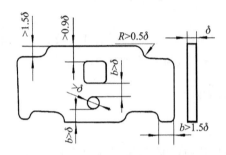

图 4 - 70　冲孔尺寸要求

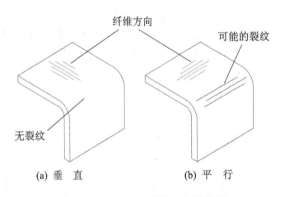

纤维方向

可能的裂纹

无裂纹

(a) 垂　直　　　　　(b) 平　行

图 4 - 71　弯曲与纤维方向的关系

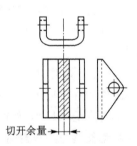

切开余量

图 4 - 72　成双弯曲

➢ 弯曲边不宜过短,否则不易成型;孔亦不能距弯曲线太近,否则孔形容易改变。为防止板料在冲压时偏移或窜动,应利用坯料上的已有孔或另加定位孔与模具上的导正销配合定位。

(4) 对拉深件的要求

➢ 拉深件外形应简单、对称且不宜太高,以减少拉深次数,并利于模具制造和延长模具寿命。

➢ 拉深件的最小许可圆角半径按图4-73确定。若取得过小,必将增加拉深次数和整形工作,增加模具数量,提高成本。

此外,对形状复杂的冲压件,可采用冲-焊结构,即首先冲压成若干个简单制件,然后再焊接成整体件,以简化冲压工艺;对冲压件的精度要求,一般不能超过各冲压工序的经济精度,对冲压件表面质量的要求应避免高于原材料的表面质量,否则将增加切削加工等工序。

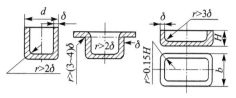

图 4-73　拉深件圆角半径要求

2. 冲压零件工艺设计

(1) 工艺参数

1) 凸凹模间隙(Z)

凸凹模间隙(见图 4-44)不仅影响冲裁件断面品质,而且影响模具寿命、卸料力、冲裁力和冲裁件尺寸精度等。间隙过大,冲裁件断面质量粗糙,尺寸精度误差大;间隙过小,冲模磨损严重,卸料、落料困难。

因此,选择合理的间隙对冲裁生产是很重要的。选用时主要考虑冲裁件断面品质和模具寿命这两个因素。当冲裁件断面品质要求较高时,应选取较小的间隙值;对冲裁件断面品质无严格要求时,应尽可能加大间隙,以利于提高冲模寿命。

合理间隙 Z 的数值可按经验公式

$$Z = m\delta$$

计算。式中,δ 为材料厚度,单位为 mm;m 为与材质及厚度有关的系数,实用中,板材较薄时,m 可按如下数据选用:

低碳钢、纯铁　　$m = 0.06 \sim 0.09$;

铜、铝合金　　　$m = 0.06 \sim 0.10$;

高碳钢　　　　　$m = 0.08 \sim 0.12$。

当板料厚度 $\delta > 3$ mm 时,因冲裁力较大,应适当放大系数 m。对冲裁件断面品质无特殊要求时,系数 m 可放大 1.5 倍。

2) 凸凹模刃口尺寸

设计落料时,凸模刃口尺寸即为落料件尺寸,用缩小凸模刃口尺寸来保证间隙值。设计冲孔模时,凸模刃口尺寸为孔的尺寸,用扩大凹模刃口尺寸来保证间隙值。

冲模在工作过程中必有磨损,落料件尺寸会随凹模刃口的磨损而增大,而冲孔件尺寸则随凸模的磨损而减小。为保证零件的尺寸要求,提高模具的使用寿命,落料时凹模刃口的尺寸应取靠近落料件公差范围的最小尺寸;而冲孔时凸模刃口的尺寸则取靠近孔的公差范围内的最大尺寸。

3) 冲裁力

冲裁力是选用设备吨位和检验模具强度的一个重要依据。计算准确,有利于发挥设备的潜力;计算不准确,则有可能使设备超载损坏,严重时造成事故。

平刃冲模的冲裁力可按下式计算:

$$F = kL\delta\tau$$

式中,F 为冲裁力,单位为 N;L 为冲裁周边长度,单位为 mm;δ 为板料厚度,单位为 mm;τ 为材料抗剪切强度,单位为 MPa;k 为系数。

系数 k 是考虑到实际生产中的各种因素而给出的一个修正系数。这些因素有模具间隙的波动和不均匀、刃口的钝化、板料力学性能及厚度的变化等,根据经验一般取 $k=1.3$ 。

　　(2) 冲裁件的排样

　　排样是指落料件在条料、带料或板料上进行布置的方法。合理排样可减少废料,提高板料的利用率。冲裁所产生的废料可分结构废料和工艺废料,如图 4-74 所示。提高材料利用率主要应从减少工艺废料着手,设计合理的排样方案,选择合适的板料规格和合理的裁板法等。

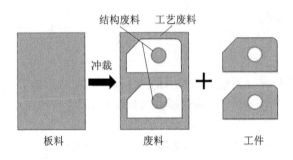

图 4-74　冲裁中的废料分类

　　图 4-75 所示为同一落料件的 4 种排样方式,分为无搭边排样(见图 4-75(b))和有搭边排样(见图 4-75(a))两种类型。无搭边排样利用落料件的一个边作为另一个落料件的边。这种排样板料利用率最高,但落料件尺寸不易精确,毛刺不在同一平面上,质量较差,只有在对落料件品质要求不高时才采用。有搭边排样是在各个落料件之间均留有一定尺寸搭边的排样。其优点是毛刺小,而且在同一个平面上,落料件尺寸精确,品质较好,但板料消耗较多。

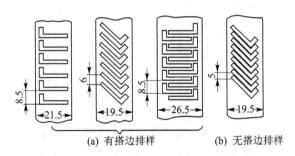

(a) 有搭边排样　　　　　　　(b) 无搭边排样

图 4-75　同一落料件的 4 种排样方式

　　(3) 模具和冲压设备

　　冲压加工是借助于冲压设备的动力,使板料在模具里进行变形,从而获得一定形状、尺寸和性能的产品零件的生产技术。在冲压零件的生产中,合理的冲压成型工艺、先进的模具、高效的冲压设备是必不可少的三要素。

　　1) 确定模具的结构形式

　　冲压件在工序性质、冲压次数和顺序以及工序的组合方式等选择的基础上,通过综合分析、比较,得出最佳方案,再选用模具的种类(简单模、复合模、连续模或连续复合模等),确定模具的具体结构形式,绘出模具工作部分的动作原理图。

　　2) 合理选择冲压设备

　　冲压生产所用设备种类繁多,但以曲柄压力机和液压压力机为主。曲柄压力机按其传动系统又可分为单点、双点和四点压力机;按其用途又分为普通压力机、拉深压力机、精压压力机、精冲压力机等;按其床身结构不同也可分为开式和闭式两种。

对中、小型冲压件多采用这种开式曲柄压力机。但在大中型和精度要求较高的冲压件生产中,多采用闭式机身的曲柄压力机。在小批生产中,尤其是大型厚板冲压件的生产,多采用液压压力机。

实际生产中,需要根据冲压工序的性质,冲压力(包括压边力、卸料力)、变形功,模具的结构形式,模具的闭合高度和轮廓尺寸以及生产批量等因素,结合本单位现有设备的条件,合理地选择冲压设备类型和吨位。

思考题

1. 塑性成型方法有哪几种主要类型,各自的特点如何?
2. 何谓金属的塑性变形抗力? 分析其影响因素。
3. 什么是最小阻力定律? 举例说明最小阻力定律在生产中的应用。
4. 什么是金属的可锻性? 影响可锻性的主要因素有哪些?
5. 什么是锻造比,锻造比对锻件质量有何影响?
6. 锻造毛坯与铸造毛坯相比,其内部组织、力学性能有何不同?
7. 如何确定金属锻造的温度范围? 锻件锻造后有哪几种冷却方式?
8. 自由锻的基本工序有哪些? 齿轮坯、轴类件的自由锻造各需哪些工序?
9. 绘制锻件图应考虑哪些因素?
10. 终锻模膛开设飞边槽有何作用?
11. 锤上模锻的模膛是如何分类的? 讨论各种模膛的作用。
12. 分析轮盘类模锻件和长轴类模锻件的变形特点。
13. 模锻件分模面的确定应考虑哪些因素?
14. 模锻能否锻出通孔件? 为什么?
15. 什么是胎膜锻? 其特点如何?
16. 冲裁变形过程分哪几个阶段? 冲裁件断面分哪几个区域?
17. 板料冲压中的落料和冲孔的区别是什么?
18. 讨论凸凹模间隙对冲裁件质量的影响。
19. 分析拉深件的起皱和拉裂产生的原因及控制措施。
20. 挤压、轧制、拉拔分别用于生产哪些类型的产品?
21. 分析旋压成型的原理。
22. 讨论钛合金的 α 锻造和 $\alpha+\beta$ 型锻造的特点。
23. 高温合金锻造存在哪些主要问题? 讨论其解决办法。
24. 举例说明板料成型在飞机制造中的应用。
25. 调研航空发动机中哪些零件是采用锻造生产的。

第5章 焊接技术

焊接是指利用加热或加压等手段,使分离的材料(同种或异种)在设计连接区通过原子(分子)间结合和扩散形成接头的工艺方法。焊接技术广泛应用于航空航天、核工业、造船、石油化工、电子技术、建筑、车辆及机械制造等工业领域。先进焊接技术的发展,促进了新材料与新结构的应用。

5.1 焊接基本原理

焊接通常是在材料连接区(焊接区)处于局部熔化或塑化状态下进行的,为使材料达到形成焊接的条件,需要高度集中的能量输入。焊接过程对接头的显微组织状态有很大影响,也使构件产生焊接应力变形,其影响程度取决于焊接热源、工艺参数、材料性质等条件。

5.1.1 焊接热源与热循环

1. 焊接热源

实现焊接所需的能量输入是焊接热源提供的。现代焊接生产对于焊接热源的要求主要是:

> 具有高能量密度,并能产生足够高的温度。高能量密度和高温可以使焊接加热区域尽可能小,热量集中,减小热影响区,可实现高速焊接过程,提高生产率。

> 热源性能稳定,易于调节和控制。热源性能稳定是保证焊接质量的基本条件,同时为了适应多种多样产品焊接要求,焊接热源必须具有较宽的功率调节范围,以及对于焊接工艺参数的有效控制。

> 具有较高的热效率,降低能源消耗。焊接能源消耗在焊接生产总成本中所占的比例是比较高的。因此尽可能提高焊接热效率,节约能源消耗有着重要技术、经济意义。

目前焊接技术中得到广泛应用的主要热源有:电弧、化学热、电阻热、等离子束、电子束、激光束、摩擦热等。

2. 焊接热循环

焊接加热的局部性在焊件上产生不均匀的温度分布,同时,由于热源的不断移动,焊件上各点的温度也在随时间变化,其焊接温度场也随时间演变。在连续移动热源焊接温度场中,焊接区某点所经受的急剧加热和冷却的过程叫做焊接热循环。

焊接热循环具有加热速度快、温度高(在熔合线附近接近母材熔点)、高温停留时间短和冷却速度快等特点。由于焊接加热的局部性,母材上距焊缝距离不同的点所经受的热循环也不相同,距焊缝中心越近的点,其加热速度和所达到的最高温度越高;反之,其加热速度和最高温度越低,冷却速度也越慢。图5-1所示为距焊缝不同距离各点的焊接热循环曲线。不同的焊接热循环会引起金属内部组织不同的变化,从而影响接头性能,同时还会产生复杂的焊接应力与变形。因此,对焊接热循环的研究具有重要意义。

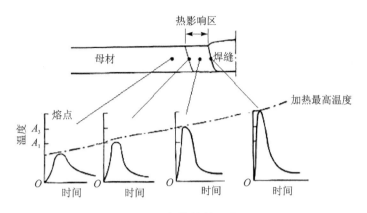

图 5 - 1　焊接热循环曲线

焊接热循环对焊接接头性能影响较大的参数是加热速度、最高温度、相变点以上停留时间和瞬时冷却速度,如图 5 - 2 所示。

（1）加热速度

焊接过程中加热速度极高,在一般电弧焊时,可以达到 200～390 ℃/s,这种高速加热将导致母材金属相变点的提高,对冷却后的组织变化产生影响。加热速度主要与焊接热源集中程度、热源的功率或线能量、焊件的厚度、接头形式等因素有关。

（2）加热最高温度

热循环曲线中加热最高温度是对金属组织变化具有决定性影响的参数之一。在焊接过程中,距焊缝距离不同的区,所达到的最高加热温度也不相同。因此,在接头近缝区的组织变化也不一致。根据焊件上最高温度的变化范围,可以估计热影响区的宽度和焊件中内应力和塑性变形区的范围。

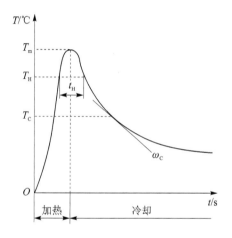

图 5 - 2　焊接热循环曲线及其主要参数

（3）高温停留时间

高温停留时间是指在相变点温度以上停留的时间,在此时间内停留时间越长,金属组织变化过程进行得也越充分。但是,焊接时,加热和冷却均很迅速,高温停留时间也十分短促,在这种情况下发生的相变过程远不能达到平衡相图的状态。

（4）瞬时冷却速度

冷却速度是决定热影响区组织性能的重要参数之一。在热循环曲线的冷却段,不同温度时的冷却速度也不相同。近缝区(特别是熔合线附近)冷却速度过快时,易产生淬硬组织,这也是引起焊接裂纹的重要原因之一。对于易淬火钢和高强钢,焊接过程中必须严格控制冷却速度。

在实际应用中,常采用由相变点以上某一温度冷却到相变点以下某一温度所需的平均冷却时间作为判据,例如从 800 ℃冷却到 500 ℃（或 300 ℃）的平均冷却时间 $t_{8/5}$（或 $t_{8/3}$）等,来分析焊接热影响区中的组织变化。

在多层焊接时，后焊的焊道对前层焊道起着热处理的作用，而前道焊对后道焊又起着焊前预热的作用。因此，多层焊时近缝区中的热循环要比单层焊时复杂。

5.1.2 母材熔化和焊缝成型

1. 焊接熔池

焊接热源（例如电弧）的加热斑点作用于母材表面时，其发生瞬时的局部熔化，熔化的金属形成的具有一定几何形状的液体金属称为焊接熔池，如图 5-3 所示。焊接溶池的表面由于电弧的吹力作用而形成弧坑，图 5-4 所示为焊接熔池的几何形状。

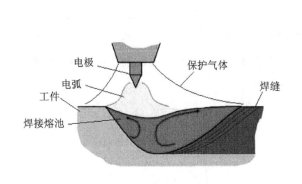

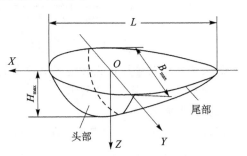

H_{max}—熔池最大深度；B_{max}—熔池最大宽度；
L—熔池的长度

图 5-3　焊接熔池示意图

图 5-4　焊接熔池的几何形状

焊接熔池的体积远比一般金属冶炼和铸造时小。焊接熔池中温度极高，在低碳钢和低合金钢电弧焊时，熔池温度可达 $1\,770\pm100\ ^\circ\text{C}$。熔池中的液态金属处于很高的过热状态，而一般炼钢时，其浇铸温度仅为 $1\,550\ ^\circ\text{C}$ 左右。

图 5-5 比较了典型熔焊工艺的熔深。

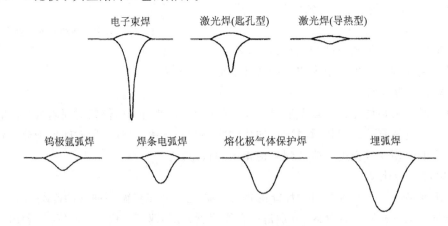

图 5-5　高能束焊与电弧焊的熔深比较

焊接熔池是以等速随同热源一起移动的。熔池的形状，也就是液相等温面所界定的区域，在焊接过程中一般保持不变。由于电弧吹力的作用，焊接熔池中的液态金属处于强烈湍流状态，焊缝金属成分混合良好。但是，熔池中也易于混入杂质，同时母材的熔化对焊缝金属有稀释作用。

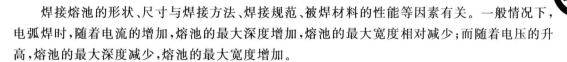

焊接熔池的形状、尺寸与焊接方法、焊接规范、被焊材料的性能等因素有关。一般情况下，电弧焊时，随着电流的增加，熔池的最大深度增加，熔池的最大宽度相对减少；而随着电压的升高，熔池的最大深度减少，熔池的最大宽度增加。

2. 焊接冶金过程

在电弧焊过程中，液态金属、熔渣和气体三者相互作用，是金属再冶炼的过程。但由于焊接条件的特殊性，焊接冶金过程又有着与一般冶炼过程不同的特点。

首先，焊接冶金温度高，相界大，反应速度快。当电弧中有空气侵入时，液态金属会发生强烈的氧化、氮化反应，还有大量金属蒸发，而空气中的水分以及工件和焊接材料中的油、锈、水在电弧高温下分解出的氢原子可溶入液态金属中，导致接头塑性和韧度降低（氢脆），以至产生裂纹。

其次，焊接熔池小，冷却快，使各种冶金反应难以达到平衡状态，焊缝中化学成分不均匀，且熔池中气体、氧化物等来不及浮出，容易形成气孔、夹渣等缺陷，甚至产生裂纹。为了保证焊缝的质量，在电弧焊过程中通常会采取以下措施：

① 在焊接过程中，对熔化金属进行保护，使之与空气隔开。保护方式有三种：气体保护、熔渣保护和气-渣联合保护。

② 对焊接熔池进行冶金处理，主要通过在焊接材料（焊条药皮、焊丝、焊剂）中加入一定量的脱氧剂（主要是锰铁和硅铁）和一定量的合金元素，在焊接过程中排除熔池中的 FeO，同时补偿合金元素的烧损等方式。

3. 金属熔化焊接时的结晶与相变

焊接熔池液态金属的结晶形态及其冷却过程中的组织变化，是决定焊接接头性能的重要因素。一些焊接缺陷如气孔、成分偏析、夹杂、结晶裂纹等也是在结晶过程中产生的。因此，了解和掌握焊接熔池结晶过程的特点、焊缝金属组织转变规律以及有关缺陷产生的机理和防止措施，对于保证焊接质量有着十分重要的意义。

（1）焊接熔池的结晶

焊接熔池的结晶过程与一般冶金和铸造时液态金属的结晶过程并无本质上的差别，因此，它也服从液相金属凝固理论的一般规律。但是与一般冶金和铸造结晶过程相比，焊接熔池的结晶过程具有自身的特点。

在焊接熔池中，金属的凝固均以极高的速度进行。焊接熔池的冷却速度可达 $4 \sim 100$ ℃/s，远远超过一般铸锭的冷却速度。

焊接熔池的结晶是一个连续熔化、连续结晶的动态过程。处于热源移动方向前端的母材不断熔化，连同过渡到熔池中的填充金属（焊条芯或焊丝）熔滴一起在电弧吹力作用下，被吹向熔池后部。随着热源的离去，吹向熔池后部的液态金属开始结晶凝固，形成焊缝。在焊条电弧焊时，由于焊条的摆动、熔滴的过渡及电弧吹力的波动，液态金属吹向熔池后部呈现明显的周期性，形成了一个个连续的焊波，同时在焊缝表面形成了鱼鳞状波纹。但在埋弧焊、熔化极氩弧焊等焊接时，这种周期性的焊波不明显，焊缝表面光滑。

在焊接熔池结晶时，由于冷却速度快，熔池体积小，一般不存在自发晶核的结晶过程，焊接熔池的结晶主要是以非自发晶核进行的。在焊接熔池中，有两种现成的固相表面，一种是悬浮于液相中的杂质和合金元素质点，另一种是熔池边缘母材熔合区中半熔化状态的母材晶粒。

在一般情况下,焊缝金属的成分与母材很接近。

焊接熔池中的结晶具有强烈方向性,并且与焊接热源的移动速度密切相关,如图 5-6 所示。在焊接熔池的前缘(A—B—C)发生熔化过程,在后缘(A—D—C)发生潜热释放并结晶。

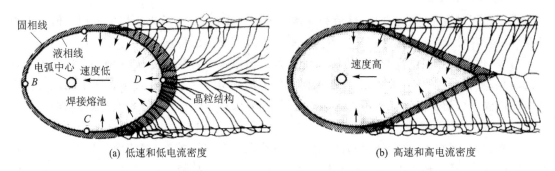

(a) 低速和低电流密度　　　　　　　(b) 高速和高电流密度

图 5-6　由熔合区母材半熔化晶粒向焊缝中心生长的柱状晶

由熔合区母材半熔化晶粒外延生长的晶粒,总是沿着温度梯度最陡的方向,即与最大散热方向相反的方向生长。从宏观上看主要以弯曲状的柱状晶生长,但在焊缝中心和上部也往往存在少量等轴晶。

(2) 焊缝金属的结晶组织

由焊接熔池液态金属凝固后得到的焊缝金相组织称为一次结晶组织。在焊缝继续冷却过程中,一次结晶组织还会继续进行相变,焊缝冷却到室温所得到的最终组织称为二次结晶组织。它与一次结晶组织既有密切关系,又取决于其相变过程。因此,焊接接头的性能与一次结晶组织和二次结晶组织均有密切的关系。调整改善焊缝金属组织,对于保证焊接质量起着重要作用。

1) 焊缝金属的一次结晶组织

一般情况下,焊缝的一次结晶组织是由焊缝边缘向焊缝中心弯曲生长的粗大柱状晶组织,如图 5-7 所示。这种组织的晶粒粗细对焊缝金属的各项性能均有很大影响,尤其影响焊缝的冲击韧性。焊缝晶粒越粗大,其冲击韧性在各种温度下均低于细晶粒时的冲击韧性,特别是低温塑性更差;对于高强钢来说,焊缝冲击韧性对晶粒粗细的敏感性就更强。

由于焊缝的一次结晶组织对焊缝性能有很大影响,所以,改善和调整焊缝的一次结晶组织十分重要。改善焊缝一次结晶组织的途径主要有调整焊接工艺参数、变质处理、振动结晶等。

2) 焊缝金属的二次结晶组织

焊缝一次结晶组织在随后的冷却过程中将进一步发生组织转变,其转变机理与一般热处理过程中的转变是一致的。但是,由于焊接时温度高,高温停留时间短,冷却速度快,溶质元素的扩散迁移受到限制,大多数相变过程是一种非平衡过程。此外,焊缝金属中化学成分的不均匀性也较严重,由此而引起焊缝中各部分(例如熔合区和焊缝中心部分)的组织会有很大差异。因而焊缝金属冷却过程中的相变,以及最终得到的组织,与一般金属热处理时还有一定程度的差别。

改善焊缝二次结晶组织,对于提高焊接接头性能起着重要作用。改善的方法主要有焊后热处理、锤击、跟踪回火、焊前预热和焊后保温缓冷等。

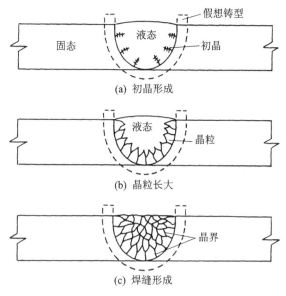

图 5-7　焊缝结晶过程

5.1.3　焊接接头及其不均匀性

1. 焊接接头

用焊接方法连接的接头称为焊接接头,简称接头。焊接接头包括焊缝、熔合区和热影响区(见图 5-1)。熔焊时,焊缝一般由熔化了的母材和填充金属组成,是焊接后焊件中所形成的结合部分。对于接近焊缝两侧的母材,由于受到焊接的热作用,而发生金相组织和力学性能变化的区域称为焊接热影响区。焊缝向热影响区过渡的区域称为熔合区。在熔区中,存在着显著的物理化学的不均匀性,也是接头性能的薄弱环节。

焊缝形式主要有对接焊缝和角焊缝。

(1) 对接焊缝

对接接头所采用的焊缝称为对接焊缝。为保证厚度较大的焊件能够焊透,常将焊件接头边缘加工成一定形状的坡口。坡口除保证焊透外,还能起到调节母材金属和填充金属比例的作用,由此可以调整焊缝的性能。坡口形式的选择主要根据板厚和采用的焊接方法确定,同时兼顾焊接工作量大小、焊接材料消耗、坡口加工成本和焊接施工条件等,以提高生产率和降低成本。焊条电弧焊常采用的坡口形式有不开坡口(I 形坡口)、V 形坡口、J 形坡口、U 形坡口等,如图 5-8 所示。对接焊缝 V 形坡口的几何形状及名称如图 5-9 所示。

(2) 角焊缝

角焊缝截面形状如图 5-10(a)、(b)所示。角焊缝的几何形状及名称如图 5-10(c)所示。其中,截面为等腰直角的角焊缝是最为常用的。

2. 焊接接头的组织和性能

焊接接头的显微组织如图 5-11 所示。焊接接头的组织不均匀性对接头强度有较大影响。

焊接过程中,母材热影响区上各点距焊缝的远近不同,所以各点所经历的焊接热循环不

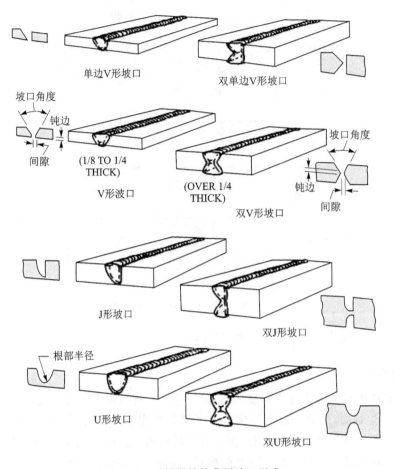

单边V形坡口 　　双单边V形坡口

坡口角度

钝边

间隙

(1/8 TO 1/4 THICK)

V形波口

(OVER 1/4 THICK)

双V形坡口

坡口角度

钝边

间隙

J形坡口

双J形坡口

根部半径

U形坡口

双U形坡口

图5-8　对接焊缝的典型坡口型式

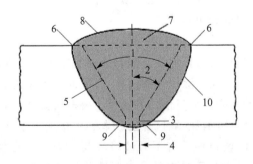

1—坡口角度;2—坡口面角度;3—钝边;4—根部间隙;5—坡口面;
6—焊趾;7—焊缝余高;8—焊缝表面;9—焊根;10—熔合线

图5-9　对接焊缝 V 形坡口的几何形状及名称

同,亦即各点的最高加热温度、高温停留时间以及焊后的冷却速度均不相同,这样就会出现不同的组织具有不同的性能,使整个焊接热影响区的组织和性能呈现不均匀性。

对于一般常用的低碳钢和某些低合金钢(不易淬火钢),焊接热影响区如图5-12所示,按组织特征可分为以下4个主要区段。

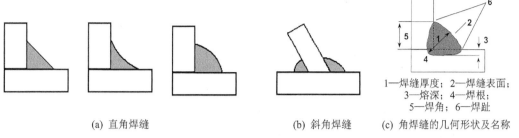

1—焊缝厚度；2—焊缝表面；
3—熔深；4—焊根；
5—焊角；6—焊趾

(a) 直角焊缝　　　　　　　　(b) 斜角焊缝　　(c) 角焊缝的几何形状及名称

图 5 - 10　角焊缝的基本类型与几何名称

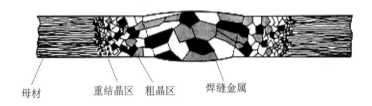

母材　　　重结晶区　粗晶区　　焊缝金属

图 5 - 11　焊接接头的显微组织

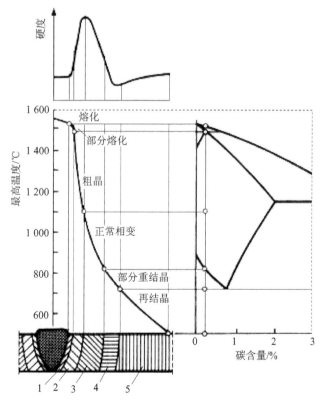

1—熔合区；2—过热区；3—正火区；4—不完全重结晶区；5—回火区

图 5 - 12　碳钢焊接热影响区显微组织分布特征

(1) 熔合区

靠近焊缝的母材,当处于固相与液相之间的温度范围时,金属处于半熔化状态,又称为半熔化区。此区的范围很窄,但由于在化学成分上和组织性能上都有较大的不均匀性,所以对焊接接头的强度和韧性都有很大的影响。

(2) 过热区

此区的温度范围处在固相线以下 1 100 ℃左右,金属处于过热的状态。奥氏体晶粒发生严重的长大现象,冷却之后便得到粗大的过热组织。过热区金属的韧性很低,因此,焊接刚度较大的结构时,常在过热粗晶区产生脆化裂纹。过热区和熔合区都是焊接接头的薄弱环节。

(3) 正火区

金属被加热到相变温度以上而尚未达到过热温度的区域,将发生重结晶,即铁素体和珠光体全部转变为奥氏体,然后在空气中冷却,就会得到均匀而细小的珠光体和铁素体,相当于热处理的正火组织。此区的塑性和韧性都比较好。

(4) 不完全重结晶区

在焊接过程中温度处于铁碳合金相图中的 A_{c1} 和 A_{c3} 之间时金属部分处于不完全重结晶区。在此温度范围只有一部分组织发生了相变重结晶过程,成为晶粒细小的铁素体和珠光体,而另一部分始终未能溶入奥氏体,成为粗大的铁素体。此区的特点是晶粒大小不一,组织不均匀,其力学性能也不均匀。

对于一些淬硬倾向较小的钢种,除了过热区外,其他各区的组织与低碳钢基本相同。而淬硬倾向较大的钢种,焊接热影响区的组织分布则与母材焊前的热处理状态有关。

不同的金属与合金的焊接热影响区的组织和性能应根据其相变特点进行分析。

5.1.4 焊接残余应力与变形

焊接过程中,对焊件进行不均匀地加热和冷却,焊件内部将产生不协调应变,从而引起焊接应力与变形。焊接加热时,焊接区受到周围母材的约束作用无法自由热膨胀,只能随焊件同步变形,因此焊接区因膨胀受阻而产生压应力。当压应力超过材料屈服极限后,发生不可逆的压缩塑性变形。冷却过程中,焊接区在约束下收缩,最终在构件内部形成残余应力,同时伴随有焊接变形的产生。

1. 焊接残余应力

(1) 纵向残余应力

把平行焊缝方向的残余应力称为纵向残余应力,用 σ_x 表示。在低碳钢、普通低合金钢和奥氏体钢焊接结构中,焊缝及其附近的压缩塑性变形区内的为拉应力,其数值一般达到材料的屈服极限(焊件尺寸过小时除外)。图 5-13(b)所示为长板对接后,横截面上的纵向残余应力的分布情况。

(2) 横向残余应力

把垂直于焊缝方向的残余应力称为横向残余应力,如图 5-13(c)所示,用 σ_y 来表示。其分布情况比较复杂。它是焊缝及其附近塑性变形区的纵向收缩和横向收缩共同作用的结果。

(3) 厚向残余应力

厚板焊接结构中除了存在着纵向残余应力和横向残余应力外,还存在着较大的厚度方向

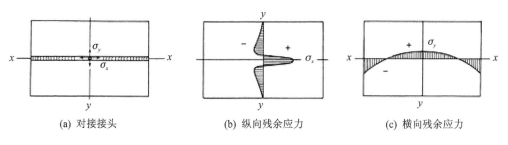

(a) 对接接头　　　　　(b) 纵向残余应力　　　　　(c) 横向残余应力

图 5 - 13　焊接残余应力

上的残余应力。

　　研究表明,上述三个方向的残余应力在厚度上的分布极不均匀。其分布规律,对于不同焊接工艺有较大差别。

2. 焊接残余变形

　　焊接残余变形是焊接后残存于结构中的变形,或称焊接变形。在实际的焊接结构中,由于结构形式的多样性,焊缝数量与分布的不同,焊接顺序和方向的不同,产生的焊接变形是比较复杂的。常见的是以下几种基本类型,或者是这几种变形的组合。

　　(1) **纵向收缩变形**

　　这是焊缝及其附近加热区域的纵向收缩所产生的平行于焊缝长度方向上的变形,构件的纵向收缩变形取决于构件的长度、截面和焊接时产生的压缩塑性变形,如图 5 - 14(a)所示。

　　(2) **横向收缩变形**

　　横向收缩变形系指垂直于焊缝方向的变形。构件焊接时,不仅产生纵向收缩变形,同时也产生横向收缩变形,如图 5 - 14(a) 所示。

　　(3) **角变形**

　　角变形是由于焊缝横截面形状不对称或施焊层次不合理,致使横向收缩量在焊缝厚度方向上不均匀分布所产生的变形,如图 5 - 14(b)所示。角变形造成了构件平面绕焊缝的转动。在堆焊、对接、搭接和 T 形接头的焊接时,往往会产生角变形。

　　(4) **弯曲变形**

　　当焊缝在构件中的位置不对称时,焊缝不仅产生收缩变形,而且使构件产生挠曲,如图 5 - 14(c)所示。焊缝位置对称或者接近于截面中性轴,则挠曲变形小。如果在生产中采用不适当的装配焊接顺序,仍可能产生较大的挠曲变形。

　　(5) **失稳变形**

　　失稳变形是由于焊缝的收缩,在刚性较小的结构造成局部失稳而引起的变形,如图 5 - 14(d)所示。在薄板焊接时,焊缝收缩引起大于丧失稳定的临界压缩量时将出现这种变形,如图 5 - 14(e)所示。

　　(6) **扭曲变形**

　　扭曲变形也称螺旋形变形。产生这种变形的原因与角变形沿工件长度方向上的不均匀性和叠加有关。图 5 - 14(f)所示为工字形截面梁的扭曲变形情况。

　　(7) **错　边**

　　焊接过程中,如果被焊构件受热不平衡造成两连接件长度方向膨胀变形不一致,就会产生错边。如果在焊缝长度上错边受到阻碍,则会在厚度方向上造成错边。

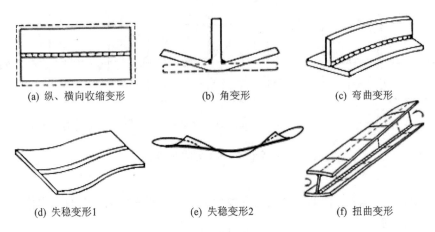

(a) 纵、横向收缩变形　　　(b) 角变形　　　(c) 弯曲变形

(d) 失稳变形1　　　(e) 失稳变形2　　　(f) 扭曲变形

图 5-14　焊接变形示意图

5.2　焊接方法

焊接方法很多，根据焊接过程中材料状态或能量作用方式的不同可分为熔焊、压焊、钎焊3大类。这里主要介绍常用焊接方法的特点、基本工艺和应用范围。

5.2.1　熔　焊

熔焊是将工件焊接处局部加热到熔化状态形成熔池（通常还加入填充金属），冷却结晶后形成焊缝，从而使被焊工件结合为不可分离的整体的方法。

1. 电弧焊

电弧焊以电极与工件之间燃烧的电弧做焊接热源，是目前应用最广泛的焊接方法，主要有焊条电弧焊、埋弧焊、钨极气体保护电弧焊、等离子弧焊、熔化极气体保护焊等。

（1）焊接电弧

焊接电弧由阴极区、阳极区和弧柱区3部分组成。图 5-15 所示为电弧各区的电压分布。

1）阴极区

电弧紧靠负电极的区域称为阴极区。阴极区很窄，为 $10^{-4} \sim 10^{-5}$ mm。在阴极表面有一个发亮的斑点，称为阴极斑点，它是集中发射电子的微小区域。

2）阳极区

电弧紧靠正电极的区域称为阳极

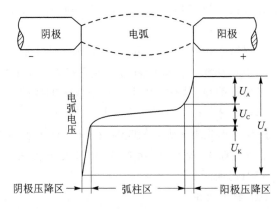

图 5-15　电弧各区的电压分布

区。阳极区较阴极区宽，为 $10^{-2} \sim 10^{-3}$ mm。在阳极表面有一个发亮的斑点，称为阳极斑点，它是集中接收电子的微小区域。

阳极区的热量主要来自电子撞入时释放出来的能量。它是加热熔化焊丝或工件的主要来源,其产热量大小与焊条药皮、保护气体种类、电极材料和电流大小有关。

3) 弧柱区

在阴极区和阳极区之间的部分称为弧柱区。由于阴极区和阳极区都很窄,因此弧柱的长度大致等于电弧长度。弧柱的温度不受电极材料沸点的限制,因此弧柱中心温度可达 5 000～30 000 K。图 5 - 16 所示为一定功率条件下的电弧温度分布。弧柱温度与气体介质、电流大小以及周围散热环境有关。其产热量大部分向空间散热损失,只有很少一部分辐射给焊条和工件。

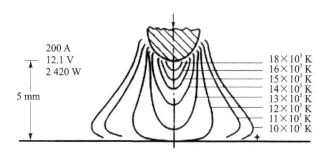

图 5 - 16　电弧温度分布

对于交流电弧,由于电流正负极呈周期性变化,所以没有正负极之分,两极产生的热量近似平衡。

两个电极之间的电弧可以自由扩大和缩小其导电断面。在给定电流和边界条件的情况下,稳定燃烧的电弧将自动选择一适当的断面,以保证电弧的电场强度具有最小的数值,这意味着电弧总是保持最小的能量消耗,即在固定弧长上的电压为最小,亦称最小电压原理。根据最小电压原理,当电弧被周围介质强迫冷却时(高速气流或环境温度降低),电弧将自动收缩其断面,使其电流密度升高,电场强度和电弧温度也提高。

焊接电弧是弧焊电源的电阻性负载,但其电导率不是常数,而是与弧柱的温度和电流密度密切相关的。在电极材料、气体介质和弧长一定的条件下,电弧稳定燃烧时,两极间总电压与电流之间的关系曲线称为焊接电弧的静特性,如图 5 - 17 所示。当电弧长度增加时,电弧电压也升高,电弧静特性曲线的位置也相应升高。当电流一定时,电弧电压与电弧长度成正比关系。

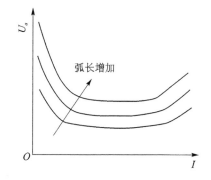

图 5 - 17　电弧的静特性曲线

(2) 电弧的引燃

焊接电弧的引燃方法有接触引弧和非接触引弧两种。

接触引弧是指在弧焊电源接通后,电极(焊条或焊丝等)与工件直接短路接触,随后迅速拉开,从而使电弧引燃的方法。这是一种最常用的引弧方式。焊条电弧焊和熔化极气体保护焊都采用这种引弧方式。由于电极与工件并非理想的平面接触,只是某些凸起点接触,在这些接触点上通过较大的短路电流,电流密度很大,温度迅速升高,为电子热发射和气体热电离准备了能量条件。随后在拉开电极的瞬间,电弧间隙很小,弧焊电源输出足够高的电压,电场强度可达到很大的数值,足以产生电场发射电子。由于电场发射和热发射而产生的大量电子,在电场作用下,互相碰撞,进一步使气体粒子电离。带电质点在电场作用下做定向运动,即正离子奔向阴极,电子和负离子奔向阳极。它们在运动途中和到达两极时,不断碰撞和复合,产生大量的热和光,形成电弧。

非接触引弧是指施以高电压(2~3 kV)击穿电极与工件之间的气隙,从而引燃电弧的方法。这种引弧方法是依靠高电压使电极表面产生电子的电场发射,主要应用于钨极氩弧焊和等离子弧焊。引弧装置可采用高压脉冲引弧器和高频振荡器。

(3) 焊接电弧的能量

焊接时电弧将电能转换为热能,其总功率或热流量 q_0 为

$$q_0 = IU \tag{3-1}$$

加热工件和焊丝的有效功率 q 为

$$q = \eta IU \tag{3-2}$$

式中,η 为电弧热效率系数;I 为焊接电流(A);U 为电弧电压(V);q_0、q 为焊接电弧总功率和有效功率(W)。

焊接工艺制定中,常用单位长度焊缝的热输入 q_W(也称焊接线能量)作为焊接规范(焊接电流、电弧电压、焊接速度)的一个综合指标。q_W 可由下式表示:

$$q_W = \frac{\eta IU}{v} \tag{3-3}$$

式中,q_W 为焊接热输入或线能量(J/mm);v 为焊接速度(mm/s)。

焊接线能量对焊缝成型、热影响区组织和焊接生产率等有较大影响。

焊接电弧的加热通常仅仅作用于焊件上的一个很小面积中。受到电弧直接作用的小面积叫做加热区或加热斑点,电弧通过加热区将热能传递给焊件。在加热区中,热能的分布一般也不是均匀的。加热区的大小及其上的热能分布,主要取决于电弧的集中程度及焊接规范参数等因素。单位有效面积上的热功率称为能量密度,单位为 W/cm²。能量密度大时,可更为有效地将热源有效功率用于熔化金属并减少热影响区。电弧的能量密度可达到 $10^2 \sim 10^4$ W/cm²,而气焊火焰的能量密度为 $1 \sim 10$ W/cm²,如图 5-18 所示。

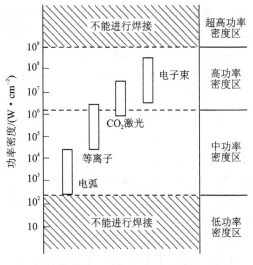

图 5-18　焊接热源功率密度

调整保护气体的成分和混合气体比例,可以控制电弧形态、能量密度,改善焊接过程稳定性及熔化金属的润湿情况,改善焊缝成型,减少飞溅,提高焊缝的综合性能。气体介质对电弧能量密度的影响,主要表现在对电弧电场强度、电弧温度及电弧形态的影响。而不同的电弧形态必然导致熔滴过渡形式的变化。例如 CO_2 电弧的电场强度比 Ar 弧的高,CO_2 焊一般为短路过渡,Ar 弧焊一般为射流过渡。保护气体成分不同,也会影响焊缝成型,如图 5-19所示。

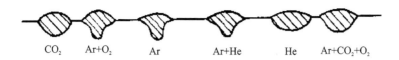

$$CO_2 \quad Ar+O_2 \quad Ar \quad Ar+He \quad He \quad Ar+CO_2+O_2$$

图 5 - 19　保护气体的成分对焊缝成型的影响

2. 焊丝的熔化与熔滴过渡

电弧热的作用是使焊条或焊丝端部的金属熔化形成熔滴,在各种力的作用下,以不同的形式脱离焊条或焊丝而飞向熔池,这就是焊接过程中的熔滴过渡。熔滴过渡不仅影响焊接的生产率,也直接影响着焊接的质量,因此它是电弧焊中的基本问题之一。

(1) 焊条或焊丝的熔化特性

焊条或焊丝的加热熔化主要靠阴极区(正接)或阳极区(反接)所产生的热量,此外,焊接电流通过焊条芯或焊丝伸出长度部分的电阻热,也是加热熔化焊条或焊丝的一部分热源,而弧柱的辐射热仅居次要地位。

焊条或焊丝的熔化特性指焊条或焊丝的熔化速度和焊接电流之间的关系。一般均呈直线关系。

1) 熔化速度与焊接电流的关系

在正常的焊接规范中,焊条的平均熔化速度与焊接电流成正比,即

$$g_M = \frac{G}{t} = \alpha_P I \tag{3-4}$$

式中,g_M 为焊条金属的平均熔化速度(g/h);G 为焊芯熔化的质量(g);t 为电弧燃烧的时间(h);I 为焊接电流(A);α_P 为焊条的熔化系数(g/Ah)。

在熔化极气体保护焊中,焊丝的熔化速度和焊接电流一般也呈现直线关系,并和焊丝的化学成分及直径有关。焊丝越细、电流越大,则熔化系数越大。

2) 熔化系数和熔敷系数

单位时间通过单位电流时熔化金属的质量,称为熔化系数,如式(3-4)中的 α_P 即为焊条的熔化系数。在焊接过程中,由于金属蒸发、氧化、飞溅等损失,故并不是所有熔化的焊条(或焊丝)金属全部进入熔池形成焊缝。一般情况下,将单位时间内每安培电流所熔敷到焊缝中的填充金属质量,称为熔敷系数,其相关计算公式为:

$$g_D = \frac{G_D}{t} = \alpha_H I \tag{3-5}$$

式中,g_D 为焊条的平均熔化速度(g/h);G_D 为熔敷到焊缝金属中的金属质量(g);α_H 为焊条(或焊丝)的熔敷系数(g/Ah)。由此可见,熔敷系数才是真正反映生产率的指标,而熔化系数并不能确切反映生产率的高低。

(2) 焊条熔滴过渡

在熔化极电弧焊接时,焊条或焊丝在电弧热作用下被加热熔化,以滴状形式脱离焊丝过渡到熔池,熔滴的过渡是各种力作用的结果,如图 5 - 20 所示。

熔滴过渡的类型主要有滴状过渡、短路过渡、喷射过渡等,如图 5 - 21 所示。滴状过渡使用的电流较小,熔滴直径比焊丝直径大,焊接过程不稳定,因此在生产中很少采用。短路过渡电弧间隙小,电弧电压较低,电弧功率比较小,通常仅用于薄板焊接。生产中应用最广泛的是

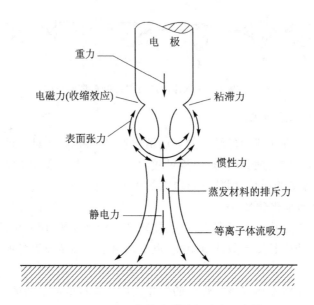

图 5-20　作用在熔滴上的各种力示意图

喷射过渡,喷射过渡又有连续喷射过渡(见图 5-21(c))和脉冲喷射过渡(见图 5-21(d))之分。对于一定的焊丝和保护气体,当电流增大到临界电流值时,熔滴过渡形式即由滴状过渡转变为喷射过渡。渣壁过渡是药皮焊条电弧焊和埋弧焊时的熔滴过渡形式。

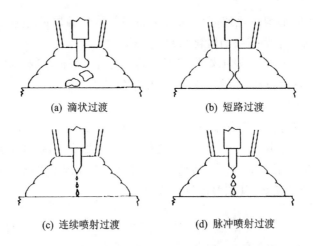

(a) 滴状过渡　　　　　　　　(b) 短路过渡

(c) 连续喷射过渡　　　　　　(d) 脉冲喷射过渡

图 5-21　熔化极惰性气体保护电弧焊熔滴过渡形式

　　喷射过渡和短路过渡是两种稳定的熔滴过渡形式,但只有在一定的条件下才能实现。如喷射过渡时的电流一定要大于临界电流值才能实现稳定的焊接过程,不能进行立焊和仰焊;短路过渡时有熄弧过程,并产生飞溅,一般仅适用于薄板件的焊接。在实际焊接中,为了实现所需要的熔滴过渡,通常采用变化焊接电流、电压或送丝方式进行控制。图 5-22 为脉冲电流控制熔滴过渡的原理图。该方法是在送丝速度一定的条件下,通过电弧电流脉冲的频率变化来控制焊丝的熔化及熔滴过渡,可以在平均电流值远小于临界电流值的条件下实现稳定的喷射过渡。脉冲电流控制喷射过渡要求脉冲峰值电流大于该条件下的喷射过渡临界电流值。

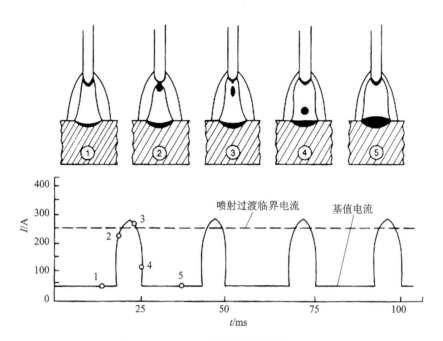

图 5 - 22　脉冲电流波形及熔滴过渡过程

3. 电弧焊工艺

(1) 焊条电弧焊

焊条电弧焊是各种电弧焊方法中发展最早、目前仍然应用最广的一种焊接方法。焊条由金属焊芯和表面药皮涂层组成,金属芯作为电极和填充金属,电弧在焊条的端部和被焊工件表面之间燃烧,如图 5 - 23 所示。涂层在电弧热作用下一方面可以产生气体以保护电弧,另一方面可以产生熔渣覆盖在熔池表面,防止熔化金属与周围气体相互作用。熔渣更重要的作用是与熔化金属产生物理化学反应或添加合金元素,改善焊缝的金属性能。

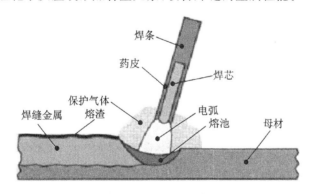

图 5 - 23　焊条电弧焊

焊条电弧焊设备简单、轻便,操作灵活,可以用于难以达到的部位的焊接。焊条电弧焊配用相应的焊条可适用于大多数工业用碳钢、不锈钢、铸铁、铜、铝、镍及其合金。

(2) 埋弧焊

埋弧焊是以连续送进的焊丝作为电极和填充金属。焊接时,在焊接区的上面覆盖一层颗粒状焊剂,电弧在焊剂层下燃烧,将焊丝端部和局部母材熔化,形成焊缝,如图 5-24 所示。

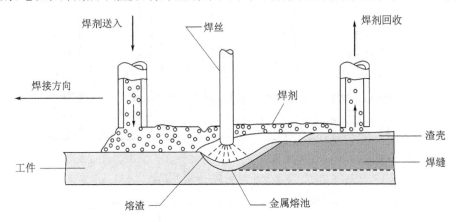

图 5-24 埋弧焊

在电弧热的作用下,焊剂熔化形成熔渣。熔渣浮在金属熔池的表面,一方面可以保护焊缝金属,防止空气的污染,并与熔化金属产生物理化学反应,改善焊缝金属的成分及性能;另一方面还可以使焊缝金属缓慢冷却。

埋弧焊可以采用较大的焊接电流。与焊条电弧焊相比,其最大的优点是焊缝质量好,焊接速度高。因此,它特别适于焊接大型工件的直缝或环缝,多数采用机械化焊接。

(3) 熔化极气体保护焊

这种焊接方法是利用连续送进的焊丝与工件之间燃烧的电弧做热源,由焊炬喷嘴喷出的气体保护电弧来进行焊接的,如图 5-25 所示。

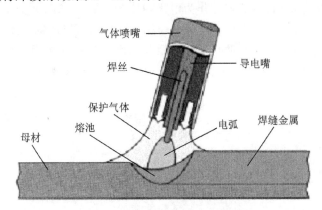

图 5-25 熔化极气体保护焊

熔化极气体保护电弧焊通常用的保护气体有氩气、氦气、CO_2 气或这些气体的混合气。以氩气或氦气为保护气时称为熔化极惰性气体保护电弧焊(简称为 MIG 焊);以惰性气体与氧化性气体(O_2、CO_2)混合气为保护气体,或以 CO_2 气体、$CO_2 + O_2$ 混合气为保护气体时,统称为熔化极活性气体保护电弧焊(简称为 MAG 焊)。

熔化极气体保护电弧焊的主要优点是可以方便地进行各种位置的焊接,同时也具有焊接速度较快、熔敷率高等优点。熔化极活性气体保护电弧焊可适用于大部分主要金属,包括碳钢、合金钢等。熔化极惰性气体保护焊适用于不锈钢、铝、镁、铜、钛、锆及镍合金等。利用这种焊接方法还可以进行电弧点焊。

(4) 钨极气体保护电弧焊

这是一种不熔化极气体保护电弧焊(通常称为 TIG 焊),是利用钨极和工件之间的电弧使金属熔化而形成焊缝的,如图 5-26 所示。焊接过程中钨极不熔化,只起电极的作用。同时由焊枪的喷嘴送进氩气或氦气做保护,还可根据需要另外添加金属。

钨极气体保护电弧焊由于能很好地控制热输入,所以它是连接薄板金属和打底焊的一种极好方法。这种方法几乎可以用于所有金属的连接,尤其适用于焊接铝、镁等能形成难熔氧化物的金属以及像钛和锆等活泼金属。这种焊接方法的焊缝质量高,但与其他电弧焊相比,其焊接速度较慢。

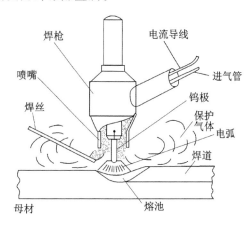

图 5-26　钨极气体保护电弧焊

在钨极氩弧焊时,使用的电流种类(直流正接、直流反接以及交流)对焊接熔池形状和尺寸有较大影响,如图 5-27 所示。由于阳极的发热量远大于阴极,用直流正接时,钨极发热量小,不易过热,工件发热量大,且电弧稳定而集中,熔深大,生产率高。因此,大多数金属(铝、镁及其合金除外)钨极氩弧焊时宜采用直流正接。直流反接时,钨极容易过热熔化,且熔深浅而宽,一般不推荐使用。但是,直流反接时,因正离子轰击处于阴极的工件表面,可使其表面氧化膜破碎且除去(称为阴极雾化或阴极清理作用),焊接铝、镁及其合金时可获得表面成型良好的焊缝。为了兼顾阴极清理和两极发热量的合理分配,对于铝、镁等金属及其合金可采用交流钨极氩弧焊。

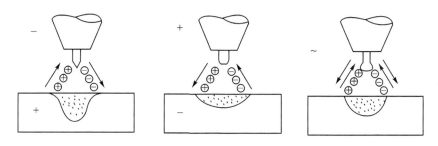

图 5-27　钨极氩弧焊的电流种类对焊接熔池的影响

(5) 等离子弧焊

等离子弧焊也是一种不熔化极电弧焊。它是利用电极和工件之间的压缩电弧实现焊接的,如图 5-28 所示,所用的电极通常是钨极。产生等离子弧的等离子气可以是氩气、氮气、氦气或其中二者之混合气,同时还通过喷嘴用惰性气体保护。焊接时可以外加填充金属,也可以不加填充金属。

等离子弧焊焊接时,由于其电弧挺直、能量密度大,因而电弧穿透能力强。等离子弧焊焊接时产生的小孔效应,对于一定厚度范围内的大多数金属可以进行不开坡口对接,并能保证熔透和焊缝均匀一致。因此,等离子弧焊的生产率高、焊缝质量好。但等离子弧焊设备(包括喷嘴)比较复杂,对焊接工艺参数的控制要求较高。

钨极气体保护电弧焊可焊接的绝大多数金属，均可采用等离子弧焊接。与之相比，对于 1 mm 以下的极薄金属的焊接，用等离子弧焊可较易进行。

4. 电子束焊与激光焊

高能量密度的电子束或激光的能量沉积使材料熔化和汽化，强烈的热力作用形成匙孔（Keyhole）。电子束或激光深熔焊是通过匙孔效应实现的，等离子束焊也会产生匙孔效应，如图 5-29 所示。随着电子束或激光束的移动，熔化金属沿匙孔壁向后运动，凝固后产生一个深宽比很大的焊缝。

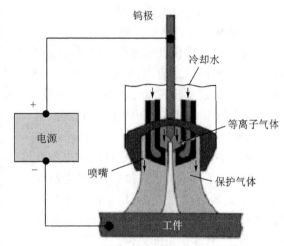

图 5-28 等离子弧焊

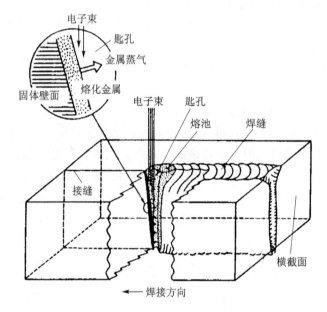

图 5-29 高能束深熔焊示意图

（1）电子束焊

常用的电子束焊有高真空电子束焊、低真空电子束焊和非真空电子束焊。电子束焊与电弧焊相比，主要的特点是熔深大、熔宽小、焊缝金属纯度高。它既可以用于很薄材料的精密焊接，又可以用于很厚（最厚达 300 mm）构件的焊接。所有用其他焊接方法能进行熔化焊的金属及合金都可以用电子束焊接。电子束焊接主要用于高质量产品的焊接，还能解决异种金属、易氧化金属及难熔金属的焊接。图 5-30(a)为电子束焊接装置示意图，图 5-30(b)所示为电子束焊缝与普通熔焊焊缝的比较。

（2）激光焊

激光焊方法通常有连续功率激光焊和脉冲功率激光焊。激光焊的优点是不需要在真空中进行，缺点则是穿透力不如电子束焊强。激光焊时能进行精确的能量控制，因而可以实现精密

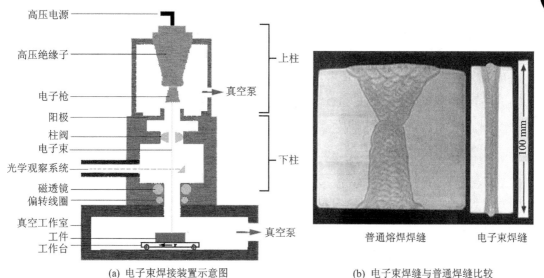

(a) 电子束焊接装置示意图　　　　　(b) 电子束焊缝与普通焊缝比较

图 5 - 30　电子束焊接

微型器件的焊接、切割等加工,如图 5-31 所示。

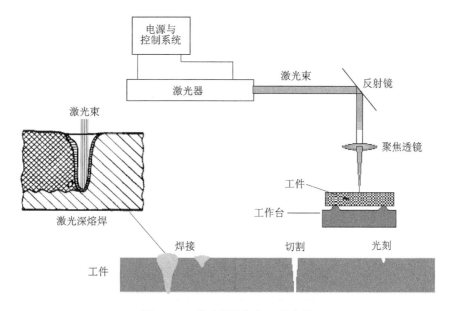

图 5 - 31　激光焊接与加工示意图

按焊接熔池形成的机理区分,激光焊接有两种基本模式:热导焊和深熔焊。前者所用激光功率密度较低($10^5 \sim 10^6$ W/cm²),工件吸收激光后,仅达到表面熔化,然后依靠热传导向工件内部传递热量形成熔池。这种焊接模式熔深浅,深宽比较小。后者激光功率密度高($10^6 \sim 10^7$ W/cm²),工件吸收激光后迅速熔化乃至气化,熔化的金属在蒸汽压力作用下形成小孔,激光束可直照孔底,使小孔不断延伸,直至小孔内的蒸气压力与液体金属的表面张力和重力平衡为止。小孔随着激光束沿焊接方向移动时,小孔前方熔化的金属绕过小孔流向后方,凝固后形成焊缝,如图 5-29 所示。这种焊接模式熔深大,深宽比也大。在工程装备结构制造中,除了那些薄零件之外,一般应选用深熔焊。

由于经聚焦后的激光束光斑小(0.1~0.3 mm),功率密度高,比电弧焊($5 \times 10^2 \sim 10^4$ W/cm²)高几个数量级,因而激光焊接具有传统焊接方法无法比拟的显著优点:加热范围小,焊缝和热影响区窄,接头性能优良;残余应力和焊接变形小,可以实现高精度焊接;可对高熔点、高热导率、热敏感材料及非金属进行焊接;焊接速度快,生产率高;具有高度柔性,易于实现自动化。

5.2.2 压 焊

压焊是通过对焊件施加压力(加热或不加热)来完成焊接的方法,包括电阻焊、摩擦焊、扩散焊、爆炸焊、冷压焊、超声波焊等。下面对几种常用的压焊方法做简单介绍。

1. 电阻焊

电阻焊一般是使工件处在一定电极压力作用下并利用电流通过工件时所产生的电阻热将两工件之间的接触表面熔化而实现连接的焊接方法。这是以电阻热为能源的一类焊接方法,主要有点焊、缝焊、凸焊及对焊等。

(1) 点 焊

点焊是指将焊件装配成搭接接头,并压紧在两电极之间,利用电阻热熔化母材金属,形成焊点的电阻焊方法,如图 5-32 所示。

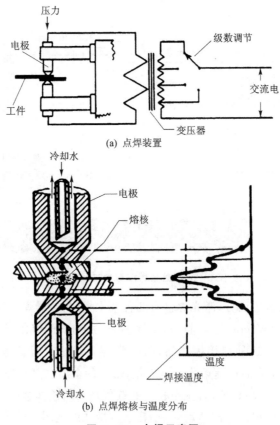

(a) 点焊装置

(b) 点焊熔核与温度分布

图 5-32　点焊示意图

点焊规范参数主要有:焊接电流、通电时间、电极压力和电极头尺寸。一般焊各种钢用平头电极,焊铝合金用球面电极。当电极材料、端面形状及尺寸选定以后,焊接规范的选择主要是考虑焊接电流、通电时间和电极压力这 3 个参数,它们是形成点焊接头的 3 大要素。

点焊主要用于焊接厚度小于 3 mm 的薄板组件。点焊的接头形式要充分考虑到点焊机电极能接近焊件,做到施焊方便,加热可靠。电极与焊件、焊件与焊件的接触面均需清理。各种钢材可用酸洗、喷砂或机械法清理。铝合金等有色金属经酸洗或机械清理后,焊件的接触面应有一定的接触电阻。不锈钢还可用电抛光清理待焊表面。

(2) 缝　焊

缝焊与点焊相似,所不同的是用旋转的滚轮电极代替点焊的柱状电极。焊件装配成搭接或对接接头并置于两滚轮电极之间,滚轮加压焊件并转动,连续或断续送电,形成一条连续焊缝的电阻焊方法称为缝焊,如图 5 - 33 所示。

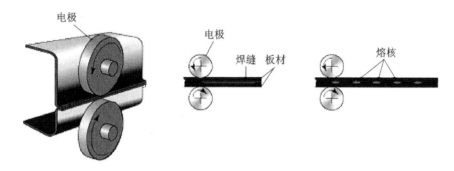

图 5 - 33　缝焊示意图

根据滚轮电极旋转和通电形式不同,缝焊分为连续缝焊、断续缝焊和步进缝焊 3 种基本形式。

(3) 对　焊

对焊是指把两工件端部相对放置,利用焊接电流加热,然后加压完成焊接的电阻焊方法,包括电阻对焊及闪光对焊两种。

1) 电阻对焊

将焊件装配成对接接头,使其端面紧密接触,利用电阻热将其加热至塑性状态,然后迅速施加顶锻力完成焊接的方法称为电阻对焊,如图 5 - 34 所示。

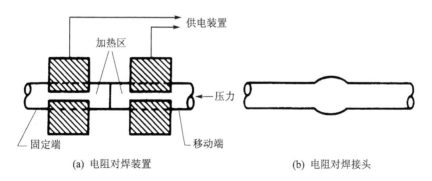

(a) 电阻对焊装置　　　　　　　　　　　　(b) 电阻对焊接头

图 5 - 34　电阻对焊示意图

电阻对焊时,获得优质接头的关键在于保证焊件端面加热均匀和彻底挤出接口内的氧化物。前者由端面焊前准备来保证,如机械清理、化学清洗或机械加工;后者由加热时防止氧化及增加塑性变形量来保证。

电阻对焊主要用于对接截面较小(一般<250 mm²)、氧化物易于挤出(例如碳钢、紫铜、铝等)的工件对焊。

2) 闪光对焊

闪光对焊是指将焊件装配成对接接头,接通电源,并使其端面逐渐移近达到局部接触,利用电阻热加热这些接触点(产生闪光),使端面金属熔化,直到端部在一定深度范围内达到预定温度时,迅速施加顶锻力完成焊接的方法,如图5-35所示。

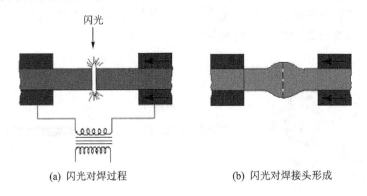

(a) 闪光对焊过程　　　　(b) 闪光对焊接头形成

图5-35　闪光对焊示意图

闪光对焊主要用于中、大截面的各种实心棒料(圆形或方形)和展开形件(管料或带料)的对接,还可对接异种材料,例如,铜和铝、铜和钢、碳钢和镍合金、碳钢和不锈钢等。

2. 摩擦焊

摩擦焊是以机械能为热源的固相焊接。它是利用两表面间机械摩擦所产生的热来实现金属连接的。自1891年第一个摩擦焊专利被批准至今的100多年来,摩擦焊接及相关加工方法已发展到了20多种。特别是近年来为了适应新材料的应用及制造技术发展的需求,摩擦焊接及其应用方面取得了重要进展,其中以线性摩擦焊(linear friction welding)、搅拌摩擦焊(friction stir welding)、耗材摩擦敷层(consumable friction surfacing)等被称为"科学摩擦(science friction)"的先进摩擦焊接技术最具代表性。这些新颖的摩擦焊接技术不仅拓展了摩擦焊的应用范围,而且提高了焊接部件的整体性能和可靠性,使那些难焊或不能焊的材料也能获得高质量的焊缝。

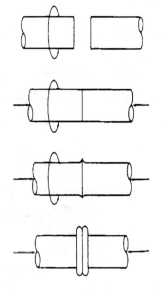

图5-36　旋转摩擦焊

(1) 旋转摩擦焊

旋转摩擦焊用于焊接圆形截面的工件,如图5-36所示。一工件以中心为轴线高速旋转,另一工件与旋转工件在压力作用下进行摩擦加热,摩擦加热到一定程度,立即停止工件的转动,同时施加更大的轴向压力,进行顶锻焊接。摩擦焊的热量集中在接合面处,因此热影响区窄。

旋转摩擦焊生产率较高,原理上几乎所有能进行热锻的金属都能摩擦焊接。旋转摩擦焊还可以用于异种金属的焊接。

(2) 线性摩擦焊

线性摩擦焊是利用被焊材料接触面相对往复运动摩擦产生的热效应实现焊接的,如图 5-37 所示。线性摩擦焊接可用于非圆形截面构件的焊接,配置工装夹具可焊接不规则的工件,因而应用前景广泛。线性摩擦焊在航空工业中正在得到应用,该项技术对于提高航空发动机的制造和修复质量具有重要的意义。例如,线性摩擦焊工艺已用于新型航空发动机钛合金空心叶片与涡轮盘之间的连接,被认为是整体叶盘制造的有效方法,图 5-38 所示为用线性摩擦焊制造的整体叶盘。

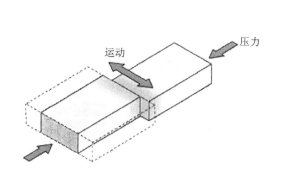

图 5-37　线性摩擦焊示意图

图 5-38　用线性摩擦焊制造的整体叶盘

(3) 搅拌摩擦焊

搅拌摩擦焊也许是自激光束焊接工艺出现以来最引人注目和最具潜力的焊接技术。它操作简单,可用于焊接多种材料包括那些极其难焊的材料,焊后均能获得无气孔、裂纹等缺陷的高质量焊缝。它将固相连接的优点应用于长对接焊缝,而焊后的变形与残余应力都很小。该工艺焊接环境友好,不产生任何诸如烟尘或辐射类的危险物质,是一种原理简单、效率高、不消耗焊材、易于自动化、具有极高性能价格比的摩擦焊工艺技术。搅拌摩擦焊实质是由常规摩擦焊衍生而来的。最初是为铝合金,尤其是那些难焊铝合金的焊接而开发的,后来扩大到其他材料的连接。其工艺原理是在待焊的材料之间插入一个快速转动的搅拌头,强制摩擦使材料的局部达到塑性软化温度,搅拌头的移动搅拌结果形成焊缝,如图 5-39 所示。目前,搅拌摩擦焊已在运载火箭铝合金贮箱结构制造等方面得到应用。

(4) 耗材摩擦焊

耗材摩擦焊接技术是常规摩擦焊热效应与普通电弧焊焊条作用及运动方式的有机结合,基本原理是消耗材料"焊条"旋转并与被焊工件接触,依靠接触面摩擦所产生的热,使结合面两侧的材料达到热塑性状态,并施加顶锻压力实现连接。与此同时耗材与工件沿所需焊接方向相对运动,在这个过程中,"焊条"不断消耗,从而形成焊缝,如图 5-40 所示。

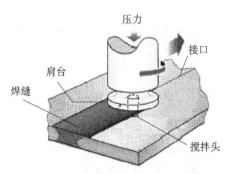

图 5 - 39　搅拌摩擦焊接原理

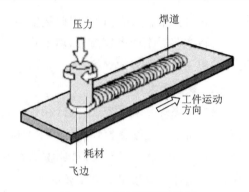

图 5 - 40　耗材摩擦焊原理

耗材摩擦焊可用于现有的摩擦焊或惯性摩擦焊不能焊接的大尺度焊接构件,可用于修复或制造部件,也可以连接两种异质材料。该工艺用于连接金属时所得焊缝经受锻造作用,因而其性能接近于母材的性能。作为一种焊敷金属基复合材料的方法,耗材摩擦堆焊覆层正引起人们的注意,那些表面耐磨、抗腐蚀和有色金属的材料都可以使用耗材摩擦覆层来获得基本无稀释、结合完整性极高的熔敷层。

摩擦敷层方法已作为一种工艺被用于焊接航空材料。这种焊接工艺的优点在于消除了工件的接头尺寸太大而现有的摩擦焊不能焊接的缺点。由于是一种固态连接技术,它改善了那些所谓不能焊的材料的焊接性。研究表明,摩擦敷层技术对于解决无法采用常规摩擦焊接的大型或异型构件以及难焊材料的焊接与堆焊问题具有应用价值,并能达到较高的性能要求。摩擦敷层技术正应用于增材制造大型构件,在未来航空发动机部件的制造和维修中也有望得到应用。

3．扩散焊

(1) 扩散焊的原理

扩散焊一般是以间接热能为能源的固相焊接方法,通常在真空或保护气氛下进行。焊接时使两被焊工件的表面在高温和较大压力下接触并保温一定时间,以达到原子间距离,经过原子相互扩散而结合。图 5 - 41 为扩散焊的几个阶段示意图。焊前不仅需要清洗工件表面的氧化物等杂质,而且表面粗糙度要低于一定值才能保证焊接质量。

扩散焊可以焊接同种和异种金属以及一些非金属材料、复杂的结构及厚度相差很大的工件,如飞机用钛合金承力构件、喷气发动机镍基合金叶片等。

(2) 扩散焊的工艺参数

扩散焊的工艺参数主要有温度、压力、扩散时间等。

➤ 温度。温度是扩散焊最重要的参数,对于多数金属或合金,扩散焊温度一般为 $0.4\sim0.8T_m$(T_m 为母材熔化温度)。扩散焊温度的选取可根据材料情况,参照已有工艺,通过实验确定。

➤ 压力。压力的作用是促使材料表面紧密接触,加速原子扩散,从而实现连接。扩散焊压力范围较宽,其大小与材料、焊件允许的变形量及设备情况有关,一般约为 $1\sim50$ MPa。

➤ 扩散时间。扩散焊所需的时间与温度、压力及其他条件有密切关系。扩散时间要保证材料界面实现有效的连接,实际扩散焊的时间范围从几分钟到几个小时,需要综合分析后确定。

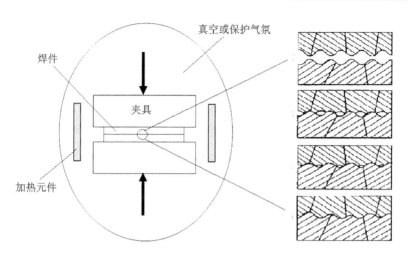

图 5-41　扩散焊过程示意图

4. 爆炸焊

爆炸焊是利用炸药爆炸产生的冲击能量来实现金属固态连接的方法。任何具有足够强度和塑性并能够承受工艺过程所要求的快速变形的金属,都可以进行爆炸焊。

爆炸焊接的过程如图 5-42 所示。炸药在爆炸瞬时释放的化学能量迅速形成爆轰波作用在覆板上,使其与基板猛烈撞击,接触界面在撞击点将产生射流。射流的冲刷作用,清除了金属表面的氧化膜和吸附层,使覆板和基板在碰撞接触区的金属形成洁净的表面并紧密结合为金属键。在覆板和基板的碰撞过程中,碰撞接触区的金属处于瞬时流动状态,随着爆轰波的传播,碰撞接触区不断向前移动,形成连续的爆炸焊结合面。

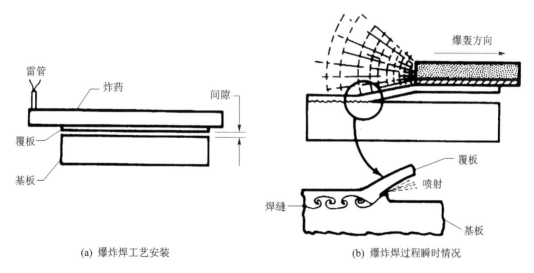

(a) 爆炸焊工艺安装　　　　　　　　　(b) 爆炸焊过程瞬时情况

图 5-42　复合板爆炸焊示意图

爆炸焊结合界面形貌有直线形和波浪形两种主要形式。直线形结合界面很难获得高质量的连接,因此很少采用。波浪形结合界面是当撞击速度高于某一临界值时产生的,其接头强度高,允许的焊接参数变化范围较宽。

爆炸焊适合物理和化学性能差异悬殊的金属材料之间的连接,主要用于制造金属复合板、过渡接头以及带筋壁板等结构。

5.2.3 钎 焊

1. 钎焊原理

钎焊是利用熔点比被焊材料熔点低的金属做钎料,经过加热使钎料熔化,靠毛细管作用将钎料填充到接头接触面的间隙内,润湿被焊金属表面,使液相与固相之间相互扩散而形成钎焊接头的方法。

钎焊加热温度较低,母材不熔化,而且也不需施加压力。但焊前必须采取一定的措施,清除被焊工件表面的油污、灰尘、氧化膜等。这是使工件润湿性好、确保接头质量的重要保证。

当钎料的液相线温度高于 450 ℃ 而低于母材金属的熔点时,称为硬钎焊;当低于 450 ℃ 时,称为软钎焊。

钎焊时由于加热温度比较低,故对工件材料的性能影响较小,焊件的应力变形也较小。但钎焊接头的强度一般比较低,耐热能力较差。

钎焊可以用于焊接碳钢、不锈钢、高温合金、铝、铜等金属材料,还可以连接异种金属、金属与非金属。适于焊接受载不大或常温下工作的接头,对于精密的、微型的以及复杂的多钎缝的焊件尤其适用。钎焊已广泛用于制造硬质合金刀具、钻探钻头、换热器、自行车架、汽车水箱、导管、滤网、蜂窝夹层结构、电真空器件、电机、电器部件、精密仪表机械、飞机和发动机部件等。

2. 钎焊工艺

根据热源或加热方法不同,钎焊可分为火焰钎焊、感应钎焊、炉中钎焊、浸沾钎焊、电阻钎焊等。

钎焊规范主要有钎焊温度、保温时间与加热速度等。

钎焊工艺过程包括工件表面预处理、装配、安置钎料钎剂、钎焊、钎焊后清洗等工序。每一工序均会影响钎焊的最终质量。钎焊后的接头必须进行检验,以判定钎焊接头是否符合质量要求。

钎焊时由于加热温度比较低,故对工件材料的性能影响较小,焊件的应力变形也较小。但钎焊接头的强度一般比较低,耐热能力较差。

图 5-43 为钎焊工艺示意图。

3. 钎焊接头的基本形式

钎焊接头应尽量采用搭接,并应使接触面积尽可能大,以提高接头强度、改善气密性和导电性。用钎焊连接时,由于钎料及钎缝的强度一般比母材低,若采用对接的钎焊接头,则接头强度比母材差,因而对接接头不能保证接头具有与母材相等的承载能力。采用搭接形式时,可以通过改变搭接长度达到钎焊接头与母材等强度。搭接接头的装配与对接接头相比也比较简单。图 5-44 所示为典型钎焊的接头形式。

钎焊接头时还应考虑应力集中问题,尤其接头受动载荷或大应力时应力集中问题更为明显。在这种情况下的设计原则是不应使接头边缘处产生任何过大的应力集中,而应将应力转移到母材上去。

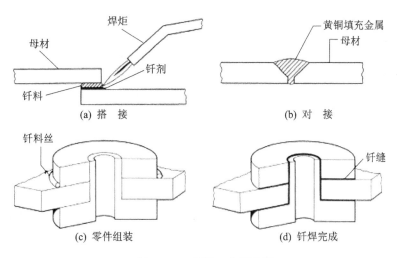

图 5 - 43 钎焊工艺示意图

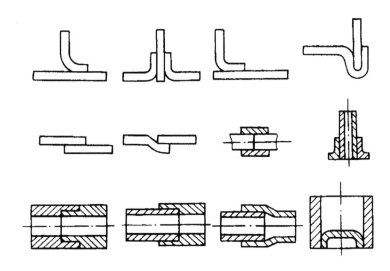

图 5 - 44 钎焊的接头形式

5.3 典型合金的焊接

5.3.1 碳钢与合金钢的焊接

1. 碳钢的焊接

碳钢的焊接性由于含碳量的不同,差别很大。随含碳量的增加,碳钢的焊接性下降。

低碳钢因含碳及其他合金元素少,塑性、韧性好,一般无淬硬倾向,不易产生焊接裂纹等缺陷,焊接性能优良。焊接低碳钢一般不需要采取预热和焊后热处理等特殊工艺措施。在低温环境下焊接厚件时,应预热焊件,防止产生冷裂纹;厚度超过 50 mm 的焊件,应进行焊后热处理以消除应力。

中碳钢焊接热影响区易产生低塑性的淬硬组织,含碳量越高,板厚越大,焊件刚性越大,焊条选用不当时,容易产生冷裂纹。焊条电弧焊时最好采用低氢焊条,因为低氢焊条扩散氢含量少、具有一定的脱硫能力,熔敷金属塑韧性良好,抗冷裂、热裂的能力都高。如果允许焊缝与母材不等强,可以采用强度级别低的焊条。当焊件不允许预热时,可以采用奥氏体不锈钢焊条,因为它塑性好可以避免裂纹。

高碳钢的含碳量比中碳钢还高($>0.6\%$),所以更容易产生脆硬的马氏体组织,脆硬倾向和冷裂敏感性更大,因此焊接结构一般不采用这种钢。高碳钢的焊接通常只用在焊补修理工作中。

2. 低合金高强度钢及超高强度钢的焊接

低合金高强钢及超高强度钢的焊接性能主要决定于钢材的化学成分及其组织状态,焊接中突出的问题是易产生冷裂纹,随着钢种强度级别的提高,产生冷裂纹的倾向也越大。

产生冷裂纹的主要原因有焊缝中的扩散氢含量、接头的拘束程度以及钢材的硬脆淬硬组织,称为产生冷裂纹的三大要素。这三个因素与焊接工艺、结构情况、被焊材料的化学成分等有关。

冷裂纹敏感性常用碳当量来评定,碳当量是把钢中的碳和其他合金元素对淬硬、冷裂及脆化的影响折合成碳的相当含量。国际焊接学会(IIW)推荐的碳当量 $CE_{(IIW)}$ 计算公式为

$$CE_{(IIW)} = w_C + \frac{w_{Mn}}{6} + \frac{w_{Cr} + w_{Mo} + w_V}{5} + \frac{w_{Cu} + w_{Ni}}{15}$$

上式适用于 $w_C > 0.18\%$ 的低合金钢。对于 $w_C \leqslant 0.18\%$ 的低合金钢,则需要采用冷裂敏感指数

$$P_{cm} = w_C + \frac{w_{Si}}{30} + \frac{w_{Mn} + w_{Cu} + w_{Cr}}{20} + \frac{w_{Ni}}{60} + \frac{w_{Mo}}{15} + \frac{w_V}{10} + 5B$$

来计算。

碳当量或冷裂敏感指数越高,被焊钢材的淬硬倾向越大,冷裂纹敏感性越高。

为了防止冷裂纹,在低合金高强度钢及超高强度钢焊接时需要采取预热及后热等工艺措施。焊前预热可降低焊接区的冷却速度,减少拘束度和有利于氢的逸出,是防止冷裂纹、改善接头性能的重要措施。预热温度的确定与钢的碳当量、环境温度、焊接接头截面尺寸、拘束度、含氢量等诸多因素有关。后热可改善焊接区组织状态,减少淬硬性,消除扩散氢,从而防止冷裂纹的产生。此外,在焊接材料选择、焊接热输入、接头设计等方面也应充分注意。

低合金高强度钢及超高强度钢结构制件常用的焊接方法主要有焊条电弧焊、气体保护焊、埋弧焊、电子束焊、摩擦焊等。为保证结构的可靠性,高强度钢及超高强度钢焊接接头在具有足够强度的同时,还必须具有较高的断裂韧性。

3. 铸铁的焊接

铸铁是碳含量高的铁碳合金,焊接性差,一般不宜做焊接结构件,在铸铁件出现局部损坏时往往进行补焊修复。

铸铁在焊接过程中极易形成白口和淬硬组织,裂纹倾向大,焊缝中易产生气孔和夹渣,在铸铁补焊时必须引起高度的重视。

铸铁补焊一般采用铸铁焊条。补焊的方法有热焊法和冷焊法。热焊法是焊前将焊件整体或局部预热到 650~700 ℃,然后用电弧焊或气焊补焊的方法。施焊过程中,铸件的温度不应

低于400 ℃,焊后缓冷或再将焊件加热到 600～650 ℃进行去应力退火。冷焊法是焊前不将焊件预热或仅预热到 400 ℃以下,然后用电弧焊或气焊补焊的方法。

4. 不锈钢的焊接

奥氏体不锈钢具有较好的焊接性能,一般不需要采取特殊的工艺措施。通常采用焊条电弧焊、氩弧焊和埋弧焊进行焊接。焊接奥氏体不锈钢存在的主要问题是焊缝的热裂倾向和焊接接头的晶间腐蚀倾向。产生热裂倾向主要是由于钢中多种元素(如 Si、S、P 等)所形成的低熔点共晶偏析物沿奥氏体晶界分布,降低了晶界强度,加之奥氏体不锈钢导热系数小(约为低碳钢的 1/3),线膨胀系数大(大约是低碳钢的 1.5 倍),焊接时形成较大的焊接应力,使焊缝在高温下易产生裂纹。接头的晶间腐蚀是由于焊接时热影响区晶粒内部过饱和碳原子扩散到晶界,与晶界附近的铬原子形成 $Cr_{23}C_6$,使晶界附近"贫铬"而失去抗腐蚀性能。

18-8 型不锈钢焊接接头有 3 个部位可能出现晶间腐蚀现象,如图 5-45 所示:焊缝区腐蚀、HAZ 敏化区腐蚀、过热区腐蚀(刀状腐蚀)。但是在同一个接头并不能同时看到这 3 种晶间腐蚀区,出现敏化区腐蚀就不会出现刀状腐蚀,反过来出现刀状腐蚀就不会出现敏化区腐蚀,具体出现哪种决定于钢的成分。

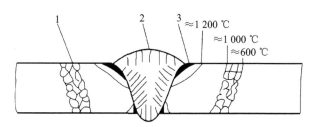

图 5-45　18-8 型奥氏体不锈钢的接头产生晶间腐蚀的区域

为了防止热裂纹和晶间腐蚀,应按母材金属类型选择与之配套的含 C、Si、S、P 很低的不锈钢焊条或焊丝,使焊缝获得奥氏体加少量铁索体或稳定碳化物的双相组织。焊接时采用小电流、短弧、焊条不摆动、快速焊等工艺,尽量避免金属过热,接触腐蚀介质的表面应最后焊。对于耐蚀性要求较高的重要结构,焊后还要进行高温固溶处理,以消除局部晶界"贫铬"现象。

马氏体不锈钢焊接性较差,其主要问题是焊接接头冷裂纹和淬硬脆化,焊接时要采取防止冷裂纹的一系列措施。厚度大于 3 mm 的马氏体不锈钢往往要进行预热,焊后要热处理,以提高接头性能,消除焊接残余应力。

铁素体不锈钢焊接的主要问题是过热区晶粒长大引起脆化和裂纹。因此焊接时要采用较低的预热温度(一般不超过 150 ℃),以防止过热脆化,减少高温停留时间,此外,采用小线能量焊接工艺可以减少晶粒长大倾向。

铁素体不锈钢和马氏体不锈钢采用的焊接方法为焊条电弧焊和氩弧焊。

5.3.2　有色金属的焊接

1. 铝合金的焊接

工业生产中用于焊接的主要是工业纯铝和防锈铝合金,其焊接比较困难,主要原因是:

➤ 铝极易氧化生成高熔点的氧化铝薄膜,在 700 ℃左右仍覆盖于金属表面,妨碍母材的熔化与熔合;

> 铝的导热系数比较大(是钢的4倍),焊接时热量散失快,需要能量大或密集的热源;
> 高温时铝的强度、塑性低,热膨胀系数大,从而造成较大的焊接应力、变形和裂纹倾向;
> 液态铝能大量溶解氢,凝固时氢又不能及时全部析出,故焊缝中极易形成气孔;
> 氧化铝膜密度约为铝的1.4倍,易沉入熔池形成焊缝夹杂物;
> 铝由固态加热到液态时无颜色变化,使操作困难,易焊穿。

铝及其合金焊接常用方法有氩弧焊、气焊、点焊、缝焊和钎焊、搅拌摩擦焊等。氩弧焊电弧集中,操作容易,氩保护效果好,且阴极破碎作用能自动去除氧化膜,所以焊缝质量高,成型美观,焊件变形小,主要用于焊接质量要求高的焊件,但氩气纯度要求大于99.9%。要求不高的焊件可采用气焊,但必须用铝焊剂去除被焊部位的氧化膜和杂质。无论采用何种方法,焊前必须彻底清理焊件的焊接部位和焊丝表面的氧化膜和油污,对使用溶剂清除氧化膜的,焊后必须把溶剂清理干净,以免对焊件造成新的腐蚀。

搅拌摩擦焊在铝合金焊接中得到了成功应用。搅拌摩擦焊目前可以焊接所有牌号的铝合金,其中包括以前熔焊难以焊接的2000系列和7000系列的铝合金。对于非热处理强化铝合金,通过对焊接参数的优化,搅拌摩擦焊可以得到没有孔洞和裂纹的优良焊接接头,接头的拉伸强度一般大于或优于母材,并且断裂一般出现在热影响区和远离焊缝接头的母材上。对于冷作和热处理强化铝合金,可以通过控制搅拌摩擦焊过程中的热输入,特别是控制搅拌摩擦焊接头中硬度和强度最低的热影响区的回火和过时效影响,来提高接头的力学性能。

2. 镁合金的焊接

相对于钢铁材料及铝合金而言,镁合金的焊接性能较差。镁合金焊接主要存在以下问题:

> 镁的熔点低,热导率高,焊接时需采用大功率的焊接热源,焊缝及近缝区易产生过热、晶粒长大、结晶偏析等现象,降低了接头性能。
> 镁的氧化性极强,易同氧结合,在焊接过程中易形成MgO。MgO熔点高,密度大,易在焊缝中形成细小片状固态夹渣,不仅严重阻碍焊缝成型,也降低焊缝性能。
> 镁及镁合金热膨胀系数较大,约为钢的2倍,铝的1.2倍,在焊接过程中易引起较大的焊接应力与变形。
> 镁与一些合金元素(如Cu、Al、Ni等)易形成低熔点共晶体,焊缝易形成热裂纹。
> 焊镁时易产生氢气孔,氢在镁中的溶解度也随温度的降低而急剧减小。
> 镁及其合金在空气环境下焊接时易氧化燃烧,熔焊时需用惰性气体或焊剂保护。

镁合金常用钨极惰性气体保护电弧焊和熔化极惰性气体保护电弧焊,也可以采用电阻点焊、摩擦焊、搅拌摩擦焊、激光焊、电子束焊等工艺进行焊接。由于镁的比热容和熔化潜热小,因此焊接时要求的输入热量少而焊接速度高。

3. 钛合金的焊接

钛合金的焊接性主要取决于有害杂质(氧、氮、氢及碳)、合金元素含量、焊接热循环或热处理状态的影响。钛合金焊接容易出现的主要问题是接头脆化、冷裂纹、气孔等。

钛的化学性质非常活泼,钛与氧、氮的亲和力强,在400℃以上就开始和空气中的氧、氮、氢、碳发生化学反应,高于600℃时发生剧烈反应。焊缝中的氧、氮、氢、碳含量增加时,焊缝金属的硬度及强度提高,塑性下降。强化作用以氮最强,氧次之,碳再次之。氢是引起钛合金焊接冷裂纹的主要原因之一。氢和氧也是引起焊缝气孔的主要根源。

钛合金的焊接方法主要有氩弧焊、激光焊、电阻焊、钎焊与扩散焊、摩擦焊等。厚大构件可采用潜弧焊、电子束焊。钨极氩弧焊是钛合金焊接最常用的方法,分为敞开式焊接和箱内焊接。敞开式焊接依靠焊炬喷嘴、拖罩和背面保护装置通以适当流量的氩或氩氦混合气,将焊接高温区与空气隔离,防止空气侵入焊接高温区。结构复杂的焊件由于难以实现良好的保护,宜在箱内焊接,焊接前先将箱内空气排除,然后充入保护气体再进行焊接。

钛合金焊缝和近缝区的颜色是保护效果的标志。钛合金优质焊缝表面应为光亮的银白色,表示保护效果最好。钛合金焊接区的表面颜色应符合有关标准的规定,验收时可按标准色块判定。

4. 高温合金的焊接

高温合金焊接时遇到的最大问题是热裂纹。因此,常用热裂纹敏感性作为评定高温合金焊接性的主要判据。高温合金焊接热裂纹主要是焊缝金属凝固裂纹和热影响区液化裂纹,以及焊后热处理或高温使用时可能形成的再热裂纹或应变时效裂纹。高温合金的化学成分、组织状态、焊件的拘束度、热处理状态、焊接工艺参数等因素都对焊接热裂纹的产生有较大的影响。

焊态下高温合金焊接接头高温强度和塑性一般低于母材,并且接头力学性能是不均匀的。这和高温合金焊接接头热影响区普遍存在过热、晶粒长大严重有直接关系。过热区越宽,这种影响越大。为了获得比较好的等强性,应尽量减小接头过热区和组织不均匀性,尽量选用能量集中的焊接方法,并尽可能采用小的线能量。

高温合金的基体不同,强化方式不同,其焊接性亦有所差异。镍基合金的焊接性优于铁基合金,固溶强化合金优于沉淀硬化合金。合金中添加强化元素种类复杂或较多时,其焊接热裂纹的敏感性增大。高温合金采用的焊接方法主要有氩弧焊、等离子弧焊、电子束焊、电阻焊、摩擦焊、钎焊与扩散焊等。

5.4　焊接结构制造

焊接结构制造是根据产品技术要求和生产条件,应用现代焊接及相关技术生产合格的结构。焊接结构制造过程必须充分考虑焊接结构特点、焊接方法的适用性、材料的焊接行为等要素。

5.4.1　结构件焊接工艺特点

工程装备焊接结构可分为结构与零部件两大类。结构类有箭体、发射架、飞机承力框、舰艇结构、压力容器、装甲结构等。零部件的种类也是相当多的。这些不同结构的焊缝长短、形状、焊接位置等各不相同,因而适用的焊接方法也会不同。

结构类产品中规则的长焊缝和环缝宜用埋弧自动焊。焊条电弧焊用于打底焊和短焊缝焊接。零部件接头一般较短,根据其精度要求,选用气体保护焊、电阻焊、摩擦焊或电子束焊。形状规则的焊缝宜采用适于机械化的焊接方法,需要考虑的主要因素有以下几方面。

1. 工件厚度

工件的厚度可在一定程度上决定所适用的焊接方法。每种焊接方法由于所用热源不同,都有一定适用的材料厚度范围。在推荐的厚度范围内焊接时较易控制焊接质量和保持合理的生产率。

手工电弧焊板厚 6 mm 以上对接时，一般要开设坡口。对于重要结构，板厚超过 3 mm 就要开设坡口。厚度相同的工件常有几种坡口形式可供选择，V 型和 U 型坡口只需一面焊，可焊到性较好，但焊后角变形大，焊条消耗量也大些。双 V 型和双面 U 型坡口两面施焊，受热均匀，变形较小，焊条消耗量较小。在板厚相同的情况下，双 V 型坡口比 V 型坡口节省焊接材料 1/2 左右，但必须两面都可焊到，所以有时受到结构形状限制。U 型和双面 U 型坡口根部较宽，容易焊透，且焊条消耗量也较小，但坡口制备成本较高，一般只在重要的受动载的厚板结构中采用。

2. 接头形式

根据产品的使用要求和所用母材的厚度及形状，设计的产品可采用对接（见图 5 - 46(a)）、搭接（见图 5 - 46(b)）、T 形（见图 5 - 46(c)）、角接（见图 5 - 46(d)）、塞焊（见图 5 - 44(e)）等几种类型的接头形式。其中对接形式适用于大多数焊接方法。钎焊一般只适于连接面积比较大而材料厚度较小的搭接接头。

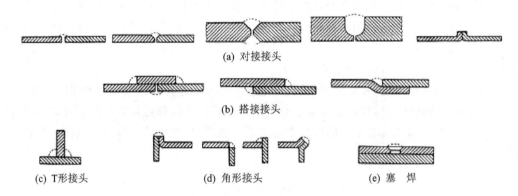

(a) 对接接头

(b) 搭接接头

(c) T形接头　　　(d) 角形接头　　　(e) 塞　焊

图 5 - 46　焊接接头的基本形式

如果采用宽度或厚度相差较大的金属材料进行焊接，则接头处会造成应力集中，而且接头两边受热不匀会产生焊不透等缺陷。当焊件的宽度不同或厚度相差 4 mm 以上时，应分别在宽度方向或厚度方向从一侧或两侧做成坡度不大于 1∶2.5 的斜角，如图 5 - 47 所示，以使截面过渡和缓，减小应力集中。

在焊缝的起灭弧处，常会出现弧坑等缺陷，这些缺陷对承载力影响极大，故焊接时一般应设置引弧板和引出板，如图 5 - 48 所示，焊后将它割除。

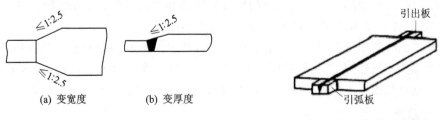

(a) 变宽度　　　(b) 变厚度

图 5 - 47　不同厚度钢板的对接　　　**图 5 - 48　引弧板和引出板**

3. 焊接布置

产品中各个接头的位置往往根据产品的结构要求和受力情况决定。这些接头可能需要在不同的焊接位置焊接,焊缝位置对焊接接头的质量、焊接应力和变形以及焊接生产率均有较大影响,因此在布置焊缝时,应考虑以下几个方面。

(1) 焊缝位置应便于施焊,有利于保证焊缝质量

焊缝可分为平焊缝、横焊缝、立焊缝和仰焊缝 4 种形式,如图 5 - 49(a)、(b)所示。其中施焊操作最方便、焊接质量最容易保证的是平焊缝,因此在布置焊缝时应尽量使焊缝能在水平位置进行焊接。这样就可选择既能保证良好的焊接质量,又能获得较高的生产率的焊接方法,如埋弧焊和熔化极气体保护焊。对于立焊接头宜采用熔化极气体保护焊(薄板)、气电焊(中厚度),当板厚超过约 30 mm 时可采用电渣焊。

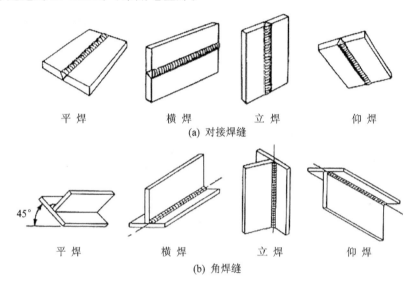

平　焊　　　　横　焊　　　　立　焊　　　　仰　焊
(a) 对接焊缝

平　焊　　　　横　焊　　　　立　焊　　　　仰　焊
(b) 角焊缝

图 5 - 49　焊缝的空间位置

图 5 - 50 所示为管道对接环焊缝的空间位置。

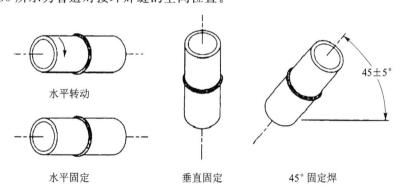

水平转动

水平固定　　　　　　垂直固定　　　　　　45°固定焊

图 5 - 50　管道对接环焊缝的空间位置

除焊缝空间位置外,还应考虑各种焊接方法所需要的施焊操作空间。图 5 - 51 所示为考虑手工电弧焊施焊空间时,对焊缝的布置要求;图 5 - 52 所示为考虑点焊或缝焊施焊空间(电极位置)时的焊缝布置要求。

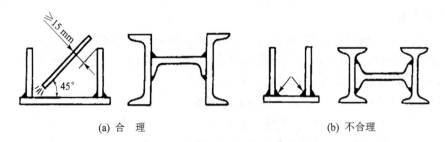

(a) 合 理 (b) 不合理

图 5-51 手工电弧焊对操作空间的要求

(a) 合 理 (b) 不合理

图 5-52 电阻点焊和缝焊时的焊缝布置

(2) 焊缝布置应有利于减少焊接应力和变形

通过合理布置焊缝来减小焊接应力和变形主要有以下途径：

① 尽量减少焊缝数量。采用型材、管材、冲压件、锻件和铸钢件等作为被焊材料。这样不仅能减小焊接应力和变形,还能减少焊接材料消耗,提高生产率。图 5-53 所示为箱体构件,如采用型材或冲压件(见图 5-53(b))焊接,可较图 5-53(a)所示的板材对接减少两条焊缝。

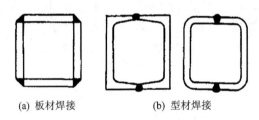

(a) 板材焊接 (b) 型材焊接

图 5-53 减少焊缝数量

② 尽可能对称分布焊缝。如图 5-54 所示,焊缝的对称布置可以使各条焊缝的焊接变形相抵消,对减小梁柱结构的焊接变形有明显的效果。

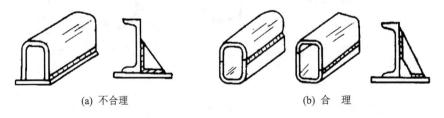

(a) 不合理 (b) 合 理

图 5-54 对称分布焊缝

③ 焊缝应尽量避开最大应力和应力集中部位。如图 5-55 所示,以防止焊接应力与外加应力相互叠加,造成过大的应力而开裂。不可避免时,应附加刚性支承,以减小焊缝承受的应力。

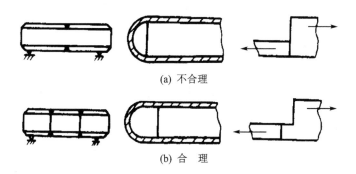

(a) 不合理

(b) 合　理

图 5 - 55　焊缝避开最大应力集中部位

4. 母材性能

(1) 母材的物理性能

母材的导热性能、导电性能、熔点等物理性能会直接影响其焊接性及焊接质量。当焊接导热系数较高的金属如铜、铝及其合金时,应选择热输入强度大、具有较高焊透能力的焊接方法,以使被焊金属在最短的时间内达到熔化状态,并使工件变形最小。

对于电阻率较高的金属则更宜采用电阻焊。

对于热敏感材料,则应注意选择热输入较小的焊接方法,例如激光焊、超声波焊等。

对于钼、钽等高熔点的难熔金属,采用电子束焊是极好的焊接方法。而对于物理性能相差较大的异种金属,宜采用不易形成脆性中间相的焊接方法,如各种固相焊、激光焊等。

(2) 母材的力学性能

被焊材料的强度、塑性、硬度等力学性能会影响焊接过程的顺利进行。如铝、镁等塑性温度区较窄的金属就不能用电阻凸焊,而低碳钢的塑性温度区宽则易于电阻焊焊接;又如,延性差的金属就不宜采用大幅度塑性变形的冷焊方法。再如爆炸焊时,要求所焊的材料具有足够的强度与延性,并能承受焊接工艺过程中发生的快速变形。

各种焊接方法对焊缝金属及热影响区的金相组织及其力学性能的影响程度不同,因此也会不同程度地影响产品的使用性能。选择的焊接方法还要便于通过控制热输入从而控制熔深、熔合比和热影响区(固相焊接时以便于控制其塑性变形)来获得力学性能与母材相近的接头。例如电渣焊、埋弧焊时由于热输入较大,从而使焊接接头的冲击韧度降低。又如电子束焊的焊接接头的热影响区较窄,与一般电弧焊相比,其接头具有较好的力学性能和较小的热影响区。因此,电子束焊对某些金属如不锈钢或经热处理的零件是很好的焊接方法。

(3) 母材的冶金性能

由于母材的化学成分直接影响了它的冶金性能,因而也影响了材料的焊接性。这也是选择焊接方法时必须考虑的重要因素。

工业生产中应用最多的普通碳钢和低合金钢采用一般的电弧焊方法都可进行焊接。钢材的合金含量,特别是碳含量愈高,焊接性往往愈差,可选用的焊接方法种类愈有限。

对于铝、镁及其合金等这些较活泼的有色金属材料,不宜选用 CO_2 电弧焊、埋弧焊,而应选用惰性气体保护焊,如钨极氩弧焊、熔化极氩弧焊等。对于不锈钢,通常可采用焊条电弧焊、钨极氩弧焊或熔化极氩弧焊等。特别是氩弧焊,其保护效果好,焊缝成分易于控制,可以满足焊缝耐蚀性的要求。对于钛、锆这类金属,由于其气体溶解度较高,焊后容易变脆,因此采用高真空电子束焊最佳。

此外,对于含有较多合金元素的金属材料,采用不同的焊接方法会使焊缝具有不同的熔合比,因而会影响焊缝的化学成分,亦即影响其性能。

具有高淬硬性的金属宜采用冷却速度缓慢的焊接方法,这样可以减少热影响区开裂倾向。淬火钢则不宜采用电阻焊,否则,由于焊后冷却速度太快,可能造成焊点开裂。焊接某些沉淀硬化不锈钢时,采用电子束焊可以获得力学性能较好的接头。

对于熔化焊不容易焊接的冶金相容性较差的异种金属,应考虑采用某种非液相结合的焊接方法,如钎焊,扩散焊或爆炸焊等。

5. 生产条件

(1) 技术水平

在选择焊接方法以制造具体产品时,要顾及制造厂家的设计及制造的技术条件,其中焊工的操作技术水平尤其重要。

手工钨极氩弧焊与焊条电弧焊相比,要求焊工经过更长期的培训和具有更熟练、更灵巧的操作技能。

埋弧焊、熔化极气体保护焊多为机械化焊接或半自动焊,其操作技术比焊条电弧焊要求相对低一些。

电子束焊、激光焊时,由于设备及辅助装置较复杂,因此要求有更高的基础知识和操作技术水平。

(2) 设 备

每种焊接方法都需要配用一定的焊接设备,包括焊接电源、实现机械化焊接的机械系统、控制系统及其他一些辅助设备。电源的功率、设备的复杂程度、成本等都直接影响了焊接生产的经济效益,因此焊接设备也是选择焊接方法时必须考虑的重要因素。

焊接电源有交流电源和直流电源两大类。一般交流弧焊机的构造比较简单,成本低。焊条电弧焊所需设备最简单,除了需要一台电源外,只需配用焊接电缆及夹持焊条的电焊钳即可,宜优先考虑。

熔化极气体保护电弧焊需要有自动进给焊丝、自动行走小车等机械设备。此外还要有输送保护气的供气系统、通冷却水的供水系统及焊炬等。

真空电子束焊需配用高压电源、真空室和专门的电子枪。激光焊时需要有一定功率的激光器及聚焦系统。因此,这两种焊接方法都要有专门的工装和辅助设备,其设备较复杂、功率大,故成本也比较高。

由于电子束焊机的高电压及其 X 射线辐射,因此还要有一定的安全防护措施及防止 X 射线辐射的屏蔽设施。

(3) 焊接用消耗材料

焊接时的消耗材料包括:焊丝、焊条或填充金属、焊剂、钎剂、钎料、保护气体等。

各种熔化极电弧焊都需要配用一定的消耗性材料。如焊条电弧焊时使用涂料焊条;埋弧焊、熔化极气体保护焊都需要焊丝;电渣焊则需要焊丝、熔嘴或板极。埋弧焊和电渣焊除电极(焊丝等)外,都需要有一定化学成分的焊剂。

钨极氩弧焊和等离子弧焊时需使用熔点很高的钨极、钍钨极或铈钨极作为不熔化电极。

此外还需要价格较高的高纯度的惰性气体。电阻焊时通常用电导率高、较硬的铜合金做电极，以使焊接时既能有高的电导率，又能在高温下承受压力和磨损。

1) 焊条的选用

根据熔渣化学性质的不同，焊条可分为酸性焊条和碱性焊条。

酸性焊条：熔渣中以酸性氧化物为主，氧化性强，合金元素烧损大，故焊缝的塑性和韧度不高，且焊缝中氢含量高，抗裂性差；但酸性焊条具有良好的工艺性，对油、水、锈不敏感，交直流电源均可用，广泛用于一般结构件的焊接。

碱性焊条(又称低氢焊条)：药皮中以碱性氧化物莹石为主，并含较多铁合金，脱氧、除氢、渗金属作用强。与酸性焊条相比，其焊缝金属的含氢量较低，有益元素较多，有害元素较少，因此焊缝力学性能与抗裂性好；但碱性焊条工艺性较差，电弧稳定性差，对油污、水、锈较敏感，抗气孔性能差，一般要求采用直流焊接电源，主要用于焊接重要的钢结构或合金钢结构。

按照国家标准，碳钢和低合金钢焊条型号按熔敷金属的最小抗拉强度值(kgf/mm^2)和药皮类型进行编号。碳钢焊条用大写字母 E 和 4 位数字(E××××)表示，如 E4303、E5015 等。其中 E 表示焊条，前两位数字表示熔敷金属的最小抗拉强度值(kgf/mm^2)；第 3 位数字表示焊条使用的焊接位置：0、1 均表示适用于全位置焊接，2 表示适用于平焊和平角焊，4 表示适用于向下立焊；第 3、4 位数字组合表示焊接电流的种类和焊条药皮类型。低合金钢焊条型号表示与碳钢焊条类似，用 E××××－× 表示，尾部表示熔敷金属化学成分分类代号。

焊条的选择主要考虑如下几方面：

① 考虑母材的力学性能和化学成分。焊接低碳钢和低合金结构钢时，应根据焊接件的抗拉强度选择相应强度等级的焊条，即等强度原则；焊接耐热钢、不锈钢等材料时，则应选择与焊接件化学成分相同或相近的焊条，即等成分原则。

② 考虑结构的使用条件和特点。对于承受动载荷或冲击载荷的焊接件，或结构复杂、大厚度的焊接件，为保证焊缝具有较高的塑性和韧度，应选择碱性焊条。

③ 考虑焊条的工艺性。对于焊前清理困难且容易产生气孔的焊接件，应当选择酸性焊条；如果母材中含碳、硫、磷量较高，则应选择抗裂性较好的碱性焊条。

④ 考虑焊接设备条件。如果没有直流焊机，则只能选择交直流两用的焊条。

在确定了焊条牌号后，还应根据焊接件厚度、焊接位置等条件选择焊条直径。一般是焊接件愈厚，焊条直径应愈大。

2) 焊　剂

在埋弧焊和电渣焊中，焊剂与焊丝配合使用，焊剂起着与焊条药皮类似的作用。焊剂通常可按焊剂的制造方法、化学成分、化学性质和颗粒结构进行分类。例如，按焊剂的制造方法分类，可分为熔炼焊剂和非熔炼焊剂两大类。熔炼焊剂是将各种原料按配方比例组成炉料，混合均匀后进行炉内熔炼而成的。非熔炼焊剂可分为粘结焊剂和烧结焊剂。熔炼焊剂主要起保护作用，非熔炼焊剂除了保护作用外，还可以起脱氧、去硫、渗合金等冶金处理作用。我国目前使用的绝大多数焊剂是熔炼焊剂。

焊剂型号 $HJX_1X_2X_3 - H×××$ 表示，其中，HJ 为"焊剂"汉语拼音的第一个字母。第 1 位数字 X_1 表示焊缝金属的抗拉强度和塑性指标；第 2 位数字 X_2 表示拉伸试样和冲击试验的状态；第 3 位数字 X_3 表示焊缝冲击试验的最低试验温度条件；尾部 H××× 表示所用焊丝牌号。

焊剂型号的表示方法实际上是表示焊剂-焊丝的配合。每一种型号焊剂不规定具体制造方法，也不规定焊剂化学成分和焊缝化学成分（但对硫、磷杂质有限制）。同一种焊剂可以分别与几种焊丝配合使用，如果焊缝金属力学性能有差别，则一种焊剂就会有几个型号。

目前，我国焊接行业通常习惯使用焊剂牌号，焊剂牌号的编制方法不同于焊剂型号。熔炼焊剂用 HJ 和 3 位数字表示，即 HJ×××。第 1 位数字表示焊剂中的氧化锰含量；第 2 位数字表示焊剂中的二氧化硅、氟化钙含量；第 3 位数字表示焊剂的不同牌号。烧结焊剂用 SJ 和 3 位数字表示，即 SJ×××。第 1 位数字表示焊剂熔渣的渣系；第 2、3 位数字表示同一焊剂中不同牌号的焊剂。

3）焊　丝

焊丝可分为实芯焊丝和药芯焊丝两大类。

实芯焊丝广泛应用于埋弧焊、气体保护焊等焊接工艺。埋弧焊的焊丝直径为 1.6～6 mm，具有电极和填充金属以及脱氧、去硫、渗合金等冶金处理作用。为了获得高质量的埋弧焊焊缝，必须正确选配焊丝和焊剂。CO_2 气体保护焊时，由于 CO_2 气体具有较强的氧化性，所以要求焊丝中必须含有足够量的脱氧元素，含碳量要低（$\omega_C < 0.11\%$），保证焊缝金属具有满意的力学性能和抗裂性能。

药芯焊丝是将类似焊条药皮的药粉连续送入薄钢带被轧制为管状，经拉拔而成一定直径的焊丝。药芯焊丝可以与适当的焊剂或保护气体配合使用，也可以单独使用。使用药芯焊丝焊接时具有生产效率高、焊接工艺性好、焊缝力学性能高等特点。药芯焊丝在国内外发展较为迅速，在造船、石油天然气管道焊接等行业应用最为广泛。

6. 焊接工艺评定

焊接工艺评定是在产品施焊之前，对所制订的焊接工艺进行验证性试验，以确定焊接接头性能是否满足产品设计要求。通过评定的焊接工艺是制定焊接工艺规程的依据。重要的焊接结构在生产制造之前都要进行焊接工艺评定。

焊接工艺评定应根据有关标准提出评定项目，编制工艺评定任务书和指导书，然后进行焊接工艺评定试验。焊接工艺评定试验是用选定的焊接方法和工艺参数焊制试件，检验接头的各项性能，如拉伸、弯曲、冲击、硬度及金相等；亦可进行疲劳、断裂韧性、腐蚀等试验评定。试验结束后编写焊接工艺评定报告，根据试验结果决定所选定的工艺是否可行。评定为合格者则作为资料存档保存，用于编制焊接工艺规程。评定为不合格者，应分析原因，提出改进措施，修改焊接工艺评定指导书，重新进行评定直至合格为止。

5.4.2　焊接结构制造工艺

焊接结构制造是指从投料开始，经过一系列工序，最后加工成焊接产品的过程（见图 5-56）。其中主要的工序是备料加工、装配与焊接。

1. 备料加工

① 材料的矫正。对金属材料在运输、保管等过程中出现的变形要进行矫正。金属材料矫正的方法主要有手工矫正、机械矫正和火焰矫正。

② 材料表面清理。常用的清理方法主要有机械法和化学法。机械法包括喷沙或喷丸、手动风砂轮或钢丝刷等。化学法主要用溶液进行清理。

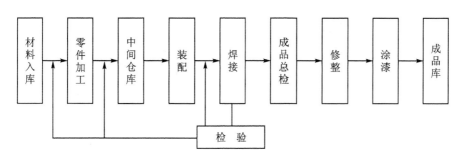

图 5 - 56　焊接结构制造过程

③ 划线、号料、放样。按构件设计图纸的图形与尺寸 1：1 划在待下料的材料上，以便按划线图形进行下料加工的工序称为划线。根据图纸制作样板或样杆称为放样，应用样板或样杆在待下料的材料上进行划线的工序称为号料。计算机辅助切割系统则把号料与下料切割工序相结合，可实现自动快速下料。

④ 材料剪切与切割。剪切是按材料上所划的线或根据剪床的尺寸设定将材料剪断的工艺。切割的方法主要有氧-乙炔火焰切割、等离子切割、激光切割等。

⑤ 焊接坡口加工。为了保证焊透，需要根据板厚及焊接工艺方法的要求，把对接焊口的边缘加工成各种形式的坡口。坡口加工的方法主要有机械法及气割法。

⑥ 材料的成型加工。根据焊接结构的设计形状，采用弯曲、冲压等工艺对材料进行成型加工。

2. 装配工艺

装配是使组成结构的零件、毛坯以正确的相互位置加以固定，然后再用规定的连接方法将已确定相互位置的零件连接起来。装配工艺直接关系到焊接结构的质量和生产效率。零件装配定位方法主要有夹具定位或划线定位，装配时零件的固定常用定位焊、装配焊接夹具来实现。重要焊件的生产必须采用夹具，以保证零件相对位置的准确。装配定位在经过定位和检验合格后，方可进行定位焊。

3. 焊　接

焊接可以在夹具中或夹具外进行。需要预热的要按规定选用预热方法，多层焊时注意保持层间温度。焊前检查焊接设备与工艺参数，必要情况下先进行试板焊接，对所选焊接工艺进行评定。焊接过程中注意控制焊接变形，减少焊接应力。

现代焊接技术的发展趋势是自动化与智能化。焊接机器人系统集中体现了在焊接自动化与智能化方面的优势。焊接机器人是从事焊接（包括切割与喷涂）的工业机器人。根据用途，焊接机器人又可分为弧焊机器人和点焊机器人。图 5 - 57 所示为弧焊机器人焊接系统。

4. 预防和减小焊接应力和变形的工艺措施

（1）焊前预热

预热的目的是减小焊件上各部分的温差，降低焊缝区的冷却速度，从而减小焊接应力和变形，预热温度一般为 400 ℃以下。

（2）选择合理的焊接顺序

① 尽量使焊缝能自由收缩，这样产生的残余应力较小。图 5 - 58 所示为一大型容器壁板

图 5-57　弧焊机器人焊接系统

与底板的焊接顺序。若先焊纵向焊缝,再焊横向焊缝,则横向焊缝横向和纵向的收缩都会受到阻碍,焊接应力增大,焊缝交叉处和焊缝上都极易产生裂纹。

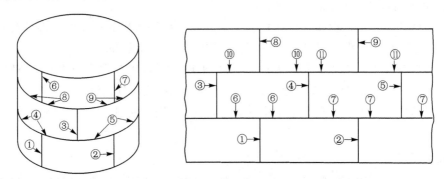

图 5-58　大型容器壁板与底板的拼焊顺序

　　② 采用分散对称焊工艺,长焊缝尽可能采用分段退焊或跳焊的方法进行焊接,这样加热时间短、温度低且分布均匀,可减小焊接应力和变形,如图 5-59、图 5-60 所示。

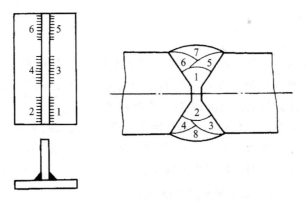

图 5-59　分散对称的焊接顺序

　　③ 加热减应区。铸铁补焊时,在补焊前可对铸件上的适当部位进行加热,以减少焊接时对焊接部位伸长的约束;焊后冷却时,加热部位与焊接处一起收缩,从而减小焊接应力。被加热的部位称为减应区,这种方法叫做加热减应区法,如图 5-61 所示。利用这个原理也可以焊接一些刚度比较大的焊缝。

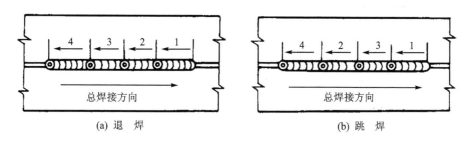

(a) 退　焊　　　　　　　　　　　　　(b) 跳　焊

图 5 - 60　长焊缝的分段焊

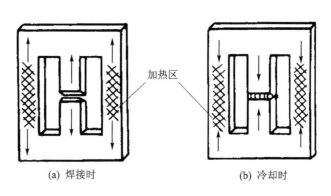

加热区

(a) 焊接时　　　　　　　　　　　　(b) 冷却时

图 5 - 61　加热减应区法

④ 反变形法。焊接前预测焊接变形量和变形方向,在焊前组装时将被焊工件向焊接变形相反的方向进行人为的变形,以达到抵消焊接变形的目的,如图 5 - 62 所示。

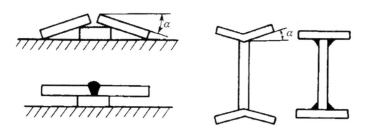

图 5 - 62　反变形法

⑤ 刚性固定法。利用夹具、胎具等强制手段,以外力固定被焊工件来减小焊接变形,如图 5 - 63 所示。该法能有效地减小焊接变形,但会产生较大的焊接应力,所以一般只用于塑性较好的低碳钢结构。

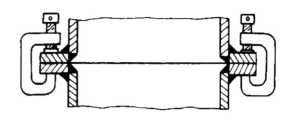

图 5 - 63　刚性固定法

对于一些大型的或结构较为复杂的焊件,也可以先组装后焊接,即先将焊件用点焊或分段焊定位后,再进行焊接。这样可以利用焊件整体结构之间的相互约束来减小焊接变形。但这样做也会产生较大的焊接应力。

5．焊后消除应力和变形矫正

（1）焊接应力的消除

对于在低温和动载下使用的结构,厚度超过一定限度的焊接压力容器,需要进行机加工。尺寸精度和刚度要求较高的以及有应力腐蚀危险而不能采取有效保护措施的构件,必须进行焊接应力的消除。其方法有:

- ➤ 整体高温回火。一般是将构件整体加热到回火温度,保温一定的时间后再冷却。这种高温回火消除应力的机理是金属材料在高温下发生蠕变现象,屈服点降低,使应力松弛。
- ➤ 局部高温回火。只对焊接及附近的局部区域进行加热。此方法只能降低应力峰值,不能完全消除残余应力,但可改善焊接接头的性能。此法多用于比较简单的、拘束度较小的焊接接头。
- ➤ 机械拉伸法。对焊接构件进行加载,使焊缝塑性变形区得到拉伸,来减小由焊接引起的局部压缩塑性变形量和降低内应力。
- ➤ 温差拉伸法。采用低温局部加热焊缝两侧,使焊缝区产生拉伸塑件变形,从而消除内应力。
- ➤ 振动法。利用偏心轮和变速马达组成的激振器使构件发生共振来降低内应力或使应力重新分布。

（2）变形矫正

焊接变形的矫正主要采用机械或火焰方法进行。机械法是用锤击、压、拉等机械作用力,产生塑性变形进行矫正,如图5-64(a)所示;火焰矫正是选择恰当部位,用火焰加热,利用加热和冷却引起的新变形来抵消已有的变形,如图5-64(b)所示。

完整的焊接结构制造过程还必须经过严格的质量检验,有关内容将在第9章介绍。

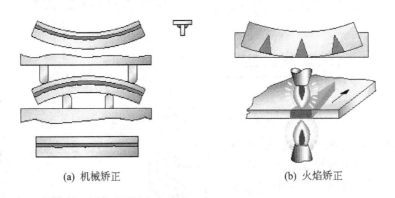

(a) 机械矫正　　　　　　　　　(b) 火焰矫正

图 5-64　焊接变形矫正方法

5.4.3　典型结构的焊接工艺

1．航空发动机薄壁壳件的焊接

航空发动机的薄壁壳件是指压气机匣、燃烧室内外套、火焰筒、尾喷管或加力扩散器、加力筒体等,其主要制造材料是钛合金、不锈钢和高温合金。图5-65所示为发动机外涵道壳体焊接结构,材料为钛合金,焊缝有壳体环缝、纵缝、安装座与壳体的连接焊缝、壳体与安装边的连接焊缝。

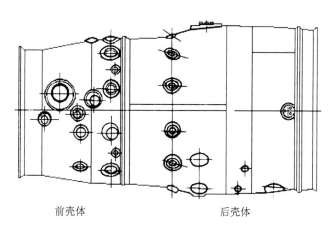

图 5 - 65　发动机外涵道壳体焊接结构

钛合金在高温特别在液态时,会大量吸收氧、氮、氢等气体,使性能变脆。钛合金熔焊时,焊缝及其附近加热至 400 ℃ 以上的高温区必须用惰性气体保护。发动机壳体件壁厚度小于 3 mm,常用的焊接方法是手工氩弧焊、自动氩弧焊,伴以少量的电阻点焊和电阻缝焊。氩弧焊时,焊缝正反两面都必须进行保护,几何形状简单的直焊缝或环形焊缝采用局部保护方法,几何形状复杂的可在充氩箱中焊接。

电阻点焊和缝焊时,可以不用惰性气体保护。电子束焊和扩散焊一般在真空室中进行,表面氧化极少。摩擦焊时同样应采取保护措施。

薄壁壳体件用的不锈钢主要是马氏体热稳定不锈钢 1Cr11Ni2W2MoVA 和奥氏体耐热不锈钢 1Cr18Ni9Ti,采用手工或自动氩弧焊、等离子弧焊及点焊的焊接性良好,裂纹倾向性小,焊缝和热影响区有少量的铁素体存在。点焊时,需采用二次脉冲或焊后回火,为保证焊接质量,焊接电流必须适当加大。材料有淬硬倾向,电极不能用外部水冷却。

2. 飞机起落架的焊接

飞机起落架承受很大的弯曲、冲击载荷。全部起落架系统的重量占飞机自重的 2.5% ~ 3.5%,几乎所有零件均采用焊接结构,如图 5 - 66 所示。大型飞机的起落架构件用高强钢和超高强钢制造,如 Cr - Mn - Si 系的 30CrMnSiA、Cr - Mn - Si - Ni 系的 30CrMnSiNi2A、Cr - Mn - Si - Mo - V 系的 40CrMnSiMoVA 和 Cr - Ni - Mo - Si 系的 300M 等。小型飞机的起落架也可用铝合金制造。

起落架构件的焊接方法主要是手工电弧焊。焊接一般在退火状态下进行,焊后淬火回火能满足使用性能的要求。此外,焊前预热到 250 ~ 350 ℃,焊后立即送入 650 ~ 680 ℃ 炉中保温,并随炉冷却。采用焊芯为 H18CrMoA 航空结构钢的碱性焊条 HTJ - 3 施焊。埋弧自动焊时,选用 H18CrMoA 焊丝及 350 - 1 焊剂。

主起落架主支柱等大型焊件手工电弧焊的典型工艺过程为:焊前于 250 ~ 280 ℃ 的电炉中预热 70 ~ 90 min;焊后立即高温回火,于 650 ~ 680 ℃ 电炉中保温 70 ~ 90 min,随炉冷却;最后再按使用性能要求进行淬火回火。对于 30CrMnSiNi2A,热处理后 σ_b =(1 760 ± 100)MPa。

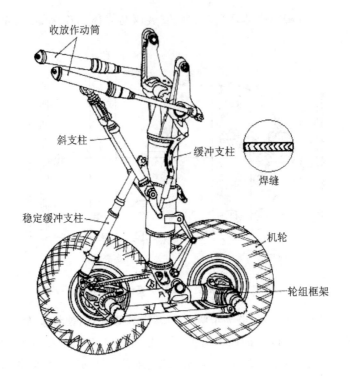

图 5-66　某型轰炸机主起落架焊接构件组装图

焊后用 X 射线透视检查焊缝内部缺陷,用磁粉探伤检查焊缝内部裂纹等缺陷。

3. 运载火箭贮箱焊接技术

运载火箭贮箱(见图 5-67)多为铝合金材料,焊接是运载火箭贮箱制造的关键技术之一。通过焊接,可以获得致密的接头,保证贮箱的高密封性,减小结构质量。

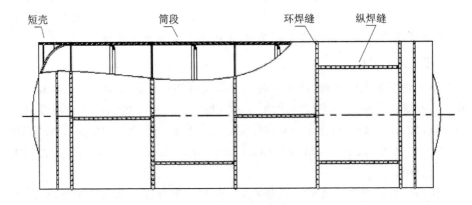

图 5-67　运载火箭贮箱焊接结构

运载火箭贮箱焊接常用的方法主要有钨极氩弧焊(GTAW)和真空电子束焊(EB),前者适用于 6 mm 以下的薄板,后者主要用于 10 mm 以上的中厚板和锻件。近年来发展了变极性等离子弧焊(VPPA)、激光焊等。搅拌摩擦焊也成功应用于铝合金贮箱壳体的焊接。

运载火箭贮箱的制造流程如图 5-68 所示,贮箱主体结构由筒段和箱底通过环焊缝连接而成,而筒段则通过纵焊缝连接而成,箱底是由旋压的箱底顶盖、纵焊缝连接的瓜瓣圆环和熔焊连接的叉形环通过环焊缝组合而成的。

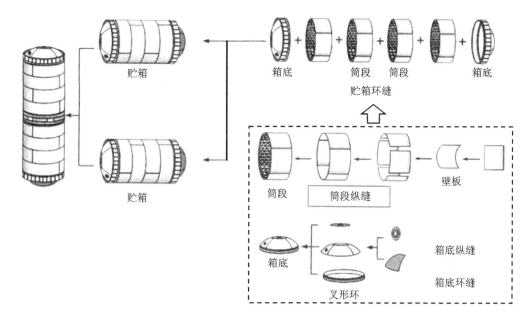

图 5-68　运载火箭贮箱焊接结构制造流程

思考题

1. 焊接热过程的特点有哪些?
2. 试述常用的焊接热源及其特性。
3. 焊接电弧分为哪几个区域,各自的特点如何?
4. 在焊接过程中,焊接电弧是如何引燃的?
5. 分析焊缝的结晶过程及组织特点。
6. 何谓焊接热循环? 焊接热循环有哪些主要参数?
7. 熔化焊、压力焊和钎焊的实质有何不同?
8. 试述电阻焊的特点及应用,并指出它可分为哪几种?
9. 为什么熔焊时应使焊接区域隔离空气并对熔池进行冶金处理?
10. 旋转摩擦焊和线性摩擦焊各自有何特点?
11. 分析搅拌摩擦焊原理及应用范围。
12. 扩散焊的主要工艺参数有哪些?
13. 钎焊可分为哪几种? 其适用范围是哪些?
14. 产生焊接应力和变形的原因是什么?
15. 如何预防焊接变形? 产生变形后如何矫正?
16. 分析低碳钢焊接接头的组织及性能。
17. 焊接接头基本形式有几种?

18. 焊接位置有几种形式？

19. 低合金高强度结构钢焊接时,应采用哪些措施防止冷裂纹的产生？

20. 如何防止奥氏体不锈钢焊接接头的晶间腐蚀？

21. 铝合金焊缝气孔的产生原因及防治措施？

22. 为什么焊接铝、镁及其合金要用交流 TIG 焊？

23. 分析钛合金焊接的特点。

24. 调研先进焊接技术在运载火箭燃料贮箱制造中的应用。

第6章 特种成型技术

特种成型是利用材料的特殊状态或性能并通过适当的能量作用对材料进行成型加工的技术,这类成型技术与常规的铸、锻、焊有一定的区别,也是常规成型方法的延伸或融合。随着先进材料与能量形式的发展及应用,特种成型技术已成为重要的创新方向。

本章重点介绍粉末冶金、增材制造、定向凝固、半固态成型、超塑成型及微尺度成型等工艺的基本原理和应用。

6.1 粉末冶金成型

粉末冶金成型是指采用金属或其他粉末材料,经过混粉、压坯、烧结和后处理等工艺过程制造各种多孔、半致密或全致密零件与制品的技术。粉末冶金工艺与常规的铸、锻等成型零件相比,具有少、无切削加工,节材,节能,高效,质量均一,适合于大批量生产,无环境污染,价格低廉等特点,并能生产具有特殊性能及其他工艺难以生产的产品。

6.1.1 概 述

粉末冶金工艺一般包括制粉、成型、烧结、后处理等主要工艺过程,示意图如图6-1所示。

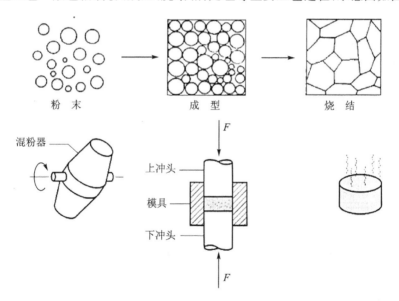

图6-1 粉末冶金工艺示意图

粉末冶金可以制出组元彼此不熔合、熔点十分悬殊的烧结合金(如钨-铜的电触点材料),能制出难熔合金(如钨-钼合金)、难熔金属及其碳化物的粉末制品(如硬质合金)、金属与陶瓷材料的粉末制品(如金属陶瓷)。粉末冶金可直接制出质量均匀的多孔性制品,如含油轴承、过滤元件等;能直接制出尺寸准确、表面光洁的零件,一般可省去或大大减少切削加工工时,因而制造成本可显著降低。这种方法也有一些缺点,如由于粉末冶金制品内部总有空隙,因此普通粉末冶金制品的强度比相应的锻件或铸件低 20%～30%;成型过程中粉末的流动性远不如液态金属,因此对产品形状有一定限制;压制成型所需的压强高,因而制品一般小于 10 kg;压模成本高,只适用于成批或大量生产的零件。

粉末冶金常用来制造含油轴承、齿轮、凸轮、刹车片、硬质合金刀具、接触器或继电器上钨铜触点、耐极高温度的火箭与宇航零件等。

图 6-2 所示为粉末冶金零件。

图 6-2　粉末冶金零件

粉末冶金工艺的不足之处是粉末成本较高,制品的大小和形状受到限制,烧结件的抗冲击性较差等。粉末成型所需用的模具加工制作也比较困难,较为昂贵,因此粉末冶金方法的经济效益往往只有在大规模生产时才能表现出来。

6.1.2　粉末的制备

粉末制件的工艺过程主要包括制粉、坯件成型、烧结等。其中,粉末的制备通常用以下几种方法。

1. 机械粉碎方法

机械粉碎靠压碎、击碎和磨削等作用,将块状金属、合金或化合物机械地粉碎成粉末,如图 6-3 所示。依据物料粉碎的最终程度,可以分为粗碎和细碎两类。以压碎为主要作用的有碾碎、辊轧以及颚式破碎等;以击碎为主的有锤磨;属于击碎和磨削等多方面作用的机械粉碎有球磨、棒磨等。实践表明,机械研磨比较适用于脆性材料,塑性金属或合金制取粉末多采用涡旋研磨、冷气流粉碎等方法。

2. 雾化法

雾化法是将液体金属或合金直接破碎,形成直径小于 150 μm 的细小液滴,冷凝而成为粉末的方法。该法可以用来制取多种金属粉末和各种合金粉末。任何能形成液体的材料都可以通过雾化来制取粉末。借助高压水流或高压气流的冲击来破碎液流,称为水雾化或气雾化,也称二流雾化,如图 6-4 所示。

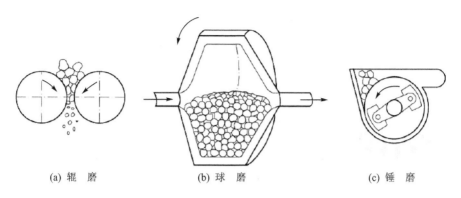

(a) 辊 磨　　　　　　　　(b) 球 磨　　　　　　　　(c) 锤 磨

图 6-3　典型机械粉碎方法

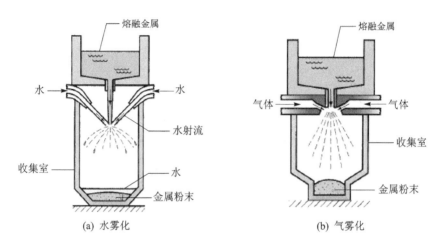

(a) 水雾化　　　　　　　　　　　　　(b) 气雾化

图 6-4　雾化法示意图

3. 化学方法

常用的化学方法有还原法、电解法等。

还原法是从固态金属氧化物或金属化合物中还原制取金属或合金粉末的方法。它是最常用的金属粉末生产方法之一,方法简单,生产费用较低,如铁粉和钨粉,便是由氧化铁粉和氧化钨粉通过还原法生产的。铁粉生产常用固体碳将其氧化物还原,钨粉生产常用高温氢气将其氧化物还原。

电解法是从金属盐水溶液中电解沉积金属粉末的方法。它的成本要比还原法和雾化法高得多。因此,仅在其特殊性能(高纯度、高密度、高可压缩性)得以利用时才使用。

4. 筛分与混合

筛分与混合的目的是使粉料中的各组元均匀化。

在筛分时,如果粉末越细,那么同样重量粉末的表面积就越大,表面能也越大,烧结后制品密度和力学性能也越高,但成本也较高。

粉末应按要求的粒度组成与配合进行混合。在各组成成分的密度相差较大且均匀程度要求较高的情况下,常采用湿混。例如,在粉末中加入大量酒精,以防止粉末氧化。为改善粉末的成型性与可塑性,还常在粉料中加入增塑剂,铁基制品常用的增塑剂为硬脂酸锌。

图6-5所示为典型的混粉器示意图。

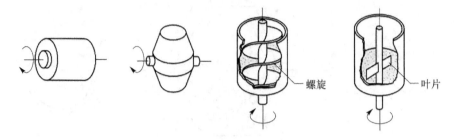

图6-5 混粉器示意图

6.1.3 粉末成型

成型是粉末冶金技术的关键环节,其目的是获得一定形状和尺寸的压坯,并使其具有一定的密度和强度。

1. 干压成型

压制成型是将金属粉末或混合料装在钢制压模内通过模冲对粉末加压形成压坯的过程。粉末料在压模内的压制如图6-6所示。压力经上模冲传向粉末时,粉末在某种程度上表现出与液体相似的性质——力图向各个方向流动,于是引起了垂立于压模壁的压力——侧压力。

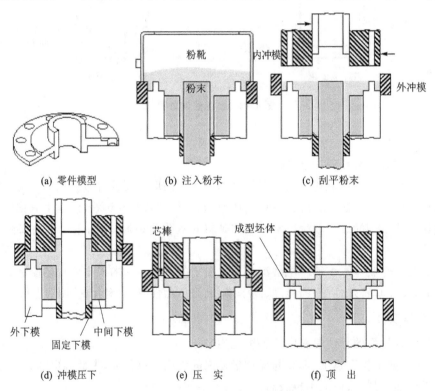

图6-6 粉末冶金零件压制成型过程

粉末在压模内所受压力的分量是不均匀的,与液体的各向均匀受压情况有所不同。因为粉末颗粒之间彼此摩擦、相互楔住,使得压力沿横向(垂直于压模壁)的传递比垂直方向要小得多,并且粉末与模壁在压制过程中也产生摩擦力,此力随压制压力而增减。因此,压坯在高度上出现显著的压力降,接近上模冲端面的压力比远离它的部分要大得多,同时中心部位与边缘部位也存在着压力差,使得压坯各部分的致密化程度也有所不同。

当用一个可运动的冲头进行粉末压实时(单向加压),如图 6 - 7(a)所示,粉末各个颗粒之间以及颗粒与模具侧壁之间的摩擦导致了制品产生不均匀的密度分布。制品离冲头越近,则其密度越大;制品离冲头越远,则密度越小。因此,只有近似平面形状或很薄的制品才能用单向压实来获得均匀密度。如果从两边加压(双向加压),如图 6 - 7(b)所示,则可获得更均匀的密度。为了获得很好的密度分布,在双向加压时,可使压实前的高宽比保持在 2～2.5 之间。

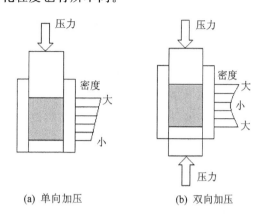

(a) 单向加压　　　　(b) 双向加压

图 6 - 7　干压成型示意图

粉末装填在压模内经受压力后就变得较密实且具有一定的形状和强度,这是由于在压制过程中,粉末之间的孔隙度大大降低,彼此的接触显著增加,因此压坯逐渐致密化。由于粉末颗粒之间连接力作用的结果,压坯的强度也逐渐增大。粉末颗粒之间的连接力来自粉末颗粒之间的机械啮合力和粉末颗粒表面原子之间的引力,其中粉末颗粒之间的机械啮合力起主要作用。

在压制过程中,粉末由于受力而发生弹件变形和塑性变形,压坯内存在着很大的内应力,当外力停止作用后,压坯便出现膨胀现象——弹性后效。

粉末冶金制品的特性是由其所要求的密度、强度等性能来决定的,而密度与粉末的压实压力有着密切的联系,如图 6 - 8(a)所示。从图 6 - 8(b)可以看出,制品的相对密度(压坯密度/相同成分致密金属的密度)随粉末压实压力的增加而提高。压实时的压缩比(即压实前的原始高度与压实后的高度之比)随粉末压实压力的增加而提高。一般情况下,压缩比必须达到 2.6～2.8,而相应的密度可达 6～7 g/cm³。在工业生产中,将近 90% 的粉末冶金制品的密度为 5.7～6.8 g/cm³,这些制品具有非常优良的力学性能。

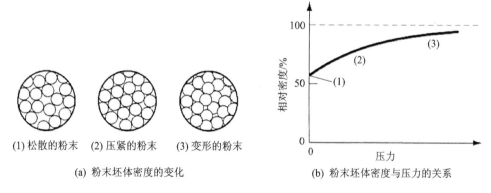

(1) 松散的粉末　　(2) 压紧的粉末　　(3) 变形的粉末

(a) 粉末坯体密度的变化　　　　(b) 粉末坯体密度与压力的关系

图 6 - 8　粉末坯体密度随压力的变化

2. 温压成型

温压是在混合粉中添加高温新型润滑剂，然后将粉末和模具加热至 150 ℃ 左右进行刚性模压制，如图 6-9 所示，最后采用传统的烧结工艺进行烧结的技术，是普通模压技术的发展与延伸。该技术既保持了传统模压技术高生产率的基本技术特征，又克服了传统模压技术制造铁基粉末冶金零部件的低强度、低精度等固有的技术缺陷，扩大了铁基粉末冶金零部件的应用范围。

温压工艺能以较低的成本制造出高性能的铁基粉末冶金零部件。由于与普通的模压相比较，粉末及模具仅加热到 150 ℃ 左右，在普通粉末压机上安装加热系统就可改造为温压机，所需投入并不大；而且，采用温压工艺生产的生坯强度高，又可直接进行附加的机加工，而压制压力和脱模压力均能较低，故模具寿命高，可大大降低成本，是一种不复杂但效益高的新技术。

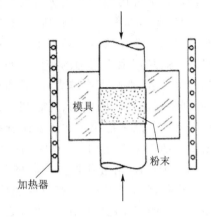

图 6-9　粉末温压成型

温压技术能使铁基粉末冶金零部件的生坯密度达到 $7.25 \sim 7.45 \ \mathrm{g/cm^3}$，与传统工艺相比提高了 $0.15 \sim 0.3 \ \mathrm{g/cm^3}$。在相同的密度水平下，经温压的压坯，其强度是常规压制压坯的 $1.25 \sim 2.0$ 倍。

温压工艺的脱模压力比普通压制工艺降低 30％ 以上。低的脱模压力意味着温压工艺易于压制形状复杂的铁基粉末冶金零件和减少模具磨损从而延长其使用寿命；同时，还可以降低粉末料中润滑剂的添加量，进一步提高压坯密度。因为润滑剂每降低 0.1％，压坯密度将增加 $0.05 \ \mathrm{g/cm^3}$。

3. 等静压成型

等静压成型是将粉末装于有弹性的橡皮或塑料囊中，用高压液体或气体进行均匀压制的一种方法，如图 6-10 所示。压制时，液体或气体压力从零逐渐增大到要求值。等静压成型分为冷等静压和热等静压，前者用水或油做压力介质，后者用气体（如氩气）做压力介质。

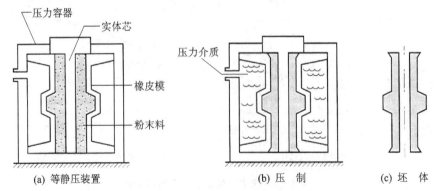

(a) 等静压装置　　　　　　　(b) 压　制　　　　(c) 坯　体

图 6-10　等静压成型

　　等静压成型借助高压流体介质的静压力作用,使粉末在同一时间内在各个方向上均衡地受压而获得密度分布均匀和强度较高的压坯。等静压可成型较长的压坯,其长度取决于工作室的高度。理论上工作室的高度是不受限制的。等静压制不存在粉末颗粒对模壁的摩擦,所以,压坯任一部位的密度完全相同。若橡皮囊中粉末装得均匀,即松装密度一致,则等静压制时,粉末的收缩在各个方向将是一样的。因此,压坯的形状与囊相似。等静压与钢压模成型相比,当相对密度一样时,所得压力较低。

　　热等静压成型是消除制品内部残存微量孔隙和提高制品相对密度的有效方法,在制取金属陶瓷硬质合金、难熔金属制品及其化合物、粉末金属制品等方面得到广泛应用,已发展成为提高粉末冶金制品性能及压制大型复杂形状零件的先进技术。

4. 轧制与挤压

　　金属粉末轧制适用于制造金属板材、带材,特别是高孔隙度的多孔薄带材。金属粉末轧制是一种在不封闭状态下的粉末连续压制过程,如图 6 - 11 所示。位于漏斗中的粉末,在粉末颗粒自重和粉末颗粒与旋转辊面间摩擦力的带动下,不断流向压紧状态下的辊缝之间,并被辊压碾成具有一定强度的多孔板、带材。其轧件性能较原始金属粉末性能有很大的变化,由松散状态变为具有一定抗压、抗拉、抗弯和抗剪切强度的刚性多孔体。一般致密金属轧制前后只是形状改变,体积不变。但金属粉末轧制则不同,轧制前后不仅形状变化,体积也发生很大变化,但质量不变。

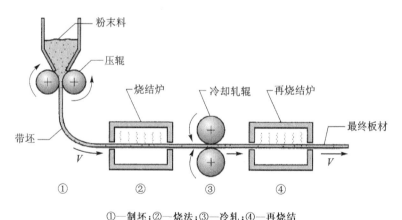

①—制坯;②—烧法;③—冷轧;④—再烧结

图 6 - 11　粉末连续压制过程

　　金属粉末挤压成型是指粉末体或粉末压坯在压力的作用下,通过规定的压模嘴挤成坯块或制品的一种成型方法。按照挤压条件的不同,可分成冷挤法和热挤法。粉末冷挤压是把金属粉末与一定量的有机粘结剂混合,在较低的温度下(40~200 ℃)挤压成坯块的方法。挤压坯块经过干燥、预烧和烧结便制成粉末冶金制品。粉末热挤是把金属粉末压坯或粉末装入包套内加热到较高温度后压挤。热挤法能够制取形状复杂、性能优良的制品和材料。如高温合金、弥散强化材料等的热挤压成型受到重视。

5. 注射成型

　　注射成型 MIM(Metal Injection Molding)是一种从塑料注射成型中引申出来的新型粉末

冶金近净成型技术。金属注射成型的基本工艺步骤是：首先选取符合 MIM 要求的金属粉末和粘结剂，然后在一定温度下采用适当的方法将粉末和粘结剂混合成均匀的喂料，经制粒后再注射成型，获得的成型坯经过脱脂处理后烧结致密化成为最终成品。

注射成型的目的是获得所需形状的无缺陷、颗粒均匀排列的 MIM 成型坯体。注射时首先将粒状喂料加热至一定高的温度使之具有流动性，然后将其注入模腔中冷却下来得到所需形状的具有一定刚性的坯体，最后将其从模具中取出得到 MIM 成型坯。这个过程同传统塑料注射成型过程一致，但由于 MIM 喂料高的粉末含量，使得其注射成型过程在工艺参数上及其他一些方面存在很大差别，控制不当则易产生各种缺陷。

注射成型时缺陷控制问题基本可以分为两个方面：一方面是成型温度、压力、时间三者函数关系的设定；另一方面则是填充时喂料在模腔中的流动牵涉模具设计的问题，包括在进料口的位置、流道的长短、排气孔的设置等，这些都需要对喂料流变性质、模腔内温度和残余应力分布有清楚的了解。

6. 喷射成型

金属喷射成型是将熔融金属通过气体雾化分散为许多细小颗粒，然后沉积在运动的基板上获得不同形状的预成型坯件的过程，如图 6-12 所示。由于细小颗粒在飞行过程中迅速放热，并在沉积过程中处于半固态或过冷液态，通过控制基板运动可精确控制坯件形状和尺寸；因此，喷射成型是一种快速凝固、半固态加工和近终成型加工的直接成型技术。其特点是将金属熔体的雾化与沉积成型合二为一，可直接由液态金属制取快速凝固预制形坯，解决了粉末冶金技术工序繁多、氧化严重的问题，使得喷射沉积材料能够具有比粉末冶金材料更高的塑性与强度，生产成本大幅度下降。

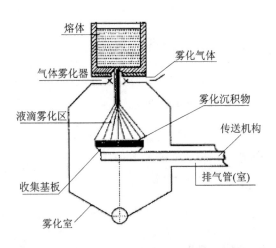

图 6-12　喷射成型示意图

喷射成型的冷却速度比较快，有效地克服与弥补了普通铸锭因冷速偏慢而引起的不足，制备的材料具有快速凝固组织的特性，即均匀细小的晶粒尺寸、较低的偏析倾向、过饱和的固溶度并可能出现亚稳相。因而该技术既兼有粉末冶金和铸锭冶金法的优点，又避免了二者的不足，被广泛应用于铝合金、镁合金、铜合金、高温合金、磁性合金、金属间化合物、金属基复合材料等多种高性能的结构材料与功能材料的制备，可用于制造管、锭、板、盘及复合管材、复合轧辊等。

喷射成型作为一种新的材料制备和成型工艺技术，在要求高强度、高韧性、高刚度和轻量化的军用材料的制备中得到广泛的应用。用喷射成型工艺可直接成型导弹舱体铝锂合金壳体、飞机发动机高温合金涡轮盘、舰船和水陆两栖装甲车辆的螺旋桨等结构件。

6.1.4　烧　结

1．烧结机理

（1）烧结的基本过程

烧结是粉末冶金与陶瓷工艺中的关键性工序，是将成型后的粉末压坯在适当的温度和气氛条件下，通过一系列物理和化学变化，使粉末颗粒的聚集体转变为晶粒的聚集体。通过烧结，使其得到所要求的最终物理、力学性能。

图 6-13 所示是一种粉末冶金工业中大批量生产常用的连续式烧结炉。压坯以一定的速度通过炉中的预热段、高温段及冷却段的炉膛。这种炉子具有生产量大、产品质量均匀、热效率高、操作方便、筑炉材料和发热元件费用低且寿命长、峰值电力小、烧结费用低等优点。

粉末坯体的烧结大致可划分为 3 个阶段。

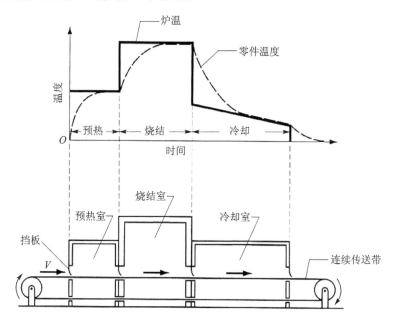

图 6-13　粉末冶金零件连续烧结工艺过程

1）粘结阶段

烧结初期，颗粒间的原始接触点或面建立原子间的键合，通过成核、结晶长大等过程形成冶金结合点，称之为烧结颈，如图 6-14 所示。在这一阶段，颗粒内的晶粒不发生变化，颗粒外形也基本未变，整个烧结体不发生收缩，密度增加也极微，但是烧结体的强度和导电性由于颗粒结合面增大而有明显的增加。

2）烧结颈长大阶段

在这个阶段，原子向颗粒结合面的大量迁移使烧结颈扩大，颗粒间距离缩小，形成连续的孔隙网络；也会发生塑性或粘性流动、扩散、晶粒长大等现象，使孔隙尺寸减小或消失。烧结体收缩，密度和强度增加是这个阶段的主要特征。

3）闭孔隙球化和缩小阶段

当烧结体密度达到 90% 以后，多数孔隙被完全分隔，闭孔数量大为增加，孔隙形状趋近球

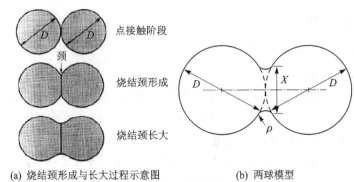

(a) 烧结颈形成与长大过程示意图　　　(b) 两球模型

图 6-14　粉末烧结模型

形并不断减小。烧结结束后，还会残留少量的隔离小孔隙，如图 6-15 所示，所以一般烧结过程不能达到 100% 的密度。

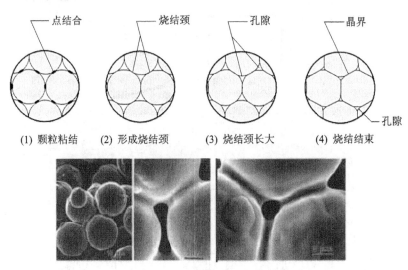

(1) 颗粒粘结　　(2) 形成烧结颈　　(3) 烧结颈长大　　(4) 烧结结束

图 6-15　粉末的烧结过程

如果粉体中相邻的颗粒是不同的金属，在两个颗粒的界面处可能发生合金化而引起局部熔化，则烧结会容易进行。如果一种金属的熔点比另一种金属的熔点低，则低熔点金属就可能熔化，形成的液相在表面张力作用下包围另一种金属颗粒。这种烧结称为液相烧结，液相烧结有助于减少孔隙度。

（2）晶粒生长与二次再结晶

晶粒生长与二次再结晶过程往往与烧结中、后期的传质过程同时进行。初次再结晶是在已发生塑性变形的基质中出现新生的无应变晶粒的成核和长大过程。二次再结晶（或称晶粒异常生长和晶粒不连续生长）是少数巨大晶粒在细晶消耗时成核长大的过程。

1）晶粒生长

在烧结的中、后期，细晶粒要逐渐长大，而一些晶粒生长过程也是另一部分晶粒缩小或消灭的过程，其结果是平均晶粒尺寸都增长了。这种晶粒长大并不是小晶粒的相互粘结，而是晶界移动的结果。在晶界两边物质的吉布斯自由能之差是使界面向曲率中心移动的驱动力。晶

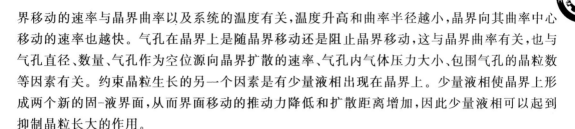

界移动的速率与晶界曲率以及系统的温度有关,温度升高和曲率半径越小,晶界向其曲率中心移动的速率也越快。气孔在晶界上是随晶界移动还是阻止晶界移动,这与晶界曲率有关,也与气孔直径、数量、气孔作为空位源向晶界扩散的速率、气孔内气体压力大小、包围气孔的晶粒数等因素有关。约束晶粒生长的另一个因素是有少量液相出现在晶界上。少量液相使晶界上形成两个新的固-液界面,从而界面移动的推动力降低和扩散距离增加,因此少量液相可以起到抑制晶粒长大的作用。

2) 二次再结晶

二次再结晶的推动力是大晶粒界面与邻近高表面能和小曲率半径的晶面相比有较低的表面能。在表面能的驱动下,大晶粒界面向曲率半径小的晶粒中心推进,以致造成大晶粒进一步长大与小晶粒的消失。晶粒生长与二次再结晶的区别在于,前者坯体内晶粒尺寸均匀地生长,而二次再结晶是个别晶粒异常生长;晶粒生长是平均尺寸增长,不存在晶核,界面处于平衡状态,界面上无应力,二次再结晶的大晶粒界面上有应力存在;晶粒生长时气孔维持在晶界上或晶界交汇处,二次再结晶时气孔被包裹到晶粒内部。从工艺控制考虑,造成二次再结晶的原因主要是原始粒度不均匀、烧结温度偏高和烧结速率太快。其他还有坯体成型压力不均匀,局部有不均匀液相等。为避免气孔封闭在晶粒内,避免晶粒异常生长,应防止致密化速率太快。

3) 晶界在烧结中的应用

晶界在多晶体中是不同晶粒之间的交界面,据估计,晶界宽度为 5~60 nm。晶界上原子排列疏松混乱,在烧结传质和晶粒生长过程中晶界对坯体致密化起着十分重要的作用。由于烧结体中气孔形状是不规则的,晶界上气孔的扩大、收缩或稳定与表面张力、润湿角、包围气孔的晶粒数有关,还与晶界迁移率、气孔半径、气孔内气压高低等因素有关。

在离子晶体中,晶界是阴离子快速扩散的通道。离子晶体的烧结与金属材料不同。阴、阳离子必须同时扩散才能导致物质的传递与烧结。晶界上溶质的偏聚可以延伸晶界的移动,能加速坯体致密化。为了从坯体中完全排除气孔,获得致密烧结体,空位扩散必须在晶界上保持相当高的速率。只有通过抑制晶界的移动才能使气孔在烧结的始终都保持在晶界上,避免晶粒的不连续生长。利用溶质在晶界上偏析的特征,在坯体中添加少量溶质(烧结助剂),就能达到抑制晶界移动的目的。

2. 烧结工艺因素

烧结是粉末冶金工艺中的关键性工序。成型后的压坯通过烧结使其得到所要求的最终物理和力学性能。

(1) 烧结温度与保温时间

烧结温度一般是指最高烧结温度,即保温时的温度。烧结温度与粉末压坯的化学成分有关。对于单元系和多元系的固相烧结,烧结温度比所用的金属及合金的熔点低。如果是单元系粉末的固相烧结,通常为熔点绝对温度的 2/3~4/5,其下限略高于再结晶温度,上限主要从技术及经济上考虑,而且与烧结时间有关。多元系固相烧结温度一般要低于主要成分的熔点,可以高于其中一种或多种少量成分的熔点,或者稍高于混合物中出现的低熔共晶的熔点。对于多元系的液相烧结,烧结温度一般比其中难熔成分的熔点低,而高于易熔成分的熔点。

烧结保温时间与烧结温度有关。通常,烧结温度较高时,保温时间较短;相反,烧结温度较低时,保温时间要长。所以,烧结温度和保温时间要根据具体情况合理选择。

（2）烧结气氛

烧结气氛的作用是控制压坯与环境之间的化学反应和清除润滑剂的分解产物。烧结气氛一般分为氧化、还原和中性3种，除少数制品可以在氧化性气氛（空气）中烧结外，大多数的烧结是在还原性或保护性气氛及真空中进行的。

烧结时为了防止压坯氧化，通常在保护性气氛或真空的连续式烧结炉内烧结。常用粉末冶金制品的烧结温度与烧结气氛见表6-1。

表6-1 常用粉末冶金制品的烧结温度与烧结气氛

类 别	铁基制品	铜基制品	硬质合金	不锈钢	磁性材料(Fe-Ni-Co)	钨、铝、钒
烧结温度/℃	1 050～1 200	700～900	1 350～1 550	1 250	1 200	1 700～3 300
烧结气氛	发生炉煤气，分解氨	分解氨，发生炉煤气	真空，氢	氢	氢，真空	氢

烧结过程中，烧结温度和烧结时间必须严格控制。烧结温度过高或时间过长，都会使压坯歪曲和变形，其晶粒亦大，产生所谓"过烧"的废品；烧结温度过低或时间过短，则产品的结合强度等性能达不到要求，产生所谓"欠烧"的废品。通常，铁基粉末冶金制品的烧结温度为1 000～1 200 ℃，烧结时间为0.5～2 h。

3．烧结方法

烧结方法可分为单元系烧结和多元系烧结、固相烧结和液相烧结以及活化烧结和热压烧结等。

（1）固相烧结

固相烧结是将粉末压坯在低于熔点的一定温度和保护气氛中，保温一定时间，使坯体颗粒实现致密化和冶金结合的工艺过程。固态烧结的主要传质方式有蒸发—凝聚、扩散传质、塑性流动等。单元系固相烧结过程中，物质的聚集状态不发生变化，也没有新相的生成。多元系固相烧结一般在低熔点组元的熔点以下的温度进行，多元系固相烧结要发生组元间的反应、溶解和均匀化过程，其烧结过程比单元系固相烧结过程要复杂。

（2）液相烧结

凡有液相参与的烧结过程称为液相烧结。由于粉末中总会存在低熔点成分，因而大多数材料在烧结中都会或多或少地出现液相，纯粹的固态烧结实际上不易实现。由于液相流动传质速率比固态扩散快，因此液相烧结的致密化速率高，可使坯体在比固态烧结温度低得多的情况下获得致密的烧结体。根据烧结过程中液相出现的时间长短，液相烧结可分为瞬时液相烧结和长存液相烧结。

（3）活化烧结

活化烧结是采用化学或物理措施，使烧结温度降低、烧结过程加快的烧结工艺。活化烧结的常用方法主要有两种：一是依靠外界因素活化烧结过程，如在气氛中添加活化剂；二是提高粉末的活性，使烧结过程活化。

1）电火花烧结

电火花烧结是一种物理火花烧结方法，称为电火花压力烧结。电火花烧结原理如图6-16所示。通过一对电极板和上下模冲向模腔内粉末直接通入高频或中频交流和直流的叠加电流，使粉末产生火花放电。压模由石墨或其他导电材料制成。加热粉末靠火花放电产生的热和通过粉末与模冲的电流产生的焦耳热。粉末在高温下处于塑性状态,在模冲加压烧结与高频电流通过粉末形成的机械脉冲波的作用下,致密化过程在极短的时间(1~2 s)就可完成。电火花烧结主要用于生产高密度的零件和材料。

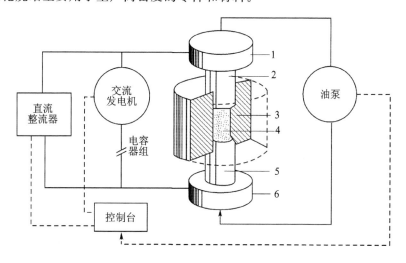

1、6—电极板;2、5—模板;3—模具;4—粉末

图 6 - 16　电火花烧结原理

2) 微波烧结

微波烧结是利用微波加热来对材料进行烧结,与传统的加热方式不同。传统的加热是依靠发热体将热能通过对流、传导或辐射方式传递至被加热物而使其达到某一温度,热量从外向内传递,烧结时间长,也很能得到细晶。而微波烧结则是利用微波具有的特殊波段与材料的基本细微结构耦合而产生热量,利用材料的介质损耗使其整体加热至烧结温度而实现致密化的方法。

材料对微波的吸收是通过与微波电场或磁场耦合,将微波能转化为热能来实现的。在烧结中,微波不仅仅是一种加热能源,微波烧结本身也是一种活化烧结过程。微波的存在降低了活化能,加快了材料的烧结进程,缩短了烧结时间。短时间烧结晶粒不易长大,易得到均匀的细晶粒显微结构,内部孔隙少,空隙形状比传统烧结的圆,因而具有更好的延展性和韧性。同时,烧结温度亦有不同程度的降低。

由于微波的体积加热,得以实现材料中大区域的零梯度均匀加热,使材料内部热应力减小,从而减少开裂、变形倾向。同时由于微波能被材料直接吸收而转化为热能,所以,能量利用率极高,比常规烧结节能 80% 左右。此外,微波烧结易于控制,且安全、无污染。

(4) 热压烧结

热压烧结是把粉末装在模腔内,在加压的同时使粉末加热到正常烧结温度或更低一些,经过较短时间烧结获得致密的制品的方法。热压可将压制和烧结两道工序一并完成,可以在较低压力下迅速获得冷压烧结所达不到的密度。热压是一种强化烧结,其最大的优点是可以大大降低成型和缩短烧结时间。原则上,凡是用一般方法制得的粉末零件,都适于用热压方法制造,尤其适于制造全致密难熔金属及其化合物等材料的零件。

热压烧结加热的方式分为电阻间接加热式、电阻直接加热式和感应加热式 3 种,如图 6 - 17 所示。电阻间接加热时,电流通过碳管发热,对模具和粉末坯体同时加热;电阻直接加热时,电流主要通过压模材料发热,使得与上下冲模和模腔接触的部位比其他部位温度高;采用感应加热时,由于粉末坯体中的涡流大小与坯体密度有关,因此在热压后期随着密度升高,电阻降低,涡流发热也减少,使温度不好控制。因此,热压模具设计时,除保证温度外,要特别注意温度分布的均匀性。

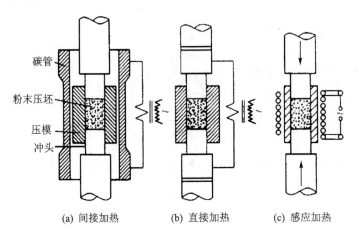

（a）间接加热　　　（b）直接加热　　　（c）感应加热

图6-17　热压加热方式

在粉末零件热压成型过程中,需要采取一定的措施来减少空气中氧的危害,其中真空热压技术是最好的选择。

（5）粉末锻造

粉末冶金锻造是指将压坯烧结成预成型件,然后在闭式模中锻造成零件的一种工艺方法,是粉末冶金与精密模锻相互结合的工艺,能生产出高密度、高强度的制品。粉末冶金锻造制品克服了普通粉末冶金零件抗冲击韧性差、不能承受高负荷的缺点,其性能指标较普通粉末冶金零件制品得到全面提高。

粉末锻造分冷锻和热锻两种。冷锻适用于塑性特别好的金属,其工艺过程与热锻无显著差别。热锻的基本过程是制备合格的粉末,冷压、烧结、精密热锻,然后热处理等,如图6-18所示。

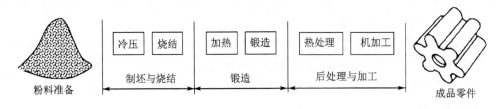

粉料准备　　制坯与烧结　　锻造　　后处理与加工　　成品零件

图6-18　粉末锻造工艺过程

4. 后处理

很多粉末冶金制品在烧结后即可直接使用,但有些制品还要进行必要的后处理。常用的方法之一是进行精压处理,它是将零件放入模具中并在高压下加压的工序。所使用的压力等于或大于最初的压制压力。精压可提高制件密度,使零件强度提高。对于齿轮、球面轴承、钨钼管材等烧结件,常采用滚轮或标准齿轮与烧结件对滚挤压的方法来进行后处理,以提高制件的尺寸精度、降低其表面粗糙度。

对不受冲击而要求硬度高的铁基粉末冶金零件可以进行淬火处理;对表面要求耐磨而心部又要求有足够韧性的铁基粉末冶金零件,可以进行表面淬火。

对于含油轴承,则需在烧结后进行浸油处理;对于不能用油润滑或在高速重载下工作的轴瓦,通常用烧结的铜合金在真空下浸渍聚四氟乙烯液,以制成摩擦系数小的金属塑料减摩件。

还有一种后处理方法称为熔渗处理,其将低熔点金属或合金渗入多孔烧结制件的孔隙中去,以增加烧结件的密度、强度、硬度、塑性或冲击韧性。

6.1.5　粉末冶金成型在工程装备中的应用

粉末冶金技术具有工艺成本低、材料利用率高的特点,能实现制造零件的近净成型或近终成型,特别适用于大批量生产,可用于取代某些零件的常规制造工艺,还能够实现提高产品性能、缩短周期、延长使用寿命、降低生产成本,因而在武器装备零件制造中得到广泛应用。

1. 枪弹中的应用

粉末冶金技术在枪械中的应用非常广泛。如 12.7 mm 口径 M85 机枪的快慢机、护筒、闭锁机、闩锁等 22 种零件,12.7 mm 口径 M2 机枪的计算尺、托架、枪栓等 12 种零件和 7.62 mm M60 机枪的撞针杆、送弹杆、前后瞄准器等 18 种零件都可由粉末冶金件制造。金属粉末注射成型枪械发射阻铁,为 4340 钢粉末冶金件,热处理后硬度达到 38～42 HRC,氧化发黑后可代替以前的精密铸件。M16 步枪激光瞄准系统的可调旋钮也采用黄铜、钢及不锈钢粉末冶金件。

粉末冶金技术在弹药中的应用有 20 mm、50 mm 弹的纯铁质粉末冶金旋转弹带、钨重金属粉末冶金动能穿甲弹芯、金属粉末注射成型穿甲弹尾翼、破甲弹药形罩、自动寻的导引头粉末冶金件等,其应用量非常大。

2. 坦克装甲车辆中的应用

在坦克装甲车辆方面,粉末冶金件的应用也越来越广泛。坦克发动机齿轮采用粉末冶金件,其性能完全合格,且成本可降低约 60%。军用车辆的差速器中,侧面齿轮、轴齿轮、配对齿轮采用粉末冶金件,其性能均很好,成本降低约 30%。坦克驱动系的正齿轮采用钢粉末冶金件。军用车辆的制动泵活塞,烧结的铁质粉末冶金件比以往的铝质产品在耐磨性、耐烧蚀性方面均占优势,显著提高产品寿命。

用粉末冶金技术制造的坦克驱动链上的与主驱动齿轮相匹配的正齿轮可替代锻钢件。制造中采用工业水雾化钢粉,在 414 MPa 压力下冷等静压制成预型坯,然后在 1 200 ℃氢气中烧结 1 h,再于 900 ℃下进行精密等温锻造,最终材料密度可达 99.5%理论密度,力学性能与锻钢件性能相当。

3. 航空发动机涡轮盘

采用热等静压技术将预合金化的高温合金粉末直接制造发动机整体涡轮盘件,不需要大型挤压、锻造设备,工序简化。采用热等静压过程计算机模拟技术可实现盘轴一体化等复杂盘形的近净成型。热等静压粉末涡轮盘各部位组织均匀、晶粒细小、无宏观偏析,盘件各部位性能无各向异性。

6.2 增材制造技术

增材制造或称快速成型，是一种根据计算机辅助设计（CAD）生成的零件几何信息，控制三维数控成型系统，通过一定的工艺将材料堆积而形成零件的方法，这种成型方法又称为 3D 打印。这种成型方法无须进行费时、耗资的模具设计和机械加工，极大地提高了生产效率和制造柔性。

目前已投入应用的增材制造方法主要有立体印刷成型（SLA）、选区激光烧结/熔化（SLS/SLM）、叠层实体制造（LOM）、熔融沉积成型（FDM）等。

6.2.1 立体印刷成型

1. 立体印刷成型原理

立体印刷成型（SLA）也称光造型或立体光刻，SLA 技术是基于液态光固化树脂的光聚合原理工作的。液态光固化树脂在一定波长和强度的紫外光的照射下能迅速发生光聚合反应，分子量急剧增大，材料也就从液态转变成固态。如图 6-19 所示，液槽中盛满液态光固化树脂，成型开始时，工作平台在液面下一个确定的深度，聚焦后的激光光点按计算机指令在液态表面上逐点扫描，光点打到的地方，液体就固化。当一层扫描完成后，被激光光点照射的地方就固化，未被照射的地方仍是液态树脂。接着升降台带动平台下降一层高度，已成型的层面上又布满一层树脂，刮平器将粘度较大的树脂液面刮平，然后再进行下二层的扫描，新固化的一层牢固地粘在前一层上。如此重复直到整个零件制造完毕，得到一个三维实体模型。

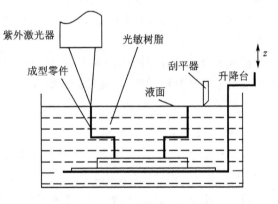

图 6-19　SLA 工艺原理示意图

SLA 方法是目前快速成型技术领域中研究得最多的方法，也是技术上最为成熟的方法。SLA 工艺成型的零件精度较高。多年的研究改进了截面扫描方式和树脂成型性能，使该工艺的加工精度能达到 0.1 mm。但这种方法也有自身的局限性，比如需要支撑、树脂收缩导致精度下降、光固化树脂有一定的毒性等。

2. 系统组成与工艺过程

（1）系统组成

立体印刷成型系统由激光器、X-Y 运动装置或激光偏转扫描器、光敏性液态聚合物、聚合物容器、控制软件和升降平台组成。

1）激光系统

激光固化的关键是能够快速、精确地将合适功率和波长的激光束进行聚焦并辐射液态树脂，使其固化为零件。激光系统是 SLA 设备的重要组成部分，主要包括激光器和扫描系统。SLA 常用的激光器类型有氦-镉（He-Cd）激光和氩（Ar）激光器，激光束扫描为数字控制。激光功率、扫描速度、聚焦点形状等因素共同影响工件的精度和质量。

2）液态树脂

液态树脂是能够被紫外光感光固化的光敏性聚合物，激光固化是小分子（单体）连接而生成大分子聚合物的聚合反应。光敏性聚合物的固化层厚度和速率与单位面积激光功率供给量直接相关。只有入射能量足够，才能使一定厚度的树脂层固化并与底层树脂相粘结。为保证液态树脂固化均匀，要求激光系统保证恒定功率扫描。

液态树脂在激光固化过程中，均会产生不同程度的收缩（为 5％～7％），在工件中引起变形和应力。为了保证工件的精度，需要选择固化收缩性小的树脂。通过控制激光束的辐射方式，也可以减少固化收缩变形。

3）信息处理与控制系统

信息处理与控制系统由计算机、通信接口、信息处理和控制软件组成。信息处理可将工件的 CAD 模型转换为 STL 文件格式。STL 文件（即三角形面片信息文件）是三维实体模型经过三角化处理之后得到的数据文件，它将实体表面离散化为大量的三角形面片，从而完成对三维实体模型的理想逼近，达到近似表述制件整体信息的目的。

在成型过程中，还需使用分层软件将 STL 文件转化为二维层片轮廓信息。分层软件可对由制作模块已经确定好大小、方向的三维制件 CAD 模型进行分层切片处理，生成加工必需的二维层片轮廓信息。工件各层的二维平面信息再进一步转换为扫描图形，传递给数字控制系统，用于控制激光束的扫描运动以及工作台的升降。

通过 STL 格式转换，简化了切片平面内成型件廓线的生成，但由于这种转换本身就是一种近似处理，因而同时也带来了转换中精度的损失。目前一个发展方向是直接利用三维 CAD 模型进行切片，从而提高成型件的制作精度，并减小快速成型的前处理时间。

（2）工艺过程

SLA 工艺过程包括模型设计、切片、数据准备、生成模型和后固化等。

1）模型设计

SLA 工艺的第一步是应用三维 CAD 系统建立工件的实体模型或表面模型，这些模型应具有完整的壁厚和内部几何数据描述。第二步是对工件的 CAD 模型定向，以便能在空间方便地构造工件。

完成工件模型设计后，还需要设计辅助的工件支撑结构，用于支持工件中外伸或悬垂的部分。选择模型合适的摆放方向和位置，可以减少支撑结构。

2）模型分层

分层是把工件的 STL 文件格式的几何模型分割为一定厚度（一般为 $50\sim200\ \mu m$）的平面层，获得每一薄层的平面图形及相关的网格数据的过程。分层过程就是计算分割平面与工件多面体表面之间的交线，即多边形轮廓线的过程。分层参数对工件的成型精度有较大影响，需要根据试验进行合理选择。

3）实体成型

实体成型前先要将支撑物制造好，然后进行工件成型。工件成型开始时，将升降平台置于树脂液面下，控制原型生成平台上有一定厚度（分层厚度）的光敏树脂。为了使液态树脂逐层进行固化成型，在各层固化时，激光束首先将边界固化，然后以某种运动方式固化边界内区域。一层固化完毕后，采用同样的方式对下层进行固化，直至成型结束。成型结束后的工件还需要进一步固化处理和进行必要的修整。

6.2.2 选区激光烧结/熔化(SLS/SLM)

1. 选区激光烧结/熔化原理

选区激光烧结(SLS)是利用粉末状材料成型的。如图6-20所示,成型时先在工作台上铺设一层材料粉末,用高强度的激光束在计算机控制下有选择地进行烧结(零件的空心部分不烧结,仍为粉末材料),被烧结的材料固化在一起构成零件实体部分的一个层面。当一层截面烧结完后,铺上新的一层材料粉末,选择地烧结下层截面,新的一层与下面已成型的部分烧结在一起。全部烧结完成后,去除多余的粉末,便得到烧结成的零件。

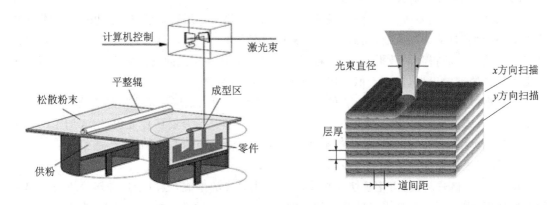

图6-20 SLS工艺原理示意图

SLS常采用的材料为尼龙、塑料、陶瓷和金属粉末。SLS工艺的特点是无须加支撑,未烧结的粉末起到了支撑的作用;材料适应面广,不仅能制造塑料零件,还能制造陶瓷等材料的零件,特别是可以制造金属零件。

SLS适用于形状复杂的单件生产,例如航空航天工业中的特种铸件,或者是在新产品试制时先做一两个铸件供进一步试验用。SLS法应用于铸造成型时,可以石蜡粉末为原料,直接制出石蜡原型,用熔模铸造方法制壳浇注铸件,或者用消失模铸造方法直接浇注铸件。

选区激光熔化(SLM)是在SLS基础上发展起来的增材制造技术,其基本原理与SLS类似。如图6-21所示,SLM技术需要使金属粉末完全熔化并形成熔池,类似于多道多层堆焊过程,可直接成型金属件。此类基于增材制件的组织结构均为凝固组织,也会出现熔合不良、气孔、夹杂、残余应力与变形、开裂等焊接中常见的缺陷。

SLM的热源也可采用电子束或电弧。

2. 系统组成与烧结工艺

(1) 系统组成

1) 激光器

用于固态粉体烧结的激光器主要有CO_2激光器和Nd:YAG激光器。金属或陶瓷粉体烧结通常选用Nd:YAG激光器,塑料粉体的烧结可选用CO_2激光器。在固态粉体SLS工艺中,激光功率和扫描速度决定了激光对粉体的加热温度和时间。如果激光功率低而扫描速度快,

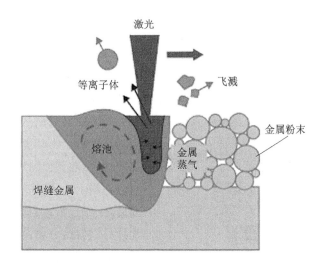

图 6 - 21　选区激光熔化(SLM)示意图

则粉体不能烧结,制造出的原型或零件强度低或根本不能成型。如果激光功率太高而扫描速度又很低,则会引起粉体汽化,不仅烧结密度不会增加,还会使烧结表面凹凸不平,影响颗粒之间、层与层之间的联结。

2)控制系统

SLS 控制系统主要由信息处理与执行机构组成。信息处理部分包括三维 CAD 建模及加工轨迹生成软件系统,执行机构根据加工轨迹信息由数控系统执行和控制加工过程。

(2)烧结工艺

1)金属粉体的烧结

SLS 金属粉体主要有单一成分金属粉末、金属混合粉末、金属粉末加有机物粉末等。

单一成分金属粉末烧结时,首先将金属粉末预热到一定温度,再用激光扫描、烧结。烧结好的制件经热等静压处理,其相对密度达到 99.9%。

金属混合粉末主要是两种金属的混合粉末,其中一种粉末具有较低的熔点,另一种粉末的熔点较高。烧结时,先将金属混合粉末预热到某一温度,再用激光束进行扫描,使低熔点的金属粉末熔化,从而将难熔的金属粉末粘结在一起。烧结好的制件再经液相烧结处理,制件的相对密度达到 82%。

金属粉末与有机物粉末混合体烧结时,激光束扫描后有机物粉末熔化,将金属粉末粘结在一起。烧结好的制件再经高温处理,去除制件中的有机粘结剂,提高制件的组织性能。

2)陶瓷粉体的烧结

陶瓷粉体的 SLS 成型需要在粉体中加入粘结剂,用粘结剂包裹陶瓷粉末。当烧结温度控制在粘结剂的软化点附近时,其线胀系数较小,进行激光烧结后再经过后处理,陶瓷粉体可成为完全致密的陶瓷制件。

3)塑料粉末的烧结

塑料粉末的 SLS 成型均为直接烧结,烧结好的制件一般不必进行后续处理。

6.2.3　叠层实体制造(LOM)

1. 叠层实体制造原理

叠层实体制造(LOM)采用的是薄片材料,如纸、塑料薄膜等,如图 6-22 所示。片材表面事先涂覆上一层热熔胶,成型时,热压辊热压片材,使之与下面已成型的工件粘接;用激光束在

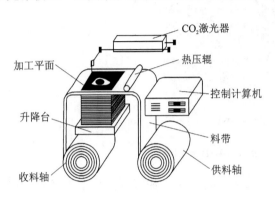

图 6-22　LOM 工艺原理示意图

刚粘接的新层上切割出零件截面轮廓和工件外框,并在截面轮廓与外框之间多余的区域内切割出上下对齐的网格。激光切割完成后,工作台带动已成型的工件下降,与带状片材(料带)分离;供料机构转动收料轴和供料轴,带动料带移动,使新层移到加工区域;工作台上升到加工平面;热压辊热压,工件的层数增加一层,高度增加一个料厚;再在新层上切割截面轮廓。如此反复直至零件的所有截面粘接、切割完,得到分层制造的实体零件。

LOM 工艺只需在片材上切割出零件截面的轮廓,而不用扫描整个截面,因此成型厚壁零件的速度较快,易于制造大型零件。工艺过程中不存在材料相变,因此不易引起翘曲变形,零件的精度较高,小于 0.15 mm。工件外框与截面轮廓之间的多余材料在加工中起到了支撑作用,所以 LOM 工艺无须加支撑。

2. 工艺过程

LOM 系统包括激光切割、箔带供给、层合压实和非实体剥离等主要部分。成型过程主要包括前处理、叠层实体制造和后处理 3 个主要阶段。

(1) 前处理

前处理就是应用分层软件将制件的 CAD 模型沿成型高度方向进行切片处理,提取截面的轮廓的过程。层间距的大小根据制件精度和生产率的要求选定,层间距愈小,精度愈高,但成型时间愈长。层间距范围一般为 0.05～0.5,常用值为 0.1 左右。层间距确定后,成型时每层叠加的材料厚度应与之相适应。

(2) 叠层过程

叠层制造时,首先要进行基底制作。基底的作用是连接制件与工作台,一般为 3～5 层。然后完成所有叠层的制作过程。

叠层制造的工艺参数主要有激光切割速度、加热辊温度和压力、切碎网格尺寸等。

(3) 后处理

叠层制件的后处理主要有修补、打磨、抛光和表面涂覆等,目的是保证制件的性能、精度等方面的要求。

6.2.4　熔融沉积成型(FDM)

1. 熔融沉积成型原理

熔融挤压沉积成型是将丝状热熔性材料(如蜡、ABS、尼龙等)加热熔化,通过带有微细喷嘴的喷头挤出的方法。喷头沿零件截面轮廓和填充轨迹运动,材料沉积到指定层面凝固,并与前一层材料熔接,如图 6-23 所示。一个层面沉积完成后,工作台按预定的增量下降一个层面高度,继续沉积,直至完成整个实体成型。

熔融挤压沉积成型采用喷头内安装的电阻式加热器将热塑性材料加热成液态,并根据片层参数控制加热喷头沿断面层扫描,同时挤压并控制液体流量,使粘稠液体均匀地沉积在断层面上。其关键部件为具有两个喷嘴的喷头,其中一个喷嘴用于挤出成型材料,另一个用于挤出支撑材料。

熔融挤压沉积成型工艺不用激光器件,因此使用、维护简单,成本较低。用蜡成型的零件原型,可以直接用于失蜡铸造。用 ABS 制造的原型因具有较高强度而在产品设计、测试与评估等方面得到广泛应

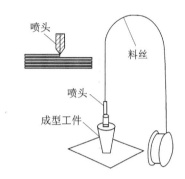

图 6-23　熔融挤压沉积成型示意图

用。由于以 FDM 工艺为代表的熔融材料堆积成型工艺具有一些显著优点,该类工艺发展极为迅速。

2. 工艺因素

(1) 材料要求

熔融挤压沉积成型对成型材料的要求是熔融温度低、粘度低、粘结性好、收缩率小。对支撑材料的要求是能够承受一定的高温、与成型材料不浸润、具有水溶性或者酸溶性、具有较低的熔融温度、流动性要特别好等。

(2) 挤出速度与扫描速度

在熔融挤压沉积成型工艺过程中,熔融材料的挤出速度必须与喷头扫描速度相匹配,才能使从喷头挤出的熔丝在直径和沉积材料表面质量上保持均匀一致。由于液态材料的粘弹性性质,会出现挤出启停与扫描启停的不同步现象,因此,应尽量减少启停次数,以改善成型质量。

(3) 温度控制

温度影响材料的粘结性能和堆积精度。喷嘴出口温度决定了材料在成型时的粘度,成型室环境温度和对流换热条件则对当前工作层的粘度和表面质量有较大影响。为提高成型质量和精度,防止出现零件翘曲、层间剥离等问题,需要完善的温度控制系统,使成型过程中喷嘴出口温度和成型室环境温度处于允许范围内,且相互能够较好地匹配。

6.2.5　喷墨印刷

喷墨印刷(Ink-Jet Printing)是指将固体材料熔融,采用喷墨打印原理(汽泡法和晶体振荡法)将其有序地喷出,一个层面又一个层面地堆积建造而形成一个三维实体的工艺,如图 6-24 所示。

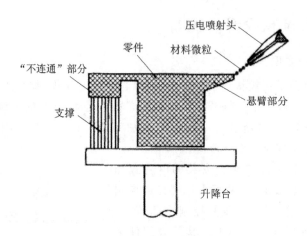

图6-24 喷墨印刷原理

喷墨印刷成型采用的原材料一般为热塑性塑料。

6.2.6 焊接成型

焊接成型是指采用逐层堆焊的方法制造全由焊缝金属组成的零部件的工艺。焊接成型中多采用实芯焊丝或药芯焊丝,可制造大尺寸构件。例如,基于三维焊接成型的方法,利用焊接机器人连续堆焊金属制造零件,如图6-25所示。焊接成型的金属利用率高,只需少量的机械加工。与整体铸锻件制造相比,生产柔性大大提高,可有效降低成本。

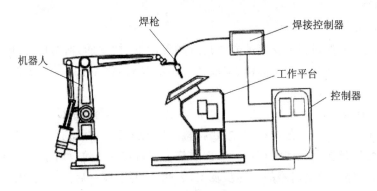

图6-25 焊接机器人系统

6.3 定向凝固与单晶生长

定向凝固技术是利用合金凝固时晶粒沿着与热流方向相反的方向生长的原理,控制热流方向,使合金液沿着最有利的方向凝固,从而获得具有一束平行排列的柱状晶的定向凝固铸件的工艺。单晶技术是定向柱晶技术的进一步发展。定向凝固技术由于能得到一些具有特殊取向的组织和优异性能的材料,可显著提高铸件的性能。

6.3.1　定向凝固技术

1. 定向凝固方法

(1) 发热铸型法

发热铸型法是将熔化好的金属液浇入一侧壁绝热、底部冷却、顶部覆盖发热剂的铸型中，在金属液和已凝固金属中建立起一个自上而下的温度梯度，使铸件自上而下进行凝固，实现单向凝固，如图6-26所示。这种方法由于所能获得的温度梯度不大，并且很难控制，致使凝固组织粗大，铸件性能差，因此，该法不适于大型、优质铸件的生产。但其工艺简单、成本低，可用于制造小批量零件。

(2) 功率降低法

将保温炉的加热器分成几组，保温炉是分段加热的。当熔融的金属液置于保温炉内后，在从底部对铸件冷却的同时，自下而上顺序关闭加热器，金属则自下而上逐渐凝固，从而在铸件中实现定向凝固，如图6-27所示。通过选择合适的加热器件，可以获得较大的冷却速度。但是在凝固过程中温度梯度是逐渐减小的，致使所能允许获得的柱状晶区较短，且组织也不够理想，加之设备相对复杂，且能耗大，限制了该方法的应用。

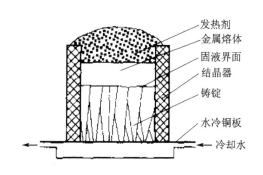

图6-26　发热铸型法

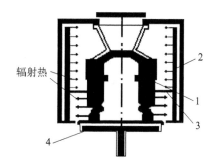

1—型壳；2—铸型加热器；
3—隔热挡饭；4—水冷结晶器

图6-27　功率降低法

(3) 快速凝固法

为了进一步提高冷却速度，在有关晶体生长技术的基础上发展了一种新的定向凝固技术，即快速凝固法。如图6-28所示，将底部开口的型壳放在水冷铜结晶器上，送入定向炉内的感应加热器中，加热到预定温度后，浇入合金液，然后以预定的速度徐徐下移，通过隔热挡板，离开加热器。由于隔热挡板上下具有纵向温度梯度(一般为30~60 ℃/cm)，因此在型壳下移过程中可实现定向凝固。合金结晶热除了靠水冷结晶器散失外，还靠在挡板以下铸型部分辐射导热散失。铸件凝固过程中炉子保持加热状态，避免了炉膛的影响，且利用空气冷却，因而获得了较高的温度梯度和冷却速度，所获得的柱状晶间距较长，组织细密挺直，且较均匀，使铸件的性能得以提高。该工艺广泛应用于制造航空发动机涡轮叶片及其他零件，配置选晶器可用于铸造单晶叶片。

(4) 液态金属冷却法

快速凝固法是由辐射换热来冷却的，所能获得的温度梯度和冷却速度都很有限。为了获得更高的温度梯度和生长速度,在快速凝固法的基础上,将抽拉出的铸件部分浸入具有高导热系数的高沸点、低熔点、热容量大的液态金属中,如图 6-29 所示,形成了一种新的定向凝固技术,即液态金属冷却法。这种方法提高了铸件的冷却速度和固液界面的温度梯度,而且在较大的生长速度范围内可使界面前沿的温度梯度保持稳定,结晶在相对稳态下进行,能得到比较长的单向柱晶。

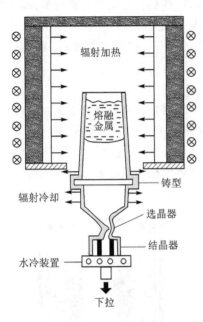

图 6-28 铸型移动法

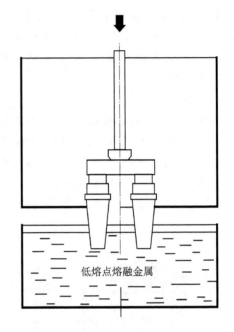

图 6-29 液态金属冷却法

常用的液态金属有 Ga-In 合金和 Ga-In-Sn 合金,以及 Sn 液,前二者熔点低,但价格昂贵,因此只适于在实验室条件下使用。Sn 液熔点稍高(232 ℃),但由于价格相对比较便宜,冷却效果也比较好,因而适于工业应用。该方法已被美国、苏联等国用于航空发动机叶片的生产。

2. 定向凝固技术的应用

普通铸造获得的是大量的等轴晶,如图 6-30(a)所示,等轴晶粒的长度和宽度大致相等,其纵向晶界与横向晶界的数量也大致相同。对高温合金涡轮叶片的事故进行分析可发现,涡轮高速旋转时叶片受到的离心力使得横向晶界比纵向晶界更容易开裂。应用定向凝固方法,可得到单方向生长的柱状晶,如图 6-30(b)所示,甚至单晶,如图 6-30(c)、(d)所示,不产生横向晶界,较大地提高了材料的单向力学性能。应用单晶铸造获得的单晶叶片可显著提高现代航空发动机的性能。

对于磁性材料,应用定向凝固技术,可使柱状晶排列方向与磁化方向一致,大大改善了材料的磁性能。定向凝固技术还广泛用于自生复合材料的生产制造,用定向凝固方法得到的自生复合材料消除了其他复合材料制备过程中增强相与基体间界面的影响,使复合材料的性能大大提高。

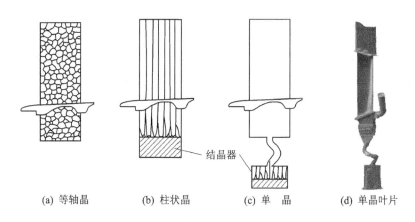

(a) 等轴晶　　　(b) 柱状晶　　　(c) 单　晶　　　(d) 单晶叶片

图 6-30　三种铸造高温合金涡轮叶片及显微组织

6.3.2　单晶体的制备

单晶体就是由一个晶粒组成的晶体。单晶制备就是使液体凝固时只存在一个晶核,由它生长成可供使用的单晶材料或零件。有时还要求它按一定的晶向生长成为一个定向单晶。晶核可以是事先制备好的籽晶,也可直接在液体中形成。在单晶制备的过程中,要严格防止另外形核。

高速凝固法也可以用于单晶的制备。此外还有垂直提拉法、尖端形核法等单晶制备的方法,如图 6-31 所示。

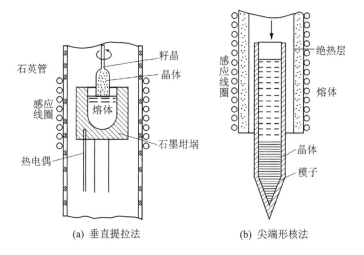

(a) 垂直提拉法　　　　(b) 尖端形核法

图 6-31　单晶制备原理图

1. 垂直提拉法

垂直提拉法是制备大单晶的主要方法,其操作原理如图 6-31(a)所示。先将坩埚中原料加热熔化,并使其温度保持在稍高于材料的熔点之上。将籽晶夹在籽晶杆上,如欲使单晶按某一晶向生长,则籽晶的夹持方向应使籽晶中某一晶向与籽晶杆轴向平行,然后将籽晶杆下降使籽晶与液面接触,接着缓慢降低温度,同时使籽晶杆一边旋转,一边向上提拉,这样液体就以籽晶为晶核不断结晶生长而形成单晶。

2. 尖端形核法

尖端形核法与垂直提拉法的区别是不使用外来籽晶，而是利用容器的特殊形状形成一个晶核。其操作原理如图 6-31(b)所示。将原料放入一个尖底的圆柱形坩埚中加热熔化，然后让坩埚温度缓慢降至冷却区，底部尖端的液体首先达到过冷状态开始形核。恰当地控制各种因素就可能只形成一个晶核。随着坩埚的继续缓慢下降晶体不断生长而获得单晶。

6.4　半固态成型技术

研究发现，处于固-液相区间的合金经过连续搅拌后呈现出低的表观粘度，此时在结晶过程中形成的树枝晶被粒状晶代替。这种颗粒状非枝晶的显微组织，在固相率达 0.5～0.6 时仍具有一定的流变性。这种半固态金属浆料在很小的力作用下就可以充填复杂的型腔，可利用常规压铸、挤压、模锻等工艺实现金属的成型。由此开发出一种新的金属成型技术——半固态金属成型技术。

6.4.1　半固态金属坯料制备

在普通铸造过程中，初晶以枝晶方式长大，当固相率达到 0.2 左右时，枝晶就形成连续网络骨架，失去宏观流动性。如果在液态金属从液相到固相冷却过程中进行强烈搅拌，则普通铸造成型时易于形成的树枝晶网络骨架被打碎而保留分散的颗粒状组织形态悬浮于剩余液相中。根据这一现象发展了多种半固态合金的制备方法。

1. 机械搅拌法

机械搅拌是制备半固态合金最早使用的方法。该方法采用一套由同心带齿内外筒组成的搅拌装置（外筒旋转，内筒静止），成功制备了锡-铅合金半固态浆液；采用搅拌器可制备铝-铜合金、锌-铝合金和铝-硅合金半固态浆液。后人又对搅拌器进行了改进，采用螺旋式搅拌器制备某些合金的半固态浆液。通过改进，改善了浆液的搅拌效果，强化了型内金属液的整体流动强度，并使金属液产生向下压力，促进浇注，提高了铸锭的力学性能。

图 6-32 所示为机械搅拌式半固态金属制造装置。

2. 电磁搅拌法

电磁搅拌是利用旋转电磁场在金属液中产生感应电流，金属液在洛伦兹力的作用下产生运动，从而达到对金属液搅拌目的的方法。目前，主要有两种方法产生旋转磁场：一种是在感应线圈内通交变电流的传统方法；另一种是旋转永磁体法，其优点是电磁感应器由高性能的永磁材料组成，其内部产生的磁场强度高，通过改变永磁体的排列方式，可使金属液产生明显的三维流动，提高了搅拌效果，减少了搅拌时的气体卷入。

图 6-33 所示为制造铝基复合材料用电磁搅拌装置。

3. 应变诱发熔化激活法

应变诱发熔化激活法将常规铸锭经过预变形，如进行挤压，滚压等热加工，制成半成品棒料，这时的显微组织具有强烈的拉长形变结构，当加热到固液两相区等温一定时间，被拉长的晶粒变成了细小的颗粒，随后快速冷却获得非枝晶组织铸锭。

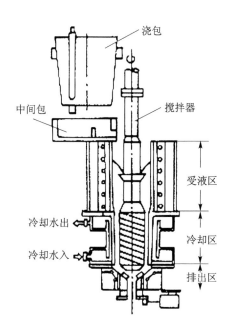

图 6-32　机械搅拌式半固态
金属制造装置

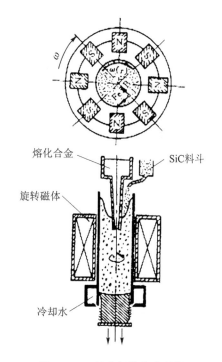

图 6-33　制造铝基复合材料
用电磁搅拌装置

应变诱发熔化激活法的工艺效果主要取决于较低温度的热加工和重熔两个阶段,或者在两者之间再加一个冷加工阶段,工艺就更易控制。应变诱发熔化激活法适用于各种高、低熔点的合金系列,尤其对制备较高熔点的非枝晶合金具有独特的优越性,已成功应用于不锈钢、工具钢和铜合金、铝合金系列,获得了晶粒尺寸 $20\ \mu m$ 左右的非枝晶组织合金,正成为一种有竞争力的制备半固态成型原材料的方法。但是,它的最大缺点是制备的坯料尺寸较小。

6.4.2　成型方法

半固态合金成型方法很多,主要有以下几种。

1. 流变铸造

将金属液从液相到固相冷却过程中进行强烈搅动,在一定固相分数下,直接将所得到的半固态金属浆液压铸或挤压成型,如图 6-34 所示。如将采用电磁搅拌方法制备的半固态合金浆液直接送入压铸机射室中成型。该方法生产的铝合金铸件的力学性能较挤压铸件高,与半固态触变铸件的性能相当。存在的问题是半固态金属浆液的保存和输送难度较大,故实际投入应用的不多。

2. 触变铸造

触变铸造是将已制备的非枝晶组织锭坯重新加热到固液两相区达到适宜粘度后,进行压铸或挤压成型的工艺,如图 6-35 所示。该方法对坯料的加热、输送易于实现自动化,故是当今半固态铸造的主要工艺方法。

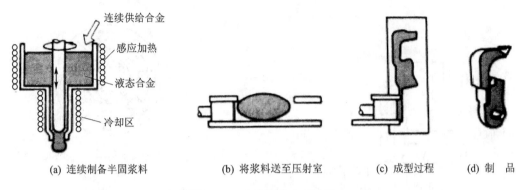

(a) 连续制备半固浆料　　　(b) 将浆料送至压射室　　(c) 成型过程　　(d) 制 品

图 6 - 34　流变铸造工艺流程

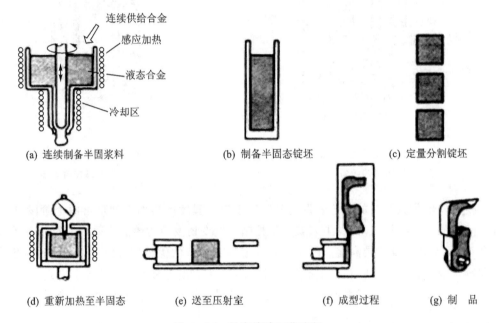

(a) 连续制备半固浆料　　　　(b) 制备半固态锭坯　　　　(c) 定量分割锭坯

(d) 重新加热至半固态　　(e) 送至压射室　　(f) 成型过程　　(g) 制 品

图 6 - 35　触变铸造工艺流程

3. 注射成型

注射成型(injection molding)是指直接把熔化的金属液冷却至适宜的温度,并辅以一定的工艺条件压射入型腔成型的工艺。例如,采用该方法可进行镁合金的半固态铸造,即将半固态浆液从料管加入,经适当冷却后压射入型腔,如图 6 - 36 所示。

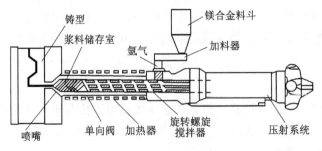

图 6 - 36　注射成型示意图

6.4.3　半固态成型技术的应用

半固态金属成型工艺被认为是 21 世纪最具发展前途的近净成型和新材料制备技术之一。对于各种合金,只要有固、液相同时存在的凝固区间,都可以进行半固态金属成型加工,已经对铝、镁、锌、铜合金及钢、铸铁、镍基超耐热合金、复合材料进行过许多试验研究。目前应用的合金还是直接取自现有的铸造或锻造合金系列,例如铝合金为 3000 系列铝硅铸造合金及 2000、7000 系列锻造合金。

流变铸造法可用于制造复合材料坦克零件的主要工艺。除军事装备上的应用外,半固态成型主要用于汽车零件的生产,例如,用于汽车轮毂,可提高其性能,减轻质量,降低废品率。此后,半固态成型也逐渐在其他领域获得应用,生产高性能和近净成型的部件。

6.5　高能率成型

高能率成型又称脉冲成型或高速成型,是一种在极短的时间内释放出较大的能量而使金属变形的成型方法。高能率成型首先需要一个大功率的能源。现用的第一类能源是化学能,如炸药、火药、爆炸气体;第二类能源是电能,有电液效应和电磁效应两种方式;第三类能源是高压气体。目前最常用的是炸药、电液效应和电磁效应,相应的成型方法称为爆炸成型、电液成型和电磁成型。

6.5.1　爆炸成型

爆炸成型利用炸药的化学能作为能源,其成型原理如图 6 - 37 所示。炸药由雷管引爆后,在几十万分之一秒内完全转化为高温高压气团(爆心处产生 3 000 ℃ 以上的高温和 1 MPa 以上的压力),猛烈推动周围的介质,在介质中引起强压缩的冲击波。冲击被传到毛料表面时,其将能量传给毛料,转化成毛料的动能,使毛料中部以很高的速度向模腔运动,并带动压边圈下的材料绕过凹模圆角流入模腔。随后,炸药变成的高温高压气团急剧膨胀、推动介质迅速运动,产生很大的介质流动压,使毛料受到二次加载,再次得到加速,进一步促进零件成型。

爆炸成型中毛料以很高的速度向模腔运动,模腔内的空气来不及排出,引爆前必须抽成所需的真空度,因此还需解决模腔的密封问题。

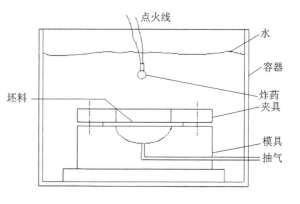

图 6 - 37　爆炸成型原理

生产中,常用 TNT 炸药以水为介质在水井中进行爆炸成型。其主要的工艺参数是药形、药量和药位,需根据具体零件、参照已有的经验、通过试验来确定。

爆炸成型的优点是设备简单,不需要任何机床,只要一个凹模,可获得尺寸精度很高的零件;能加工一些常规方法不易加工的材料。但是它也有缺点,诸如炸药加工、药包制造、模具和毛料的安装拆卸等方面的机械化程度较低,劳动生产率低,多为室外操作,劳动条件差。因此,爆炸成型不能完全取代常规成型工艺,只能作为一种补充,适于生产小批量的零件。

6.5.2　电液成型

电液成型是以瞬时放电使金属板料或管子成型的一种工艺方法。成型速度与爆炸成型相似,此法适用于成批生产较小的零件。

电液成型的原理如图6-38所示,工件、模具和电极均浸入液体中。接通电源后,交流电通过变压器升压,再经高压整流器整流并向电容器组充电。当电容器上电压上升到所需值后,辅助间隙被点燃,高电压瞬时加到两放电电极所形成的主放电间隙,并使主间隙击穿。若间隙选择适当,整个放电过程在几至几十微秒内就能完成。几万焦耳的能量在几十万分之一秒内在主间隙上释放出来,在介质中造成很强的冲击波。然后水流动压作用在毛料上,使毛料高速成型,其过程和爆炸成型相似。

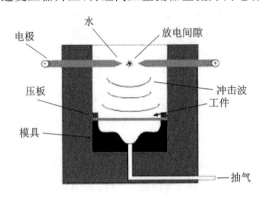

图6-38　电液成型原理

液体介质一般都用清水。电液成型只需一个凹模,凹模常用的材料有碳钢结构钢、铸铁、锌铝合金、塑料、水泥等。

电液成型适合用平板毛料制造带局部压印、加强筋条、孔和各种翻边的复杂零件成型。尤其是用管形毛料制造带环形槽或纵向加强筋、压印、不规则形状孔和翻边的成型件。

电液成型的变形速度很高,可以压制高强度耐热合金和各种特种材料,如钼、铌、钨、镍、钛及铍合金。贴模精度可达0.02~0.05 mm。与爆炸成型相比,电液成型操作安全,能量容易控制,容易实现机械化,但所需设备要复杂得多。

6.5.3　电磁成型

电磁成型装置与电液成型装置相比较,充电部分相同,而放电部分不同。电磁成型利用电磁效应将电能变成机械能。

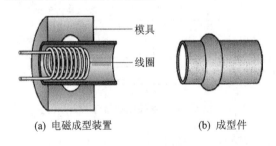

(a) 电磁成型装置　　(b) 成型件

图6-39　电磁成型原理图

图6-39是电磁成型原理图。电容器上储存有上万焦耳的电能,开关闭合瞬间,一个强脉冲电流通入线圈,在它周围有一个迅速增强的磁场。如有一管状导体毛料放在线圈内,线圈变动磁场会在毛料内引起感应电流,其方向与线圈电流方向相反。此两磁场方向相反,互相排斥,使线圈与毛料之间产生互相排斥力,利用此斥力可成型零件。

电磁成型的加工能力决定于充电电压与电容器的电容量。常用的充电电压为5~10 kV,而充电能量介于5~20 kJ之间。

电磁成型可用来完成冲孔、拉深、翻边、局部成型、压印、收边和扩口等工序。电磁成型除具有高能成型的一般特点外,还可在惰性气体或真空中对毛料进行加工,能量和磁压力能精确控制,其设备复杂,但操作简单。目前电磁成型主要用于加工厚度不大的小型零件。

6.6　超塑成型

6.6.1　材料的超塑性

从 20 世纪 60 年代起,各国学者在超塑性材料学、力学、机理、成型学等方面进行了大量的研究并初步形成了比较完整的理论体系。超塑性既是一门科学,又是一种工艺技术。利用材料的超塑性可以在小吨位设备上实现形状复杂、其他塑性加工工艺难以或不能进行的零件的精密成型。

20 世纪 70 年代起人们开始开发工业合金的超塑性。基于材料超塑性的组织条件,在超塑性变形或成型前要对材料进行细化晶粒的预处理,包括热处理和形变热处理,有些处理工艺相当繁杂,消耗了能源、人力和材料。在研究中发现,许多工业合金在供货态条件下,虽然不能完全满足均匀等轴细晶的组织条件,但是也具有良好的超塑性(Ti-6Al-4V 就是其中的一个典型)。这样不用或少用细化处理工艺,可以大大提高超塑性技术的经济性。然而,供货态工业合金往往不能完全满足超塑性材料的组织条件,或是晶粒较粗大,或是不等轴、分布不均匀,因此其在超塑性变形中会产生一系列的问题(例如变形不均匀、各向异性等)。这样,研究非理想超塑性材料的超塑性变形特征,掌握缺陷形成的机理并通过控制变形参数抑制缺陷的产生,用低成本的材料超塑性成型出高质量的零件,形成了一个重要的研究方向。

6.6.2　材料的超塑成型

1. 超塑性气胀成型

超塑性气胀成型用气体的压力使板坯料(也有管坯料或其他形状坯料)成型为壳形件,如仪表壳、抛物面天线、球型容器、美术浮雕等。气胀成型又包括了凹模和凸模两种方式,分别由图 6-40 和图 6-41 表示。凹模成型法的特点是简单易行,但是其零件的先贴模和最后贴模部分具有较大的壁厚差。凸模成型方式可以得到均匀壁厚的壳形件,尤其对于形状复杂的零件更具有优越性。超塑成型的零件在航空、航天、火车、汽车、建筑等行业都得到应用。

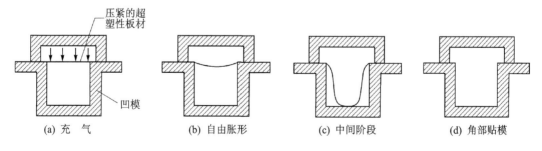

图 6-40　凹模超塑成型示意图

超塑性气胀成型与扩散连接的复合工艺(SPF/DB)在航空工业上的应用取得重要进展,特别是钛合金飞机结构件的 SPF/DB 成型提高了飞机的结构强度,减小了飞机质量,对航空工业的发展起到重要作用。

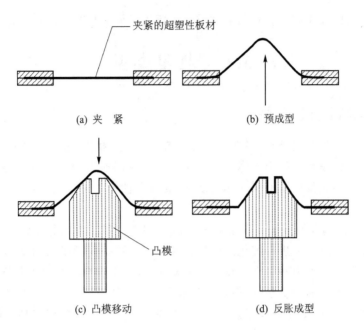

夹紧的超塑性板材

(a) 夹 紧　　　　　　　　　　(b) 预成型

凸模

(c) 凸模移动　　　　　　　　(d) 反胀成型

图6-41　凸模超塑成型示意图

2. 超塑性体积成型

超塑性体积成型包括不同的方式(例如模锻、挤压等),主要是利用了材料在超塑性条件下流变抗力低、流动性好等特点。一般情况下,超塑性体积成型中模具与成型件处于相同的温度,因此它也属于等温成型的范畴,只是超塑性成型中对于材料、应变速率及温度有更严格的要求。俄罗斯超塑性研究所首创的回转等温超塑性成型的工艺和设备在成型某些轴对称零件时具有其他工艺不可比拟的优越性。这种方法利用自由运动的辊压轮对坯料施加载荷使其变形,使整体变形变为局部变形,降低了载荷,扩大了超塑性工艺的应用范围。他们采用这样的方法成型出了钛合金、镍基高温合金的大型盘件以及汽车轮毂等用其他工艺难于成型的零件。

超塑性等温锻造对温度和速率的要求比一般意义的等温锻造更加严格,而且坯料的显微组织应基本属于超塑性类型。然而二者之间没有截然的区别,有些等温锻造过程中坯料在变形到一定程度之后,一方面组织实现了等轴细晶化,另一方面等温锻造一般随着变形的进行速率会逐渐降低。因此这些等温锻造中有一个从一般的塑性成型过渡到超塑性成型的过程。这有助于提高成型件精度和质量,但又无须对材料进行繁杂的预处理,比典型的超塑性等温锻造成本要低;同时由于等温锻造的前一阶段采取了比较高的变形速率,还可以提高整个成型过程的效率,因此这是一种值得倡导的成型方式。

6.6.3　超塑成型/扩散连接

某些材料(如钛合金)超塑性成型所要求的工艺条件与扩散连接(DB)相近,在结构件制造过程中把两种工艺组合在一起,这种在超塑性成型的同时完成扩散连接,以生产所要求的整体结构的复合工艺称为超塑成型/扩散连接(或称SPF/DB)。下面主要介绍钛合金超塑成型/扩散连接工艺及应用。

1. 钛合金超塑成型/扩散连接工艺

钛合金超塑成型/扩散连接工艺按 SPF 和 DB 的顺序可分为：

① 先 DB 后 SPF。这种方法的优点是模具结构简单，可用模腔充气加压或模具直接加压。但在不连接部分先涂上隔离剂，增加了工序数，还由于涂层厚度不均、位置不准会使结构件外表面产生沟槽。

② 先 SPF 后 DB。此法可以不需涂隔离剂，可用气囊充气加压或加垫板加压。但模具结构复杂，扩散连接面保护困难，影响连接强度。

③ SPF 和 DB 同时进行。该法具有以上二者的特点，并能提高生产效率，但工艺复杂，模具结构也复杂。

2. 工艺参数

（1）温　度

钛合金的扩散焊接温度范围较广，通常在 870~1 280 ℃，在此范围内，只要压力和时间合适，都能得到较好的焊接质量。但实际使用温度应考虑结构件的组织特性，若仍要获得等轴细晶的组织，则使用温度应小于钛合金的相转变温度。对 Ti-6Al-4V 来说，相变温度为 940~950 ℃，SPF/DB 比较理想的温度范围是 870~940 ℃，虽然高于此温度范围也能获得较好的强度和连接面，但晶粒明显增大或获得粗大的魏氏组织。

（2）压　力

扩散焊接压力往往高于超塑成型压力。提高扩散焊接压力能够显著地缩短连接，从而减轻材料晶粒的长大程度，有利于塑性成型。但压力不宜过高，否则对模具、设备和构件变形均有不利影响。对于钛合金而言，扩散焊接压力为 0.5~3 MPa 均能获得良好的连接强度。

（3）时　间

扩散焊接要获得良好的连接质量，必须有一定的时间过程，以保证扩散、蠕变和再结晶能充分进行。而时间的长短取决于温度与压力，一般而言，温度高、压力大，时间可以缩短。

对 Ti-6Al-4V 来说，时间一般不超过 3~4 h。若温度、压力较低，时间可以增加到 4~6 h。例如蜂窝结构夹层板的 SPF/DB 成型，压力很低，约 0.01 MPa，温度为 880~920 ℃，这时必须适当延长时间才能获得良好的连接。

3. 工艺过程

① 原材料和毛坯的制备主要包括原材料的检验、下料、表面清洗、涂止焊剂、焊封口袋、制进气口、充氩气检验等。

② 成型前准备包括模具检验、涂脱模剂、毛坯安装、置入电炉等。

③ 超塑成型/扩散焊接的主要程序有抽真空或充氩气、加热模具、加压扩散焊、超塑成型、卸载出炉、清洗检验等。

④ 结构整体检验按质量要求进行，合格后用于装配。

4. 钛合金超塑成型/扩散连接结构的应用

传统的飞机结构件通常由几个或几十个甚至几百个零件组成，制造周期长，手工劳动量大，成本高。为了简化零件制造过程和构件的装配过程，缩短制造周期、减少手工劳动量和降低成本，目前发展了许多新结构、新材料和新工艺，例如，整体壁板、蜂窝结构、复合材料与钛合金、数控加工、超塑成型等。超塑成型/扩散连接方法能制造出优良的整体结构件，在飞机结构制造中显示出很大的优越性。也可采用 SPF/DB 方法生产发动机的定子和转子上的涡轮叶片。

钛合金超塑成型/扩散连接结构主要有单层、双层、多层板三种基本形式，如图 6‐42 所示，常用做飞机壁板、翼面等。

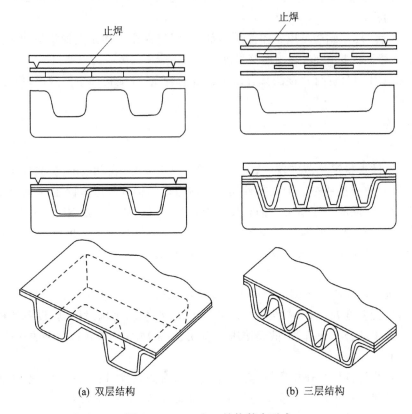

(a) 双层结构　　　　　　　　　　(b) 三层结构

图 6‐42　SPF/DB 结构基本形式

采用 SPF/DB 整体结构件最显著的优点是在满足设计要求下，质量轻，刚性大，成本低，周期短。与传统工艺方法相比，其可使结构质量降低 30%，成本降低 40%～50%。这对飞行器的设计和制造来说，是重要的指标。

6.7　微成型与连接技术

随着高技术产品的发展，特别是基于微米、纳米、微机电系统技术的微小型器件的应用，微型零件与结构的制造以及微/纳米尺度成型加工技术具有重要作用。微成型加工技术主要是基于半导体集成电路微加工工艺而发展起来的，现已开发多种成型方法。这里主要介绍有关微结构成型、微连接及微尺度加工等微成型加工技术及应用。

6.7.1　微成型加工

1. 光刻加工

光刻加工是对薄膜表面及金属板表面进行精密、微小和复杂图形加工的技术，用它制造的零件有刻线尺、微电机转子、电路印刷板、细孔金属网板和摄像管的帘栅网等。其主要工艺过程如图 6-43 所示。它利用光致抗蚀剂化学反应特点,在紫外线或激光照射下,将照相制版(掩膜板)上的图形精确地印制在涂有光致抗蚀剂的工件表面,再利用光致抗蚀剂的耐腐蚀特性,对工件表面进行腐蚀,从而获得极为复杂的精细图形,是半导体工业的一项极为主要的制造技术。

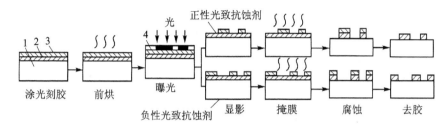

1—衬底(Si);2—光刻薄膜(SiO₂);3—光致抗蚀剂;4—掩膜板

图 6-43 半导体光刻的主要工艺过程示意图

2. LIGA 技术

为了克服用光刻法制作的零件厚度过薄的不足,20 世纪 90 年代发展了 LIGA 法(X 射线刻蚀电铸模法),LIGA 是德文的照相制掩膜、电铸制模和注射成型三个词的缩写(LIthograhic Galvanofornung Abformung)。LIGA 工艺包括下列 3 个主要工序:

① 把从同步加速器放射出的具有短波长和很高平行性的 X 射线作为曝光光源,在光致抗蚀剂上生成曝光图形的三维实体。

② 用曝光蚀刻的图形实体做电铸的模具,生成铸型。

③ 以生成的铸型作为注射成型的模具,即能加工出所需的微型零件。

LIGA 法的制作过程如图 6-44 所示。

由于 X 射线的平行性很高,因此微细图形的感光聚焦深度远大于光刻法,因而蚀刻的图形厚度较

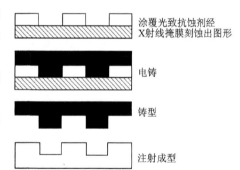

涂覆光致抗蚀剂经
X 射线掩膜刻蚀出图形

电铸

铸型

注射成型

图 6-44 LIGA 法制作过程示意图

大,使制出的零件有较大的实用性。且 X 射线的波长极短小于 1 nm,可得到卓越的解像性能,使断面的粗糙度通常为 Ra 0.02~0.03 μm,最小能达 Ra 0.01 μm。用此法除可制造树脂类零件外,也可在精密成型的树脂零件基础上再电铸得到金属或陶瓷材料的零件。例如应用 LIGA 法制作直径为 130 μm、厚度为 150 μm 的微型涡轮;制作厚度为 150 μm、焦距为 500 μm 的柱面微型透镜,并可获得非常光滑的表面。

3. 微结构的快速成型

采用快速成型技术可直接制造多材料、形状复杂的微结构和器件。其原理是利用等离子放电来加热金属丝材料,熔化的材料熔积到工件逐渐成型。制作一个多种材料的工件时,需要多个喷头,各喷头可分别喷出不同的材料。

应用 CAD 技术可以设计出一个完整的器件,器件中的零件由不同材料组成,分层后的材料信息将在每个层面中体现出来。在每一层面上,根据各部分所需要的材料要求,分别喷上所

需材料，这样逐层制造就可成形出一个多种材料和部件的三位实体器件。这种技术可在一些小型复杂结构器件的一次整体制造中使用，而无须分件加工和装配，是一个材料与结构一体化的方法。

4．微变形加工

微变形是对极薄（厚度为几微米）或极细（丝径为几微米）的材料进行弯曲、冲压、拉拔等加工。在微变形的情况下，晶粒的大小会影响变形阻力。在进行1 mm以下的微细突起的成型或是窄孔的拉拔时，金属学的影响（结晶异向性、晶粒界间的影响）在材料的变形过程中表现是很明显的。即使在同样的应力场中，由于结晶轴的方向不同，变形发生的方向也不同，故在成型突起的位置会出现剧烈的凸凹不平，在窄孔拉拔时会使孔的形状精度降低，在弯曲加工时往往造成不均匀的弯曲。

晶粒大小对尺寸范围的影响，随着所用加工方法的种类（锻压、冲裁、弯曲）、所用工具约束的程度以及材料晶粒的大小而不同。一般说来，在相同条件下，此范围相当于3～5个晶粒的大小。晶粒度的大小对微细加工更为重要，一般应采用晶粒小的材料。对晶粒大的材料进行预处理，以减少晶粒度的影响，或用工具约束以减少其自由表面。

对于微变形加工中的冲压加工，冲头易折损或磨损，主要原因是冲头的精度不足和工具难以保持流畅运动。另外，晶粒度的大小，也会影响变形异向性而使冲头受到弯曲力的作用。因此，冲头的选择是十分重要的。

润滑剂是微变形加工中最重要的问题之一。在冲压微小工件时，金属皂类润滑剂会附着在冲头的凹处，往往不能形成所希望的形状，所以希望少量地使用低粘度的润滑剂。材料晶粒度的大小会使发生变形的区域出现异向性，也应减少润滑剂的使用。使工具与材料接触面的润滑膜成为单分子层厚度进行变形加工是有效的。

利用变形加工可以制作每毫米1 000条凸凹反射率良好的衍射光栅，也适用于制作毫米波以及光通信零件等的微细凹面，并能起到提高产品性能的作用。

5．激光微成型加工

激光微细加工系统可对塑料、玻璃、陶瓷及金属薄膜等多种材料进行加工，精度可以做到微米级。其产品广泛应用于半导体及微电子加工、生物医疗器械生产、计算机制造业、MEMS、电子通信等各个领域。图6-45所示为激光微细加工的例子。

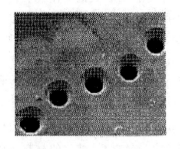

(a) 激光刻槽　　　　　　　　　　(b) 激光打孔(30 μm)

图6-45　激光微细加工

6.7.2　微连接技术

微连接技术是微结构成型与微电子互连的关键,是系统电可靠性的重要保证。微连接技术在微电子领域又称为键合技术。

1. 微结构键合

应用常规扩散连接原理可以实现微结构的键合。常用的微结构键合技术主要有静电键合与热键合。

(1) 静电键合技术

静电键合又称场助键合或阳极键合,通过电场加热使被连接材料结合在一起,如图 6 - 46 所示。静电键合主要用于玻璃与金属、合金或半导体键合,对微机电系统进行封装。

(2) 热键合技术

热键合主要用于硅-硅键合,使两硅片在高温下直接键合在一起,如图 6 - 47 所示,中间不需要粘接剂,也不需要外加电场,工艺简单。

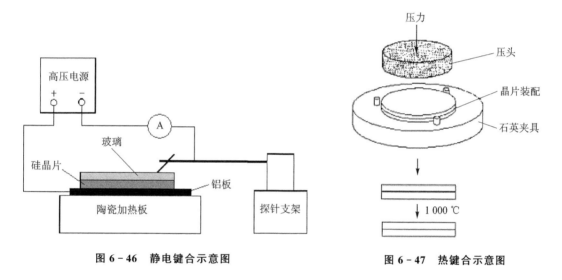

图 6 - 46　静电键合示意图　　　　　图 6 - 47　热键合示意图

2. 引线键合

引线键合用于实现直径为 $10\sim200\,\mu m$ 的金属丝与芯片电极-金属膜之间的连接,如图 6 - 48 所示。

(1) 热压键合

这是最早用于内引线键合的方法。热压键合是利用微电弧放电使金属丝伸出部分熔化,并在表面张力作用下成球形,然后通过压头将球状端头压焊到芯片的电极上(也称丝球焊)的方法,如图 6 - 49 所示。热量与压力通过毛细管形或楔形加热工具直接或间接地以静载或脉冲方式施加到键合区。热压键合的机制是依靠固态下金属原子的相互扩散实现连接的,其热压键合的过程如图 6 - 49 所示。

该方法要求键合金属表面和键合环境的洁净度十分高,而且只有金(Au)才能保证键合可靠性。对于 Au - Al 内引线键合系统,在焊点处又极易形成导致焊点强度减弱的"紫斑"缺陷。国内外一直尝试采用 Al 丝或 Cu 丝替代 Al 丝球焊,20 世纪 80 年代以来,Cu 丝球焊已应用于

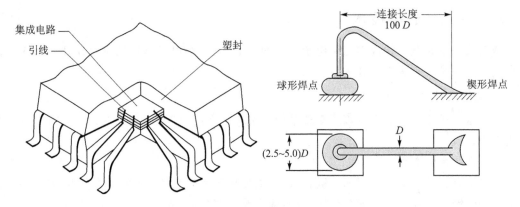

图 6-48　电子封装中的导线连接示意图

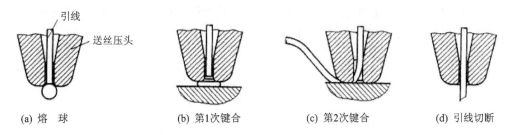

(a) 熔　球　　　　(b) 第1次键合　　　　(c) 第2次键合　　　　(d) 引线切断

图 6-49　热压键合过程

生产中。

(2) 超声波键合

超声波键合是在材料的键合面上同时施加超声波和压力,超声波振动平行于键合面、压力垂直于键合面的方法。该方法一般采用 Al 或 Al 合金丝,既可避免 Au 丝热压焊的"紫斑"缺陷和解决 Al-Al 系统的焊接困难,又降低了生产成本。缺点是尾丝不好处理,不利于提高器件的集成度,而且实现自动化的难度较大,生产效率也比较低。

3. 倒装芯片法

倒装芯片法在 20 世纪 60 年代由 IBM 公司开发,主要用于厚膜电路。这种方法在硅片上电极处预制钎料凸点,同时将钎料膏印刷到基板一侧的引线电极上,然后将硅片倒置,使硅片上的钎料凸点与之对位,经加热后使双方的钎料熔为一体,从而实现连接,如图 6-50 所示。这种方法适用于微电子器件小型化、高功能的要求,但钎料凸点制作复杂,焊后外观检查困难,并且需要焊前处理和严格控制钎焊规范。

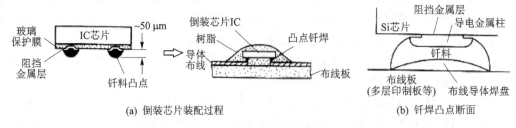

(a) 倒装芯片装配过程　　　　　　　(b) 钎焊凸点断面

图 6-50　倒装芯片互连工艺

4. 波峰焊与再流焊

波峰焊与再流焊主要用于微电子器件信号引出端(外引线)与印刷电路板(PCB)上相应焊盘之间的连接。

(1) 波峰焊

波峰焊借助钎料泵把熔融态钎料不断垂直向上地朝狭长出口涌出,形成 20～40 mm 高的波峰。这样可使钎料以一定的速度和压力作用于 PCB 上,充分渗入待焊接的器件引线与电路板之间,使之完全润湿并进行焊接。由于钎料波峰的柔性,即使 PCB 不够平整,只要翘曲度在 3% 以下,仍可得到良好的焊接质量。

印刷电路板波峰钎焊如图 6-51 所示。

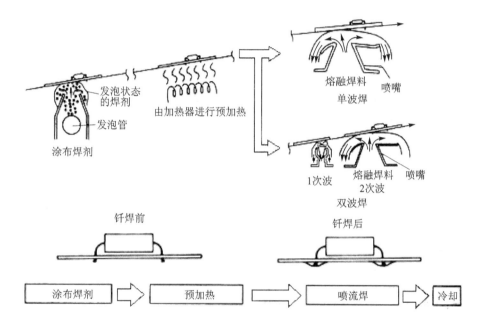

图 6-51　印刷电路板波峰钎焊示意图

(2) 再流焊

再流焊使用的连接材料是膏状钎料,通过印刷或滴注等方法将膏状钎料涂敷在 PCB 焊盘上,再用专用设备(贴片机)在上面放置表面组装器件,然后加热使钎料熔化,即再次流动,从而实现连接,如图 6-52 所示。各种再流焊方法的区别在于热源和加热方法不同,主要有红外再流焊、气相再流焊、激光再流焊等。

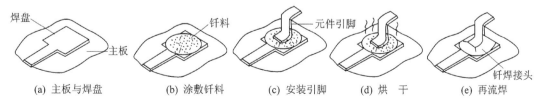

(a) 主板与焊盘　　(b) 涂敷钎料　　(c) 安装引脚　　(d) 烘　干　　(e) 再流焊

图 6-52　再流焊示意图

思考题

1. 分析粉末冶金零件的生产过程。

2. 粉体的制备方法有几种？

3. 粉末成型基本方法有哪几种，各自有何特点？

4. 粉末坯体成型时，压力分布不均对坯体密度与后续烧结有何影响？

5. 什么是粉末锻造？

6. 烧结过程中会出现什么现象？

7. 何谓液相烧结？

8. 什么是活化烧结？如何实现活化烧结？

9. 为什么航空发动机高温合金涡轮盘要采用粉末冶金制造？

10. 调研快速成型的发展及应用。

11. 分析立体印刷的工艺原理。

12. 分析选区激光烧结成型的工艺过程。

13. 何谓熔融沉积成型？

14. 何谓半固态成型？

15. 流变铸造和触变铸造有何区别？

16. 何谓材料的超塑性？

17. 超塑性成型有哪几种方法？

18. 分析典型构件的超塑成型/扩散连接过程。

19. 如何实现定向凝固？

20. 分析单晶叶片的成型过程。

21. 高能率成型有哪些方法？其特点如何？

22. 分析光刻加工与 LIGA 法的原理。

23. 电子封装中引线键合有哪些方法？各自特点如何？

24. 何谓倒装芯片？

25. 讨论波峰焊和再流焊的原理及应用。

第7章　非金属及复合材料的成型技术

非金属及复合材料具有许多优良的独特性能,已发展成为重要的工程材料,在现代产品制造中发挥着越来越重要的作用。本章主要介绍聚合物、陶瓷及复合材料的成型技术。

7.1　聚合物的成型工艺

7.1.1　聚合物的成型性能

聚合物的成型是将各种形态的成型用物料加工为具有固定形状制品的工艺技术。成型物料对各种成型工艺和模具结构的适应能力叫做成型性能。成型性能的好坏直接影响成型加工的难易程度和制品质量的优劣,同时还影响生产效率的高低和设备能量的消耗等。

1. 聚合物的熔融

聚合物的成型大多是在热塑化状态下进行的,热塑化是指聚合物受热达到的充分熔融状态,所以熔融是聚合物产品热制造过程的基本阶段。在金属材料或无机非金属材料的加热熔融中,热传导是提高固体温度并使之熔融的主要方式。在传导熔融过程中,固体的熔融速率受控于导热系数、合理的温度梯度,以及热源与被熔融固体间的有效接触面积。聚合物本身具有较低的导热系数,且多数聚合物具有较大的热敏感性和较高的粘度。聚合物的热敏感性意味着加热最高温度和高温停留时间要严格限制,从而制约了熔融所需的温度梯度的形成。聚合物熔体的高粘度特性限制了自然对流,也严重阻碍了熔体的混合以及气体的排除。这就使得传导熔融方式在聚合物熔融中受到很大的限制。

为了克服聚合物传导熔融的困难,需要在加热的同时引入机械力的作用。一定的温度是使聚合物得以形变与熔融的必要条件,通过加热使聚合物由固体向液体转变。机械力可提供剪切作用强化混合与熔融过程,使熔体温度分布及物料组成均匀化。剪切作用能在聚合物中产生摩擦热,对熔融也有加速作用。目前普遍采用的料桶加热与螺杆剪切共同熔融聚合物就是利用了上述原理。

根据聚合物本身固有的物理性质、原料的形态和成型方法,生产实际中常用的熔融方法有耗散混合熔融、无熔体迁移的传导熔融、强制熔体迁移的传导熔融等。在聚合物耗散混合熔融过程中,在加热的同时需要提供强烈的搅拌作用,依靠由搅拌输入的机械能转化为熔融区的粘性耗散热(摩擦热),以使聚合物充分熔融。无熔体迁移的传导熔融所需热量可通过对流或接触换热来提供,如聚合物片材成型时的加热软化等。强制熔体迁移的传导熔融是借助机械力的作用将已熔聚合物从高温区快速连续移走,使热接触面和固体聚合物之间连续地维持一熔融薄层,保证具有足够的热传导速率,以形成连续熔融。

2. 聚合物的流变特性

聚合物制品的成型多数都要依靠外力作用,以实现聚合物熔体流动与变形,掌握聚合物的流变特性对于聚合物制品成型工艺分析具有指导意义。

聚合物熔体的流动一般呈现非牛顿流体性质。多数聚合物流体的粘度随着剪切速率的增加而降低。这是因为剪切流动的流体的各流层间流速不同,存在着速度梯度,一个细而长的大分子链同时穿过流速不同的液层时,由于剪切速率或剪切应力的差异迫使整个大分子链进入同一流层中而沿流动方向取向,且剪切速率越大,取向程度越高。取向的结果使原来缠结的大分子链出现解缠,从而降低了流动阻力。通过调整剪切速率,控制聚合物熔体粘度以利成型加工。

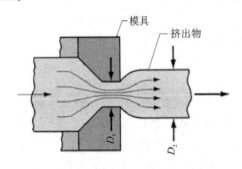

图 7-1　聚合物熔体的离模膨胀示意图

聚合物熔体在成型过程中的流动形式主要有压力流动、拖曳流动、单轴和双轴拉伸。聚合物熔体的形变和流动具有粘弹性。粘弹性对吹塑和热成型加工的制品壁厚有调节作用。但在管道中流动的聚合物熔体流出管口时,会由于弹性恢复而使熔体出现膨胀现象,这种现象称为离模膨胀(见图 7-1)。在挤出成型中,当挤出速率逐渐增加时,挤出物表面将出现类似鲨鱼皮或橘皮纹的现象,甚至造成挤出物熔体的破裂。因此,在选择聚合物成型条件和模具设计时,必须充分考虑粘弹性的影响。

塑料的成型往往是通过"流动"和"变形"途径来实现的,该途径简称"流变"。塑料熔体的流动和变形是成型过程中最基本的工艺特征。而流变性质主要表现为粘度的变化,因此聚合物熔体的粘度及其变化是塑料成型过程中最重要的参数。塑料成型过程中影响熔体粘度的因素可以从聚合物本身和工艺条件两方面来考虑。

(1) 聚合物分子质量的影响

聚合物相对分子质量越大,流动时所受的阻力也越大,熔体粘度必然就高。不同的成型方法对聚合物熔体粘度的要求不一样,因此对相对分子质量的要求也不同。通常注射成型要求塑料的分子质量较低;挤出成型则可采用分子质量较高的聚合物;中空吹塑成型所要求的分子质量介于注射成型和挤出成型之间。在聚合物中可通过添加一些低分子物质(如增塑剂等),以减小相对分子质量,降低粘度值,促使流动性得到改善。

(2) 温度对粘度的影响

升高温度可使聚合物大分子的热运动和分子间的距离增加,从而降低熔体粘度,不同聚合物的熔体粘度对温度变化的敏感性不完全相同。一般聚合物熔体对温度的敏感性要比对剪切作用的敏感性强,虽然升高温度可使粘度降低,但过高的温度却会使聚合物降聚、分解或变色,同时增加能量的消耗。对温度变化非常敏感的聚合物来说,在生产中只要出现温度变化,就会使粘度产生较大的变化,使生产过程不稳定,影响产品质量,因此控制适宜的成型温度是十分重要的。

(3) 压力对粘度的影响

由于聚合物熔体存在微小空穴,因而具有可压缩性。在成型过程中,聚合物通常要受到自身熔体静压力和外部压力的双重作用,特别是受外部压力作用(一般可达 10～300 MPa),可使聚合物分子间的距离缩小,分子间的作用力增大,以致熔体粘度也随之增加。塑料成型过程中压力一般都比较高,当压力从 13.8 MPa 增加到 17.3 MPa 时,高密度聚乙烯和聚丙烯的熔体

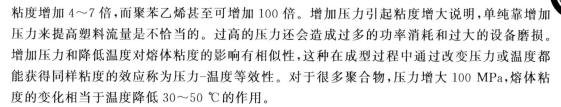

粘度增加 4～7 倍,而聚苯乙烯甚至可增加 100 倍。增加压力引起粘度增大说明,单纯靠增加压力来提高塑料流量是不恰当的。过高的压力还会造成过多的功率消耗和过大的设备磨损。增加压力和降低温度对熔体粘度的影响有相似性,这种在成型过程中通过改变压力或温度都能获得同样粘度的效应称为压力-温度等效性。对于很多聚合物,压力增大 100 MPa,熔体粘度的变化相当于温度降低 30～50 ℃的作用。

(4) 剪切速率对粘度的影响

在螺杆式注射机中物料受到剪切作用,大多数聚合物粘度随剪切应力或剪切速率的增加而下降。不同聚合物熔体粘度的变化对剪切作用的敏感程度不同。如果聚合物的熔体粘度对剪切作用很敏感,在操作中就必须严格控制螺杆的转速或压力不变,否则剪切速率的微小变化都会引起粘度的显著改变,致使制品出现表面不良、充模不均、密度不匀或其他弊病。

综上所述,聚合物熔体粘度的大小直接影响聚合物成型过程的难易,各种成型工艺要求聚合物有适宜的熔体粘度,太大、太小都会给成型带来困难。根据上述分析,可按不同的聚合物选择适当的工艺条件,使熔体粘度达到成型操作的要求。此外,大多数聚合物熔体在流动中除表现粘性行为外,还不同程度地呈现弹性行为,这种弹性行为对塑料的成型加工有很大影响。特别是在注射、挤出和抽丝过程中,可能导致产品变形和扭曲,造成制品表面粗糙等,还降低了制品的尺寸稳定性,并可能使制品内应力增加,降低物理力学性能。

3. 聚合物的结晶性

聚合物熔体在成型过程中的冷却固化实际上是聚合物的结晶过程。聚合物的结晶是大分子链段重新排列进入晶格,并由无规变为有规的逐步过程。大分子重排需要一定的热运动能,形成结晶结构又需要分子间有足够的内聚能,而分子的热运动能和内聚能都与温度密切相关。随温度的降低,分子的热运动能减小,而内聚能增加,因此需要在适当的温度范围才能形成结晶。聚合物结晶过程通常包括晶核形成和结晶生长两个过程,其结晶速度和形态受熔融温度及时间、成型压力、冷却速度等工艺因素的影响。

聚合物的成型是一个流动形变而后保持所需形状的过程,聚合物的流动形变必然伴随着剪切应力和拉伸应力的作用。这些应力的作用导致聚合物熔体的结晶过程加快,并在一定程度上影响晶体的结构和形态。这是因为拉伸应力或剪切应力的作用导致大分子链沿应力作用方向取向,从而增加了有序程度,对晶核的形成和晶体的生长有促进作用,使结晶速率加快。同时,大分子链在应力场中的取向也往往导致纤维状晶体的生成,使制品产生各向异性。

熔融状态的塑料冷凝时能否结晶的性质叫结晶性。具有结晶性的塑料称为结晶形塑料,无结晶现象的塑料称为无定形塑料。一般外观不透明或半透明的是结晶形塑料,例如尼龙、聚甲醛、聚丙烯、聚乙烯等。但也有例外,如离子聚合物是结晶形的但却是透明的,ABS 塑料属于无定形塑料却不透明。

结晶形塑料的性能与成型时的冷却速度有很大关系。塑件壁厚,料筒和模具的温度高,则熔融体的冷却速度慢,塑件材料中的结晶度大,密度大,强度、硬度和刚性较高,耐热性、电性能及化学稳定性均较好;反之,如果冷却快,则塑件的透明性、柔软性、耐折性好,伸长率及冲击强度提高。因而可以用调节冷却速度的方法来控制塑件性能。

4. 聚合物的收缩性

塑料制品从模具中取出冷却到室温后 16～24 h,发生尺寸收缩的特性,称为收缩性。它

导致塑件的尺寸与模具型腔的尺寸不相符合。塑料制品的成型收缩值可用计算收缩率来表示

$$K_{计} = \frac{a-b}{b} \times 100\%$$

式中，$K_{计}$为计算收缩率；a为型腔在常温下的实际尺寸；b为塑件在常温下的实际尺寸。

造成成型收缩的原因有：热胀冷缩、弹性回复造成的收缩、凝固收缩等。影响收缩率变化的因素主要有：塑料品种和塑件形状、成型压力和成型时温度等。形状复杂、尺寸较小、壁薄且有嵌件或有较多型孔的塑件，其收缩率较小；成型压力大，塑料的弹性恢复大，成型收缩率小；成型时温度高，热胀冷缩大，收缩率大。但熔料温度高，型腔内熔料密度大，可能使收缩率变大；成型时间长、冷却时间长、收缩率小，但超过某时间后，变化不大且使生产效率降低。此外，模具结构上模具分型面及加压方向、浇注系统的形式，尺寸等对收缩的影响都较大。

5. 聚合物的相溶性

相溶性是指两种塑料在熔融状态能否互相混溶的一种性质，又俗称为共混性。一般说来，高聚物分子结构差异较大的，较难相溶；分子结构相似者较易相溶。如果两种塑料不相溶，则混合成型后塑件会出现分层、脱皮等现象。不同塑料的相溶性与其分子结构有一定关系，分子结构相似则较易相溶，分子结构不同时较难相溶。利用塑料的相溶性可以通过配方混炼提高聚合物的综合性能，以及注射多色塑件。

6. 聚合物的吸湿性

塑料中因有各种添加剂，使其对水的敏感程度各不相同，这种特性称为吸湿性。吸湿性大的塑料在成型过程中，由于高温高压使水分变成气体或发生水解作用，导致塑料制件产生气泡等缺陷，并影响其电性能。所以在成型前应干燥处理。

7. 聚合物的热敏性

热敏性是指某些塑料对热比较敏感，成型时若温度较高，或受热时间过长就会产生变色、降解、分解等现象。具有这种特性的塑料称为热敏性塑料，如聚氯乙烯、聚甲醛、氯乙烯和醋酸乙烯共聚物、聚偏二氯乙烯等。热敏性塑料的变色、分解会影响制品的外观质量和使用性能，其分解产物尤其是某些气体对人体、设备和模具有较大的损害作用。为了防止热敏性塑料的变色和过热分解，可以采取在塑料中加入稳定剂、合理选择成型设备、正确调节成型温度和成型周期等工艺措施。

8. 聚合物的应力开裂及熔体破裂

应力开裂是指有些塑料对应力敏感，在成型过程中容易产生应力并变脆，容易引起应力集中和应力降解，因而在外力或溶剂作用下容易开裂，例如未增强的聚碳酸酯。

熔体破裂是指聚合物熔融流体通过固定截面的孔口（挤出口模、注射料筒喷嘴、浇道及进料浇口），当其流动速度超过某一临界速度（或切应力大于某一临界值）时，随着剪切速率的增加往往会出现不稳定流动，熔体流出物体表面变得很粗糙，然后横截面出现裂纹，最后熔体破碎。

7.1.2 聚合物的成型工艺

塑料成型加工是将各种形态的成型用物料加工为具有固定形状制品的各种工艺技术。热塑性和热固性塑料的加工性质不同，采用的加工技术也不同。热塑性塑料的成型方法主要有

挤出成型、注射成型、压延成型、吹塑成型等；热固性塑料的成型方法主要有模压成型、传递成型、层压成型等。其中传递成型、层压成型、注射成型等既可用于热塑性塑料又可用于热固性塑料。连接方法主要有焊接、粘接、机械连接等。

1. 浇　铸

浇铸又称铸塑——将已准备好的浇铸原料（通常是单体、初步聚合或缩聚的预聚体或聚合物、单体的溶液等）注入模具中使其固化（完成聚合或缩聚反应），从而得到与模具型腔相似的制品。

铸塑包括静态浇铸、嵌铸、离心浇铸、搪塑及滚塑等。聚甲基丙烯酸甲酯（有机玻璃）、环氧树脂等常采用静态浇铸的方法生产各种型材和制品。

铸塑的优点是所用设备较简单，成型时一般不需要加压设备，对模具强度的要求也较低；对制品尺寸的限制较少，宜生产小批量的大型制品；制品的内应力较低，质量良好。铸塑的缺点是成型周期长，制品尺寸的精确性较差等。

（1）静态浇铸

静态浇铸是浇铸成型中比较简便和使用比较广泛的成型方法。例如聚甲基丙烯酸甲酯、聚苯乙烯、碱催化聚己内酰胺、有机硅树脂、酚醛树脂、环氧树脂、不饱和聚酯和聚氨酯等都常用这种方法生产各种型材和制品，其中有机玻璃是典型的静态浇铸产品。浇铸成型基本上可分为 4 个步骤：①模具的准备；②原料的配制；③浇铸及固化；④制品的后处理。

图 7-2 为典型的静态浇铸示意图。

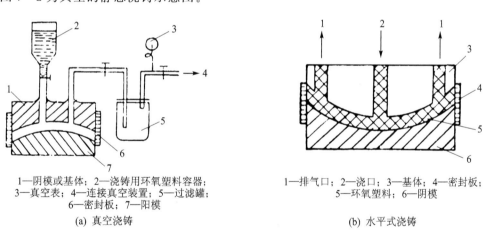

1—阴模或基体；2—浇铸用环氧塑料容器；
3—真空表；4—连接真空装置；5—过滤罐；
6—密封板；7—阳模

（a）真空浇铸

1—排气口；2—浇口；3—基体；4—密封板；
5—环氧塑料；6—阴模

（b）水平式浇铸

图 7-2　静态浇铸示意图

（2）嵌　铸

嵌铸又称封入成型，它是将各种样品、零件等非塑料件包封到塑料中间去的一种成型技术，即在浇铸的模具内放入一预先经过处理的样品（或零件），然后将准备好的浇铸原料浇铸入模腔，在一定的条件下固化（即硬化），样品（或零件）便被包嵌在塑料中，如图 7-3 所示。嵌铸是在静态浇铸的基础上发展起来的。嵌铸用得最多的是采用透明塑料包封各种生物或医用标本、商品样本、纪念品等。工业上借助浇铸将某些电气元件及零件与外界环境隔绝，以便起到绝缘、防腐蚀、防震动破坏的作用。前者主要是丙烯酸酯类塑料（如有机玻璃），其次是不饱和聚酯及脲醛塑料等，后一类是环氧塑料类。

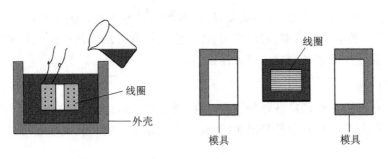

图 7 - 3　嵌铸示意图

(3) 离心浇铸

离心浇铸是将液状原料浇铸入高速旋转的模具或容器中,在离心力的作用下使之充满回转体模具或容器的内壁,再使其固化定形而得到制品的成型方法,如图 7 - 4 所示。它与静态浇铸的区别在于模具是转动的,而静态浇铸的模具不转动。离心浇铸生产多为圆柱形和近似圆柱形的制品,如大型管材、袖套等,也用于齿轮、滑轮、转子和垫圈的生产。离心浇铸与滚塑上旋转成型的区别在于前者主要靠离心力的作用,转速较高,每分钟几十转到几千转;滚塑主要靠塑料的自重作用流布并粘贴于旋转模具的壁面,因而转速较慢,每分钟只有几转到几十转。

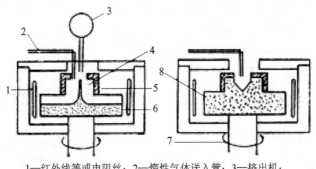

1—红外线等或电阻丝;2—惰性气体送入管;3—挤出机;
4—贮备塑料部分;5—绝热器;6—塑料;7—转动轴;8—模具

图 7 - 4　离心浇铸示意图

离心浇铸的设备根据制品的形状和尺寸可分为卧式和立式两种。当制品轴线方向尺寸很大时,宜采用卧式设备;当制品的直径较大而轴线方向尺寸较小时,宜采用立式设备。单方向旋转的离心浇铸设备一般用来生产空心制品;当制造实心制品时,除需单方向旋转外,还要在紧压机上进行旋转,以保证产品质量。此外,也有使模具在两个方向上同时旋转的设备。

离心浇铸所采用的塑料通常都是熔融粘度较低、熔体热稳定性较好的热塑性塑料,如聚酰胺、聚烯烃等。此外,在静态浇铸中所介绍的浇铸尼龙(MC 尼龙),如采用己丙酰胺单体的碱催化聚合也常用离心浇铸成型。

离心浇铸与静态挠铸相比,其优点是宜于生产薄壁或厚壁的大型制品(如加大型轴套),制品无内应力或内应力很低,外表面光滑,内部也不会产生缩孔,其制品的精度比静态浇铸要高。因此,离心浇铸的机械加工量少,且制品质量好,力学强度(如弯曲强度、硬度等)也比静态浇铸的高。

离心浇铸的缺点是成型设备比静态浇铸复杂,生产周期较长,难以成型外形复杂的精密制

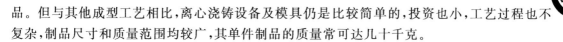

品。但与其他成型工艺相比,离心浇铸设备及模具仍是比较简单的,投资也小,工艺过程也不复杂,制品尺寸和质量范围均较广,其单件制品的质量常可达几十千克。

2. 挤出成型

挤出成型亦称挤压成型或挤塑成型。挤压成型是将粉状或粒状的塑料由剪切摩擦热使其熔融而呈流动状态,并在压力下挤出成型的工艺,如图 7-5 所示。此法主要用于热塑性塑料的成型,也可用于某些热固性塑料。挤出制品都是连续的型材,如管、棒、丝、板、薄膜、电线电缆包覆层等。

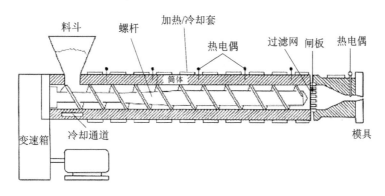

图 7-5　塑料螺杆挤出机原理

聚合物成型加工是将各种形态的物料(粉料或粒料)加工为具有固定形状制品或坯件的过程。热塑性和热固性聚合物的加工性质不同,采用的加工技术也不同。热塑性聚合物制品大多通过熔体成型,主要方法有挤出成型、注射成型、压延成型、吹塑成型等。这里主要介绍单螺杆挤出成型的基本原理。

挤出成型是将粉状或粒状的物料加入挤出机的料筒,料筒外的加热装置使物料温度上升,转动的螺杆将物料向前输送,物料在运动中与料桶、螺杆,以及物料之间相互摩擦、剪切,产生大量的热,料筒外部加热和剪切摩擦共同作用使加入的物料不断熔融。熔融的物料被螺杆输送到具有一定形状的口模,通过口模后,处于流动状态的物料取近似口模形状,再进入冷却定形装置,使物料边固化、边保持既定的形状,然后在牵引力的作用下使制品连续地前进,达到最终的形状和尺寸。最后用切割的方法截断制品,以便储存和运输。

挤出成型主要用于热塑性塑料的成型,也可用于某些热固性塑料。挤出制品都是连续的型材,如管、棒、丝、板、薄膜、电线电缆包覆层等。

挤出设备目前大量使用的是单螺杆挤出机和双螺杆挤出机,后者特别适用于硬聚氯乙烯粉料或其他多组分体系塑料的成型加工,但通用的是单螺杆挤出机。

螺杆是挤出机的关键部件,通过它的转动,使机筒里的物料移动,得到增压,达到均匀塑化。同时还可以产生摩擦热,加速温升。根据螺杆各部分(见图 7-6)的不同功能,可分为进料段 F、压缩段 C 和计量段 M。进料段是指自物料入口至前方一定长度的部分,其作用是让料斗中的塑料不断地补充进来并使之受热前移。进料段的塑料一般仍保持固体状态。压缩段是螺杆中部的一段,其作用是压实塑料,使塑料由固体逐渐转化为熔融体,并将夹带的空气向进料段排出。为此,该段的螺槽深度是逐渐缩小的,以利于塑料的升温和熔化。计量段(也称均化段)是螺杆的最后一段,其作用是使熔体进一步塑化均匀并定量定压地由机头流道均匀挤出。随着科技的进步,各种新型螺杆不断涌现,以使螺杆的塑化效果和塑化效率更高,如有屏障型螺杆、组合型螺杆、排气式螺杆等。同时各种新型双螺杆挤出机的应用有了相当大的扩展。

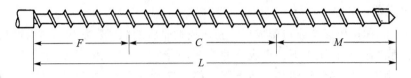

图 7-6 等距渐变式单螺杆基本结构

3. 注塑成型

(1) 注塑成型原理

注塑成型是将粉状或粒状塑料原料加热至熔化状态,经喷嘴注入模具中,冷却后打开模具即可得到所需要的塑料制品的工艺。注塑成型法具有成型周期短,能一次成型外形复杂、尺寸精确、带有金属或非金属嵌件的模塑品等特点。因此,该法适应性强,生产效率高。

注塑是通过注塑机来实现的。注塑机分为两大类:柱塞式注塑机和螺杆式注塑机,如图 7-7 所示。注塑机的基本作用有两个:

① 加热熔融塑料,使其达到粘流状态;

② 对粘流的塑料施加高压,使其射入模具型腔。

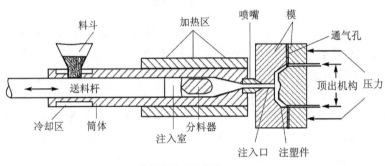

(a) 往复柱塞式注塑机

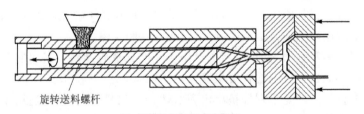

(b) 旋转往复螺杆式注塑机

图 7-7 注塑装置示意图

注塑成型是塑料成型法中应用最广泛、最具有代表性的方法,几乎所有的热塑性塑料制品和流动性较大的热固性塑料制品都可采用。注塑成型的优点是能一次成型外观复杂、尺寸精确、带有金属或非金属嵌件甚至可充以气体形成空芯结构的塑料模制品;生产效率高,自动化程度高。60%~70%的塑料制品是用注塑成型方法生产的。

螺杆式注塑机注塑成型的工作原理如图 7-8 所示。首先是动模与定模闭合,接着油缸活塞带动螺杆按要求的压力和速度,将已经熔融并积存于料筒端部的塑料经喷嘴射入模具型腔中,此时螺杆不转动。当熔融塑料充满模具型腔后,螺杆对熔体仍保持一定压力(即保压),以阻止塑料的倒流,并向型腔内补充因制品冷却收缩所需要的塑料。经一定时间的保压后,活塞的压力消失,螺杆开始转动。此时,由料斗落入料筒的塑料随着螺杆的转动沿着螺杆向前输送。在塑料向料筒前端输送的过程中,塑料受加热器加热和螺杆剪切摩擦热的影响而逐渐升温直至熔融成粘流状态,并形成了一定的压力。当螺杆头部的熔体压力达到能够克服注塑油缸活塞退回的阻力时,在螺杆转动的同时逐步向后退回,料筒前端的熔体逐渐增多,当螺杆退到预定位置时即停止转动和后退。以上过程称为预塑。

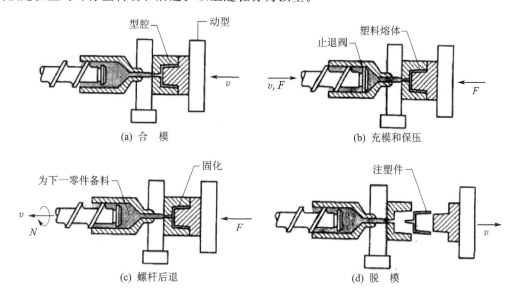

图 7 - 8　注塑成型合模与脱模循环

在预塑过程或再稍长一点的时间内,已成型的塑件在模具内冷却硬化。当塑件完全冷却硬化后,模具打开,在推出机构作用下,塑件被推出模具,即完成一个工作循环。

注塑成型主要是通过注塑机和模具来完成的,图 7 - 9 所示为注塑成型工作循环。注塑工艺过程主要包括成型前的准备、注塑过程、制品的后处理等。

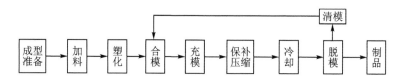

图 7 - 9　注塑成型工作循环

（2）注塑成型工艺条件

通常把塑料物料、注塑机和模具称为注塑成型三要素,而把成型温度、压力和周期称为注塑成型三原则,其也是注塑成型的主要工艺条件。

1）温　度

在注塑成型时需控制的温度有料筒温度、喷嘴温度、模具温度等。

料筒温度应控制在塑料的粘流温度 T_f(对结晶型塑料为熔点 T_m)以上,提高料筒温度可使塑料熔体的粘度下降,对充模有利,但料筒温度必须低于塑料的热分解温度 T_d。喷嘴处温度通常略低于料筒的最高温度,以防止塑料流经喷嘴处因升温产生"流涎"。模具温度根据不同塑料的成型条件,通过模具的冷却(或加热)系统控制。

模具温度主要影响塑料在型腔内的流动和冷却,它的高低取决于塑料的结晶性、塑件的尺寸与结构、性能要求以及其他工艺条件。对于要求模具温度较低的塑料,如聚乙烯、聚苯乙烯、聚丙烯、ABS 塑料、聚氯乙烯等应在模具上设冷却装置;对模具温度要求较高的塑料,如聚碳酸酯、聚砜、聚甲醛、聚苯醚等应在模具上设加热系统。

2) 压　力

注塑成型过程中的压力包括塑化压力和注塑压力两种。

塑化压力又称背压,是注塑机螺杆顶部熔体在螺杆转动后退时受到的压力。增加塑化压力能提高熔体温度,并使温度分布均匀。

注塑压力是指柱塞或螺杆头部注塑时对塑料熔体施加的压力。它用于克服熔体从料筒流向型腔时的阻力,保证一定充模速率和对熔体压实。注塑压力的大小取决于塑料品种、注塑机类型、模具的浇注系统结构尺寸、模具温度、塑件的壁厚及流程大小等多种因素。近年来,采用注塑流动模拟计算机软件,可对注塑压力进行优化设计。在注塑机上常用表压指示注塑压力的大小,表压一般在 40~130 MPa 之间。

对一般热塑性工程塑料,压力范围一般在 40~160 MPa,某些工程塑料如聚碳酸酯、聚砜等,由于其熔体粘度很大,需要更高的压力。

3) 周　期

成型周期是一次注塑成型所需的时间,又称成型时间,它影响注塑机的利用率和生产效率。注塑时间一般在 0.5~2 min,厚大件可达 5~10 min。

在成型周期中,充模时间、保压时间和冷却时间对制品质量起着决定性作用。一般来说,充模时间短,塑料熔体保持较高的温度,分子定向程度可减少,制品的熔接强度也可提高。但充模时间过短,往往会影响嵌件后部的熔接而使嵌件制品质量变劣。保压时间是指熔体充满模腔时起至螺杆开始后退为止的这段时间。保压时间越长,补充的熔体就越多,制品的收缩率就越小。此外,保压阶段模内塑料仍在流动,并且温度不断下降,定向分子易被冻结,因此,保压时间越长,分子定向程度越大。冷却时间是指从保压结束到开模这段时间。对于无定形聚合物一般要求制品冷却到 T_g 附近,以脱模时不会引起变形、挠曲为原则。冷却时间也受模温的制约。冷却速度对结晶聚合物成型制品的结晶度也有直接影响。冷却快,则结晶度低;冷却慢,则结晶度升高,晶体较为完善。

另外,熔体冷却是从制品表面开始逐渐向中心进行的,它的表面附近生成的晶核较多而呈晶粒形态或小球晶,中心部位在较长时间内保持较热状态,则晶核少,因而呈较粗球晶形态。因此有时将聚合物与适当的成核剂混合成型,以调控制品中球晶大小的均匀性,同时也可缩短成型周期。制品脱模的难易与保压时间、冷却时间也有关。脱模时的模内压力与外界压力之差称为残余压力。残余压力为正值时,脱模困难;为负值时,制品易有陷痕。只有残余压力接近零时,才能顺利脱模。残余压力与保压时间有关,因此要设定适宜的保压时间来满足脱模的要求。

常用塑料的注塑工艺条件如表 7-1 所列。

表 7 - 1　常用塑料的注塑工艺条件

塑料品种	注塑温度/℃	注塑压力/MPa	成型收缩率/%
聚乙烯	180～280	49～98.1	1.5～3.5
硬聚氯乙烯	150～200	78.5～196.1	0.1～0.5
聚丙烯	200～260	68.7～117.7	1.0～2.0
聚苯乙烯	160～215	49.0～98.1	0.4～0.7
聚甲醛	180～250	58.8～137.3	1.5～3.5
聚酰胺(尼龙 66)	240～350	68.7～117.7	1.5～2.2
聚碳酸酯	250～300	78.5～137.3	0.5～0.8
ABS	236～260	54.9～172.6	0.3～0.8
聚苯醚	320	78.5～137.3	0.7～1.0
氯化聚醚	180～240	58.8～98.1	0.4～0.6
聚砜	345～400	78.5～137.3	0.7～0.8
氟塑料 F - 3	260～310	137.3～392	1～2.5

4. 吹塑成型

　　吹塑成型是利用压缩空气使加热到塑性变形状态的片状或管状塑料型坯,在模具中吹制成中间胀大、颈口缩小的中空制件的工艺,如图 7 - 10 所示。吹塑成型只限于热塑性塑料(如聚乙烯、聚氯乙烯、聚丙烯、聚苯乙烯、聚碳酸酯、聚酰胺等)的成型加工。

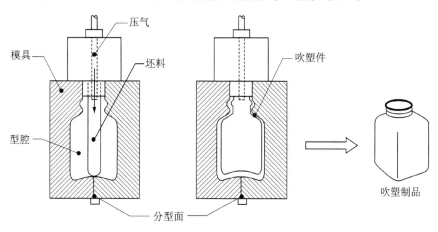

图 7 - 10　吹塑示意图

　　吹塑成型可细分为 3 种:挤出吹塑、注射吹塑、拉伸吹塑。尽管方法不同,但原理是一样的,都是利用聚合物在粘流态下具有可塑性的特性。在冷却硬化前,用压缩空气的压力使熔融管坯发生形变,贴在模具内壁,再经冷却硬化,得到与模腔形状相同的制品。熔融管坯吹胀过程,对制品具有双向拉伸的作用,因而中空制品具有较好的韧性和抗挤压性。

5. 模压成型

　　模压成型也称压塑,是将称量好的原料置于已加热的模具模腔内,通过压机压紧模具加压,塑料在模腔内受热塑化(熔化)流动并在压力下充满模腔,同时发生化学反应而固化得到塑料制品的过程。图 7-11 为模压过程示意图。

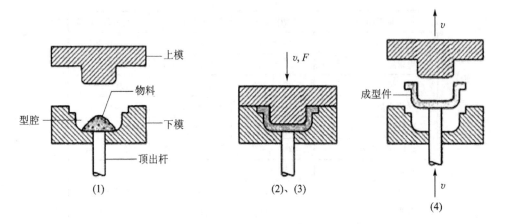

(1)—装料;(2)、(3)—加压、加热(闭模);(4)—脱模

图 7-11　模压过程示意图

模压成型又称压缩模塑,是塑料成型物料在闭合模腔内借助加热、加压,使其固化(凝固或交联)而形成制品的成型方法,是热塑性和热固性塑料成型的重要方法之一。模压成型工艺包括成型前的准备和模压过程及后处理等步骤。模压成型前的准备主要为预压和预热。预压就是采用压模和预压机将粉状、碎片或纤维状原料在室温或低于 90 ℃的条件下压制成具有一定质量和形状(圆片、圆角、扁球、空心体等)的锭料或片料。这样可减少塑料成型时模具的体积,有利于加料操作,提高传热速度,缩短模压时间。预热的目的是去除水分和给模压提供热料,使模压周期缩短,提高制品质量。模压过程大致可分为装料、加压及加热(闭模)和脱模 3 步,如图 7-11 所示。闭模后一般需将模具松动片刻,让其中气体排出,通常需 1～2 次,每次时间由几秒至十几秒不等,这对于热固性塑料尤为重要。气体可以是装料时夹带的,也可以是发生交联固化时伴生的水、氮或其他挥发性物质。排气不但可以缩短固化时间,而且有利于制品潜在性能和表观质量的提高。

热固性塑料在模压过程中,流动性与温度的关系比热塑性塑料复杂得多。随着温度的升高,由于固体塑料逐渐熔化,所以流动性随之由小变大;但是交联反应开始后,情况不同了,塑料熔体的流动性则随着温度的升高而逐渐变小。因此,其流动性-温度曲线出现一个峰值。模压成型时,努力满足温度不太高流动性又较大,在压力作用下塑料熔体能够充满模腔各部分的要求,对制品质量的保证是非常重要的。若模压温度太高,可能导致交联固化速度过快,流动性迅速降低,造成充模不完全。模压温度也不能过低,因为这不仅影响固化速度,还会导致固化不完全,使制品的外观灰暗,甚至表面发生肿胀。

图 7-12 所示为塑料制品模压成型工作循环。

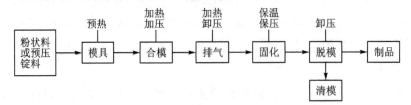

图 7-12　模压成型工作循环

模压成型的工艺条件主要有温度、压力和时间等。

（1）模压成型温度

模压成型温度是指压塑成型时所规定的模具温度。模压成型温度高低,对塑料顺利充型及塑件质量有较大影响。在一定范围内,提高温度可以缩短成型周期,减小成型压力。但是如果温度过高会加快塑料的硬化,影响物料的流动,造成塑件内应力大,易出现变形、开裂、翘曲等缺陷,另外高温还可能使物料变色、分解。温度过低会使硬化不足,塑件表面无光,物理性能和力学性能下降。生产中要根据塑料的品种、塑件的形状和结构、塑件的壁厚等选择最适宜的成型温度。

（2）模压成型压力

模压成型压力是指模压时压机通过凸模迫使塑料熔体充满型腔和进行固化时单位面积上所施加的压力。成型压力对塑件密度及其性能有很大影响。

（3）模压时间

模压时间是指模具从闭合到开启的这段时间。模压时间的长短对塑件的性能影响很大。模压时间过短,固化不完全,塑件性能较差;但时间过长,又会使塑料"过熟",不仅降低塑件的力学性能,而且降低生产率,增加能量消耗。模压时间与塑料品种、塑件形状、成型温度和压力等因素有关。塑料流动性差、塑件厚度大时,模压时间要长。塑件形状复杂时模压时间可较短。一般酚醛塑料模压时间为 1～2 min,有机硅塑料达 2～7 min。

常用热固性塑料的模压成型温度和压力如表 7-2 所列。

表 7-2　常用热固性塑料的模压成型温度和压力

塑料种类	成型温度/℃	成型压力/MPa
酚醛塑料（PF）	146～180	7～42
三聚氰胺甲醛塑料（MF）	140～180	14～56
脲甲醛塑料（UF）	135～155	14～56
聚酯塑料（UP）	85～150	0.35～3.5
邻苯二甲酸二丙烯酯（PDPO）	120～160	3.5～14
环氧树脂塑料（EP）	145～200	0.7～14
有机硅塑料（DSMC）	150～190	7～56

6. 压延成型

压延是生产高分子材料薄膜和片材的成型方法,既可用于塑料,也可用于橡胶。用于加工橡胶时主要生产片材(胶片)。压延的目的是将胶料压成薄胶片(板片或片材),或在胶片上压出某种花纹,也可以用压延机在帘布或帆布的表面挂上一层胶,或者把两层胶片贴合起来。

压延过程是利用一对或数对相对旋转的加热滚筒,使物料在滚筒间隙被压延而连续形成一定厚度和宽度的薄型材料的过程,所用设备为压延机。加工时前面需用双辊混炼机或其他混炼装置供料,把加热、塑化的物料加入到压延机中;压延机各滚筒也加热到所需温度,物料顺次通过辊隙,被逐渐压薄;最后一对辊的辊间距决定制品厚度。

压延成型是将加热塑化的热塑性塑料通过 3 个以上相向转动辊筒的间隙使其成为连续片

状材料的成型方法。压延成型产品有片材、薄膜、人造革及涂层等制品,适于软化温度较低的热塑性非晶态聚合物,如 PVC、ABS、改性聚苯乙烯以及 T_m 不很高的聚烯烃等,其中尤以 PVC 为最多。

压延制品广泛地用做农业薄膜、工业包装薄膜、装饰品以及热成型片材等。薄膜与片材之间的区分主要在于厚度,大抵以 0.25 mm 为分界线,薄者为薄膜,厚者为片材。聚氯乙烯薄膜与片材又有硬质、半硬质与软质之分,由所含增塑剂量而定。含增塑剂 0～5 份者为硬制品,25 份以上者则为软制品。压延成型适用于生产厚度在 0.05～0.5 mm 范围内的软质聚氯乙烯薄膜和片材,以及 0.3～0.7 mm 范围内的硬质聚氯乙烯片材。制品厚度大于或低于这个范围内的制品一般均不采用压延成型,而是用挤出成型法来生产。

按辊筒数目的不同,压延机可分为三辊、四辊、五辊和六辊等多种;按辊筒的排列方式又有 L 型、倒 L 型、Z 型、S 型等多种。压延成型目前以倒 L 型、Z 型四辊为主。图 7-13 为 4 辊压延机压延成型示意图。

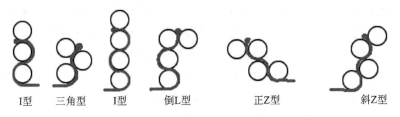

I型　　三角型　　I型　　倒L型　　　正Z型　　　　斜Z型

图 7-13　压延成型示意图

为了使物料受到更多的剪切作用并能更好地塑化,有利于使压延物取得一定的延伸和定向,压延机辊筒间应有一定适宜速比。速比过大会导致包辊,速比过小则会吸辊不好,导致空气夹入或制品出现孔洞。适宜的速比要根据物料性质、制品厚度和辊速等确定。膜片由辊筒间压延、传送,最后被引离辊引离下来去后续工序。压延过程中物料受到剪切和拉伸作用,大部分分子链会顺着压延方向取向,导致制品的物理和力学性能各向异性。这种现象称为压延效应,其程度随辊筒转速、辊间速比、辊筒余料及物料的表面粘度的增加而增加,随辊筒温度和辊间距的增加而减少。压延物料所需的热量,一部分由加热辊筒供给,一部分由物料与辊筒摩擦以及物料自身剪切作用而产生。产生摩擦热的大小除与速比有关外,还与物料的粘度有关。辊速越大,剪切力越大,摩擦热越大。辊温要视辊速、速比及物料粘度的大小进行合理控制。

7. 连　接

(1) 热熔连接

热熔连接指利用电热、热气或摩擦热将塑料件连接面加热熔融,然后叠合,加上足够的压力,直到冷却凝固(热固性塑料不能用此法连接)的工艺。大多数热塑性塑料在加热至 230～280 ℃就可熔融并自行粘在一起,或能粘于金属、陶瓷及玻璃材料上。

图 7-14 为热气摆动焊示意图。

(2) 溶剂粘接

在两个被粘接塑料件表面涂以适当溶剂,使该表面溶胀、软化,再加以适当的压力使粘接面贴紧,溶剂挥发后两个塑料零件便粘接成一体。该工艺即为溶剂粘接。

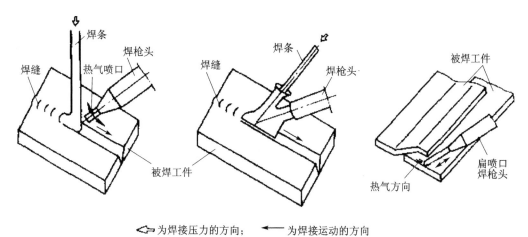

为焊接压力的方向; ← 为焊接运动的方向

图 7 - 14 热气摆动焊

（3）胶 接

胶接是利用胶粘性能强的胶粘剂,如环氧胶粘剂、酚醛胶粘剂等将不同品种的塑料或塑料与其他材料连成一体的方法。大多数塑料都可用胶接,而此工艺又是热固性塑料的唯一粘接方法。

7.2 陶瓷材料成型工艺

现代陶瓷材料主要是一些金属或非金属的氧化物、氮化物、碳化物及硼化物等。陶瓷材料制品的生产过程与粉末冶金制品类似。

7.2.1 陶瓷材料的成型

陶瓷制品的生产过程主要包括配料、成型、烧结 3 个阶段。烧结是通过加热使粉体产生颗粒粘结,经过物质迁移使粉体产生高强度并导致致密化和再结晶的过程。陶瓷的显微组织及相应的性能都是经烧结后产生的。烧结过程直接影响晶粒尺寸与分布、气孔尺寸与分布等显微组织结构。

陶瓷坯体成型就是将坯料用各种不同的工艺方法制成具有一定形状和尺寸的坯体的过程。

1. 模压成型

模压成型是工程陶瓷生产中常用的成型方法,根据陶瓷粉料中所含水分或溶剂的多少,又分干压和半干压两种。模压成型工艺简单、操作方便、生产效率高,有利于连续生产,同时得到的坯体密度高、尺寸精确、收缩少、制成品性能好;但模具加工复杂、寿命短、成本高。此外单向或双向加压将造成坯体密度分布不均匀,收缩时易产生开裂和分层现象。

模压成型是将粉料装入钢模内,通过模冲对粉末施加压力,压制成具有一定形状和尺寸的压坯的成型方法。卸模后将坯体从阴模中脱出。模压成型加压方式有单向加压和双向加压两种,图 7 - 15 所示为加压方式对坯体的密度的影响。在压制过程中,颗粒移动与颗粒重排在颗粒之间,颗粒与模壁之间产生摩擦力,这种摩擦力阻碍压力的传递,离加压面越远的坯体受到的压力越小,密度越低。密度的不均匀会造成烧成时坯体各部位收缩的不一致,引起产品变形与开裂。故常采用双向压制并在粉料中加入少量有机润滑剂(如油酸)的方法,有时加入少量粘结剂以增强粉料的粘结力。该方法一般适用于形状简单、尺寸较小的制品。

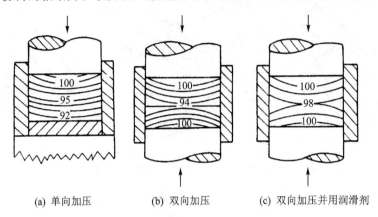

(a) 单向加压   (b) 双向加压   (c) 双向加压并用润滑剂

图 7 - 15   加压方式对坯体密度的影响

模压成型必须具备一定功率的加压设备,模具的制作工艺要求较高,成型的坯体结构具有明显的各向异性,在成瓷烧结时,侧向收缩特别大,其力学和电性能也较差。另外,它不适用于形状复杂的陶瓷制品的成型。

2. 注浆成型

这种成型方法是将陶瓷颗粒悬浮于液体中,然后注入多孔质模具,由模具的气孔把料浆中的液体吸出,而在模具内留下坯体。图 7 - 16 所示为注浆成型过程。

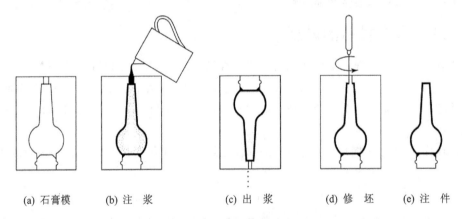

(a) 石膏模   (b) 注 浆   (c) 出 浆   (d) 修 坯   (e) 注 件

图 7 - 16   注浆成型过程

注浆成型的工艺过程包括料浆制备、模具制备和料浆浇注 3 个阶段。料浆制备是关键工序,其要求是:具有良好的流动性,足够小的粘度,良好的悬浮性,足够的稳定性等。最常用的模具为石膏模,近年来也有用多孔塑料模的。料浆浇注入模并吸干其中液体后,拆开模具取出注件,去除多余料,在室温下自然干燥或在可调湿装置中干燥。

该成型方法可制造形状复杂、大型薄壁的制品。另外,金属铸造生产的型芯使用、离心铸造、真空铸造、压力铸造等工艺方法也被应用于注浆成型,并形成了离心注浆、真空注浆、压力注浆等方法。离心注浆适用于制造大型环状制品,而且坯体壁厚均匀;真空注浆可有效去除料浆中的气体;压力注浆可提高坯体的致密度,减少坯体中的残留水分,缩短成型时间,减少制品缺陷,是一种较先进的成型工艺。

3. 热压铸成型

这种成型方法是利用蜡类材料热熔冷固的特点,把粉料与熔化的蜡料粘合剂迅速搅和成具有流动性的料浆,在热压铸机中用压缩空气把热熔料浆注入金属模,冷却凝固后成型。热压铸成型适用于以矿物原料、氧化物、氮化物等为原料的新型陶瓷的成型,尤其对外形复杂、精密度高的中小型制品更为适宜。这种成型操作简单,模具损失小,可成型复杂制品,但坯体密度较低,生产周期长。热压铸成型的缺点是,工序较繁,耗能大,工期长,对于壁薄、大而长的制品不宜采用。

热压铸时蜡浆的温度直接影响蜡浆的粘度和可注性。对形状复杂、薄壁、大型产品,蜡浆温度要高些,蜡浆的温度一般在65~75 ℃。模型温度与坯体冷却凝固的速度、质量有关,形状复杂、薄壁产品的模具温度要高,模具温度一般在20~30 ℃。此外,成型时的气体压力和保压时间也是十分重要的成型工艺参数,参数的选取与蜡浆粘度和流动性、坯体的形状和大小以及壁的薄厚有关。

由于热压铸含蜡量高,石蜡在高温的软化会引起坯体的变形,石蜡的流动与挥发又将使得坯体失去固有的形状,因此必须在低于烧结温度时将石蜡排除,并保持坯体的固有形状。将坯体埋入疏松的吸附剂中,常用的吸附剂为煅烧过的 Al_2O_3、MgO、滑石粉或石英粉。吸附剂包围着坯体,使坯体不致变形,同时吸附液体石蜡。在 60~100 ℃时石蜡的熔化会造成坯体的体积膨胀,这阶段要保持一段时间的恒温,使石蜡缓慢并充分熔化;在 100~300 ℃范围内,石蜡向吸附剂中渗透扩散并蒸发,这个阶段的升温速度要充分缓慢并充分保温,以保证坯体体积变化均匀,避免起泡、分层或脱皮;石蜡一般在 200~600 ℃时被烧掉,放慢升温速度可防止坯体开裂;排蜡最终温度一般为 900~1 100 ℃,陶瓷粉料颗粒之间有一定的烧结现象出现,坯体具有一定的强度,但最终排蜡温度过高有时会使坯体表面产生严重粘结,难以得到光滑的制品表面;排蜡后的坯体要清除表面吸附剂。

4. 注射成型

将粉料与有机粘接剂混合后,加热混炼,制成粒状粉料,用注射成型机在130~300 ℃温度下注射入金属模具中,冷却后粘接剂固化,取出坯体,经脱脂后就可按常规工艺烧结。这就是注射成型。这种工艺成型简单,成本低,压坯密度均匀,适用于复杂零件的自动化大规模生产。

在注射成型方法中,需要非常精确地控制成型温度,同时成型后需对坯体进行长时间低温加热处理,以脱排树脂等粘合剂。为了避免脱排树脂的麻烦,也有研究采用冷冻注射成型法。使用该方法时,不添加任何粘合剂,将用水混匀的坯料注射到用液氮冷却的金属模具中,冻结固化后脱模,然后干燥,得到坯体。冷冻成型法目前存在的主要问题是坯体强度不高,干燥时易变形开裂。

成型后的陶瓷坯体在烧结前必须要经过干燥(脱水)或脱脂排蜡处理,以提高坯体强度,缩短烧结周期,避免烧结缺陷,提高产品质量。

7.2.2　陶瓷坯体的烧成

1. 陶瓷坯体烧结过程

陶瓷生坯中颗粒之间的附着力小,干燥强度相当低。烧成是指坯体在高温下发生一系列物理化学变化,使颗粒相互结合并逐渐致密化,形成预期的矿物组成和纤维结构及较高强度的过程。而烧结仅仅指通过加热使粉体产生颗粒粘结,经过物质迁移使粉体产生高强度并导致致密化和再结晶的物理过程。烧结只是陶瓷烧成过程的一个重要组成部分。

陶瓷烧结过程如图 7 - 17 所示。

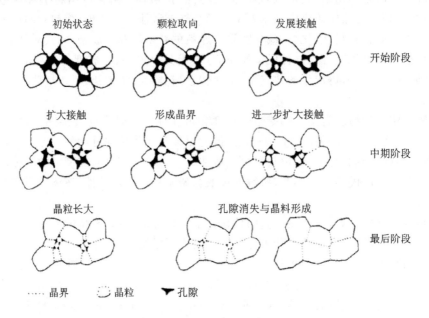

初始状态　　颗粒取向　　发展接触　　开始阶段

扩大接触　　形成晶界　　进一步扩大接触　　中期阶段

晶粒长大　　孔隙消失与晶料形成　　最后阶段

······ 晶界　　晶粒　　▼ 孔隙

图 7 - 17　陶瓷烧结过程示意图

(1) 坯体中的水分蒸发阶段(室温~300 ℃)

陶瓷坯体在这个阶段主要发生物理变化,即排除干燥中所没有排掉的残余水分及少量的粘土矿物层间水。随着水分的排除,颗粒紧密靠拢,坯体略有收缩。

(2) 氧化分解和晶型转化阶段(300~900 ℃)

在这一阶段,坯体发生复杂的物理化学变化,包括矿物结构水的排除、坯釉料某些组分与杂质的氧化还原反应,以及多晶转变及少量液相生成等。此阶段坯体的质量急剧减少,气孔率增加,坯体强度逐渐提高。

(3) 高温阶段(950 ℃~烧成温度)

此阶段继续发生氧化和排水、液相生成及新相的形成,以及新相的重结晶和坯体烧结。该阶段的特点是液相填充坯体空隙,晶粒相互靠拢并重排,最终坯体达到致密化的烧结状态。

(4) 冷却阶段(烧成温度~室温)

烧成完成后,陶瓷产品要在严格控制的冷却速率下冷却到室温。冷却过程中的主要物理变化是坯体中液相转变为固相,并因结构变化产生一定的应力。随着冷却的不断进行,产品具有所要求的物理化学性能。

成型后的陶瓷坯体中经常含 20%~50% 的孔隙率。在烧成过程中,气孔排除,体积收缩等于排除的气孔体积,使用预烧过的原料可以减少收缩量。如果烧成进行到完全致密化,则会产生百分之几十的体积收缩和相当大的线收缩,这样大的收缩难以保证烧结后制品的尺寸精度。同时在烧成时,坯体不同部位所产生的不同收缩所引起的翘曲或扭曲是比较严重的问题,如图 7 - 18 所示。非均匀收缩甚至会引起裂纹的产生。

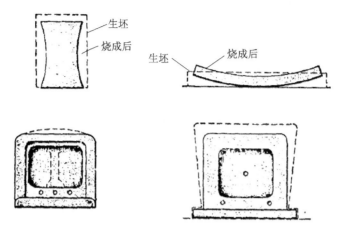

图 7 - 18　烧成收缩与变形

消除不均匀烧结收缩以及由不均匀收缩造成的扭曲和变形,可以从 3 方面考虑:

① 改变成型方法,以获得坯体的密度均匀性;

② 通过外形工艺设计补偿或抵消变形;

③ 通过正确的装炉方式以消除不均收缩。

2. 烧成制度

烧成制度主要包括烧制温度制度、气氛制度和压力制度,这 3 个制度之间相互影响,密切相关。影响陶瓷性能的关键是温度制度和气氛制度。烧成制度是根据陶瓷坯料的组成和性质,坯体的形状、大小和厚薄,以及烧结方法等因素确定的。

3. 烧结方法

普通陶瓷常用传统无压烧结方法。无压烧结主要采用电加热法。电加热发热体根据不同要求有 3 种:耐热合金电阻丝,最高加热温度为 1 100 ℃,一般使用温度≤1 000 ℃;碳化硅电阻棒,最高加热温度为 1 550 ℃,一般使用温度≤1 450 ℃,二硅化钼电阻棒,在氧化性气氛中最高使用温度为 1 700 ℃,一般使用温度≤1 600 ℃,在还原性气氛中 1 700 ℃ 可较长时间使用;石墨发热体在非氧化性气氛中可使用最高温度达 2 000 ℃。无压烧结法简单易行,温度制度便于控制,适用于不同形状、大小坯件的烧制。

传统无压烧结方法无法获得极高的升温速度,而采用等离子体烧结可获得极高的升温速率。等离子体烧结是指利用气体放电时形成的高温和电子能量以及可控气氛对材料进行烧结。等离子体放电区温度达数千度,气体部分以离子状态存在。坯件在放电区受到强对流传热和各种组分（离子、原子、电子等）在表面处冲击、复合而得以加热。由于等离子体温度高,热流量大,故升温速度高,最高可达 100 ℃/s。随温度升高坯件表面的辐射程度加剧,最终可达到某一加热与热损失的平衡并保持一定温度。一般的试样可达 1 600～1 900 ℃ 的温度。等离子体烧结技术是一种先进的无压快速高温烧结技术。目前,等离子体烧结技术已成功用于各种精细陶瓷,如 Al_2O_3、$Y_2O_3 - ZrO_2$、MgO、SiC 等的烧结。

特种陶瓷通常可采用热压烧结、微波烧结、自蔓延烧结等新技术。

7.2.3　陶瓷烧结后的处理

烧结后的陶瓷，由于其表面状态、尺寸偏差、使用要求等的不同，需要进行一系列的后续加工处理。常见的处理方式主要有表面施釉、加工及表面金属化等，现分述如下。

1．陶瓷表面的施釉

陶瓷的施釉是指通过高温方式，在瓷件表面烧附一层玻璃状物质使其表面具有光亮、美观、致密、绝缘、不吸水、不透水及化学稳定性好等优良性能的一种工艺方法。按其功能的差别可以分为装饰釉、粘合釉、光洁釉等。

釉的功能比较多，除了一些直观效果外，还有：

① 提高瓷件的强度与耐热冲击性能；

② 防止工件表面的低压放电；

③ 使瓷件的防潮功能提高。

另外，色釉料还可以改善陶瓷基体的热辐射特性。

施釉工艺包括釉浆制备、涂釉、烧釉 3 个过程。按配方称料后，加入适量的水湿磨，出浆后采用浸蘸法、浇上法、涂刷法或喷洒等方法使工件附着一层厚薄均匀的釉浆，待烘干后入窑烧成。釉料可以直接涂于生坯上一次烧成，也可以在烧好的瓷件上施涂，另行烧成。

2．陶瓷的加工

烧结后的陶瓷制件，在形状、尺寸、表面状态等方面一般难以满足使用要求。机械加工可以适应尺寸公差的要求，也可以改善表面的光洁度或去除表面的缺陷。机械加工在制造成本中占有的比例较大，因此，应使机械加工减小到最低水平。常用的加工手段有磨削加工、激光加工、超声波加工等。

磨削加工是通过高速旋转的砂轮对工作件进行磨削的。根据砂轮中磨粒大小的不同，磨削机理可以分为切削作用、刻划作用、抛光作用等。磨削加工的方式主要有外圆磨、内圆磨、平面磨、无心磨等，简单的平面磨有时也可在磨盘上进行。使用的磨料主要有碳化硅类磨料和人造金刚石磨料。碳化硅的硬度比刚玉高，导热性好，成本较低，是用量较多的、理想的磨料。金刚石是目前已知的材料中硬度最大的一种，其刃角非常锋利，适用于加工一些难以加工的超硬材料。它具有磨削性能好、切削效率高、磨削力小、磨削温度低等优点。

激光的能量较高，当照射到被加工表面时，光能被吸收并转化成热能，使激光照射区域的温度迅速升高以至于使材料气化，在表面形成凹坑。增加激光的照射时间就可以实现表面加工或切割作用。激光加工的用途主要有打标、打孔、切割、焊接、表面热处理等。

超声波加工是利用超声波使磨料介质在加工部位的悬浮液中振动，撞击和磨削被加工表面的。利用超声波可以加工各种硬脆材料，如玻璃、陶瓷、石英、金刚石等。超声波加工切削力小，不会产生较大的切削应力和较高的切割温度，因此不易产生变形及烧伤，被加工表面光洁度较好，并可以加工薄壁件。

其他的加工方法还有热锻、热挤、热轧、化学刻蚀（化学加工）、放电加工（EDM）等。

3．陶瓷的金属化与封接

为了满足电性能的需要或实现陶瓷与金属的封接，需要在陶瓷表面牢固地涂敷一层金属薄膜，该过程就叫做陶瓷的金属化。常见的陶瓷金属化方法有 3 种，即被银法、钼锰法和电镀锡法。被银法一般用于制作电容器、滤波器、压电陶瓷等电子元器件的电极或电路基片的导电网络。

陶瓷材料常常要与其他材料配合使用,于是就导致陶瓷与其他材料尤其是金属材料的封接技术的发展。该技术最早用于电子管中,目前使用范围日益扩大。除用于电子管、晶体管、集成电路、电容器、电阻器等元件外,还用于微波设备、电光学装置及高功率大型电子装置中。陶瓷与金属的封接形成主要有对封、压封、穿封等。从封装材料、工艺条件可将封接分成玻璃釉封接、金属化焊料封接、活化金属封接、激光焊接、烧结金属粉末、固相封接等。封接物之间膨胀系数的匹配是封接质量的保证。一般认为两者的膨胀系数差别在 $-2\times10^{-7}\sim2\times10^{-7}/℃$ 之内,封接处有良好的热稳定性;若两者的膨胀系数差别大于 $4\times10^{-6}/℃$,封接效果就会变差。当然,封接效果还与封接层厚度有关,封接层厚度越大,允许的膨胀系数差别就越大。

7.3　复合材料的成型工艺

7.3.1　聚合物基复合材料的成型工艺

聚合物基复合材料(亦称树脂基复合材料)是目前应用最广泛、消耗量最大的一类复合材料,该类材料主要以纤维增强的树脂为主,如玻璃纤维-树脂复合材料(通常称为玻璃钢)、碳纤维-树脂复合材料(也称碳纤维增强复合材料)、碳化硅纤维-树脂复合材料、芳纶(Kevlar)纤维-树脂复合材料。

聚合物基复合材料成型工艺主要有糊制成型、模压成型、缠绕成型、RTM 成型等。

1. 糊制成型

聚合物基复合材料的糊制成型可分为两种方法,即手糊成型和喷射成型。手糊成型先在经清理并涂有脱模剂的模具上均匀刷上一层树脂,再将纤维增强织物按要求裁剪成一定形状和尺寸,直接铺设到模具上,并使其平整。多次重复以上步骤逐层贴贴,制成坯件,然后固化成型,最后脱模得到复合材料制品,其工艺流程如图 7-19 所示。喷射成型是利用喷枪将玻璃纤维及树脂同时喷到模具上成型的工艺方法,如图 7-20 所示。加了引发剂的树脂和加了促进剂的树脂分别由喷枪上两个喷嘴喷出,同时切割器将连续玻璃纤维切成短纤维,由喷枪第 3 个喷嘴均匀地喷到模具表面上,并用小辊压实。

糊制成型主要用于不需加压、室温固化的不饱和聚酯树脂和环氧树脂为基体的复合材料成型。其特点是不需要专用设备,工艺简单,操作方便,但劳动条件差,产品精度低,承载能力差,一般用于使用要求不高的大型制件,如船体、储罐、大口径管道、汽车部件等。

(1) 材料选择

1) 原材料选择

合理选择原材料是满足产品设计要求,保证产品质量,降低成本的重要前提。

手糊成型工艺用树脂类型主要有不饱和聚酯树脂,用量约占各类树脂的 80%,其次是环氧树脂。目前在航空结构制品上开始采用湿热性能和断裂韧性优良的双马来酰亚胺树脂,以及耐高温耐辐射和良好电性能的聚酰亚胺等高性能树脂,它们须在较高压力和温度下固化成型。

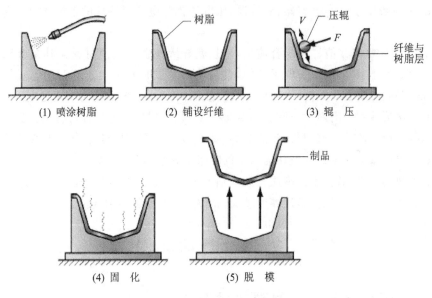

(1) 喷涂树脂　　　　(2) 铺设纤维　　　　(3) 辊　压

(4) 固　化　　　　(5) 脱　模

图 7 - 19　　手糊成型示意图

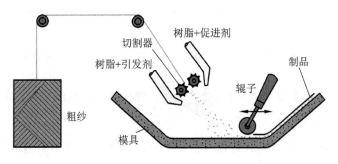

图 7 - 20　　喷射成型示意图

2) 增强材料的选择

增强材料的主要形态为纤维及其织物,它赋予复合材料以优良的力学性能。手糊成型工艺用量最多的增强材料是玻璃纤维及其织物,如无碱纤维、中碱纤维、有碱纤维、玻璃纤维无捻粗纱、短切纤维毡、无捻粗纱布、玻璃纤维细布和单向织物等,少量有碳纤维、芳纶纤维和其他纤维。

3) 脱模剂的选择

为使制品与模具分离而附于模具成型面的物质称为脱模剂。其作用是使制品顺利地从模具上取下来,同时保证制品表观质量和模具完好无损。

(2) 糊制成型模具的设计与制造

模具是糊制成型工艺中唯一的重要设备,合理设计和制造模具是保证产品质量和降低成本的关键。手糊成型模具分单模和对模两类。单模又分阳模和阴模两种,如图 7 - 21 所示。无论单模和对模,又都可以根据需要设计成整体式或拼装式。拼装式模具是将模具设计成几块拼装,以保证结构复杂的制品脱模便利。

目前应用最普遍的模具材料是玻璃钢。玻璃钢模具制造方便,精度较高,使用寿命长,制品可加温加压成型,尤其适用于表面质量要求高,形状复杂的玻璃钢制品。随着高光洁度表面

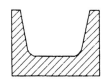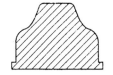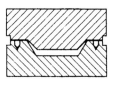

图 7-21 手糊成型模具分类

的玻璃钢制品要求量的不断增多,"镜面效果"的高光泽度、高平整度手糊品的玻璃钢模具制造技术已日益被人们所重视。可供选用的其他模具材料还有:木材、石膏-砂、石蜡、可溶性盐、金属等。

(3) 原材料准备

1) 胶液准备

根据产品的使用的要求确定树脂种类,并配制树脂胶液。胶液的工艺性是影响手糊制品质量的重要因素。胶液的工艺性主要指胶液粘度和凝胶时间。

2) 增强材料准备

手糊成型所用的增强材料主要是布和毡。为提高它们同基体的粘结力,增强材料必须进行表面处理。裁剪布时,对于结构简单的制件,可按模具型面展开图制成样板,按样板裁剪。对于结构形状复杂的制品,可将制品型面合理分割成几部分,分别制作样板,再按样板裁剪。

3) 胶衣糊准备

胶衣糊是用来制作表面胶衣层的。胶衣树脂种类很多,例如耐水性、自熄性、耐热型、柔韧耐磨型等,应根据使用条件进行选择。

(4) 糊 制

1) 刷胶衣

胶衣层不宜太厚或太薄,太薄起不到保护制品作用,太厚容易引起胶衣层龟裂。胶衣层厚度控制在 $0.25\sim0.5$ mm,或者用单位面积用胶量控制,即为 $300\sim500$ g/m²。

胶衣层通常采用涂刷和喷涂两种方法制得。胶衣一般涂刷两遍,必须待第一遍胶衣基本固化后,才能刷第二遍。两遍涂刷方向垂直为宜。涂刷胶衣的工具是毛刷,毛刷毛要短、质地要柔软。刷胶衣时,注意防止漏刷和裹入空气。

喷涂是采用喷枪进行的,喷枪口径为 2.5 mm 时,适宜的喷涂压力为 $0.4\sim0.5$ MPa(枪口压力)。压力过高,材料损耗增大。喷涂方向应与成型面垂直,均匀地按一定速度左右平行移动喷枪进行喷涂。喷枪与喷涂面距离应保持在 $400\sim600$ mm 之间,距离太近,容易产生小波纹及颜色不均。

2) 结构层的糊制

待胶衣层全部凝胶后,即可开始手糊作业,否则易损伤胶衣层。但胶衣层完全固化后再进行手糊作业,又将影响胶衣层与制品间的粘结。正确的做法是:首先应铺放一层较柔软的增强材料,最理想的为玻璃纤维表面毡,形成一层富树脂层,这样既能增强胶衣层(防止龟裂),又有利于胶衣层与结构层(玻璃布)的粘合,同时还可保护制品不受周围介质侵蚀,提高其耐候、耐水、耐腐蚀性能,具有延长制品使用寿命的功能;接着在模具上交替刷一层树脂、铺一层玻璃布,并要排除气泡,如此重复直到设计厚度。

3) 铺层控制

对于外形要求高的受力制品,同一铺层纤维应尽可能连续,切忌随意切断或拼接,否则将严重降低制品力学性能,但往往由于各种原因很难做到。铺层拼接的设计原则是,制品强度损失小,不影响外观质量和尺寸精度,施工方便。拼接的形式有搭接与对接两种,以对接为宜。对接式铺层可保持纤维的平直性,产品外形不发生畸变,并且制品外形和质量分布的重复性好。为不致降低接缝区强度,各层的接缝必须错开,并在接缝区多加一层附加布,如图 7 - 22 所示。

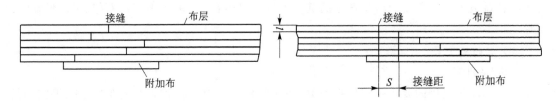

图 7 - 22　各层接缝示意图

4) 铺层一次固化拼接

由于各种原因不能一次完成铺层固化的制品,如厚度超过 7 mm 的制品,若采用一次铺层固化则会使固化发热量大,导致制品内应力增大而引起变形和分层。于是,需两次拼接铺层固化。先按一定铺层锥度铺放各层玻璃布,使其形成"阶梯",并在"阶梯"上铺设一层无胶平纹玻璃布。固化后撕去该层玻璃布,以保证拼接面的粗糙度和清洁。然后再在"阶梯"面上对接糊制相应各层,补平阶梯面,二次成型固化。试验表明,铺层二次固化拼接的强度和模量并不比一次铺层固化的低。

(5) 固　化

手糊制品通常采用常温固化。糊制操作的环境温度应保证在 15 ℃ 以上,温度不高于 80 ℃。低温温度都不利于不饱和聚酯树脂的固化。

制品在凝胶后,需要固化到一定程度才可脱模。常用的简单方法是测定制品巴氏硬度值。一般制品巴氏硬度达到 15 时便可脱模,而尺寸精度要求高的制品,巴氏硬度达到 30 时方可脱模。脱模后继续在高于 15 ℃ 的环境温度下固化或加热处理。手糊聚酯玻璃钢制品一般在成型后 24 h 可达到脱模强度。脱模后再放置一周左右即可使用,但要达到最高强度值,则需要较长时间。试验表明,聚酯玻璃钢的强度增长,一年后方能稳定。

(6) 脱模、修整与装配

当制品固化到脱模强度时,便可进行脱模,脱模最好用木制工具(或铜、铝工具),避免将模具或制品划伤。大型制品可借助千斤顶、吊车等脱模。脱模后的制品要进行机械加工,除去毛边、飞刺,修补表面和内部缺陷。为了防止玻璃钢机械加工时产生粉尘,可采用水或其他液体润滑冷却。装配主要是对大型制品而言的,大型制品往往分几部分成型,机加工后再进行拼装,组装时可用机械连接或胶接。

2. 模压成型

模压成型是一种对热固性树脂和热塑性树脂都适用的纤维复合材料成型方法。将定量的模塑料或颗粒状树脂与短纤维的混合物放入敞开的金属对模中,闭模后加热使其熔化,并在压力作用下充满模腔,形成与模腔相同形状的模压制品,再经加热使树脂进一步发生交联反应而固化,或者冷却使热塑性树脂硬化,脱模后得到复合材料制品,如图 7 - 23 所示。

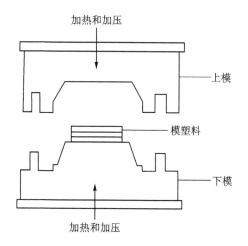

图 7 - 23　模压成型示意图

（1）模压料预热和预成型

为了改善模压料的工艺性能,如增加流动性,便于装模和降低制品收缩率,要对模压料预先进行加热处理。同时提高模压料温度,可缩短固化时间,降低成型压力。经预热的模压料压制的制品,其理化性能和尺寸稳定性均有提高。

模压料预成型是将模压料在室温下预先压成与制品相似的形状,然后再进行压制的方法。预成型操作可缩短成型周期,提高生产率及制品性能。一般在批量生产预混料模压制品、使用多腔模具或有特殊形状和要求的制品时采用这种成型方法。

（2）压　制

在模压过程中,物料宏观上历经粘流、凝胶和硬固 3 个阶段;微观上分子链由线型变成了网状体型结构。这种变化是以一定的温度、压力和时间为条件的。

成型温度包括装模温度、升温速度、最高温度、恒温、降温及后固化温度等。成型温度取决于树脂糊的固化体系、制品厚薄、生产效率和制品结构的复杂程度。制品厚度为 25～35 mm 时,其成型温度为 135～143 ℃,而更薄的制品可在 170 ℃ 左右成型。一般认为,片状模塑料的成型温度在 120～170 ℃ 之间,应避免在高于 170 ℃ 成型,否则在制品上会产生气泡;温度低于 140 ℃,固化时间将增加;温度低于 120 ℃ 时,不能确保基本的固化反应顺利进行。

成型压力随物料的增稠程度、加料面积、制品结构、形状、尺寸的不同而异。形状简单的制品,仅需 1.5～3.0 MPa,形状复杂的制品,如带加强筋、翼、深拉结构等,成型压力可达 14.0～21.0 MPa。

模压成型的固化时间（即保温时间）一般按 40 s/mm 计算。

模压成型工艺有较高的生产效率,制品尺寸准确,表面光洁,多数结构复杂的制品可一次成型,无需有损制品性能的二次加工,制品外观及尺寸的重复性好,容易实现机械化和自动化等优点。模压工艺的主要缺点是模具设计制造复杂,压机及模具投资高,制品尺寸受设备限制,一般只适合制造批量大的中、小型制品。

模压制品主要用做结构件、连接件、防护件和电气绝缘等,广泛应用于工业、农业、交通运输、电气、化工、建筑、机械等领域。由于模压制品质量可靠,在兵器、飞机、导弹、卫星上也都得到了应用。

3. 缠绕成型

将浸渍树脂的连续纤维按一定的规律均匀缠绕在芯模表面,如图 7 - 24 所示,成型后经固化处理获得所需制品,这是制造回转体形状热固性树脂基复合材料制品的基本方法,原则上也适用于热塑性树脂基复合材料的成型加工。

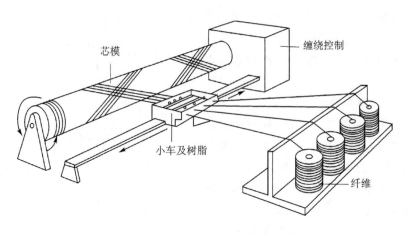

芯模

缠绕控制

小车及树脂

纤维

图 7-24　缠绕成型示意图

利用连续纤维缠绕技术制作复合材料制品时有两种不同的方式可供选择：将纤维或带状织物浸渍树脂后缠绕在芯模上，或者先将纤维或带状织物缠好后再浸渍树脂，目前普遍采用前者。缠绕机类似一部机床，纤维通过树脂槽后，用轧辊除去纤维中多余的树脂。为改善工艺性能和避免损伤纤维，可预先在纤维表面涂敷一层半固化的基体树脂，或者直接使用预浸料。纤维缠绕方式和角度可以通过机械传动或计算机控制。缠绕达到要求厚度后，根据所选用的树脂类型，在室温或加热箱内固化、脱模便得到复合材料制品。

利用纤维缠绕工艺制造压力容器时，一般要求纤维具有较高的强度和模量，容易被树脂浸润；纤维纱的张力均匀和缠绕时不起毛、不断头；所使用的芯模应有足够的强度和刚度，能够承受成型加工过程中各种载荷如缠绕张力、固化时的热应力、自重等，满足制品形状尺寸和精度要求以及容易与固化制品分离。常用的芯模材料有石膏、石蜡、金属或合金、塑料等，也可用水溶性高分子材料，如以聚烯醇做粘结剂粘结型砂成芯模。

用连续纤维缠绕技术制造复合材料制品的优点有：纤维按预定要求排列的规整度和精度高，通过改变纤维排布方式、数量，可以实现等强度设计，能在较大程度上发挥增强纤维抗张性能优异的特点，使制品结构合理，比强度和比模量高，质量比较稳定和生产效率较高等。其主要缺点是设备投资费用大，只有大批量生产时才可能降低成本。连续纤维缠绕法适于制作承受一定内压的中空型容器，如固体火箭发动机壳体、导弹放热层和发射筒、压力容器、大型贮罐、各种管材等。近年来发展起来的异型缠绕技术，可以实现复杂横截面形状的回转体或断面为矩形、方形以及不规则形状容器的成型。

4. RTM 成型

RTM(Resin Transfer Molding)为树脂传递模塑的简称。RTM 是一种闭模成型工艺方法，其基本工艺过程为：将液态热固性树脂(通常为不饱和聚酯)及固化剂，由计量设备分别从储桶内抽出，经静态混合器混合均匀，注入事先铺有玻璃纤维增强材料的密封模内，经固化、脱模后加工成制品。图 7-25 为 RTM 示意图。

RTM 工艺可以生产高性能、尺寸较大、高综合度、数量中等到大量的产品。用于 RTM 工艺的树脂系统主要是通用型不饱和聚酯树脂。增强材料一般以玻璃纤维为主，含量为 25%～40%，常用的有玻璃纤维毡、短切纤维毡、无捻粗纱布、预成型坯和表面毡等。

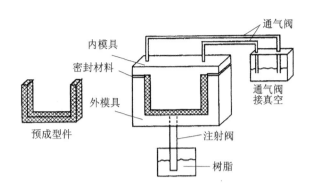

图 7 - 25 RTM 示意图

7.3.2 金属基复合材料的成型

由于金属基复合材料是以金属为基体,以纤维、晶须、颗粒等为增强体的复合材料,其成型过程常常也是复合过程。复合工艺主要有固态法和液态法。

1. 固态法

(1) 粉末冶金法

粉末冶金法是一种用于制备与成型非连续增强体(短纤维、晶须或颗粒)增强金属基复合材料的传统固态工艺方法。它利用粉末冶金原理将增强体与金属粉末按设计要求的比例在适当条件下混合均匀,经压制、烧结得到复合材料预坯,然后进行二次加工成型,或者直接将混合的增强体与金属粉末进行热轧、热挤压成型而获得复合材料制品,如图 7 - 26 所示。该方法的优点是增强体分布均匀且含量精确可控、可调范围大;其缺点是工艺过程复杂,基体材料及设备成本较高。

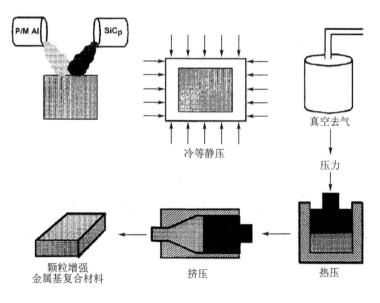

图 7 - 26 金属基复合材料的成型工艺

（2）**热压法**

热压法是制备连续纤维增强金属基复合材料的一种扩散粘结工艺，其过程是将长纤维或其预制丝、织物与基体合金箔按一定规律叠层排布于模具中，然后在惰性气氛或真空中加热加压，借助于组元界面上原子间的相互扩散而制得复合材料，如图 7-27 所示。

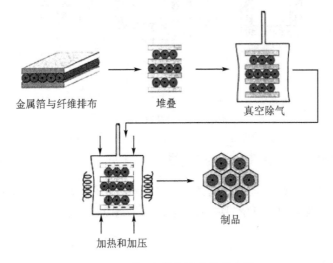

图 7-27　热压-扩散连接法示意图

复合材料的热压温度比扩散焊接的高，但也不能过高，以免纤维与基体之间发生反应，影响材料性能，一般将热压温度控制在稍低于基体合金的固相线。有时为了复合更好，可有少量的液相存在，温度控制在基体合金的固相线和液相线之间。选用压力可在较大范围内变化，但过高容易损伤纤维，一般控制在 10 MPa 以下。压力的选择与温度有关，温度高时压力可适当降低，时间在 10～20 min 即可。热压可以在大气中进行，因为热压模具的密封较好，空气不易进入，有粘接剂时挥发物起保护作用。同时在热压过程中刚性的纤维可使基体的表面氧化膜破坏，使暴露的新鲜表面良好粘结。

热压法是目前制造直径较粗的硼纤维和碳化硅纤维增强铝基、钛基复合材料的主要方法，其产品作为航天飞机主舱框架承力柱、发动机叶片、火箭部件等已得到应用。热压法也是制造钨丝-超合金、钨丝-铜等复合材料的主要方法之一。图 7-28 为钨纤维增强高温合金叶片制备工艺过程示意图。

（3）**热等静压法**

热等静压法也是热压的一种，用惰性气体加压，工件在各个方向上受到均匀压力的作用。热等静压的工作原理及设备简图见图 6-10，即在高压容器内装置加热器，将金属基体（粉末或箔）与增强材料（纤维、晶须、颗粒）按一定比例混合或排布后，或用预制片叠层后放入金属包套中，抽气密封后装入热等静压装置中加热、加压，复合成金属基复合材料。热等静压装置的温度可在数百摄氏度到 2 000 ℃ 范围内选择，工作压力可高达 100～200 MPa。

热等静压制造金属基复合材料工艺过程中温度、压力、保温保压时间是主要工艺参数。温度是保证工件质量的关键因素，一般选择的温度低于热压温度，以防止严重的界面反应。压力根据基体金属在高温下变形的难易程度而定，易变形的金属压力选择低一些，难变形的金属则选择较高的压力。保温保压时间主要根据工件的大小来确定，工件越大保温时间越长，一般为

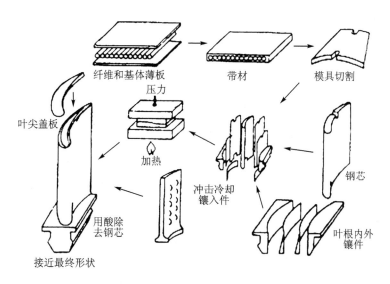

纤维和基体薄板　带材　模具切割

叶尖盖板

压力

加热

冲击冷却
镶入件

用酸除
去钢芯

接近最终形状

钢芯

叶根内外
镶件

图 7 - 28　钨纤维增强高温合金叶片制备工艺过程示意图

30 min 到数小时。

（4）**热轧法**

热轧法主要用来将已复合好的颗粒、晶须、短纤维增强金属基复合材料锭坯进一步加工成板材，也可将由金属箔和连续纤维组成的预制片制成板材，例如铝箔与硼纤维、铝箔与钢丝。为了提高粘结强度，常在纤维上涂银、镍、铜等涂层。轧制时为了防止氧化，常用钢板包覆，如图 7 - 29 所示。与金属材料的轧制相比，长纤维-金属箔轧制时每次的变形量小、轧制道次多。对于颗粒或晶须增强金属基复合材料，先经粉末冶金或热压成坯料，再经热轧成复合材料板材。

2. 液态法

（1）**铸造成型**

铸造成型工艺简单，可成型复杂形状的零件，是金属基复合材料液态法成型的主要工艺。但由于增强相的加入改变了金属熔体的流动性，在普通铸造难以获得致密的铸件时，常采用加压铸造、搅拌铸造等方法。

1）挤压铸造法

挤压铸造法又称高压铸造法，是一种液态金属浸润工艺方法，被认为是制备金属基复合材料最有效的方法之一，是目前批量生产纤维增强金属基复合材料的主要方法。该工艺主要包括两个过程：首先将长纤维、短纤维、晶须或陶瓷颗粒加以合适的粘结剂制成预制块；然后将预制块放入固定在压力机上的预热模具中，注入液态金属后，加压使液态金属渗透预制块并在压

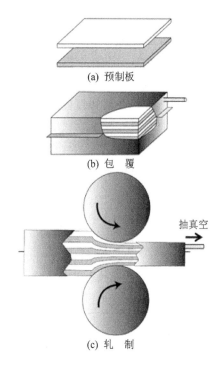

(a) 预制板

(b) 包覆

抽真空

(c) 轧制

图 7 - 29　热轧示意图

力下凝固成复合材料,如图7-30所示。

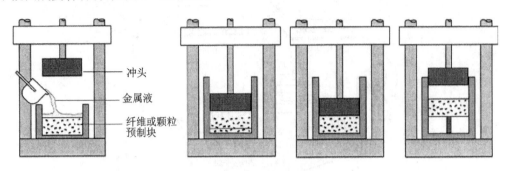

图7-30 挤压铸造示意图

2) 液态金属搅拌铸造法

液态金属搅拌铸造法是一种适合于工业规模生产颗粒增强金属基复合材料的主要方法,工艺过程简单,制造成本低廉。这种方法的基本原理是将颗粒直接加入到基体金属熔体中,如图7-31所示,通过一定方式的搅拌使颗粒均匀地分散在金属熔体中并与之复合,然后浇铸成锭坯、铸件等。

(2) 喷射沉积法

喷射沉积法是一种在金属雾化沉积法基础上发展起来的用于制备颗粒增强金属基复合材料的新工艺。该方法结合了粉末冶金和快速凝固的技术特点,在特制的装置内利用惰性气体的推动作用将液态金属和颗粒一起喷射到沉积器上而得到复合材料,如图7-32所示。这样得到的复合材料具有材料致密度高、颗粒分布均匀、生产效率高等特点,并可以直接生产各种规格的型材,如空心管、板、锻坯或挤压坯等。

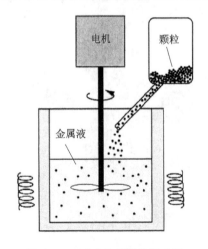

图7-31 液态金属搅拌示意图

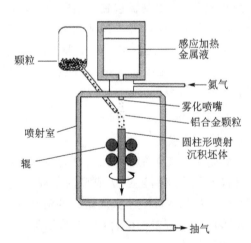

图7-32 喷射沉积法示意图

喷射沉积法包括基体金属熔化、液态金属雾化、颗粒加入及与金属雾化流的混合、沉积和凝固等工艺过程。主要工艺参数有:熔融金属温度,惰性气体压力、流量、速度,颗粒加入速度,沉积底板温度等,这些参数都十分敏感地影响复合材料的质量。不同的金属基复合材料有各自的最佳工艺参数组合,必须十分严格地加以控制。

（3）定向凝固法

定向凝固法制造定向凝固共晶复合材料是在共晶合金凝固过程中，通过控制冷凝方向，在基体中生长出排列整齐的类似纤维的条状或片层状共晶增强材料，而得到金属基复合材料的一种方法，如图 7 - 33 所示，也称为原位自生成法。控制不同的工艺参数，纤维状共晶的尺寸可在 1 μm 到几百微米范围内变化，含量范围为百分之几到 20％。一般而言，共晶组织长成纤维还是棒状主要取决于其体积分数与第二相的界面能。作为一种有效的增强材料希望共晶以杆状而不是片层状出现，这就要求在液相中有大的热梯度及低的共晶生长速率。大的热梯度和低的生长速率也有助于含有杂质和添加合金元素后的共晶定向凝固生长。

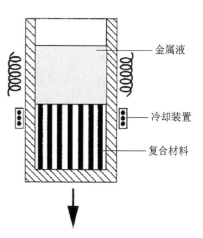

图 7 - 33　定向凝固法示意图

定向凝固共晶复合材料主要是作为高温结构材料研制的，如发动机叶片和涡轮叶片用材料，不但要求共晶有好的高温性能，而且基体也应该有优良的高温性能。镍基、钴基定向凝固共晶复合材料已得到应用，其增强材料主要是耐热性好、热强度高的金属间化合物。

定向凝固共晶复合材料存在的主要问题是：为了保证对微观组织的控制，需要非常慢的共晶生长速率，材料体系的选择和共晶增强材料的体积分数有很大的局限性。这些问题影响了进一步的研究及这种材料的应用。

（4）连　　接

金属基复合材料连接工艺包括固相扩散结合、钎焊、熔焊等。机械连接和胶接也是金属基复合材料的有效连接方法。

由于金属基复合材料的基体是一些塑性、韧性好的金属，而增强相往往是一些高强度、高模量、高熔点、低密度和低热膨胀系数的非金属纤维或颗粒，所以焊接这类材料时，除了要解决金属基体的结合外，还涉及金属与非金属的结合，有时甚至会遇到非金属之间的结合，如图 7 - 34 所示。因此，金属基复合材料的焊接应注意以下几个方面的问题。

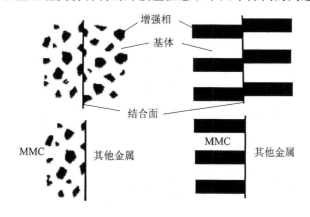

图 7 - 34　金属基复合材料连接界面示意图

1) 化学相容性

复合材料中金属基体与增强相之间,在较大的温度范围内是热力学不稳定的,焊接时加热到一定温度可能会发生反应,生成脆性化合物,极大地降低了接头的性能。若采用熔化焊,则由于增强相的存在,使焊接时的熔化过程和熔池中的物理和化学过程也会发生了很大的变化。

2) 物理相容性

当基体与增强相的熔点相差较大时,采用熔焊。熔池中存在大量未熔增强相使其粘度增加、流动性变差,结晶方式变得复杂,增加了接头的缺陷敏感性。当增强相与基体的线膨胀性相差较大时,在焊接的加热和冷却过程中会产生很大的内应力而导致界面的脱开。

3) 液态金属凝固时增强相的偏析

在熔池凝固过程中,未熔增强相质点在凝固前沿集中偏聚,增强相的分布状态被破坏,降低接头的性能。

4) 增强纤维的连续性

纤维增强的金属基复合材料焊接接头焊缝区及近缝区纤维的连续性会遭到破坏,从而使接头的强度远低于母材。

由此可见,金属基复合材料焊接过程的高温、高压、熔融状态对焊接质量有很大的影响,因此,对金属基复合材料而言,非熔化焊明显优于熔焊。

7.3.3　陶瓷基复合材料的成型

陶瓷基复合材料的成型方法分为两类。一类针对短纤维、晶须、晶片和颗粒等增强体,基本采用传统的陶瓷成型工艺,如粉末冶金法和化学气相渗透法;另一类针对连续纤维增强体,如浆料浸渍后热压烧结法和化学气相渗透法。一般而言,晶须与颗粒的尺寸均很小,只是几何形状上有些区别,用它们进行增韧的陶瓷基复合材料的制造工艺基本相同。这种复合材料的成型工艺比长纤维复合材料简便得多,其成型工艺类似于陶瓷材料。这里分别介绍几种常用的陶瓷基复合材料的成型方法。

1. 粉末冶金法

粉末冶金法也称压制烧结法或混合压制法。该方法将长纤维切短(<3 mm),然后分散,并与基体粉末混合,再用热压烧结的方法制得高性能的复合材料。这种短纤维增强体在与基体粉末混合时取向是无序的,但在冷压成型及热压烧结的过程中,短纤维由于在基体压实与致密化过程中沿压力方向转动,所以导致了在最终制得的复合材料中,短纤维沿加压面择优取向,这也就产生了材料性能上一定程度的各向异性。这种成型方法的纤维与基体之间的结合较好,是目前采用较多的方法。

2. 浆料浸渍法

浆料浸渍法适用于长纤维。首先把纤维编织成所需形状,然后用陶瓷泥浆浸渍,干燥后进行焙烧。这种方法的优点是纤维取向可自由调节,如前面所述的单向排布及多向排布等;缺点则是不能制造大尺寸的制品,而且所得制品的致密度较低。

图 7-35 所示为浆料浸渍-热压工艺流程。

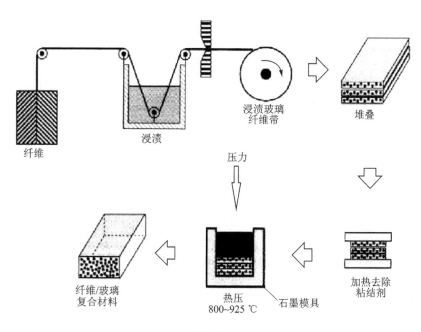

图 7 - 35　浆料浸渍-热压工艺流程

3. 液相浸渍法

液相浸渍法是使熔融的陶瓷在压力作用下渗透增强材料坯体来获得陶瓷基复合材料的制备工艺,如图 7 - 36 所示。这种工艺类似于聚合物基复合材料成型中的树脂传递模塑工艺(RTM),差别在于基体材料不同。以这种方法成型陶瓷基复合材料的主要优点是工艺简单;不足之处是熔融的陶瓷温度较高,容易与增强材料之间发生化学反应。为防止冷却收缩过程中产生裂纹,要尽量选择热膨胀系数相近的增强材料和基体。

4. 化学气相浸渍法

化学气相浸渍法(简称 CVI 法)是在化学气相沉积(CVD)法基础上发展起来的。CVI 法把反应物气体浸渍到多孔预制件的内部,使之发生化学反应并进行沉积,从而形成陶瓷基复合材料。根据坯体加热、反应气体与坯体的接触形式可以将 CVI 分成 5 种类型,如图 7 - 37 所

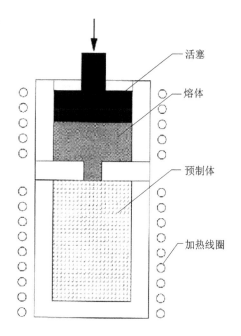

图 7 - 36　液相浸渍法制备陶瓷基复合材料示意图

示,分别为均匀等温工艺(Ⅰ型)、热梯度工艺(Ⅱ型)、均匀等温强制流动工艺(Ⅲ型)、热梯度强制流动工艺(Ⅳ型)和脉冲流动工艺(Ⅴ型)。最具代表性的是等温 CVI 法(ICVI)和热-压力梯度 CVI 法(FCVI)。

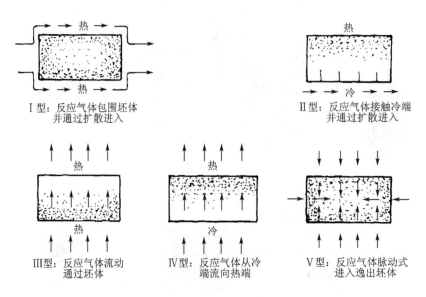

图 7-37　CVI 的 5 种类型

ICVI 法又称静态法，是将被浸渍的部件放在等温的空间，反应物气体通过扩散渗入多孔预制件内，发生化学反应并沉积，而副产物气体再通过扩散向外散逸的过程。图 7-38 为ICVI法示意图。CVI 法的优点是可制备硅化物、碳化物、氮化物、硼化物和氧化物等多种陶瓷基复合材料，并可获得优良的高温力学性能。在制备复合材料方面最显著的优点是能在较低温度下制备材料，如在 800～1 200 ℃制备 SiC 陶瓷，而传统的粉末冶金法其烧结温度在2 000 ℃以上。由于 CVI 法制备温度较低及不需外加压力，因此，材料内部残余应力小，纤维几乎不受损伤。CVI 的主要缺点是生长周期长，效率低，成本高，材料的致密度也低，一般都存在10%～15%的孔隙率。

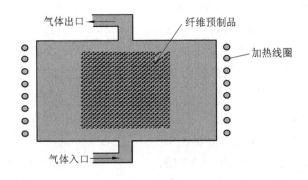

图 7-38　ICVI 法示意图

图 7-39 为 FCVI 方法原理图。纤维预制体一端被加热，而另外一端被水冷，反应气体从表面进入，再加上压差的作用，反应气体被强制通过预制体进入热端逸出。沉积也是从热端逐渐开始向外表面进行的。这种工艺可获得致密的复合材料，材料内部密度梯度小，大量反应气体得到充分利用，沉积效率大大提高。FCVI 工艺很适于制备形状简单、厚度较大或中空的筒形制件。

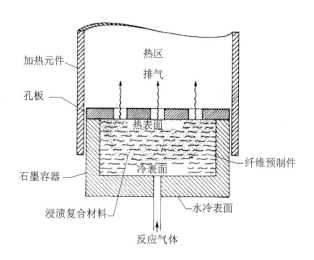

图 7 - 39　FCVI 方法原理图

5. 聚合物浸渍裂解法

聚合物浸渍裂解法(PIP)是利用有机高分子材料的流动性、成型性及结构可设计等特点，使高分子材料在高温下裂解转化成无机陶瓷的一种方法。该方法不仅具有材料结构可设计性好的优点，而且可获得成分均匀、纯度高的陶瓷基体，特别适用于制造形状复杂(如膜、纤维、异形体等)的陶瓷材料。

应用聚合物浸渍裂解法制备纤维增强陶瓷基复合材料的过程如图 7 - 40 所示。首先将纤维编织成所需形状，然后浸渍聚合物先驱体，将浸有聚合物先驱体的工件在惰性气体保护下升温，使所浸含的聚合物先驱体发生裂解反应，所生成的固态产物存留于纤维编织缝隙中，形成陶瓷基体。为提高裂解产物密度，可反复浸渍—裂解—再浸渍—再裂解，如此循环直至达到要求的基体含量。应用 PIP 法生产纤维增强陶瓷基复合材料的流程如图 7 - 41 所示。

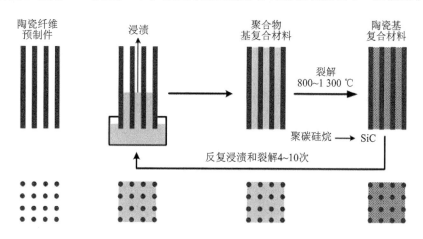

图 7 - 40　聚合物浸渍裂解法示意图

聚合物浸渍裂解法也可用于晶须与颗粒增韧陶瓷基复合材料的制备。

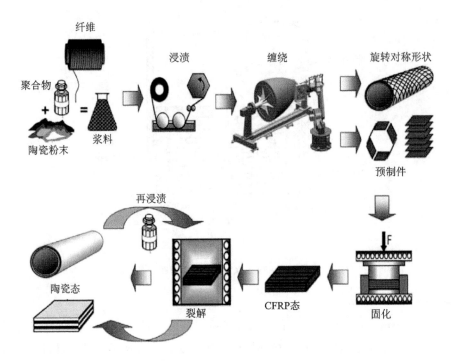

图 7 - 41　PIP 工艺流程

思考题

1. 在恒定外力作用下,随着温度的变化,非晶态高聚物形态是如何变化的?

2. 聚合物有哪些成型性能? 如何提高聚合物的成型性能?

3. 分析单螺杆挤出成型过程中聚合物的熔融过程。

4. 分析注塑成型、挤出成型、模压成型的主要异同点。

5. 注塑成型工艺过程包括哪些内容? 如何确定注塑成型工艺条件?

6. 何谓吹塑成型? 吹塑成型可分为哪几种类型?

7. 陶瓷粉料在压制成坯体的过程中有哪些变化? 影响坯体密度的因素有哪些?

8. 陶瓷的成型方法有哪些? 各自有何特点?

9. 分析注浆成型的工艺过程及应用范围。

10. 简述陶瓷机械加工的主要加工方法及特点。

11. 聚合物基复合材料的手糊成型有何特点? 它适合于哪些制品的成型?

12. 模压成型工艺按成型方法可分为哪几种? 各有何特点?

13. 纤维缠绕工艺的特点是什么? 适于何类制品的成型?

14. 何谓树脂传递模塑(RTM)?

15. 金属基复合材料成型主要方法有哪几种?

16. 如何用扩散粘结工艺制备连续纤维增强金属基复合材料？

17. 分析金属基复合材料的连接特点。

18. 常用的陶瓷基复合材料(CMC)成型工艺有哪些？

19. 什么是化学气相渗透法(CVI)？它有何特点？

20. 分析聚合物浸渍裂解法(PIP)制备纤维增强陶瓷基复合材料的过程。

21. 调研复合材料成型技术在飞机结构制造中的应用。

第8章 工程材料的表面技术

工程材料除要求具有一定的结构性能以外,还需要具有各种表面性能。结构性能一般涉及强度、刚度、韧性、稳定性等指标,而表面性能通常是指耐蚀、耐磨、润滑、电磁波吸收与反射、热吸收与辐射等。单一材料很难满足结构性能和表面性能的综合要求,因此需要采用表面技术。

8.1 概 述

8.1.1 工程结构对材料表面性能的要求

1. 耐高温性

航天结构遇到的主要问题之一是高热流、高焰流和超高温,这对材料提出了十分苛刻的要求。如火箭发动机的尾喷管内壁和燃烧室不仅要承受 2 000～3 300 ℃的高温,还要同时经受巨大的热焰流的冲击。

由于飞船或者洲际导弹具有几十倍的声速,其头部锥体和翼前沿与大气层摩擦时会发生所谓气动加热,将产生亿万焦耳的巨大热量,使头部的表面温度高达 4 000～5 000 ℃。绝大多数的金属和合金都不能承受如此高的温度,只能依赖于各种形式的隔热涂层、防火涂层和烧蚀涂层。宇宙飞船和洲际导弹的头部仅有隔热涂层还解决不了问题,还需要烧蚀涂层。烧蚀涂层具有良好的隔热能力,更重要的是具有大的热容量和向外界辐射热量的本领。

人造卫星在宇宙中的温度控制也是靠表面涂层实现的。当太阳照射时,被照面温度可达200 ℃,而没有被太阳照射的面的温度降低到－200 ℃。为了保证卫星中电子仪器的正常工作,当受照射时必须将大部分辐射热反射出去,或将热隔绝在壳外;而受冷时,必须不让内部热量外传。这种涂层称温控涂层。

重复使用的航天器外壳也要有防热材料和涂层,而且其涂层要能较长期使用,不能像宇宙飞船或洲际导弹所用的防热涂层那样使用一次即报废,为此需要采用隔热材料加涂层的技术。

2. 耐蚀性

产品在服役过程中往往容易遭受化学或电化学腐蚀损伤,腐蚀损伤一般从材料表面开始,因此要保证装备结构或零部件表面的耐蚀性能。

如航空发动机转子叶片在高温氧化环境下,常发生点蚀、应力腐蚀、晶间腐蚀等损伤,严重影响发动机的可靠性。为了提高叶片的耐蚀性,除了选择合理的材料和制造工艺外,采用具有良好抗腐蚀作用的表面涂层是最实用、最经济的方法。抗腐蚀涂层的防腐机理有两种:一是基于电化学腐蚀的特点,选择电极电位比部件基体材料低的元素形成的涂层,充当电化学腐蚀电池中的阳极,先失去电子而不断被腐蚀;而电位较高的基体材料成为阴极,不断得到电子而受到保护,称为牺牲性涂层。二是通过严格的障碍机理,隔离基体与腐蚀环境的接触,切断腐蚀的途径,称为障碍性涂层。或采用复合涂层,即先在材料表面形成一层牺牲性涂层,再在牺牲性涂层表面形成一层障碍性涂层。复合涂层不但抗腐蚀能力强,还具有涂层薄、与基体结合紧密、表面光洁度高、耐冲刷能力强等特点。

原子反应堆用的铝、铍等材料,其耐腐蚀性、耐磨性也不是十全十美的,而且这些金属还有焊接方面的困难。因此,它们用做原子反应堆材料时,常常是镀了以后再用。当然这不单纯是表面加工问题,还必须考虑这些镀上去的金属对放射线的各种性质,以及高温下合金层的生成和其他问题,需要多种学科的知识。

3. 耐磨损性

材料表面的耐磨损性是保证产品使用寿命的重要方面,航空发动机、装甲车辆、火炮等装备的运动结构都对材料表面的耐磨性提出了特殊要求。如火炮服役后,火炮内膛在高速火药气体冲刷和弹带、弹体的机械作用下,就会产生烧蚀与磨损,内膛磨损对火炮性能有较大影响。为了提高火炮内膛的耐磨损性,内膛表面大多采用电镀硬铬层,以抵抗弹丸对炮膛的磨损和火药气体对膛面的烧蚀,提高火炮寿命。

4. 隐身性

隐身技术已广泛应用于武器系统中,是军事高技术竞争战略的基本要素。发展隐身技术的关键之一是使结构材料表面吸收、改变和消耗雷达探测电磁波的能量,减小雷达反射,降低被敌方雷达发现的概率。隐身战斗机、隐身导弹和隐身舰船等广泛运用隐身材料及涂层以提高隐身性能。

先进隐身战斗机均采用了不同类型的隐身材料。飞机座舱和红外探测器以及激光照射器的窗户都采用了内表面金属强化处理,能够吸收雷达波,机体表面几乎全部涂覆了黑色的雷达吸波材料。部分结构件,如翼梁、翼肋、大梁、机翼前缘、发动机舱、前机身、蒙皮及某些机内部件被涂覆铁氧体涂料。

现代战斗机采用了更先进、更成熟的隐身材料。在重点部位(如进气道和机翼前后缘)采用将吸波涂层涂覆于吸波结构材料表面的方法,高频雷达信号被表面吸波涂层吸收,低频雷达信号则被吸波结构材料吸收;发动机舱外蒙皮以复合材料取代钛合金,既减轻了结构质量,又能提高隐身性能;发动机的推力换向和反推力喷管以及发动机周围的构件采用了陶瓷基复合材料,以提高对红外和雷达波的吸收能力。另外,座舱盖采用了新开发的铟锡氧化物陶瓷镀膜,透光率达到 85%。

目前,超声速歼击机的机体结构已开始采用复合材料、翼身融合体和吸波涂层,使其真正具有了隐身功能,而电磁波吸收涂料和电磁、屏蔽涂料已开始在隐身飞机上涂装。

新一代空对地、地对空导弹的隐身正朝着使用轻质、宽频带吸波、可喷涂、空气动力学和热稳定性良好的隐身材料方向发展。

8.1.2　表面技术

人们使用表面技术已有悠久的历史。我国早在战国时代就已进行钢的淬火,使钢的表面获得坚硬层。欧洲使用类似的技术也有很长的历史。但是,表面技术的迅速发展是从 19 世纪工业革命开始的,尤其是最近 30 多年的发展更为迅速。一方面人们在广泛使用和不断试验过程中积累了丰富的经验,另一方面表面科学的发展也促进了表面技术的发展。

发展材料表面技术的主要目的是:

① 提高材料抵御环境作用的能力；

② 赋予材料表面某种功能特性，包括光、电、磁、热、声、吸附、分离等各种物理和化学性能；

③ 实施特定的表面加工来制造构件、零部件和元器件等。

表面技术主要采用表面改性与涂层来提高材料抵御环境作用的能力和赋予材料表面某种功能特性。

1. 表面改性

用机械、物理、化学等方法改变材料表面的形貌、化学成分、相组成、微观结构、缺陷状态或应力状态的行为称为表面改性。表面改性主要包括喷丸强化、表面热处理、化学热处理、等离子扩渗处理、激光表面处理、电子束表面处理、高密度太阳能表面处理和离子注入表面改性等。

2. 涂层技术

涂层是指加涂（镀）在材料或者物体表面的薄层物质。涂层是提高和改善材料性能最经济、最有效的方法之一。涂层可以分为有机涂层和无机涂层两大类。油漆是一种典型的有机涂层，而高楼大厦的幕墙玻璃加镀的反光薄膜则是一种无机涂层。

涂层的作用主要有两方面，其一，它可以提高和改善原有材料的性能，如在工件上加涂高温抗氧化涂层后，可以使工件的使用温度提高，使用寿命延长；其二，涂层可以给予基材新的功能，如绝缘材料加导电涂层后，不导电的材料变得导电了。

涂层的品种很多，如手表加涂层后变得金光闪闪；建筑物玻璃加反光涂层后，可以节约能源而且使建筑物更加漂亮、壮观；战斗机外表加隐身涂层后，使雷达无法"看见"它；甚至金属表面加涂层做成人工骨，使金属与人的机体更融洽，人工骨使用时间更长。

涂层技术与表面改性技术在装备制造中得到广泛的应用，如热障涂层、高温抗氧化涂层、耐磨涂层、隐身涂层等。涂层的制备方法主要有电镀、电刷镀、化学镀、涂装、粘结、堆焊、熔结、热喷涂、塑料粉末涂敷、热浸涂、搪瓷涂敷、陶瓷涂敷、物理气相沉积、化学气相沉积、分子束外延制膜和离子束合成薄膜技术等。

8.2　热喷涂

热喷涂是用专用设备把某种固体物质加热熔化或软化并加速喷射到工件表面，形成一种覆盖物薄层（涂层）以获所需性能的工艺方法。

热喷涂所用材料及喷涂对象种类多、范围广。诸如金属、合金、陶瓷等均可作为喷涂材料，而金属、陶瓷、玻璃、石膏、木材、布帛、纸张等都能被喷涂而获得所需性能。同时，热喷涂操作温度低（一般 30～2 000 ℃），被喷涂物温升小，热应力引起的变形小。热喷涂操作过程较为简单、迅速（比电镀时间短得多）且不受零件尺寸限制，涂层厚度较易控制，层厚约几十微米至几毫米；可使普通材料获得某些特殊的表面性能，如耐磨、耐蚀、耐热抗氧化、耐辐射、隔热、密封、导电、绝缘等性能，以节约贵重材料，提高产品质量和使用寿命。鉴于上述特点，热喷涂广泛用于机械、建筑、造船、车辆、化工、纺织等工业中。

8.2.1　热喷涂原理

热喷涂全过程一般包括：喷涂材料加热—加速—熔化—再加速—撞击基体—冷却凝固—

形成涂层等阶段,图 8-1 为热喷涂过程示意图。

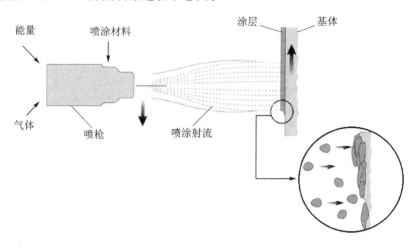

图 8-1　热喷涂示意图

1. 喷涂材料的加热熔化阶段

在粉末喷涂时,粉末在热源所产生的高温区被加热到熔化状态或软化状态;在线材喷涂时,线材的端部进入热源所产生温度场的高温区时很快被加热熔化,熔化的液体金属以熔滴状存在于线材端部。

2. 熔滴的雾化阶段

在粉末喷涂时被熔化或软化的粉末在外加压缩气流或者热源自身的射流的推动下向前喷射,不发生粉末的破碎细化和雾化过程;而在线材喷涂时,线材端部的熔滴在外加压缩气流或热源自身射流的作用下,克服表面张力脱离线材端部并被雾化成细小的熔粒随射流向前喷射。

3. 粒子的飞行阶段

离开热源高温区的熔化态或软化态的细小粒子在气流或射流的推动作用下向前喷射,在达到基体表面之前的阶段均属粒子的飞行阶段。在飞行过程中,粒子的飞行速度随着粒子离喷嘴距离的增大而发生如下变化:粒子首先被气流或射流加速,飞行速度从小变大,到达一定距离后飞行速度逐渐变小。这些具有一定温度和飞行速度的粒子到达基体表面时即进入喷涂阶段。

4. 粒子的喷涂阶段

到达基体表面的粒子具有一定的温度和速度,粒子的尺寸范围为几十微米至几百微米,速度高达每秒几十至几百米。在产生碰撞的瞬间,粒子将其动能转化为热能而传给基体,粒子在碰撞过程中发生变形,变形成扁平状粒子,并在基体表面迅速凝固而形成涂层。

喷涂材料经过上述过程完成喷涂而形成基体表面的涂层。

5. 涂层的形成过程

基体表面的涂层由不断飞向基体表面的粒子撞击基体表面或撞击已形成的涂层表面而堆积成一定厚度的涂层,即在基体或已形成的涂层表面不断地发生着粒子的碰撞—变形—冷凝收缩的过程。变形的颗粒与基体或涂层之间互相交错而结合在一起,涂层的形成过程如图 8-2 所示。涂层结构和组织如图 8-3 和图 8-4 所示。

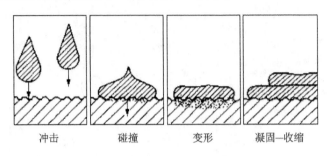

冲击　　　　碰撞　　　　变形　　　凝固—收缩

图 8-2　涂层形成过程示意图

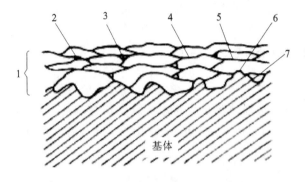

1—涂层;2—氧化物夹杂;3—孔隙或空洞;4—颗粒间的粘接;
5—变形颗粒;6—基体粗糙度;7—涂层与基体结合面

图 8-3　热喷涂涂层结构示意图

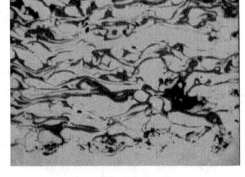

图 8-4　热喷涂涂层组织

8.2.2　热喷涂方法

热喷涂的热源有气体火焰、气体放电、电弧、电加热、爆炸能量、激光束等。各类热源与不同形态(粉末、棒材、线材等)的喷涂材料可组合成许多热喷涂方法,如粉末火焰喷涂、棒材火焰喷涂、等离子喷涂、电弧喷涂、感应加热喷涂、线材电爆喷涂、激光喷涂等。这里主要介绍火焰喷涂、电弧喷涂、等离子喷涂等。

1. 火焰喷涂

利用气体燃烧放出的热进行的热喷涂称火焰喷涂。火焰喷涂是最古老的喷涂方法,由于具有投资少、操作简便的优点,至今仍被广泛应用。按照喷涂材料的不同可分为线材喷涂、粉末火焰喷涂、超声速火焰喷涂、气体爆炸喷涂、棒材喷涂、粉末火焰喷焊等。图 8-5 所示为火焰喷涂装置。

(1)线材喷涂

线材喷涂的原理和棒材喷涂类似。如图 8-6 所示,线材和棒材的加热熔化和雾化是通过火焰喷枪实现的。线材火焰喷涂的涂层为明显的层状结构,涂层中含有明显的气孔和氧化物夹杂。线材火焰喷涂主要用于大型钢铁构件涂铝和锌以制备防护涂层,机械零件上喷涂合适的材料以获得耐腐蚀涂层、耐磨损涂层和耐高温氧化涂层。

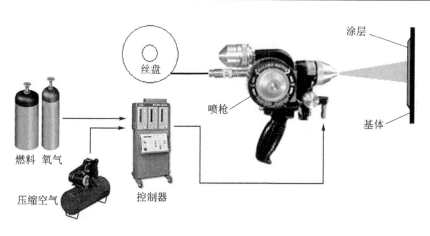

图 8 - 5　火焰喷涂装置

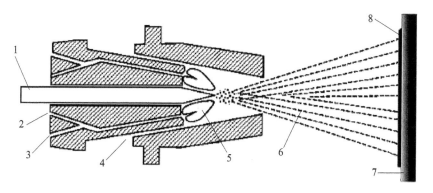

1—线材或棒材；2—燃气；3—氧气；4—压缩空气；5—气室；6—喷涂射流；7—基体；8—涂层

图 8 - 6　线材喷涂原理示意图

（2）粉末火焰喷涂

粉末火焰喷涂是采用气体燃烧火焰做热源、喷涂材料为粉末的热喷涂方法。粉末火焰喷涂主要用于机械零件、化工容器和辊筒表面制备耐蚀和耐磨涂层。

图 8-7 为粉末火焰喷涂原理示意图。

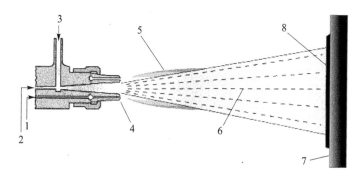

1—燃气；2—送粉气；3—粉末；4—喷嘴；5—燃烧火焰；6—喷涂射流；7—基体；8—涂层

图 8 - 7　粉末火焰喷涂原理示意图

(3) 超声速火焰喷涂

超声速火焰喷涂又称为高速火焰喷涂(HVOF),是20世纪80年代出现的一种高能密度喷涂方法。如图8-8所示,燃料气体(氢气、丙烷、丙烯或乙炔-甲烷-丙烷混合气体等)与助燃剂(O_2)以一定的比例导入燃烧室内混合后进行爆炸式燃烧,因燃烧产生的高温气体以高速通过膨胀管获得超声速。同时通入送粉气(Ar或N_2),沿燃烧头内碳化钨中心套管定量送入高温燃气中,一同射出喷涂于工件上形成涂层。

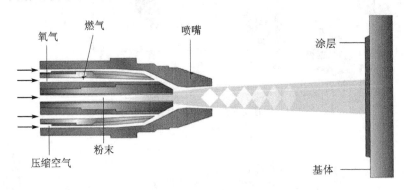

图8-8 超声速火焰喷涂

在喷涂机喷嘴出口处产生的焰流速度一般为声速的4倍,即约1 520 m/s,最高速可达2 400 m/s(具体与燃烧气体种类、混合比例、流量、粉末质量和粉末流量等有关)。粉末撞击到工件表面的速度为550~760 m/s,与爆炸喷涂相当。

(4) 气体爆炸喷涂

利用氧气和乙炔气点火燃烧,造成气体膨胀而产生爆炸,释放出热能和冲击波。热能使喷涂粉末熔化,冲击波则使熔融粉末以700~800 m/s的速度喷射到工件表面上形成涂层。图8-9为爆炸喷涂示意图。

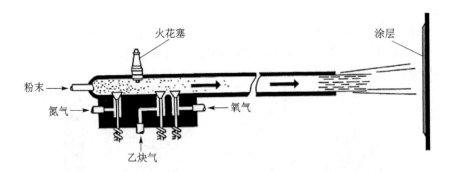

图8-9 爆炸喷涂示意图

爆炸喷涂的最大特点是粒子飞行速度高,动能大,所以爆炸喷涂涂层具有如下特点:

① 涂层和基体的结合强度高;

② 涂层致密,气孔率很低;

③ 涂层表面加工后粗糙度低;

④ 工件表面温度低。

爆炸喷涂可喷涂金属、金属陶瓷及陶瓷材料,但是由于该设备价格高、噪声大、属氧化性气氛等原因,国内外应用还不广泛。

（5）粉末火焰喷焊

粉末火焰喷焊又称粉末火焰喷熔,它是采用火焰首先喷涂自熔性合金粉末,然后在火焰的加热下使涂层熔融,从而在金属基材表面获得熔焊层。这种方法消除了喷涂层中的气孔和氧化物夹渣,并使涂层与金属基体产生了熔焊结合。因此,喷焊层的致密性好,结合强度高,具有更优异的耐蚀性和耐磨性。

2. 电弧喷涂

电弧喷涂过程中,两根喷涂丝材在喷涂开始瞬间发生短路产生电弧。在电弧热的作用下,两根喷涂丝材的端部周期性地产生金属丝的熔化—脱落—雾化过程,如图 8-10 所示。熔化的喷涂材料被雾化后所获微粒的粗细影响粒子的飞行速度和加热温度,从而影响涂层的质量。研究发现,压缩气流的压力增大,微粒变细;电弧电压减小,微粒变细;两金属丝的夹角缩小、微粒细小,涂层质量提高。

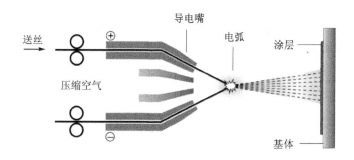

图 8-10　电弧喷涂原理示意图

电弧喷涂涂层属于层状组织结构。由于电弧能量密度高,熔化粒子的加热温度高,粒子的变形量足够大,所以涂层的结合强度高于火焰线材喷涂。但是电弧热温度高使得合金元素的烧损和蒸发加剧,导致涂层中合金元素含量减少。

电弧喷涂广泛用于钢铁构件的喷涂铝、锌、不锈钢或其他耐磨材料,用于机械零件的修复喷涂。另外,电弧喷涂还可用于塑料、木材等基体材料的喷涂。

3. 等离子喷涂

等离子喷涂是以等离子弧为热源、以喷涂粉末材料为主的热喷涂方法,可以简便地对几乎所有的材料进行喷涂。图 8-11 为等离子喷涂原理示意图。

在等离子喷涂过程中,喷涂粉末在送气机构推动下进入等离子射流后被迅速加热到熔融或半熔融状态,并被等离子射流加速形成飞向基材的喷涂粒子束,高温、高速的喷涂粒子与基体表面碰撞而形成涂层。

等离子喷涂层组织细密,氧化物夹渣少,气孔率低,涂层与基体结合程度高。等离子喷涂主要用于制备涂层质量要求高的耐蚀涂层、耐磨涂层、隔热涂层、绝缘涂层、抗高温涂层和特殊涂层,在机械制造、石油化工、航天航空、交通运输、能源及电子工业中得到应用。

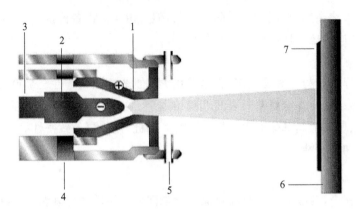

1—水冷喷嘴;2—电极;3—等离子气;4—绝缘体;5—粉末;6—基体;7—涂层

图 8-11 等离子喷涂原理示意图

8.2.3 喷涂材料

1. 金属及合金喷涂材料

(1) 金属及合金线材

线状喷涂材料主要用于气体火焰喷涂、电弧喷涂等,凡是能实现拉拔的金属和合金都可以制成线状喷涂材料。线状喷涂材料主要有锌、铝及其合金线材,碳钢及低合金钢线材,不锈钢及镍铬合金线材,铜及其合金线材,锡及锡锌合金线材,铅及其合金线材,钼及其复合材料线材等。

(2) 金属及合金粉末

喷涂粉末的优点在于它不受线材成型工艺的限制,生产成本低,来源广,各组元之间可按任何比例调配而获得相图上不一定存在的相组织,使所制涂层具有特殊性能。

金属及合金热喷涂粉末大多数由多种金属经均匀熔化后雾化制取,也可以由各种不同金属粉末经机械混合而制得。机械混合研制出的喷涂粉末的熔点差别、流动性不均匀等有可能导致涂层性能不均匀。喷涂用金属粉末材料在国内外有许多种类和牌号,按成分大致分为镍基、铁基、钴基、铜基及铝基合金粉末。

2. 复合型喷涂材料

复合型喷涂材料是把两种或两种以上的材料复合而制成的喷涂线材和喷涂粉末。在喷涂过程中不同组元之间发生放热反应,在反应热和喷涂热源的共同作用下,喷涂粒子的加热温度升高,到达基体后会使基体表面局部熔化或产生短时的高温扩散,从而提高基体与涂层的结合强度。

3. 自熔性合金喷涂材料

自熔性合金是指熔点较低,在熔融过程中不需外加助溶剂就能够自行脱氧和造渣,能润湿基体表面并与基体熔合的一类合金。自熔性合金喷涂材料通常是在镍基、钴基、铁基合金中添加强脱氧元素硼和硅而得到的,一般是粉末状。

4. 陶瓷及塑料喷涂材料

与金属材料相比,陶瓷材料具有耐高温、耐腐蚀、耐磨损和声、光、电、磁等特殊功能,陶瓷喷涂层使金属基体表面具有陶瓷的优良特性。目前,陶瓷材料一般采用等离子喷涂,喷涂材料为粉末状,特殊情况下也可用火焰喷涂陶瓷粉末或线材,其熔点应低于 2 300 ℃。陶瓷喷涂材料可分为氧化物陶瓷、碳化物陶瓷(金属陶瓷)两大类。

塑料涂层具有美观、耐磨、耐蚀、廉价等优点,一般采用气体火焰喷涂法喷涂在金属或非金属基体上。塑料喷涂材料为粉末状,粉粒形状最好为球形,粒度为 80～100 目,喷涂用塑料粉末主要是热塑性树脂和热固性树脂。

8.3　堆　焊

8.3.1　堆焊的作用

堆焊是用焊接方法在零件表面堆敷一层或几层具有希望性能材料的工艺过程。其目的并不是为了连接零件,而是使金属材料表面获得耐磨、耐热、耐蚀等特殊性能。堆焊也是用于修复的重要方法之一。

堆焊就其物理本质和冶金过程而言,具有焊接一样的规律。原则上所有的熔焊方法都可以用于堆焊。但是由于其作用同一般起连接作用的焊接完全不同,因此,它还具有自身的特性。

> 堆焊的目的是用于表面改质,因此,堆焊材料与基体往往差别很大,因而具有异种金属焊接的特点。

> 与整个机件相比,堆焊层仍是很薄的一层。因此,其本身对整体强度的贡献,不像通常焊缝那样严格,只要能承受表面耐磨等要求即可。堆焊层与基体的结合力,也无很高要求,一般冶金结合即可满足,但是必须保证工艺过程中不损害基体的强度,或者损害可控制在允许限度之内。

> 要保证堆焊层自身的高性能就须要求尽可能低的稀释率。

> 堆焊用于强化某些表面,因而希望堆焊层尽可能平整而均匀。这要求堆焊材料与基体应有尽可能好的润湿性和尽可能好的流动性。

异种金属的堆焊,一般来说比同种金属的堆焊要困难一些,这是因为堆焊层材料和基体材料的性能差异会严重影响其焊接性。

8.3.2　堆焊材料

堆焊材料按其成分可分为铁基、钴基、镍基、铜基合金和碳化钨等。

1. 铁基堆焊合金

(1) 珠光体钢堆焊合金

此合金含碳量通常低于 0.25%,合金元素总量不超过 5%。一般冷速下,堆焊金属组织以珠光体为主(亦包括索氏体或托氏体),硬度约为 20～38 HRC。合金含量较多或冷速较高时,将出现马氏体,硬度提高。这类合金大多是焊态使用,也可以进行淬火、回火,以提高性能。

这类堆焊合金冲击韧性好，有一定耐磨性，易于进行机加工，抗裂性也好，且价格便宜。焊前一般可不预热。堆焊碳当量较高或刚性较大的零件时，可进行 250 ℃的预热。此类堆焊合金可用于堆焊承受冲击载荷和金属间摩擦磨损的零件，如车轮轮缘、齿轮、轴类等。

（2）马氏体钢堆焊合金

此类合金含碳量约为 0.1%～1.0%，同时含有 Mn、Mo、Ni 等合金元素。堆焊金属组织主要是马氏体或残余奥氏体，有时也会有些珠光体。硬度为 25～65 HRC。根据含碳量不同可分为低碳、中碳和高碳马氏体堆焊合金。马氏体钢堆焊合金适用于金属间磨损的零件，如齿轮、轴类、冷冲模等。低碳马氏体钢堆焊合金堆焊前一般不用预热，高碳马氏体钢堆焊合金堆焊时易产生热裂纹或冷裂纹，要求焊前预热到 350～450 ℃。

（3）奥氏体高锰钢和奥氏体铬锰堆焊合金

奥氏体高锰钢含 Mn 量为 13%左右，含 C 量为 0.7%～1.2%。堆焊金属为奥氏体，硬度为200 HB 左右；经受强烈冲击后，即变成马氏体而使表层硬化，硬度提高至 450～500 HB，硬化层以下仍为奥氏体，有良好的抗冲击磨损性能。该类堆焊合金可用于堆焊受强烈冲击的凿削式磨料磨损的零件，如挖掘机斗齿、破碎机颚板、铁路道岔等；但对冲击作用很小的低应力磨料磨损的耐磨性不高，也不适用于高温；耐低温性能很好，-45 ℃下也不会脆化。

低碳铬锰钢堆焊合金，含 Cr 量为 12%～15%，系奥氏体-铁索体双相组织。如2Mn12Cr13Mo，抗裂性能好，有抗强冲击、抗腐蚀、耐高温的特点，可用于堆焊气蚀磨损零件（如水轮机叶片），也可用于堆焊铁路道岔、挖掘机斗齿等。

（4）奥氏体铬镍钢堆焊合金

此合金系在 18-8 型铬镍钢基础上加入了 Mo、V、Si、Mn、W 等元素。它的突出特点是耐蚀性强、抗氧化性好和热强性好，但耐磨料磨损能力不高，主要用于耐腐蚀、耐热零件表面堆焊。该堆焊合金加入 Mn 后，显著提高了冷作硬化效果，可用在工作时有冲击作用能产生冷作硬化效果的表面上，如水轮机叶片抗气蚀层、开坯轧辊等；加入 Si、W、Mo、V 等可提高高温强度，在高中压阀门密封面堆焊上应用很广。

（5）马氏体合金铸铁堆焊合金

此合金含 C 量一般为 2%～4%，合金元素总量在 15%～20%以下，主要由马氏体＋残余奥氏体的树枝状组织和合金碳化物基体组成。其平均硬度高达 50～66 HRC，有很好的抗压强度；有一定的耐蚀、耐热和抗氧化性能；较脆，抗冲击性能差。该堆焊合金堆焊时裂纹倾向较严重，需预热 300～400 ℃，常用于混凝土搅拌机、高速混砂机、犁铧、螺旋送料机等零件的堆焊。

2. 钴基堆焊合金

此合金又称司太立合金，一般成分为 C(0.7%～3.0%)、Co(30%～70%)、Cr(25%～33%)、W(3%～25%)。堆焊金属的显微组织取决于含 C 量及合金成分。亚共晶类的，由呈树枝状结晶的 Co-Cr-W 合金固溶体（奥氏体）和固溶体与 Cr-W 复合碳化物共晶的基体组成。过共晶类，由粗大的一次 CrW 复合碳化物和固溶体与碳化物的共晶组成。这类合金的综合性能最好，有很高的红硬性（500～700 ℃温度下，能保持 350～500 HV 的硬度），抗磨料磨损、抗腐蚀、抗冲击、抗热疲劳、抗氧化性（可在 1 000 ℃温度下工作）和抗金属-金属间磨损等性能良好，合金硬度很高，可达 1 000～1 700 HV。

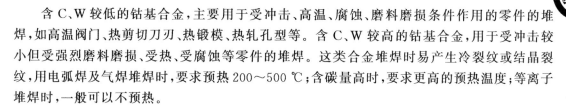

含 C、W 较低的钴基合金,主要用于受冲击、高温、腐蚀、磨料磨损条件作用的零件的堆焊,如高温阀门、热剪切刀刃、热锻模、热轧孔型等。含 C、W 较高的钴基合金,用于受冲击较小但受强烈磨料磨损、受热、受腐蚀等零件的堆焊。这类合金堆焊时易产生冷裂纹或结晶裂纹,用电弧焊及气焊堆焊时,要求预热 200～500 ℃;含碳量高时,要求更高的预热温度;等离子堆焊时,一般可以不预热。

3. 镍基堆焊合金

在各类堆焊合金中,镍基合金的抗金属-金属间摩擦磨损的性能最好,而且具有很高的耐热性、抗氧化性、耐腐蚀性等。镍基合金易熔化,工艺性能较好,常应用于高温高压蒸气阀门、化工设备阀门、炉子元件、泵的柱塞等零件的堆焊,有 Ni - Cr - B - Si(科尔蒙合金)、Ni - Cr - B - Mo - W(哈氏合金)、Ni - Cu(蒙乃尔合金)及 Ni - Cr(涅克洛姆合金)等类型。

科尔蒙合金硬而脆,不易拔制焊丝,一般制成铸造焊丝、管状焊丝或药芯焊丝,用气焊、电弧焊、等离子焊等进行堆焊,并要求预热及缓冷。哈氏及蒙乃尔合金分别对氢氟酸、盐酸、硫酸和 10% 沸腾 H_2SO_4、沸腾 NH_4Cl 溶液有很高的耐腐蚀性。前者主要用于耐强腐蚀、耐高温的金属-金属间摩擦磨损零件的堆焊,后者则主要是耐腐蚀零件的堆焊。涅克洛姆合金堆焊金属组织为奥氏体,硬度低,韧性好,能受冲击载荷,具有优良的高温抗氧化性能,多用于堆焊炉子元件。

4. 铜基堆焊合金

铜基堆焊合金有良好的耐蚀性和低摩擦系数,适用于堆焊轴承等金属-金属间摩擦磨损零件和耐腐蚀零件,常在钢或铸铁上堆焊制成双金属零件或修复磨耗及缺损零件。铜基合金不宜在磨料磨损及温度超过 200 ℃ 的条件下工作。

常用的堆焊合金有铝青铜、锡青铜、硅青铜,也有用黄铜、白铜、紫铜进行堆焊的,一般都是拔制成焊丝进行气焊、电弧焊、等离子弧焊等堆焊。铝青铜强度高,耐腐蚀,金属-金属间摩擦磨损性能好,常用于堆焊轴承、齿轮、涡轮以及耐海水、弱酸、弱碱腐蚀的水泵、阀门、船舶螺旋桨等。

铝铁青铜(如含 Al 4.5%,Fe 4%)可用于堆焊冲压软钢和不锈钢的冲模和冲头,也可用于海水中工作的零件、水轮机转子、耐气蚀零件等。

硅青铜力学性能较好,冲击韧性较高,耐腐蚀性很高,但减摩性不好,适用于化工机械、管道等内衬的堆焊。黄铜抗腐蚀性差,冲击性能低,但价格便宜,常用于堆焊低压阀门等零件。

白铜(Cu - Ni 合金,Ni 量一般为 5%～30%)合金不但强度高,且不产生应力腐蚀,有良好的耐蚀性、耐热性,在海水、苛性钠、有机酸中很稳定,适用于堆焊海水管道、冷凝器、热交换器等零件。

5. 碳化钨堆焊合金

碳化钨堆焊合金是常用的碳化钨类堆焊合金之一,此合金含 W(>45%)和 C(1.5%～2%),有很高的硬度和熔点。实际上,碳化钨堆焊合金是由大量碳化钨颗粒镶嵌在基体上组成的。基体可为铸钢、碳钢、低合金钢、镍基合金、钴基合金等。含有 C 3.8% 的碳化钨,硬度高达 2 500 HV,熔点达 2 600 ℃ 左右。堆焊应尽量避免碳化钨颗粒熔化,因此,采用高频加热和气焊比较有利。

碳化钨堆焊合金的抗磨料磨损性能很高,并有一定耐热性,适宜于在带有轻度和中等冲击的强烈磨料磨损条件下工作的零件的堆焊,如石油钻井钻头、推土机刀刃、切蔗刀刃口、犁铧等。碳化钨堆焊合金脆性大,易裂,堆焊时应进行预热。

8.3.3　堆焊工艺

与通常的焊接相比,堆焊希望尽可能小的熔池或保证得到冶金结合,尽可能使稀释率与合金元素的烧损率降到最小限度。

堆焊层与基材金属成分相差较大,线膨胀系数也相差较大,从而引起较大的内应力,使得堆焊层在冷却过程中产生开裂。防止开裂的方法是减小堆焊时的热应力,可对工件进行焊前预热和焊后缓冷,预热温度随基体含碳量的增高而提高;或采用塑性好、强度不高的普通焊条进行打底,然后再堆焊高硬度的堆焊层。

堆焊工艺的确定包括选择合适的堆焊材料、堆焊方法及预热、后热等措施及有关参数。常用的堆焊方法主要有手工电弧堆焊、埋弧堆焊、气体保护堆焊、等离子弧堆焊、电渣堆焊、氧-乙炔火焰堆焊、激光堆焊、摩擦堆焊等。选用时根据实际情况,全面分析后确定适用的堆焊方法,以获得良好的堆焊层。

图 8-12 为双丝埋弧堆焊示意图,图 8-13 为带极堆焊示意图,图 8-14 为等离子弧粉末堆焊示意图。这些堆焊方法也可用于金属增材制造,金属增材制造的堆焊层质量要求较高。

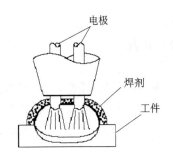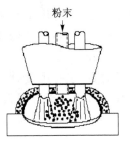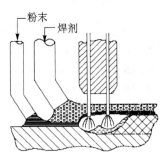

图 8-12　双丝埋弧堆焊示意图

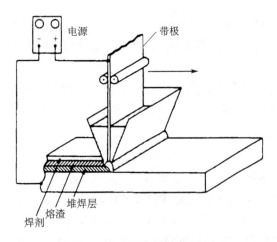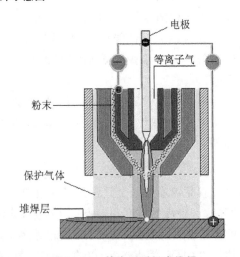

图 8-13　带极堆焊示意图　　　　　图 8-14　等离子弧粉末堆焊

8.4 气相沉积技术

气相沉积是气相中的纯金属或化合物在零件表面沉积,形成具有特殊性能膜层的方法。根据气相沉积成膜机理的不同,气相沉积分为物理气相沉积(PVD)、化学气相沉积(CVD)和等离子体增强化学气相沉积(PCVD)3 种类型。

8.4.1 物理气相沉积

物理气相沉积工艺方法很多,如真空蒸镀、溅射镀膜、离子镀等,可以镀覆 Ti、Al 以及某些高熔点材料。由于处理后表面硬度高,处理温度低、变形小,外观色泽好,故近年来发展很快,已被用于光学、电子、纤维、机械等工业以及玩具、日用品等方面。

1. 真空蒸镀

真空蒸镀是把工件与沉积材料同放在真空室后,用电子束加热室下方坩埚内的沉积材料,使其迅速熔化蒸发而产生原子或分子,飞向室上方的工件表面的一种工艺。当粒子接触到工件表面后便在其上凝结形成一定厚度的沉积层,如图 8-15 所示。

真空条件下材料的蒸发比在常压下容易得多,大多数金属材料要求在 1 000～2 000 ℃的温度下进行蒸发。对低熔点镀材多采用电阻加热蒸发,而对高熔点镀材则需采用能量密度高的电子束或激光束作为蒸发源。图 8-16 所示为 e 形枪电子束蒸发源的工作原理。

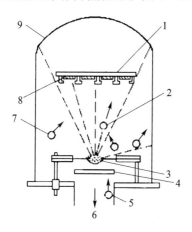

1—基片架和加热器;2—蒸发料释出的气体;
3—蒸发源;4—挡板;5—返流气体;6—真空泵;
7—解吸的气体;8—基片;9—钟罩

图 8-15 真空蒸发镀膜原理

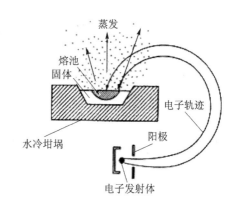

图 8-16 e 形枪电子束蒸发源的工作原理

蒸镀只用于镀制对结合强度要求不高的某些功能膜,例如用做电极的导电膜、光学镜头用的增透膜等。

蒸镀用于镀制合金膜时,在保证合金成分这点上,要比溅射困难得多,但在镀制纯金属时蒸镀可以表现出镀膜速率快的优势。

蒸镀纯金属膜中,90%是铝膜。铝膜有广泛的用途,目前在制镜工业中已经广泛采用蒸镀,以铝代银,节约贵重金属。集成电路就是先镀铝进行金属化,然后再刻蚀出导线。在聚酯薄膜上镀铝具有多种用途,如制造小体积的电容器,制作防止紫外线照射的食品软包装袋,经阳极氧化和着色后即得色彩鲜艳的装饰膜。双面蒸镀铝的薄钢板可代替镀锡的马口铁制造的罐头盒。

2. 溅射镀膜

溅射镀膜是利用高能离子轰击极靶(原材料制成)产生溅射现象,使具有一定能量的原子从极靶表面逸出,随后沉积于工件表面上的工艺。变换极靶材料可获不同的金属或化合物沉积层。

溅射镀膜有两种:一种是在真空室中,利用离子束轰击靶表面,使溅射出的粒子在基片表面成膜,这称为离子束溅射。离子束要由特制的离子源产生,离子源结构较为复杂,价格较贵,只是在用于分析技术和制取特殊的薄膜时才采用离子束溅射。另一种是在真空室中,利用低压气体放电现象,使处于等离子状态下的离子轰击靶表面,并使溅射出的粒子堆积在基片上。

溅射沉积膜层的特点是膜和工件的附着力强,可以制取高熔点物质的薄膜,在较大面积上制取厚度均匀的薄膜,容易控制膜层的成分,可以制取各种成分和配比的合金膜,且成膜的重复性好。若通入反应气体便可以进行反应溅射以制取各种化合物膜,该方法可方便地控制各种多层膜,便于工业化生产,易于实现连续化、自动化操作。

溅射薄膜方法主要有直流二极(三极或四极)溅射、磁控溅射、射频溅射等。这里只简单介绍直流二极溅射和磁控溅射的基本原理。

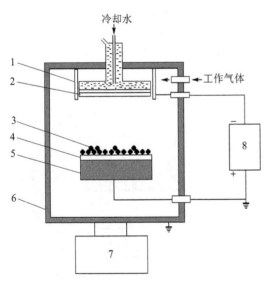

1—阴极屏蔽;2—阴极;3—溅射粒子;4—基片;
5—阳极;6—真空室;7—真空泵;8—直流电源
图 8-17 DC 二级溅射示意图

图 8-17 所示是最基本最简单的溅射装置——直流二极溅射(DC 溅射)装置。它是一对阴极和阳极组成的冷阴极辉光放电管结构,被溅射靶(阴极)和成膜的基片及其固定架(阳极)构成溅射装置的两个极。阴极上接 1~3 kV 的直流负高压,阳极通常接地。工作时先抽真空,再通氩气,使真空室内达到溅射气压。接通电源,阴极靶上的负高压在两极间产生辉光放电并建立起一个等离子区,其中带正电的氩离子在阴极附近的阴极电位降的作用下,加速轰击阴极靶,使靶物质表面溅射,并以分子或原子状态沉积在基片表面,形成靶材料的薄膜。这种装置的最大优点是结构简单,控制方便。缺点是因工作压力较高,膜层有沾污;沉积速率低;不能镀 10 μm 以上的膜厚;由于大量二次电子直接轰击基片,使基片温升过高。

磁控溅射是在两极之间建立与电场垂直的磁场,磁场方向与阴极表面平行,并组成环形磁场,如图 8-18 所示。电场和磁场的这种布置,是为对离子轰击靶材时释放的二次电子进行有效的控制。这些电子被电磁场束缚在靠近靶表面的等离子体区域内转圈,并通过频繁地碰撞电离出大量氩离子用以轰击靶面,从而实现高速溅射。

磁控溅射所利用的环状磁场迫使二次电子跳栏式地沿着环状磁场转圈,如图 8 - 19 所示。相应地,环状磁场控制的区域是等离子体密度最高的部位。在磁控溅射时,可以看见溅射气体——氩气在这部位发出强烈的淡蓝色辉光,形成一个光环。处于光环下的靶材是被离子轰击最严重的部位,会溅射出一条环状的沟槽。环状磁场是电子运动的轨道,环状的辉光和沟槽将其形象地表现了出来。

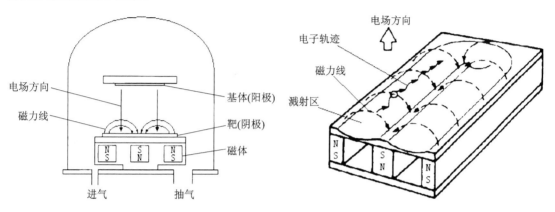

图 8 - 18 磁控溅射装置示意图   图 8 - 19 磁控溅射工作原理

能量较低的二次电子在靠近靶的封闭等离子体中做循环运动,路程足够长,每个电子使原子电离的机会增加,而且只有在电子的能量耗尽以后才能脱离靶表面落在阳极(基片)上,这是基片温升低、损伤小的主要原因。高密度等离子体被电磁场束缚在靶面附近,不与基片接触。这样电离产生的正离子能十分有效地轰击靶面,基片又免受等离子体的轰击。电子与气体原子的碰撞概率高,因此气体离化率大大增加。

磁控溅射靶的溅射沟槽一旦穿透靶材,就会导致整块靶材报废,所以靶材的利用率不高,一般低于 40%,这是磁控溅射的主要缺点。

3. 离子镀

(1) 离子镀原理

与真空蒸镀不同的是,离子镀先在蒸发源与工件之间加一电场,使工件带负电,然后通入惰性气体,使其在电场作用下辉光放电,在工件周围形成一等离子区。当蒸发粒子飞向工件途经等离子区时被部分电离,离子经电场作用加速飞向工件表面并沉积其上,故可提高沉积层与基体的结合力、缩短沉积时间。图 8 - 20 为直流二极型离子镀的原理图,也可以将二极型离子镀设置成三极或多极,构成多极型离子镀。

离子镀膜可以在金属表面或非金属表面上镀制金属膜或非金属膜,甚至可以镀塑料、石英、陶瓷和橡胶。离子镀可以镀单质膜,也可以镀化合物膜、各种金属、合金、某些合成材料,以及热敏材料、高熔点材料。

采用不同的镀料、不同的放电气体及不同的工艺参数,就能获得与表面附着力强的耐磨镀层,表面致密的耐蚀镀层、润滑镀层,各种颜色的装饰镀层以及电子学、光学、能源科学等所需的特殊功能镀层。

(2) 离子镀方法

1) 气体放电等离子体离子镀

气体放电等离子体离子镀设备与真空蒸镀设备基本类似,蒸发源与基材的距离为20～40 cm。两者的区别在于气体放电等离子体离子镀装置的工件架对地是绝缘的,可对工件架加负偏压。向真空室充以氩气,当气压达一定值,电压梯度适当时,在蒸发源与基材之间就会产生辉光放电,蒸发便在气体放电中进行,氩气离子和镀料离子加速飞向基材,即在离子轰击的同时凝结形成质量较高的膜。

2) 空心阴极放电离子镀

空心阴极放电离子镀利用空心热阴极(HCD)放电产生等离子体。空心钽管作为阴极,辅助阳极距阴极较近,二者作为引燃弧光放电的两极。阳极是镀料,弧光放电时,电子轰击阳极镀料,使其熔化而实现蒸镀。蒸镀时基片加上负偏压即可从等离子体中吸引氩离子向基片轰击,实现离子镀。空心阴极离子镀装置如图8-21所示。

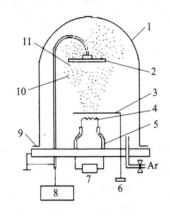

1—钟罩；2—工件；3—挡板；4—蒸发源；

5—绝缘子；6—挡板手轮；7—灯丝电源；

8—高压电源；9—底板；10—辉光区；11—阴极暗区

图8-20 离子镀膜原理

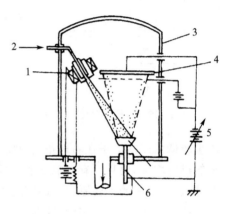

1—HCD枪；2—Ar气；3—钟罩；4—工件；

5—高压电源；6—水冷铜坩埚

图8-21 空心阴极离子镀装置

3) 真空阴极电弧离子镀

真空阴极电弧离子镀(也称多弧离子镀)是将真空弧光放电用于蒸发源的涂层技术。其基本原理是真空电弧燃烧时在阴极表面上出现很多非常小的微弧斑点,微弧斑点使阴极材料蒸发,从而形成高能量的原子和离子束流,沉积到基体之上形成镀膜。在这种方法中,如果在镀膜腔体中通入所需要的反应气体,则能生成反应膜层。由于等离子体的自由能较高,其反应性能良好,因此镀层致密均匀,附着性能优良。为了防止电弧离子的发散,对离子弧进行聚焦,提高离子弧的能量和方向性,通常使用外加磁场控制技术。

研究表明,阴极斑点在发射原子和离子束的同时,也会产生微细液滴和颗粒,一般称为宏观颗粒,宏观颗粒使得所镀膜层粗糙度增加。宏观颗粒的防止和消除是阴极电弧离子镀最为重要的问题,为此发展了多种宏观颗粒的过滤技术,其中磁过滤器获得了广泛的应用。图8-22所示为采用弯曲型磁过滤器的真空阴极电弧离子镀装置示意图。该装置包括电弧阴极、偏转弯管、磁过滤线圈及真空镀膜室等。在镀膜过程中,从阴极表面发射的等离子体经偏转管进入镀膜室,而宏观颗粒由于是电中性的或者荷质比较小,因而不能偏转而被滤掉。

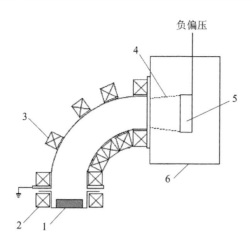

1—阴极；2—聚焦线圈；3—弯曲弧线圈；4—等离子体；5—基体；6—真空室

图 8 - 22 真空阴极电弧离子镀示意图

真空阴极电弧离子镀在 TiN、TiC、类金刚石碳膜以及多层膜制备等方面已经得到应用。

8.4.2 化学气相沉积

与物理气相沉积不同的是化学气相沉积过程中沉积粒子来源于化合物的气相分解反应。可定义为在相当高的温度下，混合气体与基体的表面相互作用，使混合气体中的某些成分分解，并在基体上形成一种金属或化合物的固态薄膜或镀层。实际应用中是把工件在炉中加热至高温后，向炉内通入反应气，使其热分解、发生化学反应生成新化合物并沉积在工件表面。

对于金属以及大部分化合物的沉积，其初始物是相应的金属卤化物。对这些卤化物要求在中等温度（即低于约 1 000 ℃）能够分解。例如，为使工件表面沉积 TiC 超硬涂覆层，可将工件置于通以氢气的炉内真空反应室，加热至 900~1 000 ℃，以氢气为载体将 $TiCl_4$ 和 CH_4 带入反应室，在工件表面发生化学反应（$TiCl_4 + CH_4 + H_2 \rightarrow TiC + 4HCl + H_2$），生成的 TiC 便沉积于工件表面，如图 8 - 23 所示。

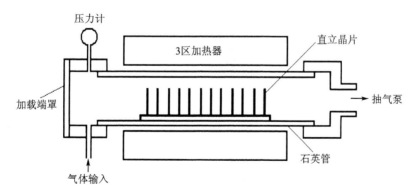

图 8 - 23 化学气相沉积 TiC 装置示意图

由于传统的 CVD 沉积温度大约在 800 ℃ 以上，所以必须选择合适的基体材料。常用的基体包括各种难熔金属如钼、石英、莫来石以及其他的陶瓷、硬质合金等，它们在高温下不容易被反应气体侵蚀。当沉积温度低于 700 ℃时,也可以钢为基体,但必须对钢表面进行保护,一般用电镀或化学镀的方法在表面沉积一薄层镍。

CVD 镀层可用于要求耐磨、抗氧化、抗腐蚀以及有某些电学、光学和摩擦学性能的部件。对于耐磨硬镀层一般采用难熔的硼化物、碳化物、氮化物和氧化物。耐磨镀层广泛用于金属切削刀具,以及泥浆传输设备、煤气化设备和矿井设备等承受摩擦磨损的部件。电镀镍枪筒的内壁 CVD 镀钨后,在模拟弹药通过枪筒发射的试验中,其耐剥蚀性能增加近 10 倍。CVD 镀耐热涂层在火箭喷嘴、加力燃烧室部件、返回大气层的锥体、高温燃气轮机热交换部件和陶瓷汽车发动机等方面得到应用。

CVD 另一项有意义的、越来越受到重视的应用是制备难熔材料的粉末和晶须。晶须在发展复合材料方面具有非常大的作用。在陶瓷中加入微米量级的超细晶须,已证明可使复合材料的韧性得到明显的改进。

8.4.3　等离子体增强化学气相沉积

等离子体增强化学气相沉积(PECVD)是将某些化学反应气体通入真空室中,在电场作用下使不同成分的离子飞向工件表面并形成新相的沉积层的方法。PECVD 法与 PVD 法的区别是,PECVD 法有化学反应发生,PVD 法则无化学反应。PECVD 法能促进化学反应过程,降低沉积温度。该法能形成 TiC、AlN、TiN、Al_2O_3、SiC 等薄层,获得耐磨、耐热等特殊性能。

图 8-24 所示为射频等离子体增强化学气相沉积装置。射频等离子体增强化学气相沉积是采用射频辉光放电产生的等离子激活的化学气相沉积。

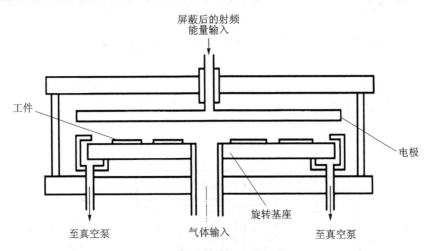

图 8-24　PECVD 装置示意图

PECVD 法在硬质合金表面做镀层时由于温度低,基体不易脱碳,镀层下仍能保持基体中 W 和 C 的含量,镀层后整体的横断强度下降不多,在切削过程中不易发生硬质合金刀头的折断。PECVD 法要求的真空度比 PVD 低,设备成本也比 PVD 法和 CVD 法的低。PECVD 法的结合强度比 PVD 法好,因此在一定程度上取代了 PVD 法和 CVD 法,有着良好的发展前景。

8.5　水溶液沉积技术

在溶液中(主要是水溶液)通过化学、电化学或物理反应所产生的原子、离子、分子或分子集合在基体材料表面的沉积成膜,称为水溶液沉积或化学溶液镀膜。水溶液沉积主要有电镀、电刷镀、化学镀、化学转化膜等工艺。

8.5.1　电镀的基本原理

电镀是通过电解方法在固体表面上获得金属沉积层的过程,图 8 - 25 是一个简单的电镀原理图。将直流电流的正负极分别用导线连接到镀槽的阴、阳极上,当直流电通过两电极及两极间含金属离子的电解液时,电镀液中的阴、阳离子由于受到电场作用,发生有规则的移动,阴离子移向阳极,阳离子移向阴极,这种现象叫"电迁移"。此时,金属离子在阴极上还原沉积成镀层,而阳极氧化将金属转移为离子。

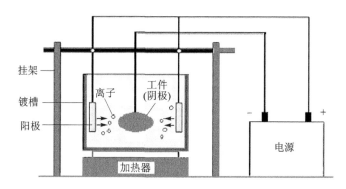

图 8 - 25　电镀示意图

当然,离子的移动除电迁移外,还可以通过对流和扩散迁移。当阴、阳离子到达阳、阴极表面时,就会发生氧化还原反应。

电镀全过程可以归纳为 3 个步骤:

① 金属的水合离子或络离子从溶液内部迁移到阴极表面。

② 金属水合离子脱水或络离子解离,金属离子在阴极上得到电子发生还原反应生成金属原子。

③ 还原的原子进入晶格结点。

电沉积层的晶体结构取决于沉积金属本身的晶体学特性。如果基体金属和镀层的晶格在几何形态和尺寸上相似,那么基体结构就能不变地延伸,这种生长类型称为外延。

如果镀层的晶体结构和基体相差很远,生长的晶体在开始时会和基体的结构一样,而后逐渐向自我稳定的晶体结构转变。不过,若生成表面上有某种吸附物质存在,晶格会发生改变,这些吸附物质会被夹带入沉积层内,阻止正常晶格的生长或者抑制晶粒的长大。

电沉积层中往往存在较高的残余应力,这些残余应力的形成可能是由于晶格参数的不匹配,也可能是由于外来物质夹杂而产生的。夹杂物可以是氧化物、氢氧化物、硫、碳、氢等。这些杂质阻止正常晶格的形成。

在理想的情况下,电沉积层和基体界面完全接触,这是由于沉积原子的第一层被基体的晶格力所束缚，所以结合强度与基体金属本身的强度很接近。镀层的结合力与基体金属的化学性质及晶体结构密切相关。如果基体金属电位负于沉积金属电位，就难以获得结合良好的镀层，甚至不能沉积。若材料（如不锈钢、铝等）易于钝化，不采取特殊活化措施也难以得到高结合力镀层。基体材料与沉积金属的晶体结构相匹配，将利于结晶初期的外延生长，易得到高结合力的镀层。

镀件表面过于粗糙、多孔、有裂纹，镀层亦粗糙。在气孔、裂纹区会产生黑色斑点或鼓泡、剥落现象。铸铁表面的石墨有降低氢过电位的作用，氢易于在石墨位置析出，阻碍金属沉积。

镀件电镀前，需对镀件表面做精整和清理，去除毛刺、夹杂物、残渣、油脂、氧化皮、钝化膜，使基体金属露出洁净、活性的晶体表面，这样才能得到健全、致密、结合良好的镀层。前处理不当，将会导致镀层起皮、剥落、鼓泡、毛刺、发花等缺陷。

8.5.2 电刷镀的基本原理

电刷镀又叫选择电镀、无槽镀、涂镀、笔镀、擦镀等。它是电镀的一种特殊方式，不用镀槽，只需在不断供电解液的条件下，用一支镀笔在工件表面上进行擦拭，即可获得电镀层。

电刷镀设备由专用直流电源、镀笔及供液、集液装置组成，如图 8-26 所示。镀笔是电刷镀的重要工具，根据需要电刷镀的零件大小与尺度的不同，可以选用不同类型的镀笔。

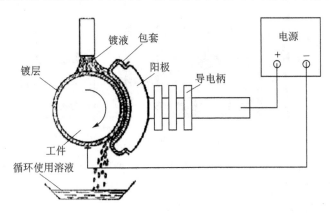

图 8-26　电刷镀工作原理示意图

刷镀时，根据被镀零件的大小，可以采用不同的方式给镀笔供液，如蘸取式、浇淋式和泵液式，关键是要连续供液，以保证金属离子的电沉积能正常进行。流淌下来的溶液一般采用塑料桶、塑料盘等容器收集，以供循环使用。

由于刷镀无需电镀槽，两极距离很近，所以常规电镀液就不适合用来做刷镀溶液。刷镀溶液需要配置特殊的溶液，溶液主要特点如下：

① 金属离子含量高，导电性好。
② 镀液的温度范围比较宽。
③ 镀液在工作过程中性能比较稳定。离子浓度和溶液的 pH 值变化不大。
④ 均镀能力和深镀能力较好。
⑤ 镀液的毒性与腐蚀性较小。

电刷镀工艺参数主要有镀笔与工件表面的相对运动速度、刷镀电压和工作温度。

1．镀笔与工件表面的相对运动速度

镀笔与工件表面的相对运动速度一般选用 8～12 m/min。相对运动速度太慢,局部还原时间长,镀层组织粗大,接触部位发热,镀层变黑;相对运动速度太快会降低电流效率和沉积速度,镀层应力大,易发生脱落。起镀时,相对运动速度宜取下限。随工件和镀液温度升高,相对运动速度相应提高。提高电压和电流密度时,相对运动速度也要相应提高。

2．刷镀电压

刷镀工作电压直接影响沉积速度和镀层质量。电压偏高刷镀电流也相应提高,发热量加大,使镀液温度升高,镀层表面容易干燥。这时不仅镀液消耗多,阳极烧损严重,而且易使镀层组织粗糙发黑,甚至过热脱落。电压过低时,沉积速度太慢,而且会使镀层质量降低。一般而言,镀笔相对工件表面运动速度较慢时,工作电压要低一些;运动速度较快时,工作电压要高一些。工件被镀面积小时,工作电压宜低一些;被镀面积大时,工作电压要高一些。

3．工作温度

在刷镀过程中,工件的理想温度为 15～35 ℃,最低不应低于 10 ℃,最高不超过 50 ℃。刷镀液的温度应保持在 25～50 ℃范围内。为了防止镀笔过热,刷镀过程中常常几支笔轮流使用。

8.5.3　化学镀

化学镀是将具有一定催化作用的制件置于装有特殊组分化学剂的镀槽中,制件表面与槽内溶液相接触,无需外电流通过,利用化学介质还原作用,将有关物质沉积于工件表面并形成与基体结合牢固的镀覆层的工艺方法。

镀槽中的化学剂一般由金属盐(供给待镀的金属正离子)、还原剂、络合剂(防止还原剂沉淀)、稳定剂(增加镀液稳定性并防止其自发分解)构成。还原剂为阳极反应提供电子,一般多用电位低的磷酸或有机酸盐。

化学镀一般在室温下进行,镀覆速度慢、时间长,故常用提高温度、加强搅拌、加入有机酸增速剂等方法来提高速度。化学镀的必要条件是有催化剂,使制件表面活化。有些被镀金属(镍、钴、铌、钯等)本身就是反应的催化剂,这样整个化学镀过程就具有自动催化作用,使上述反应不断进行,镀层逐渐加厚。对不具有自动催化表面的制件,如塑料、玻璃、陶瓷等非金属,通常须经特殊的预处理,使表面活化而具有催化作用方能进行化学镀。

与电镀相比,化学镀的优点是均镀和深镀能力好,形状复杂的镀件表面也可获厚度均匀的镀层;镀层致密、空隙少;既可镀纯金属,又能镀合金,甚至还可获得非晶态镀层;可对金属、非金属、半导体等各种材料镀覆;设备简单,不需要外加直流电源,操作容易;镀层具有特殊的力学、化学和物理性能,如 Ni-P 镀层具有优良的耐磨性和耐蚀性。其缺点是镀液稳定性较差,寿命短;维护、调整及再生较难;镀覆速度慢、成本较高。

目前,化学镀覆镍、钴、铜、金、银、钯、铂、锡以及镀合金和化学复合镀层已被工业采用。这种新的工艺技术已在表面处理技术中占有重要的地位。

8.5.4　化学转化膜

1. 基本原理

许多金属都有在表面上生成较稳定的氧化膜的倾向,这些膜在特定条件下能起保护作用,这就是金属的钝性。化学转化膜技术就是通过化学或电化学手段,使金属表面形成稳定的化合物膜层的技术,也就是使金属钝化。化学转化膜主要用于金属的防锈、耐磨、涂装涂层、防电偶腐蚀、绝缘和装饰。

使金属与特定的腐蚀液相接触,在一定条件下发生化学反应,在金属表面形成一层附着力良好的、难溶的生成物膜层,这些膜层,或者能保护基体金属不受水和其他腐蚀介质的影响,或者能提高有机涂膜的附着性和耐老化性,或者能赋予表面其他性能。

由于化学转化膜是基体金属直接参与成膜反应而生成,因而与基体的结合力比电镀层和化学镀层大得多。几乎所有的金属都可以在选定的介质中通过转化处理得到不同应用目的的化学转化膜,但目前工业上应用较多的是钢铁、铝、锌、铜、镁及其合金。

化学转化膜同金属上别的覆盖层(例如金属的电沉积层)不一样,它的生成必须有基底金属的直接参与,与介质中阴离子生成自身转化的产物(M_mA_n),因此也可以说化学转化膜的形成实际上可看做是受控的金属腐蚀的过程.

2. 转化膜的主要工艺

(1) 钢的氧化处理

钢的氧化处理又称为发蓝或发黑,即钢铁在含有氧化剂的溶液中进行处理,其表面生成一层均匀的蓝黑到黑色膜层的过程。根据处理温度的高低,钢铁的化学氧化可分为高温化学氧化法和常温化学氧化法。这两种方法所用处理液成分不同,膜的组成不同,成膜机理也不同。

1) 钢铁高温化学氧化(碱性化学氧化)

高温化学氧化是传统的发黑方法,一般是在强碱溶液里添加氧化剂(如硝酸钠和亚硝酸钠),在 140 ℃左右的温度下处理 15～90 min,生成以 Fe_3O_4 为主要成分的氧化膜,膜厚一般为 0.5～1.5 μm,最厚可达 2.5 μm。氧化膜具有较好的吸附性。将氧化膜浸油或做其他后处理,其耐蚀性能可大大提高。由于氧化膜很薄,对零件尺寸和精度几乎没有影响,因此该方法在精密仪器、光学仪器、武器及机器制造业中得到广泛应用。

2) 钢铁常温化学氧化(酸性化学氧化)

钢铁常温化学氧化是 20 世纪 80 年代以来迅速发展的新技术。与碱性高温氧化工艺相比,这种新工艺具有氧化速度快、膜层抗蚀性好、节能、高效、成本低、操作简单、环境污染小等优点。钢铁表面的发黑处理可得到均匀的黑色或蓝黑色外观,其表面膜的主要成分是 CuSe,功能与 Fe_3O_4 相似。

3) 钢铁的磷化处理

金属在含有锰、铁、锌的磷酸盐溶液中进行化学处理,使金属表面生成一层难溶于水的磷酸盐保护膜的方法,叫做金属的磷酸盐处理,简称磷化。

磷化膜层为微孔结构,与基体结合牢固,具有良好的吸附性、润滑性、耐蚀性、不粘附熔融金属(锡、铝、锌)性及较高的电绝缘性等。磷化膜主要用做涂料的底层、金属冷加工时的润滑层、金属表面保护层以及用做电机硅钢片的绝缘处理、压铸模具的防粘处理等。

磷化膜厚度一般在 $5\sim20~\mu m$，颜色一般由暗灰到黑灰色。

磷化处理所需设备简单，操作方便，成本低，生产效率高，被广泛用于汽车、船舶、航空航天、机械制造及家电等工业生产中。

目前用于生产的磷化工艺按磷化温度可分为高温磷化、中温磷化和常温磷化。

（2）铝及其合金的氧化处理

铝及铝合金氧化处理的方法主要有以下两类。

1）化学氧化

铝及铝合金化学氧化的工艺按其溶液性质可分为碱性氧化法和酸性氧化法两大类。氧化膜较薄，厚度约为 $0.5\sim4~\mu m$，且多孔，质软，具有良好的吸附性，可作为有机涂层的底层，但其耐磨性和抗蚀性能均不如阳极氧化膜。铝及铝合金的化学氧化处理设备简单，操作方便，生产效率高，不消耗电能，适用范围广，不受零件大小和形状的限制。

2）电化学氧化

铝是比较活泼的金属，标准电位为 $-1.66~V$，在空气中能自然形成一层厚度为 $0.01\sim0.1~\mu m$ 的氧化膜。这层氧化膜是非晶态的，薄而多孔，耐蚀性差。但是，若将铝及其合金置于适当的电解液中，以铝制品为阳极，在外加电流作用下，使其表面生成氧化膜，这种方法也称为阳极氧化。

电化学氧化膜厚度约为 $5\sim20~\mu m$（硬质阳极氧化膜厚度可达 $60\sim200~\mu m$），有较高的硬度，良好的耐热和绝缘性，抗蚀能力高于化学氧化膜，多孔，有很好的吸附能力。通过选用不同类型、不同浓度的电解液，以及控制氧化时的工艺条件，可以获得具有不同性质、厚度约为几十至几百微米的阳极氧化膜，其耐蚀性、耐磨性和装饰性等都有明显改善和提高。

铝及其铝合金阳极氧化的方法很多，常用的有硫酸阳极氧化、铬酸阳极氧化、草酸阳极氧化、硬质阳极氧化和瓷质阳极氧化。

8.6　高能束表面改性技术

高能束表面改性是将激光、电子束等高密度能量在很短的时间内施加到材料表层的技术。由于加热速度和冷却速度极高，因此金属表层发生一系列不平衡的物理、化学变化，从而得到微晶、非晶态及其他一些特殊的、热平衡相图上不存在的亚稳合金，从而赋予材料表面各种特殊的组织和性能。高能束流技术对材料表面的改性是通过改变材料表面的成分或结构实现的，成分的改变包括表面合金化和熔覆；结构的改变包括组织和相的改变。

8.6.1　激光表面改性

激光具有相位一致、方向性好、波长单一的特点，因而具有优越的聚焦性，可以获得很高的能量密度。在激光表面处理时，金属表层和所吸收的激光进行光-热转换。由于光子穿透金属的能力很差，只能使金属表面的一薄层的温度在微秒甚至纳秒级的时间内达到相变或熔化温度，因此当热源离开后，金属表面的高温层将快速冷却。根据表面强化的性能指标可以选择合适的工艺参数和措施，以控制金属表层的组织变化和性能。

1. 激光相变硬化

激光相变硬化又称激光淬火。激光束照射到金属材料表面时,表面层的金属吸收激光束的能量而使温度快速上升到相变点以上。金属材料内部则保持冷态,在停止加热后,内部金属能迅速传热使表层金属急剧冷却,从而达到自身淬火目的。对于钢铁材料,其表层被快速加热到相变点以上并转换为奥氏体,在冷态基体自冷作用下淬火而硬化。由于激光淬火时冷却速度高达 10^4℃/s,远远超过常规淬火冷却速度,因此可以获得极细的马氏体组织。

图 8-27 为激光相变硬化示意图。

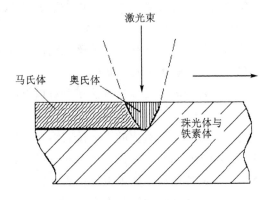

图 8-27 激光相变硬化示意图

激光相变硬化工艺具有加热速度快、淬火组织硬度高、高的表面残余应力和疲劳强度、变形小、淬火部位可控、生产率高、不需要淬火介质、无氧化、无公害等特点。激光相变硬化在汽车零件热处理中已获得广泛应用。

2. 激光熔化-凝固处理

激光熔化-凝固处理是利用高能量密度的聚焦成很小光斑的激光束对金属表层进行熔融和激冷处理。当激光在金属或合金表面扫描照射时,表层很容易被熔化,当光斑扫描离开后,由于金属表层的液态向基体金属的导热能产生极高的冷却速度,所以在金属表层形成了一层液体金属的激冷组织。由于加热和冷却都异常迅速,故所得组织非常细小。如果借助外界条件使表层熔液的冷却速度达到 10^6℃/s 或更大,则可以抑止结晶过程的进行,而凝固成非晶态固体,即所谓激光熔化-非晶态处理,又称为激光上釉。

激光熔化-凝固处理是激光相变硬化技术的发展,把激光相变硬化技术中的激光束的能量密度进一步增大,使金属表面温度超过固相线温度,则其便成为激光熔化-凝固技术。

3. 激光冲击硬化

激光冲击硬化以 10^7 W/mm² 以上的高功率密度的脉冲激光照射金属表面,使表面金属剧烈气化,形成的冲击波反作用于表面使表面硬化。冲击波的力量可达 10^4 MPa,从而使表面产生强烈的塑性变形,增加位错的密度,提高材料的强度及疲劳寿命。冲击硬化效果与合金的种类及原始状态有关。例如,用脉冲激光照射可使时效强化的铝合金焊接接头中的软化区恢复到原来的强度。

4. 激光表面合金化

激光表面合金化的基本目的也是为了提高表面的耐磨、防腐等性能。把合金元素、陶瓷等粉末以一定方式添加到基体金属表面上,通过激光加热使其与基体表面共熔而混合,形成表面特种合金层。向表面加入合金粉末的方法有共沉积法和预沉积法。共沉积法是激光照射的同时送入粉末,需要精度较高的送粉设备。预沉积法即预先涂上一层合金涂膜,然后用激光重熔,我国目前的研究中大都采用此法。预涂的方法主要有粉末涂刷、热喷涂、真空镀、电镀、化学镀、预置薄板或金属箔等。

5. 激光表面熔覆

　　激光表面熔覆是在金属基体表面上预涂一层金属、合金或陶瓷粉末的工艺。在进行激光重熔时,控制能量输入参数,使添加层熔化并使基体表面层微熔,从而得到一外加的熔覆层,如图 8 - 28 所示。显然该法与表面合金化的不同在于母材微熔而添加物全熔,这样一来避免了熔化基体对强化层的稀释,可获得具有原来特性和功能的强化层。该改性法已成功应用于大型喷气客机涡轮叶片发动机的高压透平叶片护罩,目前已经成为国内外激光表面改性研究的热点。

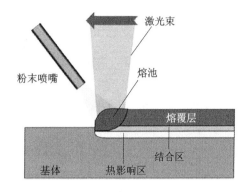

图 8 - 28　激光表面熔覆示意图

8.6.2　电子束表面改性

　　电子束作为热源的应用领域和激光基本相同,涉及焊接、切割、表面相变硬化(即表面淬火)、表面合金化、表面非晶化、表面涂敷等多方面。

1. 电子束相变硬化

　　电子束相变硬化又称电子束淬火,它是利用钢铁材料的马氏体相变进行表面强化的。由电子束的加热特点可知,电子束辐照所沉积的能量能在瞬间转变为金属表层原子的热能,使金属表层的温度快速升高。当一定厚度的金属表层的温度高于金属的相变点 Ac_3 时,表层金属发生奥氏体转变,而基体内部金属仍保持冷态。在停止加热后,内部金属的散热作用使得表层的冷却速度为 $10^8 \sim 10^{10}$ K/s,所以在冷却过程中材料发生马氏体相变,获得微细均匀的马氏体组织,具有高的硬度和疲劳强度。

2. 电子束表面合金化

　　在电子束作用下,改变金属表面的合金成分和物理状态可改善表面的组织和性能。电子束表面合金化时提高电子束的功率,或者增大辐照加热时间,可使基体表层一定深度内发生熔化现象。同时加入一定的合金元素,使熔化区的基体元素和所加入合金元素的原子在液态均匀地混合以形成不同于基体成分的熔化层,在随后的快速冷却过程中,熔合层凝固得到微细的组织。根据表面性能的要求,选择合适的加入元素种类和数量,并选择合适规范的电子束进行辐照,以控制熔化层的深度、熔化区中的原子扩散和混合程度及冷却速度,从而得到合适厚度、一定成分的微细组织,以满足表面性能要求。

　　利用电子束表面合金化,可以改善材料表面的各种性能,如耐磨性、耐蚀性、抗高温氧化性能等。

　　电子束表面合金化处理时,合金元素的加入方式可以是预先涂敷,也可以是同时加入,这和激光表面合金化类似。

3. 电子束表面熔敷

　　电子束表面熔敷与电子束表面合金化类似,都发生熔化现象,表面成分由基体材料和所加入的合金元素共同决定。两者的差别在于电子束表面熔敷时基体金属的熔化量或熔化深度较小，表层的成分主要取决于预涂层或所加入粉末、丝材的成分。

4．制造非晶态层

利用电子束快速加热、快速冷却的特点进行电子束表面熔化-凝固处理，并控制冷却速度使其足够大，可形成非晶态组织。

此外，电子束覆层、电子束蒸镀及电子束溅射也属于电子束表面强化技术。

8.7　金属表面形变强化

零件在服役过程中往往由于表面强度不足，或者耐腐蚀性能差，而发生疲劳破损失效，而疲劳破坏大多从材料表面开始；因此，改善和提高材料的表面性能就成为提高疲劳强度、延长使用寿命的重要工艺措施。表面形变强化就是近年来国内外广泛研究和应用的工艺之一。

8.7.1　喷丸强化及应用

1．喷丸强化

常用的金属材料表面形变强化方法主要有喷丸、滚压和内孔挤压等强化工艺。其中喷丸强化是当前国内外广泛应用的一种表面强化方法，即利用高速弹丸强烈冲击零件表面，如图 8-29 所示，使之产生形变硬化层并引进残余压应力。喷丸强化已广泛用于弹簧、齿轮、链条、铀、叶片、火车轮等零部件的加工制造中，可显著提高金属的抗疲劳、抗应力腐蚀破裂、抗腐蚀疲劳、抗微动磨损、耐点蚀等的能力。

喷丸强化所用设备简单、成本低、耗能少，并且在零件的截面变化处、圆角、沟槽、危险断面以及焊缝区等都可进行，故在工业生产中获得了广泛应用。常用的喷丸设备类型主要有两类：一类为机械离心式喷丸机，适用于要求喷丸强度高、品种少、批量大、形状简单、尺寸较大的零件；另一类是压缩空气式的气动式喷丸机，适用于要求喷丸强度较低、品种多、批量小、形状复杂、尺寸较小的零件。

金属表面形变强化由材料表面组织结构的变化、引入残余压应力和表面形貌发生变化所致。例如，在喷丸过程中，如图 8-30 所示，材料表层承受剧烈的弹丸冲击产生形变硬

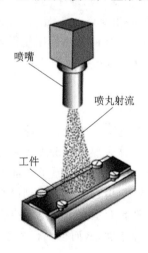

图 8-29　喷丸强化示意图

化层。在此层内产生两种变化：一是在组织结构上，亚晶粒极大地细化，位错密度增高，晶格畸变增大；二是形成了高的宏观残余压应力。

2．喷丸强化的应用

（1）提高疲劳强度

喷丸强化是一种改善金属零件疲劳性能的良好工艺。对燃气轮机叶片采用喷丸强化处理

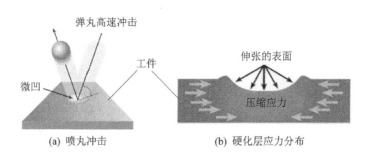

(a) 喷丸冲击　　　　　　　(b) 硬化层应力分布

图 8-30　喷丸冲击与形变硬化层应力分布

以增加其疲劳极限就是一个重要的例证。由于空气穿过压缩机时温度升高,燃气轮机压缩机叶片因此承受机械负荷和热负荷,温度升高时由于应力消除,可能使喷丸强化的效果有所损失。因此,确定服役时的温度和时间对应力消除的影响是很有意义的。

现代商用喷气发动机用高温合金涡轮盘,经过放电加工之后,规定一律进行喷丸强化处理,如图 8-31 所示,这是因为放电加工会使高温合金制件的疲劳强度降低 20%～60%,而通过喷丸强化能使其恢复并超过其初始疲劳强度。

(2) 改善抗应力腐蚀性能

喷丸强化工艺在改善材料抗应力腐蚀疲劳性能中的应用,虽尚未像在改善疲劳性能中那样普遍和广泛,但是许多试验结果表明,喷丸强化可以较显著地提高金属材料抗应力腐蚀破坏的能力。

曾发现少量用于液体火箭推进剂容器的试制品发生了过早破坏,从表面上看似乎是由压力引起的。后来的研究工作表明,这是由于应力腐蚀造成的破

图 8-31　燃气轮机叶片的喷丸强化

坏。在其内表面用玻璃珠进行喷丸强化后,这种推进剂容器在 40 ℃下试验 30 天没有产生破坏,而在同样条件下,未喷丸强化处理的容器14 h 就发生了破坏。

8.7.2　滚压和内孔挤压强化

滚压和孔挤压是利用棒、衬套、模具等特殊的工具,对零件孔或周边连续、缓慢、均匀地挤压,形成塑性变形的硬化层的工艺,如图 8-32 所示。塑性变形层内组织结构发生变化,引起形变强化,并产生残余压应力,降低了孔壁粗糙度,对提高材料疲劳强度和应力腐蚀能力很有效。

滚压和孔挤压强化用设备利用的是冷加工设备(如车床、钻床或镗床),再配备用做滚压和孔挤压强化工艺所必需的装置。图 8-33 所示为各类挤压强化工具。

热处理与滚压相结合复合处理对提高疲劳极限的效果更加显著,感应加热淬火加滚压、渗氮加滚压、氮碳共渗加滚压都具有良好的强化效果。

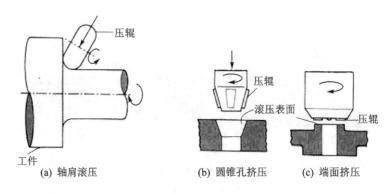

（a）轴肩滚压 （b）圆锥孔挤压 （c）端面挤压

图 8 - 32 挤压强化示意图

图 8 - 33 各类挤压强化工具

思考题

1. 调研装备结构对材料表面的要求。
2. 材料表面涂层有何作用？
3. 分析热喷涂原理。
4. 热喷涂工艺有哪几种类型？各自有何特点？
5. 热喷涂涂层组织的基本特点是什么？
6. 堆焊有哪些用途？
7. 堆焊有哪几种方法？各自有何特点？
8. 堆焊材料有哪些？各自有何特点？
9. 分析全方位离子注入的原理。
10. 分析各类气相沉积的原理。

11. 何谓化学气相沉积？

12. 电刷镀的原理及特点是什么？

13. 与电镀相比，化学镀有何特点？

14. 何谓化学转化膜？分析其工艺过程。

15. 举例说明高能束表面改性技术的应用。

16. 分析喷丸强化原理及其作用。

17. 调研航空发动机零件采用哪些表面技术？

18. 分析航天器结构表面应进行何种防护？

第9章 材料成型质量检验

材料成型质量是产品质量的基础,材料成型质量检验是产品质量控制的重要环节之一,也是产品制造企业全面质量管理中不可缺少的组成部分。材料成型过程和质量检验是一个有机的整体,质量检验伴随材料成型工艺过程的始终。

9.1 材料成型质量检验概述

9.1.1 材料成型质量的基本概念

1. 质量的定义及内涵

根据我国国家标准和国际标准的定义,质量是"一组固有特性满足要求的程度"。术语"质量"可使用形容词如差、好或优秀来表示;"固有的"是指某事物中本来就有的,尤其是那种永久的特性。

质量定义中指出的"特性",是产品质量的定性或定量的表现,也是顾客评价产品或服务满足需要程度的参数与指标系列。所谓"特性",是指事物所特有的性质。我们平时所说"特征"是指事物特点的象征或标志,常常指外观的颜色、造型等。在质量管理中,常把质量特征称为外观质量特性。产品质量特性一般包括 6 个方面的性能,即可靠性、维修性、安全性、适应性、经济性和时间性。服务质量由 6 个方面组成:功能性、经济性、安全性、时间性、舒适性和文明性。

质量定义中的"要求"是指明示的、通常隐含的或必须履行的需要或期望。"明示的"是指在合同环境中,顾客明确提出的要求或需要,通常是通过合同及标准、规范、图纸、技术文件做出明文规定,由供方保证实现。而"通常隐含的"是在非合同环境中,顾客未提出或未明确提出的要求。其一是指顾客或社会对产品或服务的期望;其二是指那些人们公认的、不言而喻的、不必作出限定的需要。这通常是由供方通过市场调研进行识别与探明并加以确定的要求或需要。"必须履行的"是指法律法规的要求或强制标准的要求。要求可以由不同的相关方提出,不同的相关方对同一产品的要求可以是不相同的。要求可以是多方面的,如果需要特别指出时可以明确提出。

产品质量合格就是"满足要求",不合格就是"未满足要求"。合格又可称为符合,是满足要求的肯定,称为合格或符合规定要求。不合格称为不符合,也就是没有满足规定的要求。这里所说的"要求"不仅从顾客角度出发,还要考虑社会的需要,要符合法律、法令、法规、环境、安全、资源保护等方面的要求。也就是说质量除了必须符合规定要求,即符合性要求,还要满足顾客和社会的期望,即适用性要求。

2. 材料成型质量与缺陷

(1) 材料成型质量

产品分为有形产品和无形产品,或者是它们的组合。有形产品是经过加工的成品、半成品、零部件。无形产品包括各种形式的服务,如运输、维修、商贸等。

成型质量指成型件满足产品结构的使用价值及其属性。它体现为成型件的内在和外观的各种质量指标。产品实体作为一种综合加工的产品,它的质量是产品适合于某种规定的用途,满足使用要求所具备的质量特性的程度。成型件的质量特性除具有一般产品所共有的特性外,还应满足其特殊要求,如:

> 理化方面的性能:表现为力学性能(强度、塑性、冷弯、冲击韧性等)、化学性能(碳、锰、硫、磷、硅等影响焊接工艺性的元素)。

> 使用时间的特性:表现为产品的寿命或其使用性能稳定在设计指标以内所延续时间的能力(如抗腐蚀性、耐久性)。

> 使用过程的适用性:表现为产品的适用程度。

> 经济特性:表现为造价(价格),生产能力或效率,生产使用过程中的能耗、材耗及维修费用高低等。

> 安全特性:表现为保证使用及维护过程的安全性能。

(2) 材料成型缺陷

材料成型过程中,由于工艺参数选择不当或操作不慎,导致工件表面或内部产生的材料不连续性称为成型缺陷。

根据成型工艺类型,成型缺陷可以分为铸造缺陷、锻造缺陷、焊接缺陷、粉末冶金缺陷、热处理缺陷等。各种成型工艺的缺陷产生机制和特征都具有各自的特点。

根据缺陷在工件中的位置,可以分为表面缺陷和内部缺陷。

根据缺陷形貌特征,可将缺陷分为体积型缺陷和平面型缺陷。体积型缺陷可以用三维尺寸来描述,如铸造缺陷中的缩孔、缩松,焊接缺陷中气孔、夹杂、夹渣等。平面缺陷只能用二维尺寸来描述,如焊接裂纹、未熔合、未焊透,锻造中的折叠,铸造中的冷隔等。

成型缺陷破坏了工件的完整性,对工件的性能有较大影响。因此,防止缺陷的产生是成型质量保证的重要方面。为了防止工程结构在使用中发生断裂破坏,一方面要求材料有足够的强度和韧性,另一方面还要考虑可能的缺陷对结构强度的不利影响。缺陷对结构强度的影响取决于有缺陷结构的使用条件,即结构的工作载荷、温度和环境条件,以及缺陷的形状、大小、方位等。

一般而言,对任何材料成型过程,工件质量特性值总是分散的,其主要原因是在成型中存在随机性、模糊性和不完善性等不确定因素,这就导致工件不可避免地存在缺陷。受限于检测手段的缺陷检出率和分辨率,要得到有关缺陷形状、位置和方向等参数的分布是十分困难的。对于实际存在的缺陷,尺寸越小检出率越低,检出的尺寸精度也越差。未检出缺陷的大小和数量会对工件的使用性能产生影响,所以评估未检出缺陷的风险也是很重要的。

9.1.2　质量检验的作用、基本职能和内容

检验是通过观察和判断,适当时结合测量、试验所进行的符合性评价。观察的方式包括各种感官的活动。"适当时结合测量、试验"是指当技术标准、图样、合同等相关文件有质量特性要求时,要选择适宜的检测仪器或工具,对其进行测量、试验的活动。所谓"符合性评价"是指观察和评价(有质量特性要求时,结合测量或试验结果,与规定要求进行对比)是否满足规定要求的活动。

材料成型质量检测就是采用调查、检查、度量、试验、监测等方法,把成型质量同产品质量要求相比较的过程,从而提高和保证产品质量,防止不合格产品连续生产,避免质量事故的发生,因此也是产品质量保证体系中至关重要的一环。

1. 质量检验的作用

检验是保证产品质量优良、防止废品出厂的重要措施。

① 在产品的加工过程中,对每道工序进行质量检验,是及时消除该工序产生缺陷的重要手段,并防止了缺陷重复出现。这比在产品加工完后再来消除缺陷更节约时间、材料和劳动力,从而大大地降低了成本。

② 在新产品试制或制定新的成型工艺过程中,通过检验可以发现新工艺和新产品在试制时质量存在的问题,找出原因,消除缺陷,使新工艺得到应用,新产品质量得到保证。

③ 产品在使用过程中,定期进行检验,可以发现在使用过程中产生的而尚未导致破坏的缺陷,及时消除而防止事故的发生,从而更好地延长产品的使用寿命。

检验是产品制造过程中自始至终不可缺少的重要工序,应依靠群众,层层把关,实行自检、互检、专检及产品最后验收,以保证不合格的原材料不投产、不合格的零件不装配、不合格的成型件必返工以及不合格的产品不出厂。

2. 质量检验的基本职能

(1) 鉴别职能

检验活动实质上就是对产品进行质量鉴别,即按照有关的合同、技术协议书、产品图样、质量标准和技术文件的规定,对受检物的质量特性进行度量,并将度量的结果与规定的质量要求进行比较,评定被检物的符合性质量,作出合格或不合格的判断。

(2) 把关职能

把关是在鉴别的基础上,通过对原材料、零部件和成品的正确鉴别,确定每件产品或产品批是否能接收。

(3) 报告职能

通过检验活动,系统地收集、积累、整理、分析和综合大量的检验信息,根据需要形成报告或报表,及时向企业管理者或有关部门报告产品质量的状况、动态和趋势,为质量策划、质量控制和质量改进提供依据。

(4) 证实职能

为了实施内部和外部的质量保证,企业要向内部的管理层以及外部的需方和有关的第三方提供证据,以证明企业质量体系的适合性和有效性。

3. 材料成型质量检验的内容

金属材料在液态成型(铸造)、塑性成型及焊接等工艺过程中,其组织、结构发生了一系列变化,产品的质量和性能在很大程度上受这些变化的影响。为了使产品的质量和性能达到设计要求,有必要对影响产品质量的材料在成型过程中的各种参数进行控制,尤其是在优质、高效、低消耗的现代化生产中,对材料成型过程的控制更是必不可少的。

检测技术是成型质量控制的组成部分,也是科学研究的重要手段。通过检测确定成型过程中的各种参数及其变化,为分析成型过程及其结果、评价和改进工艺提供科学依据。而将成型过程中的各种参数及其变化作为信号提供给成型过程控制系统,即可实现成型过程的优化及自动控制。

在材料成型过程中,影响成型过程及其产品质量的参数很多,常需检测的主要参数有以下几种。

① 应力与应变:在金属材料成型过程中,由于其温度、金相组织的变化及变化的不均匀性,可导致其形成应力与应变,从而直接影响产品形状的精度和稳定性。检测材料成型过程中的应力和应变量,是研究成型工艺及零件结构合理性的需要。

② 位移和质量:材料成型工艺涉及的材料、设备及控制,常需检测位移量和质量,如料位、设备中运动机构的位置、物料的质量等。

③ 温度:温度是成型工艺中的重要参数。如铸造合金的浇注温度、型芯的烘干温度、锻造中始锻和终锻温度、焊接中母材的温度以及金属材料成型过程中温度的变化速度等,对零件的质量、性能和成本都有十分重要的影响。对各种温度进行检测,不但能帮助我们了解温度的影响,也能把材料的成型过程控制在最佳的温度区间。

④ 金相组织与力学性能:对零件或制品的质量控制,除了在其形成过程中的控制之外,对成型后的零件进行检测也是重要的质量控制手段。通过对零件金相组织、力学性能及缺陷等的检测,可以准确地评定零件的质量等级,也可分析所测参数偏离标准的程度和原因,帮助人们制定改进措施。

9.2　成型件无损检验方法

成型质量检验包括外观质量及内部质量检验。外观质量检验主要指成型件的几何尺寸、形状、表面状况等项目的检验;内部质量的检验主要是指成型件化学成分、宏观组织、显微组织及力学性能等项目的检验。

成型外观质量的检验一般采用非破坏性的检验,通常用肉眼或低倍放大镜进行检查,必要时也采用无损探伤的方法。内部质量的检验,根据不同的检验内容,有些必须采用破坏性检验,如组织检验、力学性能测试等,有些需要采用无损检测技术,如内部缺陷的检验。

在实际生产过程中,破坏性检验不能完全适应成型质量检验的要求,因此,无损检测技术在成型质量检验中得到广泛的应用。这里主要介绍成型质量检验采用的无损检测方法。

9.2.1　射线检验

1. 射线检验基本原理

射线检验是利用射线易于穿透物体,并在穿透物体过程中受到吸收和散射而衰减的性质,在感光材料上获得与材料内部结构和缺陷相对应、黑度不同的图像,从而探明物质内部缺陷种类、大小、分布状况,并作出评价的无损检验方法。

射线检验使用的射线有 X 射线、γ 射线和中子射线 3 种。

图 9-1 所示是射线检测的基本原理示意图。射线源发出的射线照射到工件上,并透过工件照射到暗盒中的照相胶片上,使胶片感光。

射线通过工件后将产生衰减,其衰减规律可表示为

$$J_a = J_0 e^{-\mu S} \tag{9-1}$$

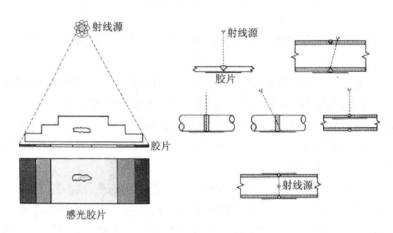

图9-1 射线检测示意图

式中,J_a为射线穿过厚度为S的工件后的强度;J_0为射线到达工件表面的强度;μ为射线在工件材料中的衰减系数;S为透照方向上的工件厚度。

由式(9-1)可见,随着工件厚度的增加,投射射线强度将衰减。若被检工件无缺陷存在,则射线穿过工件后的强度均为J_a;若工件有缺陷存在,缺陷处的实际厚度减少,则透过缺陷处的射线强度就增大,进而使胶片相应处的曝光量增多,形成不同黑度的图像,从而判断工件内部缺陷的特征。

射线检验的透照布置如图9-1所示。透照布置遵循的基本原则是应使透照厚度尽可能小,同时保证具有适当的工作效率。具体进行透照布置时应考虑射线源、工件、胶片的相对位置,射线中心束的方向,有效透照区等因素。

采用X射线计算机辅助层析成像(也称工业CT)技术可观察缺陷的断面情况,准确确定缺陷的位置和尺寸。其基本原理是:X射线透过工件,经图像增强器的接收将透照射线强度信号转换成可视模拟图像,模拟图像输入计算机形成数字图像,数字图像经计算机处理获得工件表面及内部缺陷信息。

图9-2为一种工业CT的结构组成示意图。

2. 缺陷识别

获得合格的射线照片或图像后,需要根据影像的几何形状、黑度分布及位置进行综

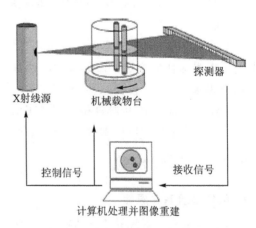

图9-2 工业CT的结构组成示意图

合分析,判断缺陷的类型、形态及产生的原因,进而评定工件的质量等级。缺陷识别可采用人工直接识别和计算机辅助识别的方法。

人工直接识别是评片者在评片室应用观片灯直接进行观察,以对缺陷作出评判。评片者需要具有丰富的实践经验和一定的理论基础,应持有相应级别的资格证书。

采用计算机辅助识别方法时需要将射线底片图像通过底片数字化扫描设备(或CCD摄像机和模/数转换器)转换成数字图像,然后应用适当的图像处理系统对其进行图像处理获得缺

陷的三维显示或彩色显示,从而对缺陷进行识别,也可以对缺陷作定量评价、等级分类和合格性判定。

X 射线计算机辅助层析成像与缺陷的计算机辅助识别系统集成,可对缺陷图像进行快速识别和评定。

9.2.2 超声检测

1. 超声检测原理

超声检测是利用超声波射入金属材料,在不同界面发生不同反射的特点来检查缺陷的,通过收到反射波的高度、形状来判定缺陷的大小和性质。用于金属材料超声检测的超声波,其频率范围通常在 0.5～10 MHz 之间。

图 9-3 为脉冲反射法超声检测示意图。

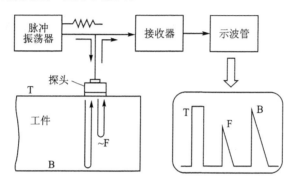

图 9-3 脉冲反射法超声检测示意图

超声检测系统包括超声检测仪、探头和对比试块。

超声检测仪是检测的主体设备,主要功能是产生超声频率电脉冲,并以此来激励探头发射超声波,同时接收探头送回的电信号并将其放大处理后显示在荧光屏上。

探头又称电声换能器,是实现电-声能量相互转换的能量转换器件。

对比试块是以特定方法检测特定试件时所用的试块,它与受检工件材料的声学特性相似,含有明确的参考反射体,用以调节超声检测设备的状态,将所检出的缺陷反射信号与一个直反射体所产生的信号相比较。按一定用途设计制作的具有简单形状人工反射体的试件是探伤标准的一个组成部分,是判定探伤对象质量的重要尺度。

脉冲反射法是目前超声波检测中应用最广泛的方法。其基本原理是将一定频率间断发射的超声波(称脉冲波)通过一定介质(称耦合剂)的耦合传入工件,当遇到异质界面(缺陷或工件底面)时,超声波将发生反射,回波(即反射波)为仪器接受并以电脉冲信号在示波屏上显示出来,由此判断缺陷的有无,以及进行定位、定量和评定。脉冲反射式超声检测仪的信号显示方式可分为 A、B、C 等类型,又称为 A 扫描、B 扫描、C 扫描。其中,A 型显示应用最为广泛。

A 型显示将超声信号的幅度与传播时的关系以直角坐标的形式显示出来,如图 9-3 所示。横轴为时间,纵轴为信号幅度。如果超声波在均质材料中传播,声速是恒定的,则传播时间可以转变为传播距离。因此,从 A 型显示中可以得到反射面距声波入射面的距离,以及回波幅度的大小,前者用于检测缺陷的深度,后者用于判断缺陷的当量尺寸,由此可以对缺陷进行识别和评价。

脉冲反射法超声检测通常用于锻件、焊缝及铸件等的缺陷检测,可发现工件内部较小的裂纹、夹渣、缩孔、未焊透等缺陷。被探测物要求形状较简单,并有一定的表面光洁度。为了成批地快速检查管材、棒材、钢板等型材,可采用配备有机械传送、自动报警、标记和分选装置的超声探伤系统。

B型超声波探伤成像图像所显示的是工件的断层图(纵截面图)。B型超声波探伤采用辉度(亮点)调制方式显示深度方向所有界面的反射回波,探头发射的超声声束在水平方向上快速电子扫描(相当于快速等间隔改变探头在工件上的位置),逐次获得不同位置的深度方向所有界面的反射回波。当一帧扫描完成,便可得到一幅超声断层图像,该图像称为线扫断层图像。图9-4为B型超声扫描示意图。

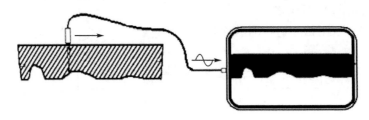

图9-4 B型超声扫描示意图

C型超声波探伤具有X射线拍片相类似的工件横剖面图像。C型超声波探伤采用多元线阵探头实现水平面上的 x、y 方向综合扫描,即在水平 x 方向采用和B型一样的电子扫描方式,而在水平 y 方向上通过机械的方法使探头移动。探头接收信号幅度以光点辉度表示,荧光屏上可显示出工件内部缺陷的平面图像,但不能显示缺陷的深度。图9-5为C型超声扫描示意图。

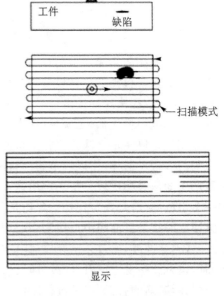

图9-5 C型超声扫描示意图

2. 超声波检测方法

根据耦合方式,超声检测分为直接接触法和液浸法。

采用直接接触法进行超声检测,需要在探头和工件待检测面之间涂以很薄的耦合剂,以改善探头与检测面之间声波的传导。液浸法是将探头和工件全部或部分浸于液体中,以液体作为耦合剂,声波通过液体进入工件进行检测的方法。

直接接触法主要采用A型显示脉冲反射法工作原理,操作方便,检测图形简单,判断容易,灵敏度高,在实际生产中得到广泛的应用。这里只介绍直接接触超声检测法的应用。

直接接触超声检测法有直射声束法和斜射声束法。

（1）**直射声束法**

直射声束法是采用直探头将声束垂直入射工件待检测面进行检测的方法，又称纵波法。当直探头在待检测面上移动时，无缺陷处示波屏上只有始波 T 和底波 B，如图 9-6(a)所示；若探头移到有缺陷处且缺陷反射面比声束小时，则显示屏上出现始波 T、缺陷波 F 和底波 B，如图 9-6(b)所示；当探头移到大缺陷处时，则示波屏上只出现始波 T 和缺陷波 F，如图 9-6(c)所示。显然，垂直法探伤能发现与探伤面平行或近于平行的缺陷。

（2）**斜射声束法**

斜射声束法是采用斜探头将声束倾斜入射工件待检测面进行检测的方法，又称横波法。如图 9-7 所示，当斜探头在待检测面上移动时，无缺陷时示波屏上只有始波 T，这是因为声束倾斜入射至底面产生反射后，在工件内以 W 形路径传播，故没有底波出现，如图 9-7(a)所示；当工件存在缺陷而缺陷与声束垂直或缺陷的倾斜角很小时，声束会被反射回来，此时示波屏上将显示出始波 T 和缺陷波 F，如图 9-7(b)所示；当斜探头接近板端时，声束将被端角反射回来，在示波屏上将出现始波 T 和端角波 B′，如图 9-7(c)所示。

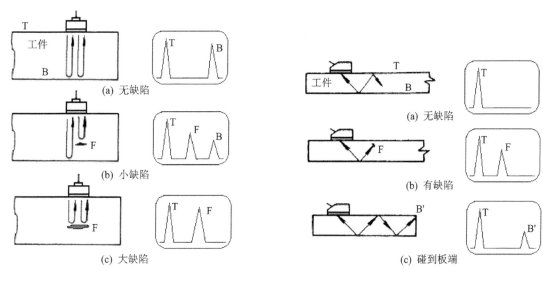

图 9-6　直射声束法检测　　　　　　图 9-7　斜射声束法检测

9.2.3　磁粉检测

1. 磁粉检测原理

磁粉检测是对铁磁性工件予以磁化，然后向被检工件表面喷洒磁粉或磁悬液的方法。当有表面缺陷或近表面缺陷时，因缺陷内有空气或非金属，故其磁导率减小，在缺陷处产生漏磁场，吸附磁粉出现磁痕显示。

图 9-8 为磁粉检测示意图。

磁粉检测方法分干法和湿法两种。干法通过干燥铁粉（Fe_3O_4 或 Fe_2O_3）来显示缺陷，而湿法用磁粉悬浮液来显示缺陷。外加磁场也有直流和交流两种磁场，一般来说，干法比湿法灵敏，直流比交流灵敏。

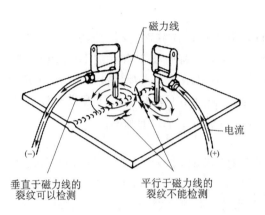

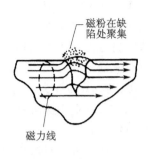

图 9 - 8　磁粉检测示意图

　　磁粉检测的能力取决于施加磁场的大小和缺陷的延伸方向,还与缺陷的位置、大小和形状等因素有关。工件磁化时,当磁场方向与缺陷延伸方向垂直时,漏磁量最大,可达最佳灵敏度,如图 9 - 9 所示。当磁场方向与缺陷延伸方向夹角为 45°时,缺陷可以显示,但灵敏度降低。当磁场方向与缺陷延伸方向平行时,不产生磁痕显示,缺陷发现不了。由于工件中的缺陷有各种取向,难以预知,故应根据工件的几何形状,采用不同的磁化方法在工件上建立不同方向的磁场,以发现各个方向的缺陷。

　　2. 磁粉检测工艺

　　磁粉检测工艺可以归纳为如下几个步骤:

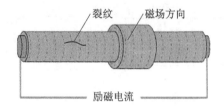

　　① 预处理：检验前清除工件表面的油脂、污垢、锈蚀、氧化皮等,可采用喷砂、溶剂清洗、砂纸打磨、抹布擦洗等方法。

　　② 磁化：铁磁体在外加磁场下,内部磁畴重新排列,逐渐与外磁场一致,铁磁材料对外呈现磁性,即被磁化。

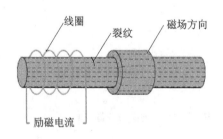

　　③ 施加磁粉、磁悬液：干法检测可用简便方法散布磁粉,将磁粉装入纱布袋中,抖动手来进行散布;湿法检测可用各种设备,用其喷枪将磁悬液喷淋到工件表面。

　　④ 检查：这是磁粉检测的关键。在规定的照明条件下,根据磁痕的形状和特征,准确地识别各

图 9 - 9　磁场方向的设置

种缺陷,分析缺陷产生的原因。对有缺陷的工件,应确定缺陷等级,并对工件作出结论和质量评价。

　　⑤ 退磁：退磁是去除工件中的剩磁,使工件材料磁畴重新恢复到磁化前那种杂乱无章状态的过程。

　　⑥ 后处理：对检查合格的工件进行清理,去除工件表面的磁粉、磁悬液,清洗后进行脱水防锈处理。不合格者进行标注,返修。

9.2.4　渗透检测

1. 渗透检测的原理

渗透探伤是利用黄绿色的荧光渗透液或红色的着色渗透液对窄狭缝隙进行渗透的。经过渗透、清洗、显示处理后,对显示放大了的探伤显示痕迹,用目视法进行观察,对缺陷的性质和尺寸做出适当的评价。

渗透检测的基本原理可依据液体的某些特性,从 4 个方面加以叙述。

① 渗透:将工件浸渍在渗透液中(或采用喷涂、毛刷将渗透液均匀地涂抹于工件表面),如果工件表面存在开口状缺陷,如图 9 - 10(a)所示,渗透液就会沿缺陷边壁逐渐浸润而渗入缺陷内部,如图 9 - 10(b)所示。

② 清洗:渗透液充分渗入缺陷内以后,用水或溶剂将工件表面多余的渗透液清洗干净,如图 9 - 10(c)所示。

③ 显像:将显像剂(氧化镁、二氧化硅)配置成显像液并均匀地涂敷在工件表面,形成显像膜,残留在缺陷内的渗透液通过毛细现象的作用被显像吸附,在工件表面显示放大的缺陷痕迹,如图 9 - 10(d)所示。

④ 观察:在自然光下(着色渗透法)或紫外线光照射下(荧光渗透法),检验人员用目视法进行观察,如图 9 - 10(e)所示。

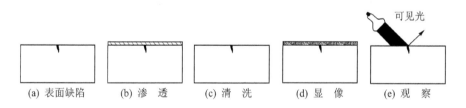

图 9 - 10　渗透检测示意图

(a) 表面缺陷　　(b) 渗　透　　(c) 清　洗　　(d) 显　像　　(e) 观　察

按照所使用的渗透液及观察时光线的不同,渗透检测法大致可以分成荧光渗透检测法、着色渗透检测法两大类。

荧光渗透检测法使用的渗透检测液是用黄绿色荧光颜料配置而成的黄绿色液体。荧光渗透检验法的渗透、清洗和显像与着色渗透检测法相似,观察则在波长为 365 nm 的紫外线照射下进行,缺陷显示呈现黄绿色的痕迹。荧光渗透检测法的检测灵敏度较高,缺陷容易分辨,常用于重要工业部门的零件表面检验。缺点是观察时要求工作场所光线暗淡;在紫外线照射下观察,检测人员的眼睛容易疲劳;长期照射紫外线对人体皮肤有一定的危害。

着色渗透检测法使用的渗透液是用红色颜料配置成的红色油状液体,在自然光线下观察红色的缺陷显示痕迹。着色渗透检测法比荧光渗透检测法使用方便,适用范围广,尤其适用于远离电源和水源的场合,常用于奥氏体不锈钢焊缝的表面质量检验;缺点是灵敏度较之荧光渗透检测法低。

渗透检测用于工艺条件试验、成品质量检验和设备检修过程中的局部检查等。它可以用来检验非多孔的黑色和有色金属材料以及非金属材料。渗透检测不适用于检验多孔性材料或多孔性表面缺陷。

2. 渗透检测工艺

渗透检测工艺主要包括预处理、渗透处理、去除处理、干燥处理、显像处理、检验、后处理等工序。

① 预处理：要进行渗透检测的工件表面必须清洁。预处理是采用有效的清洗方法去除工件表面的油污、灰尘和金属污物等，并进行充分的干燥的过程。

② 渗透处理：在待检工件表面施加渗透剂，所有的受检表面应被渗透剂浸湿和覆盖，渗透剂和环境温度要保持在15~50 ℃，停留时间不少于10 min。当温度在5~15 ℃时，停留时间应不少于20 min。

③ 去除处理：渗透处理结束后，采用水洗方法清除工件表面多余的渗透剂，然后用棉织品、纸等擦拭物擦去或用经过滤的压缩空气吹去工件表面多余的水。

④ 干燥处理：将工件置于控温的热空气循环干燥箱中进行烘干或在室温下自然干燥，烘箱的温度保持在60~65 ℃。用热风或冷风直接吹干工件时，空气必须干燥、清洁。

⑤ 显像处理：将显像剂喷涂在干燥后的工件表面进行显像处理。干粉显像剂显像时间一般不少于10 min，最长不超过240 min；非水湿显像剂显像时间一般不少于10 min，最长不超过60 min；水湿显像剂显像时间一般不少于10 min，最长不超过120 min。

⑥ 检验：在暗室的黑光下观察显像的工件表面。黑光在零件表面上的辐照度应至少有1 000 $\mu W/cm^2$；暗室的白光照度不大于20 lx。对于无显示或仅有非相关显示的工件准予验收。对于有相关显示的工件，应对照验收标准评定，对有疑问的显示应用溶剂润湿的脱脂棉擦掉显示，干燥后重新显像予以评定；或用10倍放大镜直接观察。若没有显示再现，可以认为是虚假的。若显示再现，则可按规定的验收标准进行评定。

⑦ 后处理：渗透检验完成后，工件应进行清理，去除表面上附着的显像剂和渗透剂残留物，并将工件立即进行干燥。

9.2.5 涡流检测

1. 涡流检测原理

涡流检测是利用电磁感应原理进行探伤的。当工件接近一个带有交变磁场的测量线圈时，这个磁场在工件中产生旋涡状的感应电流，工件中缺陷的存在会影响涡流磁场的变化，因而通过涡流磁场变化量的测试可检测工件中存在的缺陷。

(1) 涡流的产生

在图9-11中，若给线圈通以变化的交流电，根据电磁感应原理，穿过金属管中若干个同心圆截面的磁通量将发生变化，因而会在金属块内感应出交流电。由于这种电流的回路在金属块内呈漩涡形状，故称为涡流。

涡流是根据电磁感应原理产生的，所以涡流是交变的。同样，交变的涡流会在周围空间形成交变磁场。空间中某点的磁场不再是由一次电流产生的磁场，而是一次电流磁场和涡流磁场叠加而形成的合成磁场。

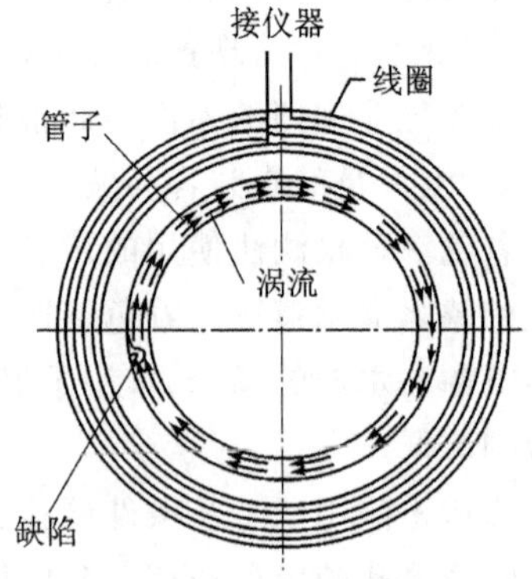

图 9-11　涡流检测示意图

（2）集肤效应

当直流电通过一圆柱导体时，导体截面上的电流密度均相同，而交流电通过圆柱导体时，横截面上的电流密度就不一样，表面的电流密度最大，越到圆柱中心就越小，这种现象称为集肤效应。离导体表面某一深处的电流密度是表面值的 $1/e$（36.8%）时的透入深度称为标准透入深度，也称集肤深度，它表征涡流在导体中的集肤程度，用 h 表示，单位是米（m）：

$$h = \frac{1}{\sqrt{\pi f \mu \sigma}}$$

式中，f 为交流电流频率（Hz）；μ 为材料的磁导率（H/m）；σ 为材料的电导率（$1/(\Omega \cdot m)$）。

由于涡流是交流，同样具有集肤效应，所以金属内涡流的渗透深度与激励电流的频率、金属的电导率和磁导率有直接的关系。它表明涡流检验只能在金属材料的表面或接近表面处进行，而对内部缺陷的检测则灵敏度太低。在涡流探伤中，应根据探伤深度的要求来选择试验频率。

当工件存在缺陷时，涡流的流动发生了畸变，如果能检测出这种畸变的信息，就能判定试件中有关缺陷的情况。因此必须合理地设计检验线圈和测试仪器，突出所要测试的信息，而将其他没有用的信息（称为干扰信息）抑制掉。在涡流检测仪中的信号处理单元电路是专门用来抑制干扰信息的。而有关缺陷的信息则能顺利通过它，并被送去显示、记录、触发报警或实现分类控制等。

2. 涡流检测系统

涡流检测主要用于生产线上的金属管、棒、线的快速检测以及镀层和涂膜的厚度测量。按试件的形状和检测目的的不同，可采用不同形式的线圈，通常有穿过式、插入式和放置式线圈，如图 9-12 所示。穿过式线圈用来检测管材、棒材和线材，它的内径略大于被检物件。使用时使被检物体以一定的速度在线圈内通过，可发现裂纹、夹杂、凹坑等缺陷。插入式线圈也称内部探头，放在管子或零件的孔内用来做内壁检测，可用于检查各种管道内壁的腐蚀程度等。放置式线圈可用于对试件进行局部探测。应用时线圈置于金属板、管或其他零件上。为了提高检测灵敏度，放置式和插入式线圈大多装有磁芯。

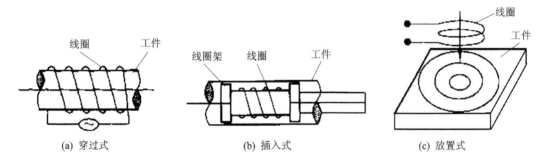

(a) 穿过式　　　　　　　(b) 插入式　　　　　　　(c) 放置式

图 9-12　线圈结构类型

根据不同的检测目的和应用对象，已研制出各种类型的涡流检测仪器。尽管仪器的电路组成和结构各不相同，但工作原理和基本结构是相同的。涡流检测仪的基本原理是：信号发生器产生交变电流供给检测线圈，线圈产生交变磁场并在工件中感生涡流，涡流受到工件性能的影响并反过来使线圈阻抗发生变化，然后通过信号检出电路检测线圈阻抗的变化。检测过程包括信号拾取、信号放大、信号处理、消除干扰和显示检测结果几个部分。

在涡流自动检测仪中装有报警器，当检测到大于标准伤痕的缺陷时，其提供音响或灯光指示信号，有的还可以输出信号使传动机构停车，这样操作人员就可以及时判断检测结果，对不符合质量要求的试件进行处理。

3. 涡流检测程序

① 检测前的准备工作：根据试件的性质、形状、尺寸及欲检出的缺陷种类和大小选择检验方法与设备。对被检件进行预处理，除去其表面的油脂、氧化物及吸附的铁屑等杂物。根据相应的技术条件或标准来制备对比试样。调整传送装置，使试件通过线圈时无偏心、无摆动。

② 确定检测规范：包括选择检测频率、确定工件的传送速度、调整磁饱和度与相位、确定滤波器频率、调定灵敏度等。

③ 检测：在选定的检测规范下进行检测，应尽量保持固定的传送速度，同时使线圈与试件的距离保持不变。在连续检测过程中，应每隔 2 h 或在每批检验完毕后，用对比试样检验仪器。

④ 检测结果分析：根据仪器的指示和记录器、报警器、缺陷标记器指示出来的缺陷，判断检验结果。如果对所得到的探伤结果存在疑点，则应重新探伤或用目视、磁粉、渗透等其他方法加以验证。

⑤ 消磁：工件材料经饱和磁化后应进行退磁处理。

⑥ 结果评定：对工件的检测中，若缺陷显示信号小于对比试样人工缺陷信号，应判定为工件经涡流探伤合格。缺陷显示信号大于或等于对比试样人工缺陷信号时，应认为该工件为可疑品。可对可疑品重新检测，检测时，若缺陷信号小于人工缺陷信号，则判定为合格；或对检测后暴露的可疑部分进行修磨，修磨后重新探伤，并按上述原则评判；或用其他无损检测方法检查。最后根据评定结果编写检测报告。

9.3　材料成型质量检验过程

材料成型制造过程是一个复杂的、多因素影响的过程。为了确保产品质量，成型生产过程中必须进行 3 个阶段的检验，即成型前检验、成型过程检验和成型后的最终检验。

9.3.1　成型前检验

成型前检验主要是为了预先防止和减少在成型加工时产生缺陷，其主要内容包括：原材料和辅助材料的质量检验、成型工艺设计和检验。

1. 原材料质量检验

没有合格的原材料就很难制造出合格的成型件，要控制成型件的质量，就必须控制原材料的质量。材料质量和规格应符合国标、部标及有关技术条件的要求。材料制造厂必须提供质量保证书。质量保证书上应列出炉号、批号、实测的化学成分和力学性能、供货熔炼热处理状态等项目。对于低温结构用材料，还应提供断裂韧性值和脆性转变温度。使用时应根据金属材料的型号和制造厂出厂质量保证书（合格证）加以鉴定。还应检查实物标记和入厂检验编号，材料的牌号、规格应与投料单据相符，与图样要求一致。另外还须做实物表面质量检查和按规定的抽样复验,以检查在运输过程中产生的外部缺陷并防止型号错乱。

对于有严重外部缺陷的应剔除不用,对于没有出厂合格证或新使用的材料,必须进行化学成分分析、力学性能试验及成型性试验后,才能投产使用。

在按图样或工艺要求投料划线的同时,必须进行标记移植,以便在生产过程中区分各部分的材料。检查人员应检查划线的正确性和标记移植的齐全性,并及时做好检查记录,然后转入成型前备料,进行下料和有关加工等工序。

2. 辅助材料的质量检验

成型时所消耗材料(如焊条、焊丝和焊剂等)都应有制造厂的质量合格证,应满足国家或部颁有关标准,必要时应进行化学成分和性能的复验,确认选用是否正确。

焊条和焊丝在使用前都应对其外观进行检查,焊丝表面不应有氧化皮、锈、油污等,焊条药皮不损坏、不偏心,没有肿胀,焊条不受潮、变质,施焊前需经烘干,以去除水分。焊剂检验主要是检查其颗粒度、成分、焊接性能及湿度,并应与焊丝配合使用。

3. 成型工艺设计和检验

零部件(或结构件)成型制造遇到的首要问题是材料及成型工艺的选择。材料与成型工艺的选择往往是互相制约的,新结构方案的实现有赖于先进材料的应用,先进材料对成型工艺的发展又起到促进作用。这就要求所选材料要满足结构需要的使用性能,同时具有良好的工艺性能、经济性和环境适应性。

材料是否符合结构性能要求需要进行严格的评估。通常可分为初步评估和结构性能评估。初步评估是检验材料的基本性能是否符合要求。结构性能评估是对关键件材料的损伤容限、持久性能、环境适应性等方面进行评估,以确定材料的可用性。

成型工艺的选择需要经过反复试验验证才能确定。重要工作是评估所选材料对有关工艺的适用性,以及成型件性能对工艺参数的敏感性。同时要分析可能出现的缺陷,确定检验的方法及标准,缺陷的修复方案等。只有通过工艺评定证明是符合要求的成型工艺方案,才能正式投入生产。如果通过试制,证明工艺方案不能满足要求时,则必须修改或重新制定工艺方案,再进行试制和验证,直到合格为止。不经过试制和验证就盲目投产,一旦方案有问题,就会给生产带来很大的损失。

对大批量生产的成型件,工艺验证要分两步进行。一是工艺试验及鉴定,其目的是检查成型件的设计质量、工艺性能及使用性能、所采用的工艺方案及工艺路线的合理性及经济性;二是试生产鉴定,其目的是检查生产稳定性。只有通过了工艺试验鉴定以后,才能进行试生产鉴定。

9.3.2 成型过程检验

成型过程检验又称工序检验,包括首件检验、巡回检验、按规定项目的检验以及半成品完工检验等。成型过程检验的主要目的是保证工艺规程的执行,及时发现各种缺陷,防止产品成批报废。因此检验人员应随时巡视现场,监督成型工艺的执行情况,检查操作人员是否按工艺文件的规定进行操作。一般情况下,应重点检查以下方面。

① 复核成型工艺方法。合理的成型方法是根据产品的结构特点选择的,是保证成型质量的重要条件,检查人员巡视成型现场时,应首先复核成型方法是否符合工艺规定。当成型方法

发生变化时,应办理工艺更改手续。

② 复核材料。在成型过程中,应根据材料的固有特征和成型特征,复查使用的材料是否正确,以免因使用材料造成报废或重大经济损失。

根据以上特点,当发现材料有疑问时,应及时查找原始标记,或进一步复核出库单据,查明原因,以确保材料使用正确。

③ 检查成型过程中的工艺参数。成型过程中的工艺参数是在工艺性分析的基础上取得的,不同的成型方法有不同的内容和要求。所制定的工艺参数要在成型过程中严格执行,才能保证成型质量的优良和稳定,检查成型过程中工艺参数的正确与否,对成型质量起着决定作用。

④ 热处理制度的检查。热处理是为改善成型件组织和性能或消除残余应力而进行的,对不同材料、构件有不同的热处理工艺要求,必须严格按产品所定热处理工艺要求检查。加热温度过高虽有利于消除残余应力,但会导致构件强度下降;工件的升温速度、加热范围及冷却速度不均匀时,会产生温差应力,而达不到预期目的。应着重检查装炉温度、升温速度、加热温度、保温时间、降温速度和出炉温度;另外还应检查工件在炉内的摆放位置和支撑,避免工件在热处理中产生弯曲变形。

⑤ 检查成型件表面质量。检查成型件表面质量,发现缺陷并及时消除,可预防缺陷的增加和扩大,从而控制成品的质量。检查成型件表面质量的同时,也要注意观察成型过程,表面不应有裂纹等缺陷,从而保证产品的焊缝质量。

9.3.3　成型后的最终检验

成型件虽然在成型前和成型过程中都进行了不少检验,但由于制造过程中外界因素的变化,或规范的不稳定、材料性能和能源的波动等,都仍有可能产生缺陷。为了保证产品的质量和使用的安全可靠,成型后必须进行最终质量检验。检验的方法很多,可根据产品的使用要求和图纸的技术条件进行选用,以下是一些主要的检验方法。

① 外观检查和测量。外观检查是最基本而又最简便的检验方法,一般是通过肉眼观察,或借助标准样板、量规和放大镜等工具来进行检验,主要是发现成型件表面的缺陷和尺寸上的偏差。检查之前,必须将成型件表面清理干净。

② 致密性检验。储存液体或气体的容器,都有致密性要求。可用致密性试验来发现贯穿性裂纹、气孔、夹渣、未焊透及疏松组织等缺陷。致密性检验方法有气密性试验、吹气试验、载水试验、水冲试验、沉水试验、煤油试验、氨渗透试验等。需做致密性检查的结构,应在图样或专业技术条件中明确规定。

③ 强度检验。强度检验常用于各种受压容器的检查。可检查结构的强度是否符合产品的设计强度要求,也是对整体产品质量的综合性考核。

产品整体的强度试验分两类,一类是破坏性强度试验,另一类是超载试验。

破坏性强度试验,是在大量生产而质量尚未稳定的情况下,按 1% 或 0.1% 的比例进行抽查,或在试制新产品及改变产品的加工工艺规范时才选用的。试验时载荷要加至产品破坏为止,用破坏载荷和正常工作载荷的比值来说明产品的强度是否符合设计部门规定的要求。

超载试验是对产品所施加载荷超过工作载荷一定量,如超过 25%、50%,保持一定的停留时间,观察结构是否出现裂纹和存在其他渗漏缺陷,且产品变形部分是否在规定范围以内,从而判别其强度是否合格的试验。受压的焊接容器和管道 100% 均要接受这种检查。

常用受压容器整体的强度试验加载方式有水压试验和气压试验两种。

④ 成型件内部缺陷的检验。成型件发生破坏的主要原因之一是由于缺陷的存在,用以检测缺陷的主要手段是无损检测方法,可及时检验出制造过程和使用过程中超标的缺陷,以确保成型质量和结构安全。

⑤ 环境条件试验。环境条件试验是将成型件置于自然或人工模拟的环境条件下(如温度、湿度、辐射、腐蚀等),经受环境因素的作用,以评价产品在实际使用环境条件下的性能,并分析研究环境因素的影响程度及其作用机理。

最终质量检验合格的成型件应由检验人员签发合格证后办理入库手续或转入下一工序。凡检验不合格的成型件,应进行返工、返修、降级或报废处理。经返工、返修后的成型件必须再次进行全面检验,同时做好返工、返修成型件的检验记录,保证成型件质量具有可追溯性。

思考题

1. 如何认识成型质量在产品生产中的作用?
2. 质量检验有哪些基本职能?
3. 材料成型质量检验的内容有哪些?
4. 分析射线检测的基本原理和特点。
5. 什么是工业 CT?
6. 脉冲反射式超声检测有哪几种类型? 分析其工作原理。
7. 根据耦合方式,超声检测有哪几种方法?
8. 分析磁粉检测的适用范围。
9. 磁粉检测中如何根据缺陷方向确定磁场方向?
10. 渗透检测的基本程序有哪些?
11. 分析涡流检测原理。
12. 材料成型过程中包括哪些主要的检验环节?
13. 成型产品最终质量检验主要包括哪些内容?
14. 结合运载火箭贮箱制造讨论其质量检验方案。
15. 结合船体结构焊接生产讨论其质量检验方案。

参考文献

[1] Mikell P Groover. Fundamentals of modern manufacturing：materials，processes and systems[M]. 4th ed. John Wiley & Sons，Inc.，2010.

[2] J T Black，Ronald A Kohser. DeGarmo's materials and processes in manufacturing[M]. 11th ed. John Wiley & Sons，Inc.，2012.

[3] Fritz Klocke. Manufacturing Processes 4：Forming[M]. Berlin：Springer-Verlag Berlin Heidelberg，2013.

[4] F C Campbell. Metals Fabrication——Understanding the Basics[M]. Materials Park，Ohio：ASM International，2013.

[5] 塞洛普・卡尔帕基安(Serope Kalpakjian)，史蒂文・R. 施密德(Steven R. Schmid). 制造工程与技术——热加工. 张彦华，译.7 版. 北京：机械工业出版社，2019.

[6] 柳百成，沈厚发.21 世纪的材料成形加工技术与科学[M]. 北京：机械工业出版社，2003.

[7] 黄天佑. 材料加工工艺[M]. 北京：清华大学出版社，2004.

[8] 董选普，李继强. 铸造工艺学[M]. 北京：化学工业出版社，2009.

[9] 赖华清. 压铸工艺与模具[M]. 北京：机械工业出版社，2004.

[10] 李春峰. 高能率成形技术[M]. 北京：国防科技出版社，2001.

[11] 谢水生，黄声宏. 半固态金属加工技术及应用[M]. 北京：冶金工业出版社，1999.

[12] 杜则裕. 材料连接原理[M]. 北京：机械工业出版社，2011.

[13] 张彦华. 焊接结构原理[M].2 版. 北京：北京航空航天大学出版社，2022.

[14] 戴达煌，周可崧，袁镇海. 现代材料表面技术科学[M]. 北京：冶金工业出版社，2004.

[15] 杨乃宾，张怡宁. 复合材料飞机结构设计[M]. 北京：航空工业出版社，2002.

[16] 高锦张，陈文琳，贾俐俐. 塑性成形工艺与模具设计[M]. 北京：机械工业出版社，2001.

[17] Michael Quirk，Julian Serda. 半导体制造技术[M]. 韩郑生等，译. 北京：电子工业出版社，2004.

[18] 吴懿平，丁汉. 电子制造技术基础[M]. 北京：机械工艺出版社，2005.

[19] 蔡启舟，吴树森. 铸造合金原理及熔炼[M]. 北京：化学工业出版社，2010.

[20] 张彦华，薛克敏. 材料成形工艺[M]. 北京：高等教育出版社，2008.

[21] 张彦华. 热制造学引论[M].3 版. 北京：北京航空航天大学出版社，2020.

[22] 李春峰. 金属塑性成形工艺及模具设计[M]. 北京：高等教育出版社，2007.

[23] 胡亚民，华林. 锻造工艺过程及模具设计[M]. 北京：中国林业出版社，2006.